Wolf-Dieter Hiemeyer · Dominik Stumpp

Integration von Marketing und Vertrieb

Ein konzeptioneller Ansatz für ein erfolgreiches Schnittstellenmanagement

Wolf-Dieter Hiemeyer
FOM Hochschule für Oekonomie &
Management
München, Deutschland

Dominik Stumpp
MSI Partner Consulting
München, Deutschland

ISSN 2625-7114　　　　　ISSN 2625-7122　(electronic)
FOM-Edition
ISBN 978-3-658-27557-0　　　ISBN 978-3-658-27558-7　(eBook)
https://doi.org/10.1007/978-3-658-27558-7

Die Deutsche Nationalbibliothek verzeichnet diese Publikation in der Deutschen Nationalbibliografie; detaillierte bibliografische Daten sind im Internet über http://dnb.d-nb.de abrufbar.

Springer Gabler
© Springer Fachmedien Wiesbaden GmbH, ein Teil von Springer Nature 2020
Das Werk einschließlich aller seiner Teile ist urheberrechtlich geschützt. Jede Verwertung, die nicht ausdrücklich vom Urheberrechtsgesetz zugelassen ist, bedarf der vorherigen Zustimmung des Verlags. Das gilt insbesondere für Vervielfältigungen, Bearbeitungen, Übersetzungen, Mikroverfilmungen und die Einspeicherung und Verarbeitung in elektronischen Systemen.
Die Wiedergabe von allgemein beschreibenden Bezeichnungen, Marken, Unternehmensnamen etc. in diesem Werk bedeutet nicht, dass diese frei durch jedermann benutzt werden dürfen. Die Berechtigung zur Benutzung unterliegt, auch ohne gesonderten Hinweis hierzu, den Regeln des Markenrechts. Die Rechte des jeweiligen Zeicheninhabers sind zu beachten.
Der Verlag, die Autoren und die Herausgeber gehen davon aus, dass die Angaben und Informationen in diesem Werk zum Zeitpunkt der Veröffentlichung vollständig und korrekt sind. Weder der Verlag, noch die Autoren oder die Herausgeber übernehmen, ausdrücklich oder implizit, Gewähr für den Inhalt des Werkes, etwaige Fehler oder Äußerungen. Der Verlag bleibt im Hinblick auf geografische Zuordnungen und Gebietsbezeichnungen in veröffentlichten Karten und Institutionsadressen neutral.

Springer Gabler ist ein Imprint der eingetragenen Gesellschaft Springer Fachmedien Wiesbaden GmbH und ist ein Teil von Springer Nature.
Die Anschrift der Gesellschaft ist: Abraham-Lincoln-Str. 46, 65189 Wiesbaden, Germany

Vorwort

Dieses Buch betrachtet einen der wichtigsten Erfolgsfaktoren für Unternehmen: die Schnittstelle von Marketing und Vertrieb. Die integrierte Zusammenarbeit von Marketing und Vertrieb hat einen wesentlichen Einfluss auf den unternehmerischen Erfolg und ist damit der Schlüssel für Profitabilität und Wachstum.

Allerdings ist die Zusammenarbeit von Marketing und Vertrieb in den Unternehmen oft von dysfunktionalen Konflikten geprägt. Das Marketing hat mit strategischen Projekten eine eher langfristige Orientierung, der Vertrieb verfolgt hingegen mit dem Erreichen von Umsatzzielen einen eher kurzfristigen Ansatz. Unter dieser unterschiedlichen Ausrichtung der beiden funktionalen Einheiten leidet die Zusammenarbeit ganz erheblich und hat dadurch einen negativen Einfluss auf das Unternehmensergebnis.

In Zeiten der Digitalisierung, Globalisierung und des zunehmenden Wettbewerbs stehen die Unternehmen jedoch verstärkt unter dem Druck, das Schnittstellenmanagement ihrer funktionalen Einheiten so zu gestalten, dass die Strategien und Prozesse optimal auf Markt- und Kundenbedürfnisse ausgerichtet sind. Dies gilt in besonderem Maß für die beiden Funktionseinheiten Marketing und Vertrieb.

Das vorliegende Buch leistet einen Beitrag dazu, diesen Konflikt mit all seinen – wissenschaftlich belegten – Facetten und Einflussgrößen zu verstehen, und stellt der Unternehmenspraxis ein selbst entwickeltes, evidenzbasiertes Diagnosetool mit Handlungsempfehlungen zur Verfügung. Die Erkenntnisse basieren auf einem über sechs Jahre dauernden empirischen Forschungsprojekt zur Untersuchung der Zusammenarbeit von Marketing und Vertrieb.

Mit dem entwickelten Integrationsmodell ist es den Unternehmen möglich, die Güte der Marketing-Vertriebs-Schnittstelle zu messen und die funktionsübergreifende Zusammenarbeit in einem Portfolio darzustellen. Aufgrund der darauf basierenden Handlungsempfehlungen können Unternehmen schrittweise die höchste Stufe der Zusammenarbeit, die „M&V-Integration", erreichen.

Aufgrund seines Aufbaus dient dieses Buch darüber hinaus Studierenden als Beispiel für eine quantitative Forschungsarbeit inklusive Kausalanalyse mittels

Strukturgleichungsmodellierung und deskriptiver Statistik. Studierende der Wirtschaftswissenschaften mit Schwerpunkt Marketing- und Vertriebsmanagement können durch das Buch zudem ihre Kenntnisse über Marketing- und Vertriebsmanagement sowie Customer-Relationship-Management und Customer Journey vertiefen, da diese Themengebiete eine hohe Relevanz für die Zusammenarbeit von Marketing und Vertrieb haben.

Danken möchten wir an dieser Stelle allen Master- und Bacheloranden, die durch ihre Forschungsergebnisse aktiv zum Gelingen dieses Buchs beigetragen haben. Darüber hinaus gilt unser Dank allen partizipierenden Vertretern der B2B-Unternehmen für ihre wertvollen Beiträge zum Forschungsprojekt.

Nicht zuletzt gilt unser besonderer Dank Herrn Kai Enno Stumpp (Schriftenleitung der FOM) für die Koordination mit dem Verlag sowie Frau Angela Meffert und Frau Omika Mohan von Springer Gabler für ihre Begleitung bei der Erstellung des Buchs.

München	Wolf-Dieter Hiemeyer
im Sommer 2019	Dominik Stumpp

Inhaltsverzeichnis

1	**Einleitung**	1
	Literatur	7
2	**Allgemeine Grundlagen des B2B-Marketings und -Vertriebs**	9
	2.1 B2B-Marketing	9
	2.2 Kennzeichnung des Marketings	11
	2.3 Kennzeichnung des Vertriebs	14
	2.4 Evolution des Marketings	14
	2.4.1 Dominanz der Verkäufermärkte	15
	2.4.2 Dominanz der Käufermärkte	15
	2.4.3 Die Entwicklung von Marketing 1.0 bis Marketing 4.0	19
	2.5 Evolution des Vertriebs	19
	2.6 Aufgaben des Marketings als Managementprozess	22
	2.6.1 Situationsanalyse im Marketing	22
	2.6.2 Marketingziele und Marketingstrategie	23
	2.6.3 Die Marketinginstrumente	24
	2.6.4 Die Marketingimplementierung	25
	2.6.5 Das Marketingcontrolling	26
	2.7 Aufgaben des Vertriebs als Managementprozess	26
	2.7.1 Situationsanalyse im Vertrieb	26
	2.7.2 Vertriebsziele und Vertriebsstrategie	27
	2.7.3 Die Vertriebsinstrumente	28
	2.7.4 Der Verkaufsprozess	29
	2.7.5 Das Vertriebscontrolling	34
	2.7.6 Erfolgskette und Treiber des B2B-Vertriebs	35
	2.7.7 Strategische Kundenbearbeitung im B2B Vertrieb	36
	2.7.8 Vertriebswege des B2B-Vertriebs – Multi-Channel-Management	39
	2.7.9 IT-System im B2B-Vertrieb	40
	2.7.10 Der „Purchasing Funnel" der Kunden – gestern und heute	42

	2.8	Trends und Herausforderungen im Marketing und Vertrieb	43
		2.8.1 Die zehn Trendthemen aus wissenschaftlicher Sicht.	43
		2.8.2 Relationship-Marketing – das Management von Kundenbeziehungen	51
		2.8.3 Die Customer Journey – das Management von Online- und Offline-Touchpoints	66
		2.8.4 Kommunikatives Instrumentarium in Kontext der Customer Journey	79
		2.8.5 Vertriebskanäle im Kontext der Customer Journey	94
		2.8.6 Die Festlegung von Personas im Kontext der Customer Journey	102
	Literatur.		105
3	**Die Zusammenarbeit von Marketing und Vertrieb**		**113**
	3.1	Merkmale der Zusammenarbeit von Marketing und Vertrieb	113
		3.1.1 Die Schnittstelle zwischen Marketing und Vertrieb.	113
		3.1.2 Die Bedeutung der Zusammenarbeit von Marketing und Vertrieb	114
		3.1.3 Die Abstimmung der Aufgaben zwischen Marketing und Vertrieb	115
		3.1.4 Rollenverteilung zwischen Marketing und Vertrieb.	118
		3.1.5 Konfliktpotenziale in der Zusammenarbeit von Marketing und Vertrieb	119
	3.2	Analyse der Forschungsergebnisse zur Zusammenarbeit von Marketing und Vertrieb für die Jahre 1998–2017	121
		3.2.1 Forschungsergebnisse der Jahre 1998–2006	122
		3.2.2 Forschungsergebnisse der Jahre 2007–2009	130
		3.2.3 Forschungsergebnisse der Jahre 2010–2013	137
		3.2.4 Forschungsergebnisse der Jahre 2013–2017	144
	Literatur.		149
4	**Integration von Marketing und Vertrieb – Herleitung des Hypothesenmodells**		**153**
	4.1	Die Relevanz der Integration von Marketing und Vertrieb	153
	4.2	Das voräufige Hypothesen-Modell	154
	4.3	Die Konzeptualisierung der Integrationsmechanismen und Hypothesenformulierung	155
		4.3.1 Konzeptualisierung des Konstrukts „Abteilungsübergreifende Kommunikation"	158
		4.3.2 Konzeptualisierung des Konstrukts „Abstimmung der M&V-Aufgaben und -Prozesse"	158
		4.3.3 Konzeptualisierung des Konstrukts „Abteilungsübergreifende Strukturen".	161

	4.3.4	Konzeptualisierung des Konstrukts „Abteilungsübergreifende Kultur"	162
	4.3.5	Zusammenfassung der Integrationsmechanismen	162
4.4	Konzeptualisierung der Integrationsfaktoren und Formulierung der Hypothesen		163
	4.4.1	Konzeptualisierung des Konstrukts „Führungsverhalten des M&V-Managements"	166
	4.4.2	Konzeptualisierung des Konstrukts „Abteilungsübergreifende Strategien und Ziele"	166
	4.4.3	Konzeptualisierung des Konstrukts „Einstellung und Kompetenzen der M&V-Mitarbeiter"	167
	4.4.4	Konzeptualisierung des Konstrukts „Kundenorientierung von Marketing und Vertrieb"	168
	4.4.5	Zusammenfassung der Integrationsfaktoren	168
4.5	Konzeptualisierung des Konstrukts „Integration von Marketing und Vertrieb" als intervenierende Variable		169
4.6	Konzeptualisierung der Zielvariable „Unternehmenserfolg"		169
4.7	Ableitung des Hypothesenmodells		170
4.8	Zusammenfassung der Hypothesen		171
Literatur			172

5 Methodisches Vorgehen ... 175

5.1	Die Entwicklung des M&V-Integrationsmodells		175
	5.1.1	Theoretischer Hintergrund	176
	5.1.2	Die Definition der fünf Ausprägungsstufen des M&V-Integrationsmodells	179
	5.1.3	Die Integrationsmechanismen und -faktoren des M&V-Integrationsmodells	180
5.2	Das Untersuchungsdesign der Forschungsstudie		181
	5.2.1	Der Forschungsrahmen	181
	5.2.2	Fragebogendesign	184
5.3	Operationalisierung der Konstrukte		186
5.4	Durchführung der Forschungsstudie		195
	5.4.1	Detailliertes Vorgehen der Untersuchung	196
	5.4.2	Pretest	196
	5.4.3	Durchführung der empirischen Datenerhebung	196
	5.4.4	Zusammensetzung der Stichprobe	197
5.5	Die Datenanalyse		197
	5.5.1	Die Strukturgleichungsmodellierung – eine Einführung	197
	5.5.2	Die Methodik der Strukturgleichungsmodellierung	199
	5.5.3	Strukturgleichungsmodellierung mit varianzanalytischem Ansatz (PLS)	202

	5.5.4	PLS-Strukturgleichungsmodellierung unter Verwendung von SmartPLS	203
	5.5.5	Überprüfung der Reliabilität und Validität (äußere Messmodelle)	205
	5.5.6	Überprüfung der kausalen Wirkungszusammenhänge im Strukturmodell (inneres Messmodell)	208
	5.5.7	Ablaufschritte bei der Strukturgleichungsmodellierung	210
	5.5.8	Deskriptive Datenanalyse	212
Literatur			214

6 Quantitative Datenanalyse – Strukturgleichungsmodellierung 219
  6.1 Die Ergebnisse der empirischen Untersuchung 219
  6.2 Prüfung der Konstrukte 220
  6.3 Überprüfung der Diskriminanzvalidität der Ergebnisse 225
  6.4 Abschließende Bewertung der Hypothesenprüfung 225
  Literatur 228

7 Quantitative Datenanalyse – deskriptive Statistik mit Handlungsempfehlungen 229
  7.1 Deskriptive Ergebnisse der ausgewerteten B2B-Unternehmen 230
    7.1.1 Zusammenfassende Ergebnisse der deskriptiven Statistik 237
    7.1.2 Visualisierung der Zusammenarbeit von Marketing und Vertrieb im Integrationsportfolio 239
  7.2 Auswertung und Handlungsempfehlungen für ein Beispielunternehmen 240
    7.2.1 Auswertung der Erfolgsfaktoren für ein Beispielunternehmen 241
    7.2.2 Zusammenfassende Ergebnisse der M&V-Zusammenarbeit für das Beispielunternehmen 249
  Literatur 252

8 Handlungsempfehlungen für die Unternehmenspraxis 253
  8.1 Zusammenfassung der Forschungsstudie 253
  8.2 Visualisierung der M&V-Zusammenarbeit im Integrationsmodell 254
  8.3 Umsetzungskonzept zur Erreichung einer M&V-Integration 255
    8.3.1 Führungsverhalten des M&V-Managements 257
    8.3.2 Einstellung und Kompetenzen der M&V-Mitarbeiter 258
    8.3.3 Abteilungsübergreifende Strategien und Ziele 259
    8.3.4 Abteilungsübergreifende Struktur 260
    8.3.5 Abstimmung der M&V-Aufgaben und -Prozesse 261
    8.3.6 Abteilungsübergreifende Kommunikation 263
    8.3.7 Abteilungsübergreifende Kultur 264
    8.3.8 Kundenorientierung von Marketing und Vertrieb 265

Über die Autoren

Prof. Dr. Wolf-Dieter Hiemeyer ist Professor für Marketing- und Vertriebsmanagement an der FOM Hochschule für Oekonomie & Management in München. Zuvor war er über 20 Jahre in verschiedenen Managementpositionen im Marketing und Vertrieb in der B2B-Industrie im In- und Ausland tätig. Neben seiner Dozententätigkeit unterstützt er heute als selbstständiger Unternehmensberater Industrieunternehmen bei strategischen Marketing- und Vertriebsprojekten.

Dominik Stumpp verfügt über mehrjährige Erfahrung in der Schnittstelle von Marketing und Vertrieb und berät heute sowohl etablierte als auch junge Unternehmen bei der Digitalisierung und Automatisierung von Marketing- und Vertriebsprozessen. Er hat seinen Master of Science in Marketing & Communication an der FOM Hochschule für Oekonomie & Management absolviert.

Abkürzungsverzeichnis

A, B, C	A,B,C-Kunden-Klassifizierung
Abb.	Abbildung
Abschn.	Abschnitt
ADM	Außendienstmitarbeiter
AMOS	Analysis of moment structures
AVE	Average Variance Extracted
bspw.	beispielsweise
bzw.	beziehungsweise
B2B	Business to Business
ca.	circa
CLV	Customer Lifetime Value
CMO	Chief Marketing Officer
CRM	Customer Relationship Management
CSA	Covariance Structured Analysis
CSR	Corporate Social Responsibility
F	Führungskräfte
F&E	Forschung und Entwicklung
G&V	Gewinn und Verlust
GSCA	General Structural Component Analysis
H	Hypothesen/Hypotheses
IDM	Innendienstmitarbeiter
i. d. R.	in der Regel
IR	Indikatorreliabilität
IT	Informationstechnologie
KAM	Key-Account-Management
Kap.	Kapitel
KPI	Key Performance Indicator
LISREL	Linear Structural Relationships
LVPS	Latent Varalysis Path Analysis with Partial Squares

M	Mittelwert
Ma	Mitarbeiter
Mk	Marketing
Mio.	Millionen
M&V	Marketing und Vertrieb
N	Statistische Gesamtheit
P	Proposition
PC	Pfadkoeffizient (Ladung)
PLS	Partial Least Square
PoS	Point of Sale
P-Wert	Signifikanz
QR-Code	Quick Response-Code
R2	Bestimmtheitsmaß, Erklärungswert
S	Standardabweichung
SBU	Strategic Business Unit
SGE	Strategische Geschäftseinheit
SGM	Strukturgleichungsmodellierung
SoW	Share of Wallet (Kundenmarktanteil, Kundenausschöpfung)
vgl.	vergleiche
Tab.	Tabelle
T-Value	Indikatorvalidität
u. v. m.	und vieles mehr
V	Vertrieb
VIF	Variance Inflation Factor
z. B.	zum Beispiel

Einleitung 1

> **Zusammenfassung**
>
> Das erste Kapitel des Buchs führt aus wissenschaftlicher und praxisorientierter Sicht in die Thematik der Zusammenarbeit von Marketing und Vertrieb ein. Diese Schnittstelle ist für den Unternehmenserfolg von großer Bedeutung – diese hohe Relevanz wurde jedoch von der wissenschaftlichen Literatur wie auch von der Unternehmenspraxis lange nicht ernst genommen. Dabei fehlt es zum einen an der Festlegung relevanter Erfolgsfaktoren, um die Zusammenarbeit von Marketing und Vertrieb ganz wesentlich zu verbessern und zum anderen an der Festlegung der Ausprägungsstufe, welche diese Zusammenarbeit annehmen sollte. Die Zielsetzung des Buchs besteht darin, validierte Erfolgsfaktoren zur Zusammenarbeit von Marketing und Vertrieb vorzustellen, ein Diagnoseinstrument zur Messung der Güte der Zusammenarbeit von Marketing und Vertrieb zu präsentieren und praxisrelevante Handlungsempfehlungen zur Umsetzung der Integration von Marketing und Vertrieb vorzuschlagen.

Eine der wesentlichen Herausforderungen für die Unternehmensführung ist es, die Zusammenarbeit der Funktionseinheiten bestmöglich zu koordinieren, insbesondere die von Marketing und Vertrieb.

Überraschenderweise wurde der Schnittstelle zwischen Marketing und Vertrieb in der wissenschaftlichen Forschung bis Anfang der 2000er-Jahre nur wenig Aufmerksamkeit geschenkt (vgl. Homburg und Jensen 2007). Die ersten Forschungsstudien zur Zusammenarbeit von Marketing und Vertrieb ergaben, dass die beiden Abteilungen i. d. R. nicht aufeinander abgestimmt agieren (vgl. Piercy 1989; Workman et al. 1998). Cespedes (1994) untersuchte die Schnittstelle zwischen Marketing und Vertrieb und analysierte systematisch das Kontinuum der M&V-Aufgaben. Basierend auf diesen

Erkenntnissen entwickelte Zoltners (2004) ein Konzeptmodell, um Marketing- und Vertriebsaufgaben so abzustimmen, dass sich beide Abteilungen gegenseitig unterstützen.

Der Beginn der empirischen Forschung zur M&V-Schnittstelle zeigt, dass sie in der beruflichen Praxis sehr konfliktbeladen ist: „Die Beziehung zwischen Marketing und Vertrieb ist zwar stark voneinander abhängig, wird jedoch weder als gut zusammenarbeitend, noch als harmonisch bezeichnet" (Dewsnap und Jobber 2000, S. 109). Das Marketing wird als langfristig- und produktorientiert beschrieben, während der Vertrieb eher kurzfristig und auf Kundenbeziehungen ausgerichtet charakterisiert wird (vgl. Cespedes 1994). Nach bisherigen Untersuchungen ist die Zusammenarbeit zwischen Marketing und Vertrieb durch mangelndes gegenseitiges Verständnis, mangelnde Koordination, Konflikte zwischen den Parteien, Nichtkooperation, Misstrauen, Unzufriedenheit, Rivalität und gegenseitige negative Stereotypisierung gekennzeichnet (vgl. Kotler et al. 2006; Piercy 2002, 2006). Aufgrund dieser Spannungen in der Schnittstelle muss sichergestellt werden, dass beide Abteilungen zum Vorteil des gesamten Unternehmens zusammenarbeiten (vgl. Le Meunier-FitzHugh und Piercy 2007a).

In der wissenschaftlichen Forschung wurden verschiedene Faktoren zur Verbesserung der Zusammenarbeit von Marketing und Vertrieb untersucht (vgl. Dewsnap und Jobber 2000; Dawes und Massey 2005; Rouziès et al. 2005). So konnten bspw. „kollektive Ziele", „abteilungsübergreifende Kommunikation", „abgestimmte Aktivitäten", „projektorientierte Ressourcen", „gemeinsame Vision" oder „Teamarbeit" als Erfolgsfaktoren identifiziert werden.

Trotz der Tatsache, dass verschiedene Treiber für die Zusammenarbeit von Marketing und Vertrieb in wissenschaftlichen Forschungsstudien geprüft wurden, wurde nicht nachgewiesen, welche Erfolgsfaktoren schlussendlich erforderlich sind, um die Zusammenarbeit von Marketing und Vertrieb maßgeblich zu verbessern. Darüber hinaus ist sich die wissenschaftliche Literatur nicht einig, ob die höchste Stufe der Zusammenarbeit von Marketing und Vertrieb eine „kollaborative" oder eine „integrierte" Zusammenarbeit sein sollte.

Die Wissenschaftler Le Meunier-FitzHugh und Piercy (2007a, b) haben in ihren Forschungsstudien festgestellt, dass eine gute Zusammenarbeit zwischen Marketing und Vertrieb einen wesentlichen Einfluss auf das Unternehmensergebnis hat und damit diese Schnittstelle den Unternehmenserfolg maßgeblich beeinflusst. Die beiden Forscher stellen aber auch fest, dass nicht die „integrierte", sondern die „kollaborative" Zusammenarbeit von Marketing und Vertrieb die optimale Entwicklungsstufe für diese Schnittstelle ist. Die „kollaborative" Zusammenarbeit von Marketing und Vertrieb wird definiert als „… as working together and indicates the need to build bridges between two culturally different entities with the aims of creating opportunities for learning and improving functionality to the benefit of business performance. The contention is that sales and marketing more often need to collaborate as opposed to integrate." (Le Meunier-FitzHugh und Piercy 2007b, S. 941).

Auf der anderen Seite gibt es Wissenschaftler wie Kotler et al. (2006), für die die Zusammenarbeit von Marketing und Vertrieb integriert sein sollte. Die Zusammenarbeit von Marketing und Vertrieb ist nach ihrer Auffassung dann voll integriert, wenn Bereichsgrenzen verschwimmen und die Beziehung durch gemeinsame Strukturen, Systeme und Budgets neu definiert wird. Dabei ist das Marketing einerseits auf strategische, langfristig orientierte Aufgaben (z. B. market sensing) fokussiert und unterstützt andererseits den Vertrieb bei der Bearbeitung von Key Accounts. Die beiden Gruppen pflegen eine sich unterstützende Kultur, entwickeln aufeinander abgestimmte Ziele und setzen diese mithilfe eines gemeinsamen Budgets um. Biemans et al. (2010) definieren die Integration von Marketing und Vertrieb als gemeinsame Verantwortung für Marketingpläne und -programme. Die „integrierte" Zusammenarbeit von Marketing und Vertrieb wird maßgeblich durch einen optimalen Mix an formaler und informeller Kommunikation sowie der Abstimmung von Aufgaben, Strategien und Plänen umgesetzt.

Die Ziele des Buchs
Die Hauptziele des vorliegenden Buchs „Integration von Marketing und Vertrieb" bestehen darin, validierte Erfolgsfaktoren zur Verbesserung der Zusammenarbeit von Marketing und Vertrieb vorzustellen, ein Diagnoseinstrument zur Überprüfung der Zusammenarbeit von Marketing und Vertrieb zu präsentieren und praxisrelevante Handlungsempfehlungen zur Umsetzung für die Integration von Marketing und Vertrieb vorzuschlagen.

1. Wissenschaftliche Relevanz der Forschungsstudie
   - Die empirische Untersuchung basiert auf einer quantitativen Forschungsstudie, um die Zusammenarbeit von Marketing und Vertrieb durch zwei unterschiedliche Statistikansätze zu überprüfen und zu analysieren: Die Überprüfung der Hypothesen erfolgte mithilfe einer Strukturgleichungsmodellierung. Neben der Überprüfung der Hypothesen sollte auch das Integrationsmodell (Diagnosemodell) zur Messung der Güte der Zusammenarbeit von Marketing und Vertrieb validiert werden. Um detaillierte Erkenntnisse zur Zusammenarbeit von Marketing und Vertrieb zu erhalten, wurden die Befragungsergebnisse mittels deskriptiver Statistik ausgewertet und analysiert.
   - Der Ansatz der Strukturgleichungsmodellierung wird in der wissenschaftlichen Forschung bereits in einem breiten Forschungsfeld angewendet, bspw. bei Marketingtheorien, organisatorischem Verhalten und Managementeinstellungen. Das entsprechende Softwareprogramm (z. B. SmartPLS) ist leistungsstark, da es zum einen eine unkomplizierte Methode im Umgang mit mehreren Korrelationen in Kombination mit statistischer Effizienz darstellt und zum anderen, weil es in der Lage ist, Korrelationen umfassend zu bewerten und einen Übergang von explorativen hin zu bestätigenden Analysen zu ermöglichen (vgl. Hair et al. 1998).

Die Methode der Strukturgleichungsmodellierung zur Analyse der Zusammenarbeit von Marketing und Vertrieb haben allerdings nur wenige Forschungsstudien angewendet (vgl. Haase 2006; Le Meunier-FitzHugh und Piercy 2007b, 2008, 2009, 2011; Troilo et al. 2009; Hulland et al. 2012). Das Ziel der Strukturgleichungsmodellierung in der zugrunde liegenden Forschungsstudie ist es, die Signifikanz und die kausalen Zusammenhänge zwischen den unabhängigen Variablen (Integrationsmechanismen und Integrationsfaktoren) und den abhängigen Variablen (Integration von Marketing und Vertrieb sowie Unternehmenserfolg) zu testen.

- In früheren Forschungsstudien wurde mehrheitlich die deskriptive Statistik zur Auswertung der Untersuchungsergebnisse angewendet, um zusätzliche Erkenntnisse zur Kausalanalyse zu generieren (vgl. Krohmer et al. 2002; Haase 2006; Le Meunier-FitzHugh und Piercy 2007b; Le Meunier-FitzHugh und Lane 2009). Der Mittelwert, die Varianz und die Standardabweichung der untersuchten Faktoren wurden berechnet, um die Wahrnehmung der Stichprobe hinsichtlich der Erfolgsfaktoren zu bewerten.
- Mithilfe der deskriptiven Statistik können die Ergebnisse in ein entwickeltes Diagnoseinstrument, dem sogenannten Integrationsmodell, übertragen werden, um die Güte der Zusammenarbeit von Marketing und Vertrieb zu messen und zu visualisieren. Darüber hinaus können mithilfe der Ergebnisse Einzelprofile zu Integrationsmechanismen und Integrationsfaktoren erstellt werden, die detaillierte Erkenntnisse zu Verbesserungspotenzialen zur M&V-Schnittstelle liefern.
- In bisherigen Untersuchungen zur Zusammenarbeit von Marketing und Vertrieb wurden in erster Linie Führungskräfte der beiden Bereiche herangezogen, jedoch die Sichtweise der Mitarbeiter ignoriert. Das Untersuchungsdesign der vorliegenden Forschungsstudie umfasst die Online-Befragung von Führungskräften beider Funktionseinheiten sowie deren Mitarbeiter.
- Zusammenfassend kann diese Forschungsstudie als ein wichtiger empirischer, wissenschaftlicher Beitrag betrachtet werden, da zum einen relevante Erfolgsfaktoren zur M&V-Integration identifiziert und validiert wurden und zum anderen ein Integrationsmodell zur Messung und Visualisierung der Zusammenarbeit von Marketing und Vertrieb entwickelt worden ist.

2. Relevanz für die Unternehmenspraxis
    - Aus praktischer Sicht können B2B-Unternehmen aus der vorliegenden Forschungsstudie für die Verbesserung der Zusammenarbeit von Marketing und Vertrieb in dreifacher Hinsicht profitieren: erstens, validierte Erfolgsfaktoren für die integrierte Zusammenarbeit von Marketing und Vertrieb übernehmen, sogenannte Integrationsmechanismen und Integrationsfaktoren. Zweitens, ein Diagnoseinstrument, das heißt Integrationsmodell, um die Ausprägung der Zusammenarbeit von Marketing und Vertrieb messen und visualisieren zu können. Und drittens, Handlungsempfehlungen für B2B-Unternehmen, um die Integration von Marketing und Vertrieb praxisorientiert umzusetzen.

1 Einleitung

Aufbau und Struktur des Buchs

In Kap. 2 werden die Grundlagen des M&V-Managements erläutert. Dabei wird die historische Entwicklung von Marketing und Vertrieb sowie die Entwicklung der Zusammenarbeit beider Abteilungen beschrieben und der M&V-Prozess erläutert. Des Weiteren werden Trends aufgezeigt, die einen wesentlichen Einfluss auf die Tätigkeiten von Marketing und Vertrieb haben und die Notwendigkeit einer organisierten Zusammenarbeit begründen. Außerdem werden das Kundenbeziehungsmanagement (CRM) und die Customer Journey aufgrund der großen Relevanz für die Zusammenarbeit der beiden Abteilungen vorgestellt.

In Kap. 3 werden Merkmale zur Zusammenarbeit von Marketing und Vertrieb erörtert. Zunächst wird die funktionsübergreifende Schnittstelle beschrieben und die Bedeutung der Zusammenarbeit von Marketing und Vertrieb adressiert. Die Darstellung einer optimalen Rollen- und Aufgabenverteilung sowie mögliche Konfliktpotenziale in der Zusammenarbeit der beiden Abteilungen runden die Einführung zur Themenstellung ab. Kap. 3 beschäftigt sich darüber hinaus ganz wesentlich mit der Analyse der Forschungsergebnisse zur M&V-Schnittstelle in der wissenschaftlichen Literatur und leitet die für die vorliegende Forschungsstudie relevanten Erfolgsfaktoren für eine integrierte Zusammenarbeit von Marketing und Vertrieb ab.

In Kap. 4 wird die ausgewählte Ausprägungsstufe für die Zusammenarbeit von Marketing von Vertrieb – die funktionsübergreifende Integration – beschrieben. Sodann werden Erfolgsfaktoren zur Erreichung der Integration von Marketing und Vertrieb – sogenannte Integrationsmechanismen und Integrationsfaktoren – aus der einschlägigen wissenschaftlichen Literatur abgeleitet, das heißt konzeptualisiert. Mit diesem Input der Erfolgsfaktoren werden Hypothesen formuliert und ein Hypothesenmodell erstellt.

In Kap. 5 wird das methodische Vorgehen zur Forschungsstudie vorgestellt. Zunächst wird ein Diagnoseinstrument, das sogenannte Integrationsmodell, entwickelt, mit welchem sich die aktuelle Güte der Zusammenarbeit von Marketing und Vertrieb in einem Unternehmen messen und bewerten lässt. Des Weiteren wird das methodische Vorgehen der Forschungsstudie detailliert beschrieben.

In Kap. 6 erfolgt die quantitative Datenanalyse der Studie mittels Strukturgleichungsmodellierung. Außerdem werden die aufgestellten Hypothesen bezüglich der Erfolgsfaktoren für einen „Integrierten Marketing- und Vertriebsansatz" geprüft und bewertet.

Daher wird in Kap. 7 zunächst die Auswertung der Befragungsergebnisse der Studie mittels deskriptiver Statistik getätigt, verbunden mit der Zielsetzung, die Güte der Zusammenarbeit detailliert zu beurteilen. Dieses Vorgehen erfolgt zum einen für die Gesamtheit der teilnehmenden Unternehmen und zum anderen für ein ausgewähltes Beispielunternehmen, für das konkrete Handlungsempfehlungen ausgesprochen werden.

In Kap. 7 wird ein Umsetzungskonzept mit Handlungsempfehlungen vorgestellt, welches B2B Unternehmen den Weg zu einer erfolgreichen „Marketing- und Vertriebs-Integration" aufzeigt (Abb. 1.1).

1. Einleitung
- Wissenschaftliche und praktische Relevanz
- Ziele des Buchs
- Aufbau des Buchs

2. Grundlagen des Marketing- und Vertriebsmanagements
- Historische Entwicklung von Marketing und Vertrieb
- Marketing- und Vertriebsprozess
- Trends im Marketing und Vertrieb
- CRM & Customer Journey

3. Die Zusammenarbeit von Marketing und Vertrieb
- Merkmale der Zusammenarbeit von Marketing und Vertrieb
- Konfliktpotenziale zwischen Marketing und Vertrieb
- Analyse der Forschungsergebnisse zur M&V-Zusammenarbeit

4. Integration von Marketing und Vertrieb
- Konzeptualisierung der Konstrukte
- Formulierung der Hypothesen
- Hypothesenmodell/Kausalmodell der Forschungsstudie

5. Methodisches Vorgehen
- Entwicklung des Diagnosetools (Integrationsmodell)
- Forschungsrahmen und Untersuchungsdesign der Studie
- Operationalisierung der Konstrukte
- Strukturgleichungsmodellierung u. deskriptive Statistik

6. Quantitative Datenanalyse - Strukturgleichungsmodell
- Ergebnisse der empirischen Untersuchung
- Prüfung der Konstrukte mittels Strukturgleichungsmodellierung
- Bewertung der Hypothesen

7. Quantitative Datenanalyse - Deskriptive Statistik
- Auswertung der empirischen Untersuchung
- Visualisierung im Integrationsmodell
- Spezifische Auswertung eines Beispielunternehmens
- Handlungsempfehlungen für das Beispielunternehmen

8. Handlungsempfehlungen
- Zusammenfassung der Studie (Forschungsergebnisse)
- Umsetzungskonzept zur Erreichung der M&V-Integration

Abb. 1.1 Struktur und Aufbau des Buchs

Literatur

Biemans, W., Brencic, M., & Malshe, A. (2010). Marketing-sales interface configurations in B2B firms. *Industrial Marketing Management, 39,* 183–194.

Cespedes, F. (1994). Industrial marketing: Managing new requirements. *Sloan Management Review, 35*(3), 45–60.

Dawes, P., & Massey, G. (2005). Antecedents of conflict in marketing's cross-functional relationship with sales. *European Journal of Marketing, 14*(11/12), 1327–1344.

Dewsnap, B., & Jobber, D. (2000). The sales-marketing interface in consumer packed-goods companies: A conceptual framework. *Journal of Personal Selling and Sales Management, 20*(2), 109–119.

Haase, K. (2006). *Koordination von Marketing und Vertrieb. Determinanten, Gestaltungsdimensionen und Erfolgsauswirkungen.* Wiesbaden: Deutscher Universitäts-Verlag.

Hair, J., Anderson, R., Tatham, R., & Black, W. (1998). *Multivariate data analysis* (5. Aufl.). Upper Saddle River: Prentice Hall.

Homburg, C., & Jensen, O. (2007). The thought worlds of marketing and sales: Which differences make a difference? *Journal of Marketing Management, 71*(3), 124–142.

Hulland, J., Nenkov, G., & Barclay, D. (2012). Perceived marketing–sales relationship effectiveness: A matter of justice. *Journal of the Academy of Marketing Science, 40*(3), 450–467.

Kotler, P., Rackham, N., & Krishnaswamy, S. (2006). Ending the war between sales & marketing. *Harvard Business Review, 84*(7/8), 68–78.

Krohmer, H., Homburg, C., & Workman, J. (2002). Should marketing be cross-functional? Conceptual development and interactional empirical evidence. *Journal of Business Research, 55*(6), 451–465.

Le Meunier-FitzHugh, K., & Lane, N. (2009). Collaboration between sales and marketing, market orientation and business performance in business-to-business organisations. *Journal of Strategic Marketing, 17*(3–4), 291–306.

Le Meunier-FitzHugh, K., & Piercy, N. (2007a). Exploring collaboration between sales and marketing. *European Journal of Marketing, 41*(7/8), 939–955.

Le Meunier-FitzHugh, K., & Piercy, N. (2007b). Does collaboration between sales and marketing affect business performance? *Journal of Personal Selling and Sales Management, 27*(3), 207–220.

Le Meunier-FitzHugh, K., & Piercy, N. (2008). The importance of organisational structure for collaboration between sales and marketing. *Journal of General Management, 34*(1), 19–36.

Le Meunier-FitzHugh, K., & Piercy, N. (2009). Drivers of sales and marketing collaboration in business-to-business selling organisations. *Journal of Marketing Management, 25*(5–6), 611–633.

Le Meunier-FitzHugh, K., & Piercy, N. (2011). Exploring the relationship between market orientation and sales and marketing collaboration. *Journal of Personal Selling and Sales Management, 31*(3), 287–296.

Piercy, N. (1989). The power and politics of sales forecasting: Uncertainty absorption and the power of the marketing department. *Journal of the Academy of Marketing Science, 17*(2), 109–120.

Piercy, N. (2002). *Market-led strategic change: A guide to transforming the process of going to market* (3. Aufl.). Oxford: Butterworth-Heinemann.

Piercy, N. (2006). The strategic sales organization. *The Marketing Review, 6*(1), 3–28.

Rouziès, D., Anderson, E., Kohli, A., Michaels, R., Weitz, B., & Zoltners, A. (2005). Sales and marketing integration: A proposed framework. *Journal of Personal Selling and Sales Management, 15*(2), 113–122.

Troilo, G., Luca, L. M., & Guenzi, P. (2009). Dispersion of influence between marketing and sales: Its effects on superior customer value and market performance. *Industrial Marketing Management, 38*(8), 872–882.

Workman, J., Homburg, C., & Gruner, K. (1998). Marketing organization: An integrative framework of dimensions and determinants. *Journal of Marketing Management, 62,* 21–41.

Zoltners, A. (2004). *Sales and marketing interface. Sales force summit.* Houston: University of Houston.

Allgemeine Grundlagen des B2B-Marketings und -Vertriebs

2

> **Zusammenfassung**
>
> Das zweite Kapitel des Buchs befasst sich mit Grundlagen des Marketing- und Vertriebsmanagements. Zunächst wird die Evolution der beiden Funktionsbereiche vorgestellt, um die historische Entwicklung von Anfang des 20. Jahrhunderts bis in die Gegenwart wissenschaftlich und praxisorientiert einordnen zu können. Darauf aufbauend werden die Aufgaben des Marketings und Vertriebs als Managementprozess aufgezeigt und der Rahmen für die M&V-Schnittstelle gesetzt. Mit konkreten Beispielen werden die Aufgaben des Marketing- und Vertriebsprozesses beleuchtet, um bereits an dieser Stelle die hohe Relevanz für die Zusammenarbeit der beiden Funktionseinheiten zu unterstreichen. Trends und Herausforderungen, wie neue Technologien, Digitalisierung, Globalisierung sowie sich verändernde Marktplätze oder Kundenbedürfnisse wirken sich heute wie auch morgen auf das Marketing und den Vertrieb aus. Das Kapitel zeigt auf, welche Ansätze es für das Marketing und den Vertrieb gibt, um sich diesen Trends und Herausforderungen zu stellen. Zuletzt befasst sich dieses Kapitel mit einem zentralen Thema des Marketings und Vertriebs: dem Management von Kundenbeziehungen. Gerade im Kundenbeziehungsmanagement (CRM) und der Customer Journey ist die „integrierte Zusammenarbeit von Marketing und Vertrieb" unverzichtbar und von herausragender Bedeutung. Aus diesem Grund werden die beiden Themenbereiche wissenschaftlich und praxisorientiert vorgestellt.

2.1 B2B-Marketing

Im deutschsprachigen Raum hatte sich seit 1982 aufgrund der Initiative von Klaus Backhaus der Begriff „Investitionsgüter-Marketing" eingebürgert, jedoch führte diese Begriffsbildung zu einer Fülle von Missverständnissen. Die englische Bezeichnung dafür lautete bisher „Industrial Marketing", das heißt einem Begriff, der dem eigentlichen Inhalt näherkommt, insbesondere wenn man bedenkt, dass mit dem englischen Wort „Industries" in der deutschen Sprache „Branchen" gemeint ist. Allerdings kann dieser Ausdruck ebenfalls in die Irre führen, da auch im Konsumgütermarketing mehrere „Industries" tätig sind (vgl. Lilien und Grewald 2012).

In der neueren englischsprachigen Literatur hat sich die Bezeichnung „Business-to-Business-Marketing" oder kurz „B2B-Marketing" durchgesetzt, der wesentlich besser erklärt, um welchen Bereich des Marketings es sich handelt. Dieser Begriff setzt sich mehr und mehr auch in der deutschsprachigen Literatur durch, da kein geeigneter deutscher Ausdruck dafür vorliegt. Das B2B-Marketing schließt Geschäftsbereiche ein, die definitiv nicht unter die Bezeichnung „Investitionsgüter" zu subsummieren sind, also vor allem das Zuliefergeschäft und den gesamten Bereich von Dienstleistungen im Geschäftskundenbereich. Bemerkenswert ist, dass B2B-Unternehmen mehr als 80 % des internationalen Handelsvolumens erwirtschaften (vgl. Pförtsch und Godefroid 2013). „Unter Business-to-Business-Marketing sollen daher alle Bereiche des Marketings verstanden werden, die nicht zum Konsumgütermarketing gehören bzw. sich nicht direkt an private Endabnehmer wenden. Eine sehr einfache Abgrenzung besteht darin, dass sich auf beiden Seiten von Markttransaktionen ausschließlich Organisationen befinden und auf keinen Fall private Konsumenten." (Pförtsch und Godefroid 2013, S. 23).

Aus diesem einen entscheidenden Unterscheidungskriterium zwischen dem B2B- und dem Konsumgütermarketing lässt sich eine Reihe von Unterpunkten ableiten, sodass es sinnvoll ist, die Teilgebiete des Marketings nach Pförtsch und Godefroid (2013) getrennt zu betrachten:

1. **Die Marktstruktur:** B2B-Märkte sind wesentlich stärker segmentiert, was bedeutet, dass es weniger potenzielle Kunden für ein bestimmtes Produkt oder für einen bestimmten Anbieter gibt. Häufig ist diese Marktstruktur durch eine oligopolistische Marktsituation gekennzeichnet.
2. **Die Produkte:** Produkte, die auf B2B-Märkten vertrieben werden, sind oft technisch sehr kompliziert und daher wesentlich erklärungsbedürftiger als vergleichsweise die meisten Produkte auf Konsumgütermärkten. Die Erwartungen der Kunden an die Erfüllung bestimmter technischer Eigenschaften sind extrem hoch und Sonderanfertigungen für bestimmte Kunden kommen häufig vor. Vielfach besteht sogar bei der Weiterentwicklung von Produkten eine enge Zusammenarbeit zwischen Anbieter und Kunden.
3. **Das Käuferverhalten:** Organisationen verhalten sich bei der Beschaffung völlig anders als private Konsumenten beim Einkauf. Dies liegt daran, dass bei Organisationen regelmäßig mehrere Personen, das sogenannte „Buying-Center", an Beschaffungsprozessen und Beschaffungsentscheidungen beteiligt sind. Bei der organisationalen Beschaffung wird meist ein „rationales" Beschaffungsverhalten praktiziert, wobei viele Personen auf der Beschaffungsseite über einen außerordentlich hohen Sachverstand verfügen. Dies ist von großer Bedeutung, wenn es um Beschaffungen geht, die für die beschaffende Organisation von hoher strategischer und finanzieller Relevanz sind.

4. **Der Bedarf:** Der Bedarf von Organisationen ergibt sich aus den Zielen einer Organisation, das heißt, es besteht ein abgeleiteter Bedarf, der vom Anbieter nur in engen Grenzen beeinflusst werden kann. Befindet sich ein Marktsegment bzw. eine Branche in einer Absatzkrise für ihre Produkte, so werden deren Lieferanten nur geringe Chancen haben, ihren Absatz zu steigern – allenfalls können sich Umverteilungen zwischen den als Wettbewerber anbietenden Lieferanten ergeben.
5. **Die Vertriebswege:** Während auf Konsumgütermärkten relativ lange Vertriebswege (über Großhändler und Einzelhändler) vorherrschen, sind die Vertriebswege auf B2B-Märkten kürzer. In vielen Fällen ist ein Direktvertrieb zwischen dem Hersteller und dem Kunden üblich und bei indirektem Vertrieb ist selten mehr als eine Handelsstufe zu beobachten.
6. **Die Gestaltung der Preise und Konditionen:** Aufgrund der Intransparenz der B2B-Märkte, aber auch aufgrund der relativen Stärke der Kunden, ist die Preisgestaltung sehr differenziert und bietet daher ein weites Feld von unterschiedlichen Ausprägungen des entsprechenden Marketinginstrumentariums.
7. **Die Kommunikation:** Deutliche Unterschiede gibt es im Bereich der gesamten Kommunikation. Während dies im Konsumgütermarketing vor allem in einer extensiven Werbung besteht, sind die unpersönlichen Kommunikationsformen auf B2B-Märkten von eher geringer Bedeutung. Demgegenüber sind die persönliche Beratung sowie der persönliche Verkauf (z. B. auf Messen) von herausragender Bedeutung (vgl. Pförtsch und Godefroid 2013).

2.2 Kennzeichnung des Marketings

Über viele Jahre hat es immer wieder Versuche gegeben, die charakteristischen Merkmale des Marketings in Definitionen zusammenzufassen. Einerseits spiegeln unterschiedliche Definitionen auch unterschiedliche Sichtweisen wider, andererseits lassen unterschiedliche Definitionen im Zeitablauf auch die entsprechende Entwicklung der Marketingkonzeption erkennen. Herausragende Bedeutung haben die verschiedenen Definitionen der American Marketing Association (AMA) erlangt, weil diese in Theorie und Praxis weltweit größte Beachtung finden. Darin ist jeweils zusammengefasst, wie sich die Sichtweise des Marketings in Wissenschaft und Praxis zum jeweiligen Zeitpunkt entwickelt hat (vgl. Kuß und Kleinaltenkamp 2011).

Die Definition der AMA aus dem Jahr 2004 repräsentiert das moderne, erweiterte Marketingverständnis und hat aus diesem Grund in Wissenschaft und Praxis internationale Verbreitung und Anerkennung erfahren (vgl. Meffert et al. 2015). Darüber hinaus werden weitere Definitionen zur Entwicklung der Marketingtheorie vorgestellt, um das moderne und erweiterte Marketingverständnis, durch namhafte Wissenschaftler formuliert, vorzustellen. Das Marketing wird heute als integrierte, marktorientierte Führungskonzeption interpretiert, die sowohl eine funktionsbezogene als auch eine funktionsübergreifende Dimension vereint. In diesem Zusammenhang kann vom Marketing als einem dualen Führungskonzept gesprochen werden (vgl. Meffert 2000), wobei die Dualität durch folgende Merkmale zum Ausdruck kommen:

Marketingdefinitionen nach AMA
- **AMA (1935):** „Marketing ist die Durchführung von Unternehmensaktivitäten, die den Strom von Gütern und Dienstleistungen vom Hersteller zum Konsumenten oder Nutzer leiten."
- **AMA (1948):** „Marketing ist die Erfüllung derjenigen Unternehmensfunktionen, die den Fluss von Gütern und Dienstleistungen vom Produzenten zum Verbraucher bzw. Verwender lenken."
- **AMA (1985):** „Marketing ist der Prozess der Planung und Durchführung der Entwicklung, Preisgestaltung, Verkaufsunterstützung und des Vertriebs von Ideen, Gütern und Dienstleistungen im Rahmen von Austauschbeziehungen, die individuellen und organisatorischen Zielen gerecht werden."
- **AMA (2004):** „Marketing bezeichnet die Funktion von Organisationen und die Prozesse, die dazu da sind, Wert für Kunden zu schaffen, zu kommunizieren und zu liefern sowie Kundenbeziehungen in einer Weise zu gestalten, die der Organisation und ihren Beteiligten nutzt."
- **AMA (2007):** „Marketing bezeichnet die Aktivitäten, Institutionen und Prozesse zur Schaffung, Kommunikation, Bereitstellung und zum Austausch von Angeboten, die einen Wert für Kunden, Auftraggeber, Partner und die Gesellschaft insgesamt haben."

Zum einen wird Marketing als Funktion innerhalb der Unternehmensorganisation verstanden, die sich gleichberechtigt neben anderen betriebswirtschaftlichen Grundfunktionen wie z. B. Forschung & Entwicklung, Produktion oder Vertrieb einordnet. Dies bedeutet, dass innerhalb der Marketingabteilung spezifische Kernkompetenzen (z. B. Markenführung, Marktforschung, Produktmanagement, Preismanagement, Kommunikation, Kundenbindung etc.) entwickelt und etabliert werden, die letztlich für die Gestaltung von Austauschprozessen mit den Nachfragern erfolgsentscheidend sind. Zum anderen wird mit dem Marketing ein Leitkonzept der Unternehmensführung verbunden. Hiermit sind eine marktorientierte Koordination und die Integration aller betrieblichen Funktionsbereiche gemeint. Jeder Mitarbeiter im Unternehmen soll ein Bewusstsein für den Stellenwert des Nachfragers und seinem Beitrag zum Kundennutzen im Sinne von „shared values" entwickeln. Das gesamte Unternehmen sollte auf die Bedürfnisse aktueller und potenzieller Kunden ausgerichtet werden. Hierfür sind funktionsübergreifende Prozesse (z. B. Produktentwicklungs-, Qualitäts-, Beschwerde- und Vertriebsmanagement) aufzusetzen, in denen Entscheidungsträger des Marketings markt- und kundenorientierte Informationen und Marketingkenntnisse mit Verantwortlichen aus anderen Funktionsbereichen des Unternehmens teilen. Aus dem Koordinations- und Integrationserfordernis wird ersichtlich, dass die Markt- und Kundenorientierung von der Unternehmensführung unterstützt und vorgelebt werden muss. In der leicht veränderten Definition der American Marketing Association aus dem Jahr 2007 wird dem Querschnittscharakter noch mehr Bedeutung zugeordnet, da anstelle des Funktionsbezuges der Aktivitäts- und Prozessbezug des Marketings betont wird (vgl. Meffert et al. 2015).

Weitere Definitionen des Marketings
- **Sparling** (1906): „... those commercial processes which are concerned with the distribution of raw materials of production and the finished output of the factory... Their function is to give additional value to these commodities through exchange."
- **Kotler** (1967): „Marketing ist die Analyse, Organisation, Planung und Kontrolle der kundenbezogenen Ressourcen, Verhaltensweisen und Aktionsorientierung einer Firma mit dem Ziel, die Wünsche und Bedürfnisse des Marketings ausgewählter Kundengruppen gewinnbringend zu befriedigen."
- **Becker** (1998): „Marketing als Führungsphilosophie kann umschrieben werden als bewusste Führung des gesamten Unternehmens vom Absatzmarkt her, d. h. der Kunde und seine Nutzenansprüche sowie ihre konsequente Erfüllung stehen im Mittelpunkt des unternehmerischen Handelns, um so unter Käufermarkt-Bedingungen Erfolg und Existenz des Unternehmens dauerhaft zu sichern."
- **Meffert** (2000): „In der klassischen Interpretation bedeutet Marketing die Planung, Koordination und Kontrolle aller auf die aktuellen und potenziellen Märkte ausgerichteten Unternehmensaktivitäten. Durch eine dauerhafte Befriedigung der Kundenbedürfnisse sollen die Unternehmensziele verwirklicht werden."
- **Homburg und Krohmer** (2003): „Marketing hat eine unternehmensinterne und eine unternehmensexterne Facette:
  a) In der unternehmensexternen Hinsicht umfasst Marketing die Konzeption und Durchführung marktbezogener Aktivitäten eines Anbieters gegenüber Nachfragern oder potenziellen Nachfragern seiner Produkte (physische Produkte und/oder Dienstleistungen). Diese marktbezogenen Aktivitäten beinhalten die systematische Informationsgewinnung über Marktgegebenheiten sowie die Gestaltung des Produktangebotes, die Preissetzung, die Kommunikation und den Vertrieb.
  b) Marketing bedeutet in unternehmensinterner Hinsicht die Schaffung der Voraussetzungen im Unternehmen für die effektive und effiziente Durchführung dieser marktbezogenen Aktivitäten. Dies schließt insbesondere die Führung des gesamten Unternehmens nach der Leitidee der Marktorientierung ein.
  c) Sowohl die externen als auch internen Ansatzpunkte zielen auf eine im Sinne der Unternehmensziele optimale Gestaltung von Kundenbeziehung ab."
- **Kotler und Keller** (2006): „Marketing is a societal process by which individuals and groups obtain what they need and want through creating, offering, and freely exchanging products and services of value with others."

2.3 Kennzeichnung des Vertriebs

Im Rahmen der marktorientierten Unternehmensführung kommt dem Vertrieb in den meisten Lehrbüchern oft nur der Rang eines Marketing-Mix-Instrumentes zu und geht dabei in einer verteilungsorientierten Distributionspolitik oder Kommunikationspolitik unter (vgl. Winkelmann 2012). Jedoch wurde dem Vertrieb von Diller et al. eine größere Wichtigkeit zugeordnet: „Gemessen an den Kosten stellt der Vertrieb/Verkauf in nahezu allen Branchen das mit Abstand bedeutendste Marketinginstrument im Marketing-Mix von Wirtschaftsunternehmen dar." (Diller et al. 2005, S. 7) Wissenschaftliche Studien belegen eindeutig die große Bedeutung des Vertriebs für den Geschäftserfolg. Oftmals wird der Vertrieb wichtiger eingeschätzt als Forschung & Entwicklung, Produktion oder Marketing. Während in der wissenschaftlichen Literatur eine Vielzahl an Marketingdefinitionen existiert, sind im Gegensatz dazu nur wenige Definitionen zum Vertrieb veröffentlicht worden.

> **Definitionen des Vertriebs**
> - **Corcoran et al.** (1995): „Ultimately, a sales organization's role is to translate the company's strategy from a boardroom vision to an everyday realty, add value for customers beyond that provided products and services, create competitive differentiation, and to contribute to the company's profitability."
> - **Bennet** (1995): „Sales is the personal or impersonal process whereby the salesperson ascertains, activates and satisfies the needs of the buyer to the mutual, continuous benefits of both buyer and seller."
> - **AMA** (1995): „Any of a number of activities designed to promote customer purchase of a product or service which ca be done in person or over the phone, through e-mail or other communication media."

2.4 Evolution des Marketings

Die Grundidee des Marketings ist bereits seit vielen tausend Jahren im Marktgeschehen zu beobachten, jedoch lässt sich die Entstehung des Begriffs „Marketing" erst zum Ende des 20. Jahrhunderts im angloamerikanischen Sprachraum ausmachen (vgl. Meffert et al. 2015). Bereits im Jahr 1899 praktizierte ein sehr erfolgreicher Kaufmann namens Wanamaker die ersten Ansätze eines modernen Marketingverständnisses. Im Gegensatz zu seinen Kollegen strebte Wanamaker langfristige Kundenbeziehungen mit hoher Kundenzufriedenheit an und differenzierte sich über faire und kundenindividuelle Leistungen (vgl. Hadjikhani und LaPlaca 2013). Im Jahr 1906 wurde der Marketingbegriff in der wissenschaftlichen Literatur erstmals von Samuel Sparling in seinem Werk „Introduction to Business Organization" erwähnt (vgl. Sparling 1906). Bereits im Jahr 1920 wurde die traditionsreiche Case-Study-Methode der Harvard Business School von Melvin Thomas Copeland in seinem Buch „Marketing Problems" angewendet (vgl. Copeland 1920). Im Jahr 1927 publizierten Maynard et al. ihr Buch „Principles of Marketing" mit ersten Strukturierungen der Marketinginstrumente, die später in die Konzeption des Marketing-Mix einflossen (vgl. Maynard et al. 1927). Als Geburtsstunde des „Modernen Marketings" gilt die Definition des Marketing-Mix als „Systematik aller Marketingaktivitäten" von Jerome McCarthy Anfang der 60er-Jahre (vgl. McCarthy 1960), die insbesondere von Philip Kotler weiterentwickelt wurde. McCarthy und Kotler stellten mit ihrer Theorie der 4 Ps (Product, Price, Promotion und Place) die konsequente Orientierung aller Unternehmensaktivitäten an den Bedürfnissen und Wünschen der Nachfrager in den Mittelpunkt ihrer Überlegungen (vgl. McCarthy 1960; Kotler 1967).

Die Entwicklung des Marketings zeigt am Beispiel von Deutschland auf, dass das Marketing in den 1950er- und 1960er-Jahre durch das Merkmal „Dominanz der Verkäufermärkte" ganz wesentlich geprägt war und sich ab den 1970er-Jahre der inhaltliche Fokus und das Anspruchsspektrum des Marketings aufgrund der Veränderung zur „Dominanz der Käufermärkte" deutlich veränderte (siehe Abb. 2.1).

2.4.1 Dominanz der Verkäufermärkte

Ausgehend von einer Mangelgesellschaft in der Nachkriegszeit der 1950er-Jahre entwickelte sich in den folgenden zwei Jahrzehnten eine Konsumgesellschaft, welche auf ein immer weiter steigendes Produktangebot zurückgreifen konnte. Zu dieser Zeit herrschte ein klassischer Verkäufermarkt, das heißt, dem Angebot der Unternehmen stand eine fast grenzenlose Nachfrage gegenüber. Der Vertrieb funktionierte hauptsächlich aus der reinen Transaktion bzw. der Übergabe der Produkte. Die Massenmarktorientierung der Unternehmen bestand darin, so viel Ware wie möglich zu produzieren. Dabei herrschte eine weitestgehend homogene Marktsituation vor und die Produkte waren kaum differenziert, sodass sich der Verkauf hauptsächlich über den Preis definierte. Das Produkt mit dem niedrigsten Preis bei einer akzeptablen Qualität und Lieferzeit wurde erworben. Währenddessen zielte die Werbung der Unternehmen auf das Gros der Bevölkerung ab, dem sogenannten Massenmarketing (vgl. Kreutzer 2017). Der Ansatz bestand darin, möglichst viele potenzielle Kunden mit der gleichen Werbemaßnahme oder Werbebotschaft zu erreichen.

2.4.2 Dominanz der Käufermärkte

Bereits in den 1960er-Jahren ist das Marketing vor dem Hintergrund der zunehmenden Käufermarktsituation verstärkt als dominante Engpassfunktion erkannt worden und wurde vor allem als operative Beeinflussungstechnik verstanden (vgl. McCarthy 1960). Das besondere Interesse in den Unternehmen galt den Instrumenten des Marketing-Mix und der Implementierung von Marketingabteilungen (vgl. Meffert et al. 2015).

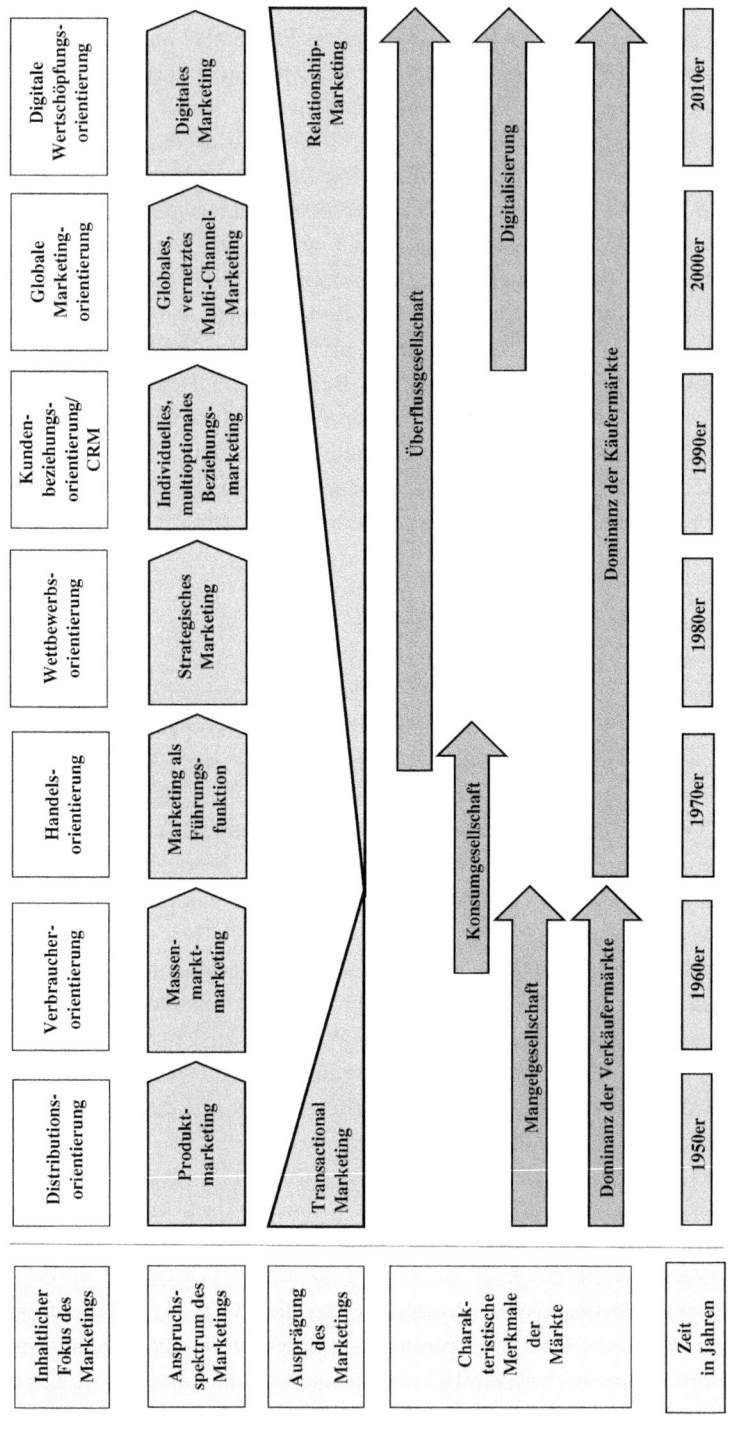

Abb. 2.1 Entwicklungsstufen des Marketings. (Quelle: in Anlehnung an Meffert et al. 2015 und Kreutzer 2017)

2.4 Evolution des Marketings

Die 1970er-Jahre lenkten aufgrund der wachsenden Nachfragemacht des Handels das Interesse verstärkt auf Konzepte des vertikalen Marketings, wobei handelsgerichtete Instrumente des Marketings systematisch ausgebaut wurden. Hinzu kam der Übergang zu einer Langfristorientierung im Marketing (vgl. Staudt und Taylor 1970; Meffert 1974; Ansoff 1975). In diesem Kontext beginnt sich das Marketing als Führungsfunktion zu etablieren und gewinnt weiter an Bedeutung im Unternehmensumfeld (vgl. Meffert 1977).

Durch den zunehmenden Wettbewerb in den 1980er-Jahren rückte die strategische Perspektive in den Mittelpunkt des Marketings. Die Unternehmen waren intensiver als zuvor gezwungen – zum Teil auch aufgrund einer zunehmenden internationalen Konkurrenz – über die langfristige Ausrichtung des Unternehmens zu entscheiden. Es wurden zentrale Konzepte der Unternehmensstrategie (unter anderem die Portfolioanalyse, deren Grundkonzept von der Boston Consulting Group in den 1970er-Jahren entwickelt wurde), der Branchenstrukturanalyse (5-Forces nach M. Porter) sowie der Wettbewerbsstrategien (Leistungsvorteil vs. Kostenvorteil nach M. Porter) in die Unternehmen und in das Marketing eingeführt. Da die „Schlacht um die Kunden" mit immer ausgefeilterer Technik ausgetragen werden musste, wurde das strategische Marketing etabliert (vgl. Kreutzer 2017).

Anfang der 1990er-Jahre war ein zentraler Einflussfaktor die erstmals auf breiter Front aufkommende Forderung nach einem stärker ökologisch orientierten Marketing, die durch einen Wertewandel in Teilen der kritischen Öffentlichkeit untermauert wurde (vgl. Wiedmann 1993; Meffert und Kirchgeorg 1994). Mit der Entwicklung des Internets zum Massen-Kommunikationsmedium begann zunächst ein wahrer Internet-Hype, an dessen Höhepunkt das Überleben der „Old Economy" durch internetgestützte Geschäftsmodelle der „New Economy" infrage gestellt wurde. Schließlich war nach dem Zusammenbruch der Internetblase der Slogan „Old economy eats new economy" in aller Munde. Die vermeintlich überholten Geschäftsmodelle der Vergangenheit bedienten sich der Internettechnologie als Instrument, um sich in Form des „Interaktiven Marketings" bspw. neue Kommunikations- oder Vertriebswege zu erschließen (vgl. Kreutzer 2017).

Parallel dazu verlief eine andere Entwicklung, die den Fokus von der Kundenakquisition immer stärker in Richtung langfristiger Kundenbeziehung, der sogenannten Kundenbindung, verschob. Die Gründe hierfür lagen zum einen in dem Trend einer generell abnehmenden Kundenloyalität, der durch die gleichförmige und damit austauschbare Produktqualität zum Ausdruck kam. Dabei wechselten auch durchaus zufriedene Kunden immer häufiger „ihren" Lieferanten. Zum anderen stiegen die Kosten für die Kundengewinnung kontinuierlich und deutlich an. Orientiert an der Leitidee, dass es sieben- bis neunmal teurer ist, einen neuen Kunden zu akquirieren als einen bestehenden Kunden zu halten, begannen Unternehmen, Budgets von der Kundengewinnung zur Betreuung zu verlagern. Die gesamte Entwicklung lief und läuft unter dem Begriff CRM (Customer-Relationship-Management) und ist in der B2B-Industrie wie auch in der Konsumgüterindustrie bereits fester Bestandteil der Kundenbearbeitung (vgl. Kreutzer 2017).

Nach der Jahrtausendwende führten die Entwicklungen im Bereich der Informations- und Kommunikationstechnologien, der Hyper- bzw. paradoxe Wettbewerb sowie uneinheitliche Konsumstrukturen wiederum zu neuen Herausforderungen für das Marketing. Es zeichnen sich insbesondere in Netzwerken Entwicklungen ab, die mit Begriffen wie Database-Marketing, Netzwerk-Marketing sowie interaktives und virtuelles Marketing umschrieben werden können. Speziell das rasante Wachstum der sozialen Netzwerke wie z. B. Facebook, Xing oder LinkedIn sowie die Verbreitung neuartiger Kommunikationsformen wie Twitter konfrontieren das Marketing mit gänzlich neuen Fragestellungen. Es bildet sich eine digital-vernetzte Wissensgesellschaft heraus. Konsumenten entwickeln sich dabei mehr und mehr vom „passiven Abnehmer" zum „aktiven Marktteilnehmer" und erhalten durch die neuen Möglichkeiten der Kommunikation und praktisch grenzenlose Informationsverbreitung eine neue Machtposition im Austausch mit den Anbietern (vgl. Meffert et al. 2015).

Gleichzeitig spüren fast alle Unternehmen die Auswirkungen der Globalisierung. Diese zeigen sich in der Abwanderung ihrer Kunden zu ausländischen Lieferanten, der steigenden Nachfrage nach knappen Rohstoffen sowie in der Konkurrenz durch Produkte und Dienstleistungen aus Niedriglohnländern. Die Globalisierung eröffnet jedoch den Unternehmen die Möglichkeit, auf der einen Seite Wachstumspotenziale auf den internationalen Märkten zu realisieren und auf der anderen Seite in anderen Ländern (kostengünstiger) zu produzieren und dort die eigene Leistung zu vermarkten (vgl. Kreutzer et al. 2015). Die Anforderungen der Kunden und der breiten Öffentlichkeit hinsichtlich der unternehmerischen Verantwortung haben sich in den Aktivitäten der Unternehmen zu deren Corporate Social Responsibility (CSR) etabliert. Mit CSR ist die vom Unternehmen wahrgenommene soziale Verantwortung gemeint, die den freiwilligen, vom Unternehmen übernommenen Beitrag zu einem nachhaltigen Wirtschaften beschreibt, der jedoch über die bloße Orientierung an den gesetzlichen Vorschriften hinausgeht (vgl. Wiesner 2016; Kreutzer 2017).

Die zweite Dekade des neuen Jahrtausends ist durch die fortschreitende Digitalisierung von Geschäftsprozessen und den damit einhergehenden disruptiven Veränderungen ganzer Branchenstrukturen gekennzeichnet. Die zunehmende Verfügbarkeit von digitalen Informationen nach dem Prinzip „anytime & anywhere & anyhow" führt zu grundlegend neuen Wertschöpfungsprozessen. Sogenannte Big-Data-Anwendungen bieten dem Marketing neue Möglichkeiten der Datenintegration und der Individualisierung von Produkt- und Dienstleistungen. Die zunehmende Digitalisierung ermöglicht eine individuellere Ansprache wie auch schnellere Integration von Kunden in die Leistungsprozesse der Unternehmen (vgl. Meffert et al. 2015). Geschäftsmodelle werden als „Digital Natives" im Onlinebereich kreiert und haben das Potenzial, viele bisher erfolgreiche und etablierte Unternehmen zu verdrängen. Es kommt zum Phänomen des digitalen Darwinismus, der diejenigen Unternehmen belohnt, die sich schnell anpassen können. Darüber hinaus müssen sich Unternehmen immer professioneller im Onlinebereich generell und insbesondere auch in den sozialen Medien bewähren, denn hier entscheidet sich immer häufiger, welche Unternehmen den Kampf um die Kunden gewinnen (vgl. Kreutzer 2017).

2.5 Evolution des Vertriebs

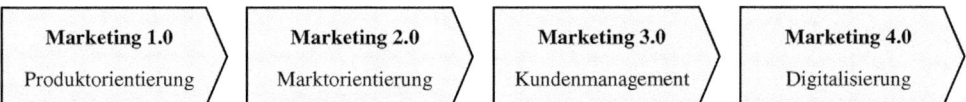

Abb. 2.2 Marketing 1.0 bis Marketing 4.0

2.4.3 Die Entwicklung von Marketing 1.0 bis Marketing 4.0

Die Entwicklung des Marketingbegriffs Marketing 1.0 bis Marketing 4.0 geht primär auf Kotler zurück (Abb. 2.2). Beim Marketing 1.0 lagen der Ursprung und die Kernkompetenz des Marketings ab ca. 1970er-Jahre auf dem Produkt, wobei der Markt für die Marketingaktivitäten im Zentrum stand. Das Marketing 2.0 mit einer marktorientierten Unternehmensführung verschob den Schwerpunkt der Marketingaktivitäten in den 80er-Jahren auf den Kunden, wobei eine Differenzierung zum Wettbewerb angestrebt wurde. Das Marketing 3.0 fokussierte ab ca. den 1990er-Jahren mittels Kundenbeziehungsmanagement (CRM) auf ein umfassendes Kundenmanagement und rückt den Menschen in den Mittelpunkt der Marketingaktivitäten. Beim Marketing 4.0 wird ca. ab den 2010er-Jahren die Digitalisierung und damit die Konvergenz von Technologien in den Mittelpunkt der Marketingaktivitäten gestellt, ohne die vorherige Stufe aus dem Blick zu verlieren. Dabei ist die Online- und Offline-Integration von herausragender Bedeutung (vgl. Kotler et al. 2017).

2.5 Evolution des Vertriebs

Die Literatur beschäftigt sich seit den 1960er-Jahren mit Vertriebsthemen. In den Jahren von 1960 bis 1980 werden Forschungsstudien zu Vertriebsthemen vor allem in wissenschaftlichen Journalen des Marketingmanagements und der Psychologie veröffentlicht. Seit 1980 werden vertriebsrelevante Untersuchungen überwiegend im Journal of Personal Selling and Sales Management publiziert, welches das derzeit einzige Journal für diesen Themenbereich ist. Weitere Plattformen für Veröffentlichungen der Vertriebsforschung bietet das Global Sales Science Institute und die National Conference for Sales Management (vgl. Geiger und Guenzi 2009). Aufgrund der stark ausgeprägten Komplexität und Vernetzung mit anderen Funktionseinheiten des Unternehmens ist die Erforschung des Vertriebsmanagements schwierig und die Anzahl der Veröffentlichungen im Vergleich zum Marketing eher gering. Dies führt dazu, dass wenige Daten, Systeme und Modelle der Forschung zugrunde liegen. Des Weiteren haben Wissenschaftler nur bedingt Zugang zu Vertriebsorganisationen, da viele Unternehmen davon absehen, Experimente oder Untersuchungen im Vertrieb durchzuführen (vgl. Zoltners et al. 2008).

Abb. 2.3 visualisiert die Meilensteine der Vertriebsforschung und die Schwerpunkte der Literatur in den einzelnen Epochen. Die zeitliche Abgrenzung in der Grafik dient als Orientierung und nicht als exakte Zeitabfolge.

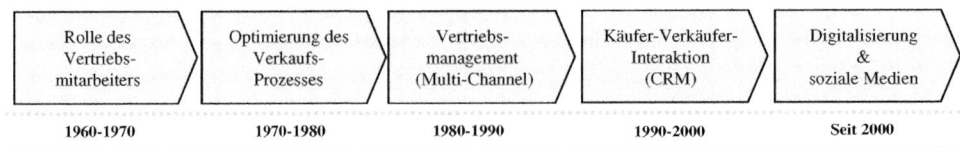

Abb. 2.3 Meilensteine der Vertriebsforschung

Der Außendienstmitarbeiter im Vertrieb stand lange Zeit im Mittelpunkt der Vertriebsforschung. In den ersten Jahren der Vertriebsforschung fiel die Beachtung in erster Linie auf das Verhalten, die Kompetenzen und die einzelnen Aktivitäten des Vertriebsaußendienstmitarbeiters. McMurry war einer der ersten Wissenschaftler in den 1960er-Jahren, der sich mit der Rolle des Außendienstmitarbeiters im Vertrieb auseinandersetzte und eine Charakterisierung seiner Rolle im Unternehmen durchführte. Er unterstellte dabei, dass die Bedürfnisse der Vertriebsmitarbeiter nicht identisch sind und die Leistung daher von der einzelnen Aktivität abhängig ist. Daraus schlussfolgerte er, dass nur eine harte, gar rücksichtslose Führung eine Vertriebsorganisation effizient und erfolgreich machen kann (vgl. McMurry 1961). Seine Veröffentlichung basiert zwar nicht auf empirischen Erkenntnissen, jedoch liefert seine Arbeit Denkanstöße und wird daher in der wissenschaftlichen Literatur vielfach zitiert. Belasco untersuchte in seinem Forschungsprojekt erstmals die Kompetenzen, die eine Person mitbringen muss, um im Vertrieb erfolgreich zu sein. Durch die Definition von unterschiedlichen Kompetenzstufen können potenzielle Bewerber eingeordnet und ihre Erfolgschancen in verschiedenen Vertriebsfunktionen (z. B. Außendienst, Handel) prognostiziert werden (vgl. Belasco 1966). Churchill et al. identifizieren in den 1970er-Jahren erstmals eine sehr breit gefächerte Aktivitätenliste, die dadurch schwer auf Unternehmen verschiedener Branchen anzuwenden ist (vgl. Churchill et al. 1977). Diese Liste wurde in den folgenden Jahrzehnten stetig modifiziert, erweitert und auf verschiedene Branchen anwendbar gemacht. Sie dient als Anstoß und Grundlage für weitere Untersuchungen in den Bereichen des Vertriebsmanagements, der Interaktion zwischen Käufer und Verkäufer, der Vertriebsleistung, des Vertriebsumfeld sowie Stress und Fluktuation (vgl. Schrock et al. 2016).

In den 1970er- und 1980er-Jahren beziehen Wissenschaftler in ihre Forschung erstmals den Kunden und dessen Bedürfnisse mit ein (vgl. Wise 1974). In dieser Zeit liegt der Fokus zur Optimierung des Verkaufsprozesses auf den sieben Schritten des Verkaufens: 1) Kundenidentifikation, 2) Informationsbearbeitung, 3) Konzeption, 4) Produktvorstellung, 5) Einwandbehandlung, 6) Abschluss und 7) Nachbearbeitung. Es galt, diesen Prozess so effektiv und effizient wie möglich zu gestalten, um die Verkaufszahlen zu erhöhen und die Umsätze zu steigern (vgl. Dubinski 1980) Das ISTEA-Modell (Impression Formation, Strategy Formulation, Transmission, Evaluation, Adjustments) von Weitz dient als Werkzeug, um die Aktivitäten des Vertriebsaußendienstmitarbeiters fokussiert auf jede Kundensituation anzuwenden (Weitz 1978). Aufbauend auf diesem Modell formulieren Weitz und Spiro folgende Kernthese: Wenn Vertriebsmitarbeiter in einer Kaufsituation spontan auf die Wünsche oder Beschwerden des Kunden reagieren, steigt dadurch die Verkaufsperformance (vgl. Spiro und Weitz 1990). Das sogenannte

2.5 Evolution des Vertriebs

„adaptive selling" gilt seither als grundlegende Maßnahme, die zum Verkaufserfolg führt und deutet erstmals die Komplexität des Verkaufens an.

In den 1990er-Jahren erlebt der Direktverkauf seine erste Revolution (vgl. Marshall et al. 2012). Die Kommunikation zwischen Vertriebsaußendienstmitarbeiter und der Zentrale erfolgte bislang über die Hauspost und -telefon. Bestellungen wurden auf Auftragsblöcken erfasst und am Nachmittag der Zentrale über das Haustelefon übermittelt. Kunden wurden mithilfe von Stadtplänen und Landkarten ausfindig gemacht. Mit der Einführung des Laptop-Computers und der Verbreitung des Internets konnten Daten tagsüber erfasst und abends elektronisch an die Zentrale übermittelt werden (vgl. Moncrief 2017). Diese Revolution legt den Grundstein für mehr Mobilität, Produktivität und Effizienz der Vertriebsaußendienstmitarbeiter (vgl. Marshall et al. 2012). In dieser Zeit gab es im Vertrieb die ersten Ansätze eines Kundenbeziehungsmanagements, die eine Kombination aus einer neuer Denkhaltung zur Kundenzentrierung und einer neuen IT-basierten Kundendatenbank umfasste.

Die integrierte CRM-Strategie (Abb. 2.4) basiert auf der Verbindung einer neuen Denkhaltung im Kundenbeziehungsmanagement sowie einer IT-basierten Systemlösung. Diese neue Denkhaltung des Kundenbeziehungsmanagements setzt eine Ausrichtung der eigenen Leistungen an den Kundenbedürfnissen voraus. Dabei steht ein kundenzentriertes Denken und Handeln der gesamten Organisation im Mittelpunkt der Kundenorientierung, um Kundenzufriedenheit zu schaffen und damit langfristige und profitable Kundenbeziehungen durch Kundenbindung und Kundenloyalität zu generieren. Eine IT-basierte Systemlösung mit integriertem CRM-System bietet dem Vertrieb die Möglichkeit, mithilfe der umfassenden und gut gepflegten Datenbank die Kunden potenzialorientiert zu bearbeiten und auszuschöpfen. Eine Kundenklassifizierung, das heißt der Aufteilung der Kunden nach Umsatz- und Ertragspotenzial, unterstützt bei der Gebietsbearbeitung. Der sogenannte „Sales-Funnel" im CRM-System zeigt im Rahmen der Kundenbearbeitung die unterschiedlichen Phasen des Verkaufsprozesses auf. Darüber hinaus stellt das CRM-System eine wesentliche IT-Plattform zur Synchronisierung des Multichannel-Vertriebs dar, wie bspw. Vertriebsaußendienst, Vertriebsinnendienst, stationären Handel, Handelspartner und/oder E-Commerce.

Zur Jahrtausendwende nimmt die Bedeutung der Digitalisierung weiter zu und es kristallisiert sich die Wende vom Verkauf von Produkten und Services zu einem kundenzentrierten und lösungsorientierten Verkauf heraus. Leigh und Marshall beschreiben

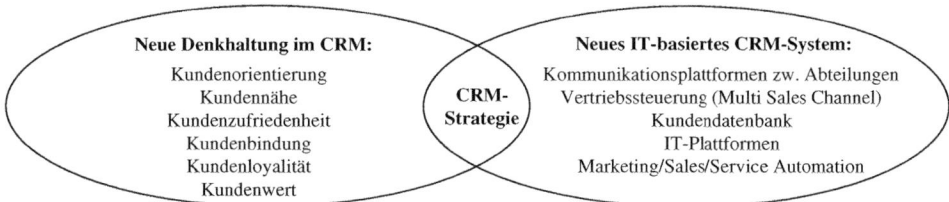

Abb. 2.4 Integrierte CRM-Strategie

den Vertriebsaußendienstmitarbeiter als Beziehungsmanager, der dem Unternehmen zu Profitabilität und einem hohen Kundenwert verhilft (vgl. Leigh und Marshall 2001). Die Rolle des Vertriebsaußendienstmitarbeiters hat sich seit den 1990er-Jahren mehr denn je verändert. Das Bild von einem Außendienstmitarbeiter, der Kunden zum Kauf von Produkten überredet, gilt als nicht zeitgemäß (vgl. Baker 2003). Der Außendienstmitarbeiter des 21. Jahrhunderts wird als strategischer Berater, dem Kunden Mehrwert bietend, dargestellt. Er ist die Schlüsselfigur der Vertriebsorganisation, der sowohl interne als auch externe Beziehungen pflegt. In der Verantwortung eines Vertriebsaußendienstmitarbeiters liegt es, die Bedürfnisse des Kunden mit den Anforderungen des eigenen Unternehmens zu verbinden, um so zum Unternehmenserfolg beizutragen. Die Rolle des Außendienstmitarbeiters sowie der gesamten Vertriebsstruktur umfasst heutzutage zahlreiche und komplexe Prozesse, die es gilt, systematisch zu managen.

2.6 Aufgaben des Marketings als Managementprozess

„Sämtliche Aufgaben und Aktivitäten des Marketings können zusammenfassend als ein eindeutig identifizierbarer Prozess der Willensbildung und Willensdurchsetzung gekennzeichnet werden. Das Marketingmanagement umfasst folgende rückgekoppelte Aufgaben: 1) Situationsanalyse, 2) Definition der Marketingziele, 3) zielorientierte Ableitung der Marketingstrategie, 4) Festlegung der strategieadäquaten Marketinginstrumente, 5) Gestaltung der Marketingorganisation zur Implementierung des Marketing-Mix und 6) Marketingcontrolling zur Erfassung der Erfolgswirkung und Initiierung eines Rückkopplungsprozesses mit allen Planungsstufen und Verantwortlichen." (Meffert et al. 2015, S. 20). Die Aufgaben im Rahmen dieses Marketingmanagementprozesses werden im Folgenden näher beschrieben (vgl. Abb. 2.5).

2.6.1 Situationsanalyse im Marketing

Die Situationsanalyse bildet den Ausgangspunkt des Marketingmanagements und hat die Frage „Wo stehen wir?" zu beantworten. Bei der Situationsanalyse geht es im Wesentlichen darum, relevante Informationen über die unternehmensexterne sowie die unternehmensinterne Ausgangssituation bereitzustellen, um strategische und operative Marketingentscheidungen zu fundieren. Der Fokus zielt dabei auf die Erfassung der wesentlichen Umfeld- und Marktbedingungen, der Verhaltensweisen der Marktteilnehmer sowie relevanter Stakeholder. Aufgrund der sich zum Teil rasant verändernden Marktbedingungen sind Trendanalysen und Prognosen von besonderer Bedeutung. Es geht dabei insbesondere um Trends im Kundenverhalten, im Wettbewerberverhalten, in der Umwelt sowie die Vorhersage von Markt- und Absatzentwicklungen. Für diese Analysen steht ein umfassendes Set von Theorien, Modellen und Methoden aus der Marketinganalyse und Marktforschung sowie der strategischen Marketingplanung zur Verfügung (vgl. Meffert et al. 2015).

2.6 Aufgaben des Marketings als Managementprozess

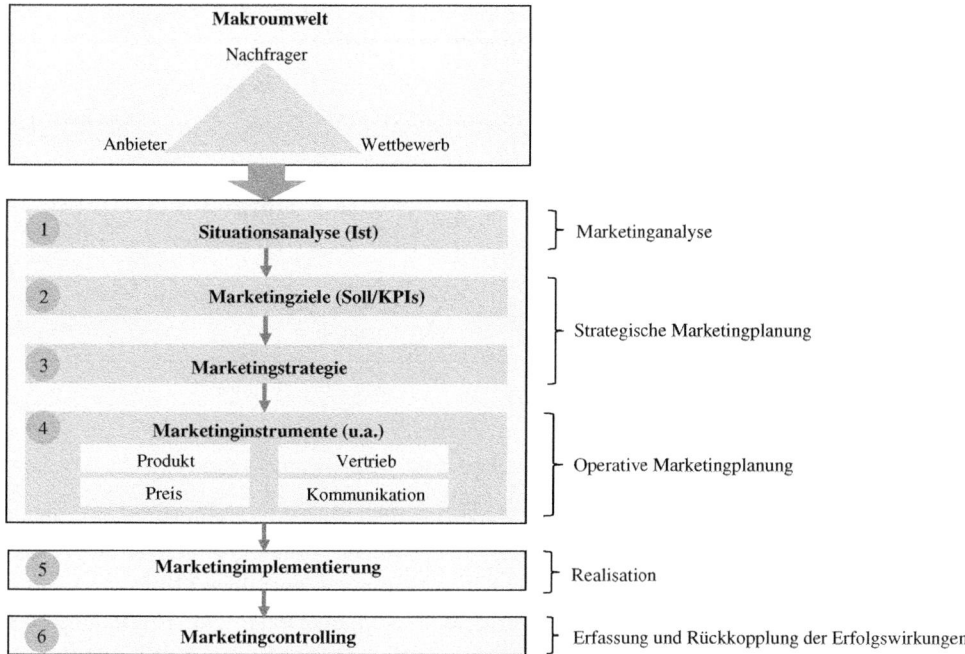

Abb. 2.5 Aufgaben des Marketings als Managementprozess. (Quelle: in Anlehnung an Meffert et al. 2015)

2.6.2 Marketingziele und Marketingstrategie

Im nächsten Schritt sind die langfristigen Marketingziele festzulegen, um die Frage „Was wollen wir erreichen?" zu beantworten. Marketingziele kennzeichnen die im Marketing gesetzten Imperative (Vorzugszustände), die es durch den Einsatz von Marketinginstrumenten zu erreichen gilt. Die Marketingziele erfüllen im Marketingmanagement eine wichtige Steuerungs-, Motivations- und Kontrollfunktion, da die Marketingmaßnahmen hinsichtlich ihrer Zielerreichung überprüft werden können. Bei der Festlegung der Marketingziele sind die übergeordneten Unternehmensziele maßgeblich als Input zu berücksichtigen. Im Marketingmanagement gibt es als Besonderheit neben ökonomischen Zielen (z. B. Umsatz, Gewinn, Rendite, Deckungsbeitrag) auch psychografische Ziele (z. B. Bekanntheitsgrad, Einstellungen, Präferenzen, Kaufabsicht), soziale Ziele (z. B. soziale Problemfelder, sozialverträgliche Arbeitsbedingungen) sowie ökologische Ziele (z. B. Nachhaltigkeit, Emission, Recycling) (vgl. Meffert et al. 2015).

Abb. 2.6 Bestandteile einer Marketingstrategie

Auf der Grundlage der festgelegten Marketingziele sind Marketingstrategien abzuleiten, um die Schlüsselfrage zu beantworten: Welche grundlegenden strategischen Stoßrichtungen sind bei der Marktwahl und -bearbeitung zu verfolgen? Eine Marketingstrategie kann als ein langfristig ausgerichteter Verhaltensplan zur Erreichung der Marketingziele charakterisiert werden. Marketingstrategien geben damit den Handlungsrahmen vor, der durch die Marketinginstrumente umgesetzt wird. Im Mittelpunkt steht die Auswahl der Märkte, Marktsegmente und Kunden, die Entscheidung über die Marktbearbeitungsstrategie (z. B. Vertriebsformen und Vertriebskanäle), Akzente der Produktprogrammgestaltung und beim Einsatz weiterer Marketinginstrumente (z. B. Preis, Kommunikation) sowie die grundlegenden Verhaltensweisen gegenüber Wettbewerbern, dem Handel und den Anspruchsgruppen (Abb. 2.6). Hier wird im strategischen Marketing das Konzept für das eigene unternehmerische Handeln im Markt festgelegt (vgl. Meffert et al. 2015).

2.6.3 Die Marketinginstrumente

Das strategische Marketing bildet den Rahmen für die operative Marketingplanung, in der die Marketinginstrumente, dem sogenannten Marketing-Mix, festzulegen sind. Dabei soll die Frage beantwortet werden: „Welche Marketingmaßnahmen ergreifen wir?" Auf Basis operationaler Subziele ist der Marketing-Mix zu konzipieren. Traditionell umfasst der Marketing-Mix nach dem Ansatz der „4 Ps" die folgenden Instrumente:

- **Product:** Leistungs- und Programmpolitik (Produkt-, Service-, Software und Digitalisierungsleistungen)
- **Price:** Preis- und Konditionenpolitik
- **Place:** Vertriebspolitik (Vertriebsformen: direkt/indirekt; Vertriebswege: online/offline)
- **Promotion:** Kommunikationspolitik (Kommunikationsinstrumente online/offline)

In den letzten Jahren war teilweise eine Erweiterung auf über 30 Marketinginstrumente zu beobachten, wenngleich im modernen Verständnis für B2B- und Konsumgütermarketing die Unterteilung in 4 Ps immer noch vorherrscht. Jedoch wurde der Marketing-Mix, vor allem im Dienstleistungsmarketing, von 4 Ps auf 7 Ps erweitert. Aus diesem Grund sollen die zusätzlichen Bestandteile des 7-P-Modells (People, Process und Partnership) kurz erläutert werden:

- **People:** Im modernen Marketingverständnis hat sich der Fokus auf Mitarbeiter und Kunden etabliert. Dabei geht es um ein kundenzentriertes Verhalten des Marketing- und Vertriebsmanagements, um die Leistungen individuell auf die Bedürfnisse der Kunden auszurichten. In der internen Perspektive geht es vor allem um das Schnittstellenmanagement, das heißt der Zusammenarbeit von Marketing und Vertrieb, einer gemeinsamen strategischen Ausrichtung, hoher Kompetenzen der Mitarbeiter bezüglich der Kenntnis für Kundenbedürfnisse und -potenziale.
- **Process:** Um die Herausforderungen eines modernen Kundenmanagements umsetzen zu können, bedarf es der Verzahnung (Synchronisierung) aller Prozesse im Unternehmen. Diese Prozessintegration ist die Grundlage für die Vernetzung der IT-Systeme sowie für den Einsatz aller Online- und Offline-Kommunikations- und Vertriebskanäle (Omnichannel-Konzeption).
- **Partnership:** Im Rahmen der vertikalen Integration ist der Auf- und Ausbau von Partnerschaften auf verschiedenen Ebenen des Unternehmens von Bedeutung. Im Rahmen der Forschung- und Entwicklung gibt es bspw. strategische Partnerschaften mit Vorlieferanten, Universitäten oder Forschungsinstitutionen. Im Bereich des Vertriebs existieren Partnerschaften wie z. B. zu Absatzmittlern oder zu alternativen Vertriebskanälen über Onlineplattformen. Darüber hinaus ist es gerade für mittelständische Unternehmen wichtig, ihre Datensicherheit über externe Partnerschaften (Cloud-Anbieter) zu gewährleisten (vgl. Meffert et al. 2015).

2.6.4 Die Marketingimplementierung

Für die geplanten Marketingmaßnahmen ist im weiteren Schritt ihre zielgerichtete Realisierung und Durchsetzung sicherzustellen, um die Fragen zu beantworten: „Wer bzw. welche Abteilung soll für die Implementierung welcher Marketingaktivitäten verantwortlich sein?" „Welche abteilungsübergreifenden Prozesse sind erforderlich, um im Unternehmen alle marktbezogenen Aktivitäten zielgerichtet abzustimmen?" Für diese Umsetzung sind Überlegungen hinsichtlich einer effizienten Aufbau- und Ablauforganisation zu treffen und entsprechende Verantwortlichkeiten, Führungskonzepte und Budgets festzulegen. Eine besondere Schwierigkeit ist, dass Wissen über Kundenbedürfnisse und Marktverhältnisse auch von anderen Unternehmensfunktionen (z. B. Vertrieb, Kundendienst) zur Verfügung gestellt werden muss. Allein der Aufbau einer Marketingabteilung wird dieser Anforderung nicht gerecht, wenn nicht funktionsübergreifende

Prozesse definiert werden (z. B. Produktentwicklung, Beschaffung, Produktion, Marketing, Vertrieb, After-Sales-Services), die eine Abstimmung aller kunden- und marktorientierten Unternehmensaktivitäten sicherstellen (vgl. Meffert et al. 2015).

2.6.5 Das Marketingcontrolling

Die letzte Phase des Marketingmanagementprozesses stellt das Marketingcontrolling dar. In dieser Phase sollen im Rahmen eines Rückkoppelungsprozesses die folgenden Fragen beantwortet werden: „Haben wir unser Marketingziel erreicht?" „Welche Ursachen erklären Soll-Ist-Abweichungen?" „Welche Ziel-, Strategie- und Maßnahmenanpassungen sind erforderlich?" Vom Marketingcontrolling sind die Erfolgswirkungen im Sinne von Zielerreichungsgraden der umgesetzten Marketingmaßnahmen zu erfassen und gegebenenfalls Anpassungen in allen Phasen des Planungsprozesses vorzunehmen, um die Zielerreichung zu verbessern. Hierzu wird empfohlen, ein Marketinginformationssystem zu entwickeln, in dem entscheidungsrelevante Informationen bereitgestellt werden (vgl. Meffert et al. 2015).

2.7 Aufgaben des Vertriebs als Managementprozess

Die Aufgaben des Vertriebs als Managementprozess lehnen sich stark an den Marketingprozess an und wurden auch von diesem abgeleitet. Das Vertriebsmanagement umfasst folgende rückgekoppelte Aufgaben (vgl. Abb. 2.7): 1) Situationsanalyse, 2) Definition der Vertriebsziele, 3) zielorientierte Ableitung der Vertriebsstrategie, 4) Festlegung der strategieadäquaten Vertriebsinstrumente, 5) Gestaltung des Verkaufsprozesses (CRM-Sales-Funnel) zur Umsetzung und 6) Vertriebscontrolling zur Erfassung der Erfolgswirkung und Initiierung eines Rückkopplungsprozesses mit allen Planungsstufen und Verantwortlichen.

2.7.1 Situationsanalyse im Vertrieb

Die Situationsanalyse im Vertrieb kann in drei Stufen stattfinden. Dabei empfiehlt sich eine „trichterförmige" Vorgehensweise. Die Analyse bezieht sich zuerst auf die Makroumwelt, danach wird die Mikroumwelt dargestellt und schließlich das eigene Unternehmen in den Fokus der Betrachtung gerückt. Die externe Analyse konzentriert sich zum einen auf die Umwelt, das heißt die Einflüsse und Trends, die von außen auf den relevanten Markt einwirken und zum anderen auf den relevanten Markt selbst, der räumlich, zeitlich und sachlich abgegrenzt werden muss.

Die Analyse der Makroumwelt (PESTLE-Umfeldanalyse) bezieht sich in der B2B-Industrie auf ökonomische, politisch-rechtliche, technologische, ökologische und soziokulturelle Einflüsse, die weitestgehend nicht beeinflussbar sind. Bei der Ana-

2.7 Aufgaben des Vertriebs als Managementprozess

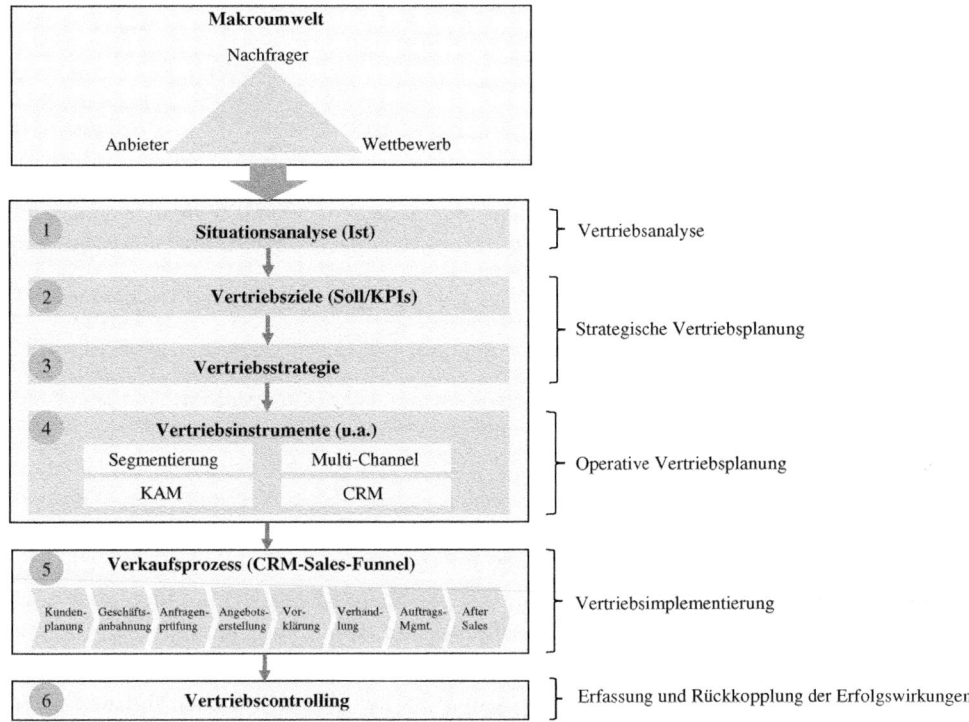

Abb. 2.7 Aufgaben des Vertriebs als Managementprozess

lyse der Mikroumwelt (Marktanalyse) werden in erster Linie Marktgröße, (potenzielle) Kunden und Wettbewerber betrachtet. Die interne Analyse (Potenzialanalyse) betrachtet das eigene Unternehmen, seine Stärken und Schwächen; dabei geht es um die Überprüfung der vorhandenen Ressourcen und die Feststellung von Kernkompetenzen u. v. m. Am Ende der Analysephase steht idealerweise eine fundierte Informations- und Datenbasis, die es dem Unternehmen ermöglicht, Vertriebsentscheidungen zu treffen (vgl. Runia et al. 2015).

2.7.2 Vertriebsziele und Vertriebsstrategie

Auf der Grundlage der Vertriebsanalyse und abgeleitet aus den Unternehmenszielen werden, im besten Fall in enger Verzahnung mit dem Marketing, die Vertriebsziele formuliert. Vertriebsziele kennzeichnen die im Vertriebsbereich gesetzten Vorzugszustände, die es durch den Einsatz von Vertriebsinstrumenten (z. B. CRM, Kundensegmentierung, Key-Account-Management, Multi Sales Channels) zu erreichen gilt. Die Vertriebsziele erfüllen im Vertriebsmanagement eine sehr wichtige Steuerungs-, Motivations- und Kontrollfunktion. Nur wenn die Ziele klar definiert werden, kön-

Abb. 2.8 Bestandteile einer Vertriebsstrategie

nen die Vertriebsmaßnahmen hinsichtlich ihrer Zielerreichung kontrolliert werden. In der Regel beziehen sich die Vertriebsziele auf ökonomische Ziele, wie z. B. Umsatz, Kundendeckungsbeitrag und Kundenmarktanteil (Share of Wallet), können aber auch psychologische Ziele, wie z. B. Kundenzufriedenheit oder wahrgenommene Leistungsqualität umfassen.

Im nächsten Schritt des Vertriebsprozesses wird aus den definierten Vertriebszielen die langfristige Vertriebsstrategie abgeleitet. Die Vertriebsstrategie gibt den Handlungsrahmen vor, der durch die Vertriebsinstrumente ausgefüllt wird. Im Mittelpunkt der Vertriebsstrategie steht die Auswahl der Märkte und Kundensegmente, die Entscheidung über den Einsatz der Vertriebsformen, Vertriebswege und Vertriebsinstrumente, die Formulierung der Kundenentwicklungsstrategie, des Vertriebs- und Verkaufsprozesses sowie die Festlegung der dafür erforderlichen Vertriebsorganisation (Abb. 2.8).

2.7.3 Die Vertriebsinstrumente

Die Vertriebsstrategie bildet den Rahmen für die operative Vertriebsplanung, in der die Vertriebsinstrumente festzulegen sind. Die Vertriebsinstrumente werden abgeleitet aus dem Geschäftsmodell des Unternehmens und aus der Vertriebsstrategie. Eine Auswahl an Vertriebsinstrumenten ist z. B.:

- Key-Account-Management/Smart-Account-Management
- Multikanalvertrieb (Online- und Offline-Vertriebskanäle)
- Marktsegmentierung
- Kundenbeziehungsmanagement/CRM (Kundenakquise, Kundenbindung, Kundenrückgewinnung)
- Potenzialorientierte Kundenbearbeitung (Kundenklassifizierung)
- Direktvertrieb/Indirekter Vertrieb

2.7 Aufgaben des Vertriebs als Managementprozess

- After-Sales-Services
- Added Value Services
- etc.

In einem weiteren Schritt des Vertriebsmanagementprozesses ist die zielgerichtete Realisierung und Durchsetzung der geplanten Vertriebsmaßnahmen sicherzustellen. Für diese Umsetzung ist eine effiziente Aufbau- und Ablauforganisation im Vertrieb mit entsprechenden Verantwortlichkeiten, Führungskonzepten und Budgets zu definieren. Gerade die Zusammenarbeit mit dem Marketing ist von besonderer Bedeutung, da das Marketing auf den Input des Vertriebs und der Vertrieb auf den Input des Marketings angewiesen ist.

2.7.4 Der Verkaufsprozess

Der Verkaufsprozess (Sales Funnel) als fünfte Stufe des Vertriebsprozesses beschreibt die Phasen des Kundenbeziehungsmanagements, das heißt der Kundenakquisition, der Kundenbindung und der Kundenrückgewinnung. In der Regel werden im CRM-System die einzelnen Phasen des Verkaufsprozesses abgebildet und geben dem Vertrieb eine Hilfestellung bei der Kundenbearbeitung. Der Verkaufsprozess kann idealtypisch in den Phasen, wie in Abb. 2.9 abgebildet, dargestellt werden:

Im Folgenden sollen die einzelnen Phasen des Verkaufsprozesses in Anlehnung an Hofbauer und Hellwig (2016) detailliert dargestellt werden:

Kundenplanung
Im Rahmen der Kundenplanung werden zunächst Kundensegmente identifiziert und bewertet. Für diese Kundensegmente sollte eine segmentspezifische Ansprache der Kunden erfolgen. So können bspw. Kunden mit ähnlichen Anforderungen an Problemlösungen durch Produkte und/oder Services mit einem einheitlichen und auf das Segment zugeschnittenen Vertriebskonzept bearbeitet werden. Darauffolgend ist bei der Kundenbewertung grundsätzlich zwischen der Analyse des bestehenden Kundenstamms und der Bewertung potenzieller Neukunden zu unterscheiden. Über die existierenden Kunden liegt i. d. R. eine umfangreiche Kundenhistorie auf Basis der getätigten Umsätze im CRM-System vor. Auf Grundlage dieser Informationen ist es möglich, detaillierte und präzise Bewertung der Bedeutung einzelner Kunden vorzunehmen. Jedoch sollte diese Kundenklassifizierung (i. d. R. A, B, C) nicht nach

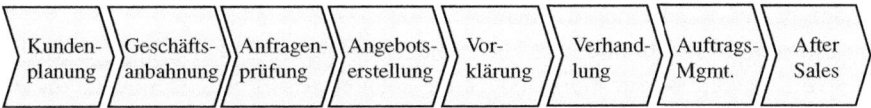

Abb. 2.9 Idealtypischer Verkaufsprozess

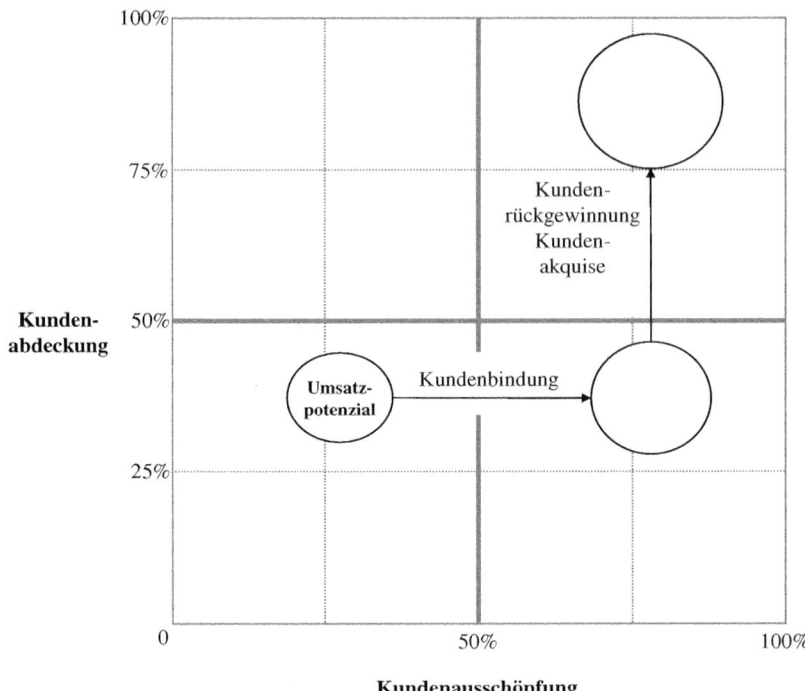

Abb. 2.10 Kundenportfolio zur Bestimmung der Kundenabdeckung und der Kundenausschöpfung auf Gesamtmarktbasis

dem bestehenden Umsatz, sondern potenzialorientiert erfolgen. Die Einschätzung des möglichen Umsatzpotenzials erfolgt entweder durch den Vertrieb oder durch Kennzahlen, wie z. B. Unternehmensumsatz und/oder Mitarbeiteranzahl. Im Gegensatz dazu kann bei der Bewertung potenzieller Neukunden lediglich auf öffentlich verfügbare Daten zurückgegriffen werden, um das Umsatzpotenzial einschätzen zu können. Im nächsten Schritt der Kundenplanung werden Kundenprofile erstellt, anhand derer Maßnahmen zur strategischen Kundenbearbeitung abgeleitet werden können. Als Ergebnis der Kundenplanung erhält man Aufschluss darüber, welche Kunden mit welchen Strategien bzw. über welche Vertriebskanäle akquiriert bzw. bearbeitet werden sollen (vgl. Hofbauer und Hellwig 2016).

Darüber hinaus sollten im strategischen und operativen Vertriebsmanagement Kundenportfolios zur Einordnung der Kundenpotenziale eingesetzt werden (Abb. 2.10). Das erste Kundenportfolio beleuchtet die Kundenabdeckung im Markt und die Kundenausschöpfung der bestehenden Kunden.

Dieses Portfolio ist vor allem für die strategische Vertriebsausrichtung geeignet. Hier lassen sich Erkenntnisse zur Marktabdeckung ableiten. Das Portfolio spiegelt die eigene Position in der Kundenabdeckung und Kundenausschöpfung wider und zeigt Umsatzpotenzial und Wachstumsmöglichkeiten für den Vertrieb auf. Die Kundenabdeckung zeigt den prozentualen Anteil der bestehenden Kunden am gesamten Kundenpotenzial

2.7 Aufgaben des Vertriebs als Managementprozess

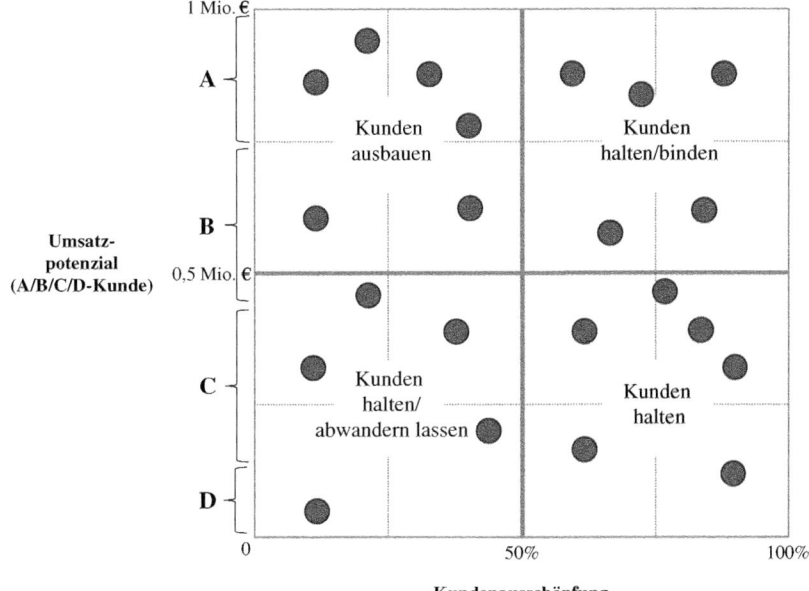

Abb. 2.11 Kundenportfolio zur Bestimmung des Umsatzpotenzials und der Kundenausschöpfung auf Kundenbasis

eines Marktes, die Kundenausschöpfung (auch Share of Wallet oder eigene Lieferanteile) weist den prozentualen Anteil der verkauften Leistungen am gesamten Umsatzpotenzial aller bestehenden Kunden auf.

Das zweite Kundenportfolio ist das Umsatzpotenzial- und Kundenausschöpfungsportfolio (Abb. 2.11). Dieses Portfolio ist vor allem zur Vertriebssteuerung geeignet. Hier lassen sich Erkenntnisse zur Kundenklassifizierung (z. B. A, B, C, D) ableiten, um die Kunden potenzialorientiert zu bearbeiten.

Das Umsatzpotenzial zeigt auf, welche Umsatzhöhe eines Kunden aufgrund seines Geschäftsmodells und seiner Geschäftstätigkeit theoretisch generiert werden könnte. Die Kundenausschöpfung (auch Share of Wallet oder eigener Lieferanteil beim Kunden) weist den prozentualen Anteil der verkauften Leistungen am gesamten Umsatzpotenzial eines Kunden auf.

Geschäftsanbahnung

In dieser Phase des Verkaufsprozesses wird die Geschäftsanbahnung mit Neukunden (Kundenakquise) oder mit Bestandskunden (Kundenbindungsmanagement) geplant und die entsprechenden Kommunikations- bzw. Vertriebsmaßnahmen durchgeführt. Dabei werden vom Vertrieb in Zusammenarbeit mit dem Marketing die Kommunikationsinhalte definiert und die Kommunikationsinstrumente (z. B. konkrete Information über das Unternehmen, Produkt- und Serviceleistungen, Einladung zu Messen usw.) ausgewählt. Anschließend werden die Kommunikationsinstrumente auf die relevanten Kaufentscheider (i. d. R. Buying Center) abgestimmt. Durch den Einsatz der speziell ausgewählten Kommunikationsinstrumente und des auf den Kunden zugeschnittenen Vertriebsansatzes gilt es hier, einen Kontakt zum Kunden herzustellen, aufzubauen und weiter auszubauen, um zu einer Angebotsanfrage zu kommen. Bei der Kontaktaufnahme ist von Vorteil, dass die Kundenpotenziale bereits vorher im Rahmen der Kundenplanung identifiziert wurden, da bereits eine Erfolgsabschätzung vorliegt und damit der Einsatz der Vertriebsressourcen im Multikanalansatz priorisiert werden kann (vgl. Hofbauer und Hellwig 2016). Einen hohen Kundennutzen schafft nur der Anbieter, der die Bedürfnisse seiner Kunden kennt und entsprechende Problemlösungen bietet („vom Product zum Solution Selling"). Im Rahmen der Kundenberatung ist es daher von zentraler Bedeutung, durch permanente Kundenanalyse die Informationen durch den Vertrieb zu generieren, um die Kundenbedürfnisse zu ermitteln. Anhand dieser Informationen kann nun vom Vertrieb ein kundenindividuelles Leistungsangebot erstellt werden (vgl. Weiber und Jacob 2000). Die Zielsetzung aller Maßnahmen in der Phase „Geschäftsanbahnung" ist die Auslösung einer erfolgsversprechenden Kundenanfrage.

Anfragenprüfung
Die Phase „Anfragenprüfung" beginnt mit der Entgegennahme der Kundenanfrage. Nach Abschluss der Anfragenprüfung sollen die relevanten und priorisierten Kundenanfragen vom Vertrieb selektiert sein. Im Rahmen der Anfragenprüfung werden die Ziele, die der Kunde mit seiner Anfrage verfolgt, im Detail analysiert und die Situation des Kunden hinsichtlich Relevanz und Ernsthaftigkeit bzw. die Situation des Anbieters bezüglich Aufwand und Erfolgsaussicht betrachtet. Danach wird geprüft, ob die Anfrage unter technischen und wirtschaftlichen bzw. unter produktionstechnischen und logistischen Gesichtspunkten realisierbar ist. Falls die Anfrage als realisierbar eingestuft wird, erfolgt nun die Bewertung der Kundenanfrage in erster Linie unter ökonomischen Kriterien. Im Anschluss daran werden die relevanten Kundenanfragen selektiert und hinsichtlich der weiteren Bearbeitung priorisiert (vgl. Hofbauer und Hellwig 2016).

Angebotserstellung
Die ausgewählten relevanten Kundenanfragen werden nun vonseiten des Anbieters mit einem Angebot beantwortet. Im Zentrum der Angebotserstellung steht die Ausarbeitung einer Produkt-/Service-Lösung für die Kundenanfrage und die Formulierung eines schriftlichen Angebots. Neben der technischen Lösungsfindung erfolgt ein Abgleich mit den Produktionskapazitäten und der Planung der Fertigungstermine. Mit der Bestimmung des Gesamtangebotspreises und der Lieferkonditionen werden die ökonomischen Rahmenbedingungen des Kundenangebots festgelegt. Häufig wird das Angebot um Serviceleistungen, wie bspw. Finanzierungsoptionen, Wartungsverträge und/oder digitale Leistungen ergänzt. Vor der Übermittlung zum Kunden muss das Angebot durch das Management freigegeben werden, um für die wesentlichen Eckpunkte des Angebots die Unterstützung der Geschäftsführung einzuholen (vgl. Hofbauer und Hellwig 2016).

2.7 Aufgaben des Vertriebs als Managementprozess

Vorklärung

Die „Vorklärung" schließt sich an die Phase der Angebotserstellung an. Wenn der Kunde das Angebot in die engere Wahl zieht, sollten Gespräche mit dem Buying Center zur Klärung offener Punkte geführt werden. Dazu sollten bei größeren Buying Centern auf Seite des Anbieters ein Selling Center eingerichtet werden, sodass bei allen technischen und wirtschaftlichen Details kompetente Gesprächspartner zur Verfügung stehen. Das Resultat der Vorklärung sollte eine Vereinbarung (Letter of Intent) sein, welche die Absicht zum Vertragsabschluss schriftlich fixiert.

Zur effektiven und effizienten Durchführung der Vorklärungsgespräche ist eine sorgfältige Vorbereitung seitens des Anbieters unerlässlich. Hierbei sind Inhalt und Organisation des Gesprächs zwischen Kunde und Anbieter zu planen und allgemeine Gestaltungsansätze zu berücksichtigen. Das eigentliche Vorklärungsgespräch besteht aus den beiden wesentlichen Elementen „Gesprächseröffnung" (Ziel und Agenda) und „Argumentationsphase". Die Argumentationsphase umfasst die Präsentation des Angebots (Value Marketing) durch den Anbieter und die Klärung offener Punkte. Am Ende der Argumentationsphase wird die Vereinbarung (Letter of Intent) angestrebt (vgl. Hofbauer und Hellwig 2016).

Verhandlung

In der Verhandlungsphase wird die in der Vorklärung erzielte Vereinbarung (Letter of Intent) in einen konkreten Vertrag zwischen Kunde und Anbieter überführt. Der aus der Vertragsunterzeichnung resultierende Auftrag charakterisiert das Ende der Verhandlungsphase. Inhalt dieser Verhandlungsphase bildet das Vertragsmanagement, das heißt Vertragsverhandlungen, Ausarbeitung des Vertragsentwurfs, Anpassungen bzw. Änderungen von Vertragsbestandteilen sowie Vertragsabschluss durch Unterzeichnung. Das Ziel der Verhandlungsphase liegt erstens im Gewinnen des Auftrags und zweitens darin, Bedingungen zu verhandeln, die eine profitable und reibungslose Durchführung des Auftrags ermöglichen. Die Gewinnung eines Auftrags hängt in dieser Phase ganz wesentlich von der Verhandlungskompetenz auf Vertriebsseite (Selling Center) ab. Je komplexer ein Projekt ist, desto wichtiger ist es, auf Anbieterseite sorgfältig zu arbeiten und alle Eventualitäten vertraglich zu regeln. Bei spezifizierten, technischen Anforderungen sind in der Verhandlungsphase die wirtschaftlichen Bedingungen mit Preisen und Konditionen (z. B. Lieferkonditionen, Installation, Einweisung) der Hauptgegenstand der Verhandlung. Die Verhandlungsphase schließt mit der Unterzeichnung des Vertrags und damit der Generierung des Auftrags (vgl. Hofbauer und Hellwig 2016).

Auftragsmanagement

Nach erfolgreichem Vertragsabschluss erfolgt die Auftragsbearbeitung und Leistungserstellung durch den Anbieter. Dieser Prozess erstreckt sich von der Auftragsübermittlung über die Vorbereitung der Auftragsabwicklung, der Leistungserstellung (Fertigung), Vorbereitung des Versands, Auslieferung bis zur Implementierung und Abnahme durch den Kunden. Am Ende der Prozessphase steht die Implementierung des hergestellten

Investitionsgutes in den Leistungserstellungsprozess des Kunden. Bei kundenindividuellen Leistungen wird während des Auftragsmanagements regelmäßig ein sehr enger Kontakt zum Kunden gehalten und Mitarbeiter des Kunden in die Leistungserstellung integriert. Ziel des Auftragsmanagements ist es, sicherzustellen, dass die in Auftrag gegebene Leistung den Kunden termin- und kostengerecht erreicht. Daneben sollte ein möglichst effizientes und wirtschaftliches Auftragsmanagement angestrebt werden, um Kosten und Ressourcen im geplanten Umfang zu bewegen. Dazu ist es erforderlich, den Prozess der Auftragsabwicklung so zu gestalten, dass zeitliche Verzögerungen und unnötige Schnittstellen vermieden werden. Probleme, z. B. in der Fertigung und im Logistikablauf, sollten mit kurzen Reaktionszeiten behoben werden. Neben diesen logistischen Zielen sollte der Kunde in den Leistungserstellungsprozess mit eingebunden werden, um durch eine kundenorientierte Leistungserstellung die Kundenbindung zu festigen (vgl. Hofbauer und Hellwig 2016).

After Sales
Nach Auslieferung und Implementierung des Kundenauftrags sollte der Kontakt zum Kunden nicht abreißen, sondern durch die After-Sales-Betreuung aufrechterhalten werden. Dieser Aufgabe sollte sich der Anbieter durch den Vertrieb oder Kundendienst mit besonderer Sorgfalt widmen, da sie wesentlich zum wahrgenommenen Kundennutzen beiträgt. Grund dafür ist, dass die After-Sales-Betreuung in der für den Kunden wichtigsten Phase erfolgt, der Nutzungsphase. Eine leistungsfähige und kundenorientierte After-Sales-Betreuung leistet einen bedeutenden Beitrag zu langfristiger Kundenloyalität und schafft somit eine wichtige Voraussetzung für den Wiederkauf sowie die Weiterempfehlung. Unter After-Sales-Betreuung versteht sich sowohl der technische Kundendienst als auch die kaufmännische Nachbetreuung. In den Bereich der technischen Aufgaben fallen z. B. der Ersatzteildienst, die Instandhaltung oder Wartung, Schulungen und technische Beratung sowie die Entsorgung. Unter das Dach der kaufmännischen Aufgaben gehören z. B. die Vermeidung kognitiver Dissonanzen, Nachkaufakquisition und Folgebedarfsmanagement, Analyse der Kundenzufriedenheit, Beschwerdemanagement und/oder Churn Management und Kundenrückgewinnung (vgl. Hofbauer und Hellwig 2016).

2.7.5 Das Vertriebscontrolling

Das Vertriebscontrolling stellt die letzte Phase des Vertriebsmanagementprozesses dar. Hier sind über geeignete Vertriebs-Controlling-Instrumente die Erfolgswirkungen zu erfassen und gegebenenfalls Anpassungen in sämtlichen Phasen des Vertriebsplanungsprozesses vorzunehmen, um die Zielerreichung sicherzustellen (vgl. Hofbauer und Hellwig 2016).

Eine Auswahl an Vertriebs-Controlling-Instrumenten sind bspw.:

- Balanced Scorecard
- CRM-System (Sales Funnel): Lead Generation; Angebot- und Auftragscontrolling; Hit Rate Analysis; Angebote gewonnen; Angebote verloren; Sales Forecast

- Umsatzprognose
- Kundenmarktanteil (Share of Wallet)
- Deckungsbeitragsrechnung (Kunden, Produkte)
- Kundenwert (Customer Lifetime Value)
- Multichannel-Vertriebsanalyse
- Kundenklassenanalyse (A, B, C)
- Kundensegmentanalyse (Branchen)
- Verkaufsgebietsanalyse (Außendienst)
- Innendienstanalyse
- Wettbewerbsanalyse etc.

2.7.6 Erfolgskette und Treiber des B2B-Vertriebs

Global zunehmender Wettbewerb bzw. wachsende Kundenerwartungen fordern von B2B-Unternehmen, ihre Unternehmens-, Marketing- und Vertriebsstrategien auf die Kundenbedürfnisse auszurichten, verschiedenste Vertriebskanäle einzuführen und Kunden strategisch zu segmentieren und zu bearbeiten. Diese strategische Kundenbearbeitung fordert Customer-Relationship-Management-Systeme (CRM-Systeme), welche den Vertrieb bei der strategischen Kundenbearbeitung unterstützen und die Prozesse vereinfachen. Zusätzlich spielen die Ausbildung, Weiterentwicklung und Bezahlung des Vertriebs eine entscheidende Rolle für Erfolg und Misserfolg der Vertriebsorganisation (vgl. Leigh und Marshall 2001). Diese zusammengefasste Darstellung einer erfolgreichen Vertriebsorganisation von Leigh und Marshall haben Zoltners et al. zugrunde gelegt, um die Komplexität des Vertriebs und die Korrelation mit dem Unternehmenserfolg darzustellen (Abb. 2.12) (vgl. Zoltners et al. 2008).

Der erste Impuls der Erfolgskette entsteht durch externe Einflussfaktoren, wie bspw. Kunden, Gesetze oder technologischen Durchbruch (Laptop-Computer). Diese Faktoren können nicht kontrolliert oder beeinflusst werden. Dennoch haben sie einen direkten Einfluss auf die Strategie eines Unternehmens und dessen Ausrichtung am Markt. Diese Einflüsse sind unmöglich vorherzusehen und daher ist es wichtig, als Unternehmen eine klare Strategie für den Vertrieb zu verfolgen. Peter F. Drucker versteht unter Strategie die Antworten auf fünf Leitfragen, die Unternehmen bei der erfolgreichen Strategieentwicklung unterstützen (vgl. Drucker 1954):

1. Was ist unser Geschäft?
2. Wer ist der Kunde?
3. Was schätzt der Kunde?
4. Was wird unser Geschäft sein?
5. Was sollte unser Geschäft sein?

Aus der Unternehmensstrategie leiten sich Marketing- und Vertriebsstrategien ab, die sich primär auf den Kunden ausrichten und dabei unterstützen, eine strategische Kundenbearbeitung zu gewährleisten. Diese Strategien wirken direkt auf die Struktur des

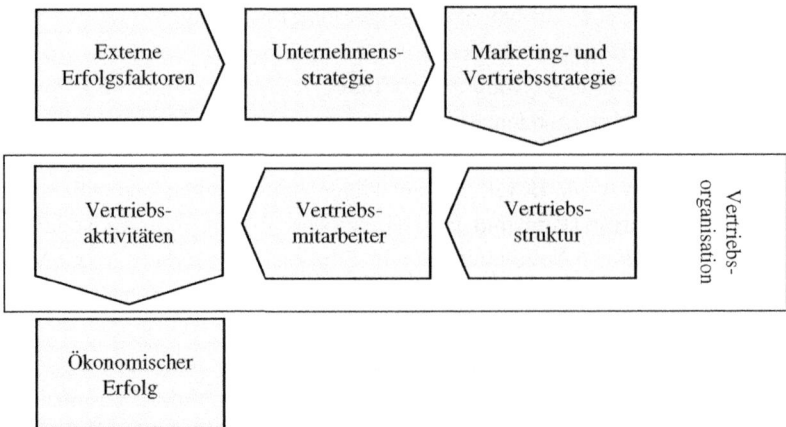

Abb. 2.12 Erfolgskette des B2B-Vertriebs

Vertriebs, seine Mitarbeiter und deren täglichen Aufgaben (vgl. Bruhn und Homburg 2013). Sind diese drei Komponenten der Vertriebsorganisation im Einklang, kann von einem positiven Effekt auf den Unternehmenserfolg ausgegangen werden.

Erfolgt eine Änderung in einem der Glieder in der Erfolgskette des B2B-Vertriebs, so hat diese Änderung einen direkten Effekt auf alle folgenden Glieder der Wirkungskette (vgl. Zoltners et al. 2008). Im Allgemeinen birgt jede strategische Entscheidung, die einen Einfluss auf den Vertrieb hat, einen positiven oder negativen Effekt auf den Unternehmenserfolg. Denn der Vertrieb stellt die Verbindung zum wertvollsten Gut eines Unternehmens – dem Kunden – dar. Zoltners et al. führen in ihrer Publikation an, dass im Rahmen dieser Wirkungskette ein stetiger Verbesserungsprozess im Gang sein muss, um kontinuierlichen Unternehmenserfolg zu gewährleisten (vgl. Zoltners et al. 2008). Der Pharmakonzern Novartis hat mithilfe dieses Modells und einer eigens entwickelten „Sales Force Performance Scorecard" sechs Jahre in Folge ein für die Branche überdurchschnittliches zweistelliges Wachstum verzeichnet. Der Abgleich von quantitativen Daten und qualitativen Beurteilungen verschafft einen klaren Überblick über Chancen, Risiken und Stärken, die es zu managen gilt (vgl. Fratter et al. 2015).

2.7.7 Strategische Kundenbearbeitung im B2B Vertrieb

Vor dem Hintergrund des begrenzten Marketing- und Vertriebsbudgets, muss der Fokus auf eine effiziente Gestaltung der Kundenbeziehung gelegt werden. Dies erfordert eine potenzialorientierte Kundenklassifizierung, die den Vertrieb dabei unterstützt, die Kundenplattform strategisch zu bearbeiten. Diese strategischen Bearbeitungsmaßnahmen helfen den Vertriebsmitarbeitern, ihre Zeit optimal bei den ökonomisch wertvollsten Kunden zu verbringen und diese an das Unternehmen zu binden (vgl. Cornelsen 2001).

2.7 Aufgaben des Vertriebs als Managementprozess

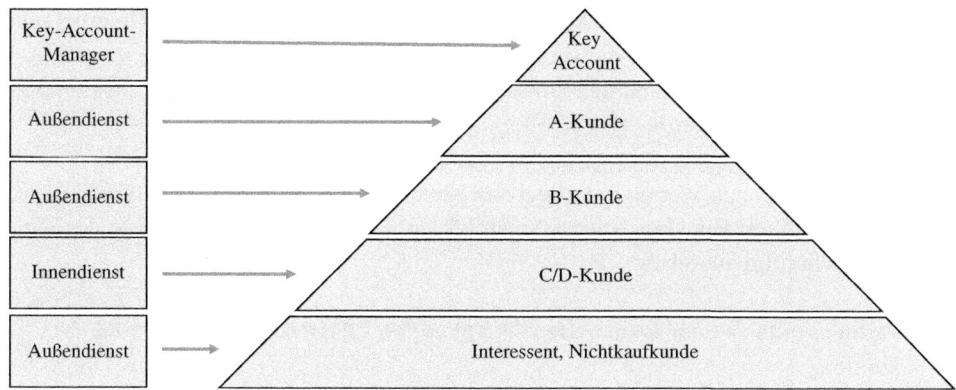

Abb. 2.13 Kundenklassifizierung und strategische Kundenbearbeitung

Pufahl hebt hervor, dass vor der Kundenklassifizierung der Kunden eine Segmentierung stattfinden muss. Dazu wird die gesamte Kundenplattform eines Unternehmens betrachtet und diese in verschiedene Segmente unterteilt. Mögliche Kriterien für eine Segmentierung können Branchen, Märkte oder Produkte sein (vgl. Pufahl 2015).

Nach einer erfolgreichen Kundensegmentierung werden die Kunden i. d. R. mithilfe einer ABC-Analyse kategorisiert. Diese Kategorisierung erfolgt anhand vordefinierter Kriterien und teilt die Kunden in A-, B-, C- oder D-Kunden sowie Interessenten ein (siehe Abb. 2.13). Meist orientieren sich Unternehmen am Umsatz und/oder dem Umsatzpotenzial. Nachteil dieser Methode ist, dass sogenannte „schlafende Riesen" mit Key-Account-Potenzial in der Kundenplattform unentdeckt bleiben könnten, da sie zum Betrachtungszeitraum zu wenig Umsatz generieren. Ein Kunde ist demnach wertvoll für ein Unternehmen, wenn er neben hohen Umsätzen auch positive Ergebnisbeiträge leistet. Pufahl empfiehlt die Einbindung des Kundendeckungsbeitrages sowie des Kundenwerts. Der Kundendeckungsbeitrag beschreibt in der einfachsten Form den Umsatz abzüglich aller variablen Kosten. Das Ziel ist es, die Fixkosten zu decken. Die Kunst bei der Kundendeckungsbeitragsrechnung liegt darin, die variablen Kosten eines Unternehmens auf einzelne Kunden bzw. Transaktionen herunter zu brechen. Daher beschränken sich Unternehmen auf mögliche und naheliegende Kosten pro Kunde/Transaktion (vgl. Pufahl 2015).

Der Kundenwert kann definiert werden als die aufaggregierten Kundendeckungsbeiträge über den Kundenlebenszyklus. Ein beliebtes Verfahren, um den Kundenwert zu berechnen und die Kunden nach der Kategorisierung in ABCD-Kunden und Interessenten weiter zu strukturieren, ist die Recency-Frequency-Monetary-Ratio-Methode (vgl. Rennhak 2005):

- **Recency:** Beschreibt die Zeit (in Tagen), die seit dem letzten Kauf vergangen ist. Hat ein Kunde erst vor kurzer Zeit einen Kauf getätigt, so erhält er eine bessere Bewertung als ein Kunde, der vor längerer Zeit Umsätze getätigt hat.

- **Frequency:** Beschreibt die Häufigkeit, in der ein Kunde kauft. Unternehmen beschränken sich i. d. R. auf die vergangenen 365 Tage.
- **Monetary Ratio:** Beinhaltet den Umsatz pro Kauf. Je höher der Umsatz, desto höher wird der Kunde eingestuft.

Gemäß den errechneten Werten unterliegt der Kunde auf Basis der RFMR-Methode einer weiteren Einstufung. Eine bei Unternehmen häufig durchgeführte Einordnung der Kunden könnte wie folgt aussehen:

▶ Partnerkunden – Regelkaufkunden – Kaufkunden – Passivkunden – Nicht-Kaufkunden.

Nachteilig an der RFMR-Methode ist der Schwellenwert, den ein Kunde überschreiten muss, um eine bessere Einstufung zu erhalten. Aufgabe des Vertriebs ist es daher, diese Schwellenwerte durch Kundenentwicklungsmaßnahmen zu fördern, um weitere ökonomisch wertvolle Kunden zu entwickeln. Laut des Pareto-Prinzips generieren die Top 20 % der Kundenplattform 80 % des Unternehmensumsatzes (vgl. Rennhak 2005).

Die für das Unternehmen ökonomisch wertvollsten Kunden sind die sogenannten Key Accounts (Schlüsselkunden). Diese Kunden werden durch ein gezieltes Key-Account-Management und Key-Account-Marketing individuell und gezielt betreut. Die für den Flächenvertrieb wertvollsten Kunden sind die A-Kunden, die auch als Partnerkunden eingestuft werden. Diese A-Kunden werden vom Vertriebsaußendienst intensiv betreut und bearbeitet, um eine potenzialorientierte Ausschöpfung zu gewährleisten. Neben den A-Kunden betreut der Vertriebsaußendienst auch B-Kunden (mittelgroße Kunden), welche mindestens als Kaufkunden eingestuft sind. Darüber hinaus ist der Vertriebsaußendienst auch für die Gewinnung von Neukunden (Interessenten) sowie für die Rückgewinnung von Nichtkaufkunden verantwortlich. Kunden mit einem geringen Umsatz (Kleinkunden, C-Kunden) oder Kleinstkunden mit nicht kostendeckenden Preisen (D-Kunden) werden i. d. R. durch den Vertriebsinnendienst, stationären Handel oder komplementäre Handelspartner betreut, da eine telefonische Kundenbetreuung oder ein Newsletter wesentlich kostengünstiger sind. Ziel eines B2B-Unternehmens ist es auch, Kunden möglichst über alternative Online-Vertriebskanäle zu bedienen, da diese im Fall des Wiederkaufs sehr effiziente und kostengünstige Vertriebswege darstellen.

Gelingt es Unternehmen, ihre Kundenplattform zu segmentieren, mithilfe der ABC-Analyse zu klassifizieren und letztlich mithilfe des Kundendeckungsbeitrags und Kundenwerts weiter zu kategorisieren, so hat diese strategische Kundenausrichtung einen positiven Einfluss auf die Arbeitsorganisation der Vertriebsmitarbeiter und kann folglich den Unternehmenserfolg positiv beeinflussen.

2.7.8 Vertriebswege des B2B-Vertriebs – Multi-Channel-Management

Wie bereits ausgeführt, werden definierte Kundensegmente und -klassen durch den Vertrieb strategisch fokussiert bearbeitet. Aus Sicht der Unternehmen ist klar festgelegt, welche Kundensegmente und -klassen über welchen Vertriebsweg vorrangig bedient und angesprochen werden. Schlussendlich hat der Kunde die Wahl, sich für einen oder mehrere Vertriebswege zu entscheiden. Die sogenannten autonomen Kunden stellen für Unternehmen die größte Herausforderung dar. Autonome Kunden warten nicht, bis ein Verkäufer ein Bedürfnis weckt oder ein Newsletter über Innovationen informiert. Vielmehr ist der Kunde eigenständig auf der Suche nach Lösungen. Sobald er eine vermeintliche Lösung gefunden hat, kontaktiert er den Lieferanten (vgl. Dannenberg und Zupancic 2015). Folglich hat es der Vertriebsmitarbeiter schwer, sich vom Wettbewerb abzugrenzen sowie Kunden zu entwickeln und an das Unternehmen zu binden (vgl. Payne und Frow 2005) – denn Kunden denken nicht in Vertriebskanälen. Sie bewegen sich in ihrer eigenen Komfortzone, nutzen Kanäle übergreifend und vertreten die Erwartungshaltung, dass gebotene Serviceleistungen sowie Preissicherheit kanalübergreifend in Anspruch genommen werden können. Wallace et al. argumentieren, dass diese Freiheit zu wählen, die Kundenzufriedenheit positiv beeinflusst (vgl. Wallace et al. 2004). Unternehmen bieten demnach ihren Kunden mehrere Vertriebswege an. Diese sogenannten „Multichannels" stehen dem Kunden im Rahmen des Verkaufsprozesses zur Verfügung, um mit dem Unternehmen in Kontakt zu treten. Übliche Vertriebswege im B2B-Bereich sind der Vertriebsaußendienst, der Vertriebsinnendienst, der Onlineshop und/oder der stationäre Handel (vgl. Payne und Frow 2005). Durch den ständigen Wechsel zwischen den „Channels" steigen die Anforderungen an die Koordination der Vertriebskanäle. Der entscheidende Unterschied des Multichannel-Ansatzes gegenüber dem Cross-Channel-Ansatz ist der integrative Aspekt, dass der Kunde sein Kauferlebnis über mehrere Kanäle hinweg durchlaufen kann. Für das vertreibende Unternehmen ist es wichtig, dass Informationen und interne Prozesse dahin gehend verknüpft werden, dass keine Informationen verloren gehen und abteilungsübergreifend für alle beteiligten Mitarbeiter zur Verfügung stehen (vgl. Dannenberg und Zupancic 2015). Der Kunde wird zu einem gläsernen Objekt, welches von allen Seiten beobachtbar ist.

Der Kunde durchläuft keinen traditionellen Kaufprozess mehr, sondern begibt sich auf eine Reise, der sogenannten Customer Journey. Er tritt zu den unterschiedlichsten Zeitpunkten des Kontakt- und Kaufprozesses auf unterschiedlichste Art und Weise mit dem Unternehmen in Kontakt. Solche Berührungspunkte mit dem Unternehmen werden Touchpoints genannt (vgl. Binckebanck und Elste 2016). Um einen Kunden auf seiner Reise zu begleiten, sind entsprechende IT-Systeme erforderlich, die Kommunikations- und Vertriebsaktivitäten synchronisieren, ohne dass wichtige Informationen verloren gehen. Abb. 2.14 visualisiert die fünf Phasen, die ein Kunde mit einem Unternehmen auf seiner Reise durchläuft, und zeigt beispielhaft mögliche digitale und physikalische Touchpoints mit dem Unternehmen auf.

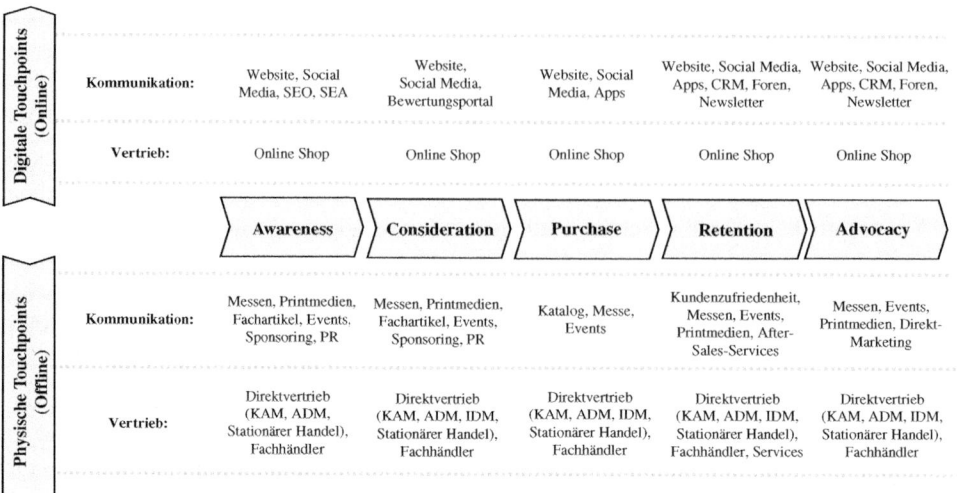

Abb. 2.14 Customer Journey eines B2B-Kunden

2.7.9 IT-System im B2B-Vertrieb

Die Rolle des Außendienstmitarbeiters im B2B-Vertrieb hat sich in den letzten Jahren stark verändert. Ausgestattet mit den neuesten Tablets und Smartphones begegnen die Außendienstmitarbeiter ihren Kunden. Sie sind immer und überall für Kunden und interne Abteilungen erreichbar. Sie haben die Möglichkeit von jedem Ort jegliche Kundenkonten einzusehen, auf Bestellhistorien zuzugreifen und dem Kunden Produkte anhand von Videos oder anderen digitalen Ansätzen zu demonstrieren.

Die digitalen Helfer sollen den Außendienstmitarbeiter dabei unterstützen, die Zeit pro Kundentermin zu verkürzen, um so die Besuchsfrequenz zu erhöhen. Ist der Mitarbeiter in der Lage, direkt beim Kunden alle relevanten Aktivitäten inklusive der Dokumentation des Kundentermins abzuschließen, ohne im Homeoffice eine Nacharbeit durchzuführen, kann laut einer Studie von McKinsey die Vertriebsproduktivität um 10–12 % gesteigert werden (vgl. McKinsey 2012). Haas und Bowen gehen noch einen Schritt weiter und illustrieren in ihrer Publikation, wie neue Arten von digitalen Medien, bspw. Virtual-Reality-Brillen, bei Kundenterminen zum Einsatz kommen. Ziel ist es, das Kauferlebnis für den Kunden zu erhöhen und Produkte für den Kunden greifbarer zu machen, sodass ein Abschluss schneller und wahrscheinlicher realisiert werden kann. Mit dieser Methode soll es gelingen, die Produktivität im Vertrieb um bis zu 20 % zu steigern. Unter der Annahme, dass ein Unternehmen 200 Vertriebsmitarbeiter beschäftigt, können laut Haas und Bowen rein rechnerisch 40 Mitarbeiter eingespart werden (vgl. Haas und Bowen 2016).

2.7 Aufgaben des Vertriebs als Managementprozess

Die Auswahl an digitalen Kommunikationswegen zum Kunden hin ist in der heutigen Zeit vielseitig. Dennoch ist die E-Mail laut einer Studie von BuyerSphere immer noch die Nummer eins unter den Kommunikationsmitteln und Informationsquellen, dicht gefolgt von der Webseite und dem persönlichen Kontakt. Die Veröffentlichung hebt hervor, dass der Kommunikationsweg und die Informationsquellen stark vom Alter eines Einkäufers abhängen. Junge Einkäufer eignen sich Produktwissen auch über soziale Netzwerke und Blogs an, wobei ältere Kollegen die Webseite oder einen Katalog bevorzugen. Hier ist festzustellen, dass wir im digitalen Zeitalter angekommen sind, die analoge Welt uns dennoch fest im Griff hat (vgl. Bottom 2013).

Für den Vertriebsaußendienst ist nicht nur die Kommunikation zum Kunden hin wichtig. Auch die Kommunikation nach innen, zu anderen Abteilungen, ist von großer Bedeutung. Da der Außendienst das Bindeglied zwischen dem Kunden und dem Unternehmen darstellt, ist es wichtig, neben der formalen und informellen Kommunikation auch IT-Systeme zum Austausch von Daten zur Verfügung zu haben. Durch den Einsatz von CRM-Systemen gelingt es, alle kundenrelevanten Informationen kanalübergreifend in einem System abzubilden (vgl. Lehning et al. 2014). Durch die Möglichkeit, diese Informationen auf mobilen Endgeräten abzurufen, versprechen sich Manager eine Produktivitätssteigerung von über 150 % (vgl. Aberdeen Group 2007).

Weiterhin gibt es viele interne Prozesse, die nichts mit dem Kundenkontakt direkt zu tun haben und daher in anderen Systemen abgebildet werden. Dadurch entsteht schnell eine sehr komplexe IT-Systemlandschaft. Jeder Vertriebsmitarbeiter ist selbst verantwortlich, seinen Weg durch diese Systemlandschaft zu finden, um seine eigene Produktivität zu steigern. Dabei sollte es in der Verantwortung des Managements liegen, für eine exakte Spezifikation und saubere Implementierung der IT-Systeme zu sorgen (vgl. Landry et al. 2005).

Wo die einen Experten eine hohe Produktivitätssteigerung prognostizieren, warnen andere vor Produktivitätseinbußen (vgl. Ahearne et al. 2007). Durch die Einführung von CRM-Systemen steigt nicht nur die Transparenz der Kunden, auch der Außendienstmitarbeiter und seine Arbeitsweise werden transparent. Die Überwachung der Mitarbeiter kann dazu führen, dass diese viel Zeit im Büro verbringen, um Statistiken zu erstellen. Dadurch besteht die Gefahr, dass die Besuchsfrequenz abnimmt, anstatt mithilfe der Technologie die Vertriebsproduktivität zu erhöhen (vgl. Sinisalo et al. 2015). Des Weiteren kommen McIntosh und Baron zu der Auffassung, dass die Mitarbeiter durch die ständige Erreichbarkeit in ihrer Tätigkeit eingeschränkt und blockiert sind (vgl. McIntosh und Baron 2005).

Kim weist darauf hin, dass der Schlüssel zum Erfolg eine strukturierte Implementierung der IT-Systeme ist. Es ist wichtig, alle involvierten Mitarbeiter an die neue Technologie heranzuführen und in dem Prozess zu begleiten (vgl. Kim 2004). Gelingt eine erfolgreiche Implementierung des neuen IT-Systems mit hoher Akzeptanz der Mitarbeiter, so kann ein Unternehmen Wertschöpfungs- und Effizienzvorteile erlangen, die sich positiv auf die Produktivität auswirken. Laut Winkelmann können diese Vorteile in vier Kategorien unterteilt werden (vgl. Winkelmann 2012):

1. Strategische Kundenmanagementvorteile
2. Strategische Vertriebsvorteile
3. Strategische Marketingvorteile
4. Kostenvorteile

2.7.10 Der „Purchasing Funnel" der Kunden – gestern und heute

Der „Purchasing Funnel" beschreibt die einzelnen Phasen eines Kunden von der Aufmerksamkeitsphase, bei der der Kunde z. B. zum ersten Mal über den Vertriebsaußendienst mit dem Unternehmen in Kontakt kommt bis zur Loyalitätsphase, bei der der Kunde sich langfristig an das Unternehmen bindet. In den letzten Jahren hat sich die Zusammenarbeit von Marketing und Vertrieb in Bezug auf den „Purchasing Funnel" der Kunden ganz wesentlich verändert.

So bestanden hierbei die Aufgaben des Marketings in der Vergangenheit in der Leadgenerierung sowie der Bereitstellung von Vertriebsunterlagen, wie z. B. Produktkataloge und -broschüren, um den Kunden auf die Unternehmensleistungen anzusprechen und Interesse zu wecken (Abb. 2.15). Der Vertriebsfokus hingegen lag im Wesentlichen auf der Kundengewinnung, Interesse zu generieren, Beratung, Vertragsabschluss, dem After-Sales-Management und Training der Anwender.

In den letzten Jahren hat sich die Zusammenarbeit von Marketing und Vertrieb dahin gehend verändert, dass die Kundenbearbeitung im „Purchasing Funnel" synchronisiert, das heißt abgestimmt abläuft. So haben sich die Vertriebsaufgaben nicht wesentlich verändert, jedoch unterstützt das Marketing durch digitale Medien und Pricing den Verkaufsprozess aktiv, wodurch der Vertrieb effizienter und dadurch produktiver arbeiten kann (Abb. 2.16). Zudem stellt das CRM-System eine gemeinsame IT-Plattform dar und ist die Voraussetzung für eine intensive Zusammenarbeit der beiden Funktionseinheiten.

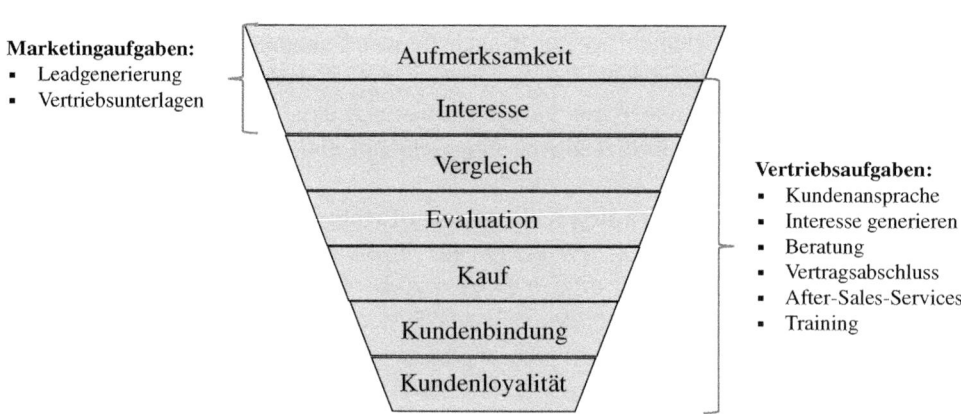

Abb. 2.15 Purchasing Funnel der Kunden in der Vergangenheit

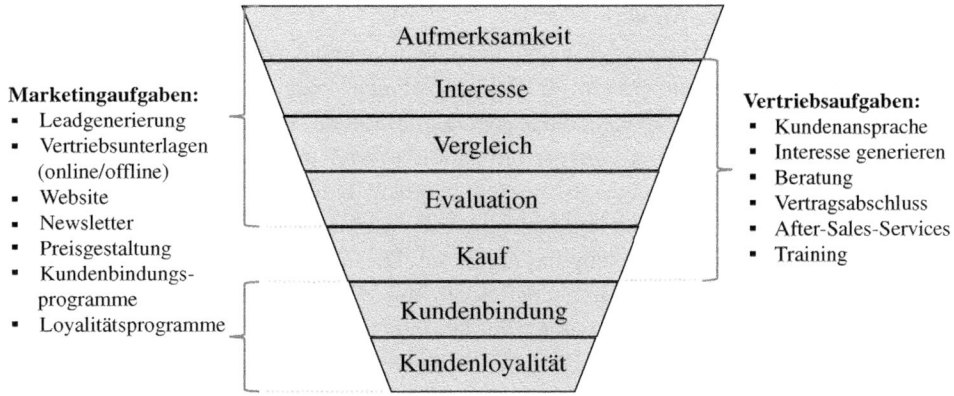

Abb. 2.16 Purchasing Funnel der Kunden in der Gegenwart

2.8 Trends und Herausforderungen im Marketing und Vertrieb

Die Unternehmen der B2B-Industrie stoßen zunehmend auf schwierige und komplexe Marktbedingungen, die maßgeblich durch veränderte Kundenanforderungen, zunehmende Digitalisierung und globalen Wettbewerb beeinflusst werden. Einige Megatrends, wie neue Technologien, die Standardisierung von Produkten und Märkten, makroökonomische Entwicklungen, demografische Veränderungen oder andere Faktoren wie Globalisierung oder starker Wettbewerb verändern Marktplätze und Kundenbedürfnisse erheblich und wirken sich daher auf das B2B-Marketing von heute und morgen aus. Während sich die Marktplätze ständig weiterentwickeln, gerät das B2B-Marketing unter Wettbewerbsdruck, nicht zuletzt, weil die Kunden besser informiert sind, mehr Auswahlmöglichkeiten haben und leistungsfähiger sind. Einige Marketer beschreiben die aktuelle Situation des B2B-Marketings folgendermaßen: Entweder wir konzentrieren unsere Aktivitäten auf strategische Initiativen wie Differenzierung, Segmentierung und Markenbildung oder wir innovieren schneller und besser in neue Produkte oder Geschäftsmodellansätze – wenn wir jedoch nichts tun, werden wir den Kampf um unsere Kunden verlieren (vgl. Wiersema 2013).

2.8.1 Die zehn Trendthemen aus wissenschaftlicher Sicht

Wiersemas Forschungsstudie wurde im Jahr 2013 in den USA mit Vertretern aus der B2B-Industrie (Top-Managern, z. B. CMOs und Marketing-Führungskräften) sowie ausgewählten Forschern (z. B. F. Cespedes, B. Jaworski, W. Johnston, A. Kohli, R. Oliva, J Sheth, B. Weitz) durchgeführt. Die Studie stellt zehn relevante Trends und Herausforderungen für das aktuelle und zukünftige B2B-Marketing vor, die im Folgenden ausgeführt werden:

1. **Globalisierung der Märkte**
   Der Aufbau einer starken globalen Präsenz ist gemäß der Forschungsstudie von Wiersema (2013) in vielen B2B-Unternehmen eine zwingende Notwendigkeit, insbesondere in neuen, aufstrebenden Märkten. Diese sogenannten „Emerging Markets" benötigen einzigartige Produkte und lokale Unterstützung. Um in diesen Märkten erfolgreich zu agieren, werden Teams installiert, die bestimmte Marktchancen und -lücken untersuchen und Marktsegmentierungs- und Marktbearbeitungskonzepte entwickeln und aufsetzen. Diese Konzepte sind auf die Kundenanforderungen und das Geschäftsmodell des Unternehmens ausgerichtet. Die meisten wirtschaftlichen Aktivitäten in den industrialisierten Ländern der Welt sind jedoch eher B2B als B2C, wobei der Schwerpunkt auf Infrastrukturwartung und -erweiterung liegt. Es besteht ein enormer Bedarf an Energiegewinnung sowie die Erstellung von Gebäuden und Fabriken, deren Betrieb zahlreiche Maschinen, Produkte und Dienstleistungen erfordert.

2. **Technologische Herausforderungen (Digitalisierung)**
   Der wachsende Einfluss der Digitalisierung auf Kunden und kundenbezogene Aktivitäten ist laut der Studie von Wiersema (2013) eine der größten Herausforderungen für das B2B-Marketing. Sowohl Praktiker als auch Forscher blicken mit großer Spannung auf die Auswirkungen der Digitalisierung bezüglich des Kaufverhaltens der Kunden, der Kommunikation (einschließlich sozialer Medien), Marketing- und Vertriebsautomation (CRM) und auf die zukünftigen Geschäftsmodelle (Onlinevertrieb) der Unternehmen.
   Das wichtigste technologiebezogene Thema ist die Auswirkung auf das Kaufverhalten, das sich aus dem unmittelbaren Zugang der Kunden zu Informationen über die Angebote verschiedener Lieferanten und darüber hinaus über die Erfahrungen anderer Käufer ergibt. Auf diese Weise können Kunden fundiertere Entscheidungen treffen und gleichzeitig ihre Kaufkraft steigern. Diese Kunden verlassen sich immer weniger auf traditionelle Quellen – wie Messen, Kataloge, Fachpublikationen oder Zwischenhändler – als auf das Internet, um sich auf dem Laufenden zu halten. Diese Situation verändert die Rolle der Vertriebsmitarbeiter und Vertriebskanäle in den Entscheidungsprozessen und im Kaufverhalten der Kunden. Sie verändert auch die Rolle der Vertriebsmitarbeiter als Informationskanal für andere Kanäle, die vom B2B-Marketing leichter verwaltet werden können, einschließlich Websites und digitaler Medien. Darüber hinaus ändern sich die Einkaufspraktiken und -modelle der Kunden aufgrund der zunehmenden Nutzung von Social Media, was das Kaufverhalten auf eine noch nicht bekannte Weise beeinflusst. In der Vergangenheit war bekannt, welche Vertriebskanäle von Käufern genutzt wurden und welche Medien und Einflüsse von unterschiedlichen Kundentypen und -gruppen berücksichtigt wurden. Heute ist die Situation weitaus weniger transparent und ihre Überwachung oder Einflussnahme viel komplizierter.
   Die Zunahme von On-Demand-Software und Daten, auf die von unterschiedlichen Standorten der Welt zugegriffen werden kann, ist eine weitere Entwicklung,

die für B2B-Marketing vielversprechend erscheint. Das CRM-System und andere Technologien werden im Vertriebsbereich bereits positiv eingesetzt. Im B2B-Marketing wird das volle Potenzial von CRM jedoch noch nicht ausgenutzt, um die Anforderungen der Kunden zu verstehen und nachzuverfolgen. Darüber hinaus hat CRM das Potenzial der Informationstechnologie, um funktionsübergreifende Barrieren abzubauen, insbesondere zwischen Marketing und Vertrieb. Durch die Verbindung oder Integration von Marketing- und Vertriebssystemen erhält das Marketing Zugang zu CRM-fähigen Kundendaten, während der Vertrieb in die Lage versetzt wird, wieder in den Verkaufstrichter zu gelangen und ein Fenster mit den strategischen Planungsaktivitäten zu öffnen. Ein weiterer Aspekt ist die Verwaltung von Big Data, das heißt die Nutzung großer Datenmengen, um tiefe Einblicke in die Kunden zu gewinnen. B2B-Anwendungen scheinen bisher jedoch begrenzt zu sein, da diese Unternehmen detaillierte Kenntnisse über die Kunden ihrer Kunden und gegebenenfalls deren Endkunden benötigen. Diese Daten sind jedoch i. d. R. im CRM-System noch nicht verfügbar.

3. **Anpassung an sich verändernde Marktbedingen**

Laut der Forschungsstudie von Wiersema (2013) haben B2B-Unternehmen in den letzten Jahren wichtige marktorientierte Veränderungsinitiativen angestoßen, um sich besser an verändernde Marktrealitäten und -chancen anzupassen und damit ihre Geschäftsmodelle erfolgreicher zu führen. Ein wichtiger Teil der sogenannten „Customer Journey" besteht darin, die Stimme des Kunden über die Marketing- und Vertriebsabteilung hinaus zu verstärken, wobei das gesamte Geschäftsmodell von einem intern geführten Produkt- oder Unternehmensfokus auf einen extern ausgerichteten Kundenfokus übergehen sollte. Die herausfordernden Marktbedingungen und die sich ändernden Kundenanforderungen schufen einen wichtigen Impuls für die Unternehmen, stärker auf kundenorientierte Initiativen zu setzen.

4. **Strategisches Marketing**

Wiersema (2013) postuliert in seiner Forschungsstudie, dass die Kernvoraussetzungen für den Transformationsprozesses des Marketings eine klarere Definition der Rolle und eine breit angelegte Anerkennung seiner strategischen und taktischen Verantwortlichkeiten sein sollten. In B2B-Unternehmen gibt es jedoch oft Verwirrung über die Rolle des Marketings und des Vertriebs und wenig Verständnis für die verschiedenen Rollen von strategischem Marketing gegenüber taktischem Marketing.

In den letzten Jahren hat das B2B-Marketing jedoch zunehmend eine wichtigere Rolle bei strategischen Entscheidungen in Bezug auf Geschäftsentwicklung, Technologieprioritäten und Kundenbeziehungsmanagement gespielt. Die Rolle des Marketings auf strategischer Ebene besteht bspw. darin, die Forschung & Entwicklung in Innovationsprozessen, das Management in Geschäftsentwicklungsprozessen und den Vertrieb in strategischen Themen des Vertriebsprozesses zu unterstützen, um die größten Wertschöpfungsmöglichkeiten für das Unternehmen zu definieren.

5. **Schnittstellenmanagement zwischen Marketing und Vertrieb**
   Heute ist jedes B2B-Unternehmen bestrebt, funktionsübergreifende Barrieren abzubauen, insbesondere hinsichtlich der Beziehung zwischen Marketing und Vertrieb. Keine Funktion im Unternehmen ist dem Marketing näher als der Vertrieb und keine Funktion ist für die Leistung des Marketings wichtiger als der Vertrieb. Die Zusammenarbeit der beiden Funktionen war nicht immer reibungslos und effektiv. Im Laufe der letzten Jahre wurden von Forschern zahlreiche Erfolgsfaktoren zur Zusammenarbeit von Marketing und Vertrieb untersucht (z. B. Ziele, Kommunikation, Entlohnungssysteme, gemeinsame Strukturen), um die Zusammenarbeit dieser Schnittstelle zu verbessern. Eine Hypothese der Wissenschaftler besagt, dass eine gute und abgestimmte Zusammenarbeit zwischen Marketing und Vertrieb einen positiven Einfluss auf das Unternehmensergebnis hat. Die verstärkte Beteiligung des B2B-Marketings an der strategischen Ausrichtung und der Koordination wichtiger Veränderungsinitiativen im Unternehmen erfordert eine engere Zusammenarbeit mit dem Vertrieb. Das Marketing benötigt zunehmend Input vom Vertrieb, um Strategien im Einklang mit dem Markt- und Customer-Intelligence-System zu gestalten und diese durch die Interaktionen der Vertriebsmitarbeiter mit Käufern, Entscheidungsträgern und Benutzern entsprechend auszusteuern.
   Gleichermaßen verlagert sich die Vertriebsfunktion zu eher konsultativen und lösungsorientierten Vertriebsansätzen. Der Vertrieb ist bestrebt, mit Schlüsselkunden in einer stärkeren, tieferen und expansiveren Kundenbeziehung zusammenzuarbeiten: Stärker im Umgang mit immer hochrangigeren Entscheidungsträgern und Beeinflussern in Kundenunternehmen, tiefer hinsichtlich dem immer breiteren Geschäftsmodell- und Wertschöpfungsansatz (mit dem Ziel, den Kundenerfolg zu steigern) und expansiver in Bezug auf das Leistungsangebot, das das Unternehmen seinen Kunden bietet. Ein weiterer Bereich, in dem die Zusammenarbeit von Marketing und Vertrieb als kritisch angesehen wird, ist die Einführung neuer Produkte und Produkterweiterungen. Eine reibungslos funktionierende Marketing-Vertriebs-Schnittstelle wäre eine wichtige Voraussetzung für Innovationen und die effektive Markteinführung neuer Produkte (vgl. Wiersema 2013).
6. **Marketing Intelligence**
   Die Nutzung von detailliertem Kunden- und Marktwissen ist eine besonders wichtige Aufgabe für das B2B-Marketing. Dafür gibt es mehrere Gründe: Erstens ist B2B-Marketing in immer komplexer und unterschiedlicher werdenden Kunden- und Marktsituationen tätig, die genauere und spezifischere Daten und Kenntnisse für das Unternehmen erfordern. Unterschiedliche Kundenanforderungen, des Öfteren in neuen und unbekannten Märkten vorkommend, werden mit neuen Instrumenten, wie bspw. der Website, E-Commerce oder sozialen Medien analysiert, um Bedürfnisse und Kaufverhalten der Kunden zu verstehen. Zweitens: Das Informationsangebot nimmt in einer von Internet und Mobilität geprägten Zeit nicht nur für die Kunden, sondern auch für die Anbieter zu. Der zu verarbeitende Informationsfluss hat im Vergleich zu vor zehn Jahren erheblich zugenommen. Auch heute sind Marketing-

abteilungen in B2B-Unternehmen noch nicht in der Lage, die Datenflut zu ihrem Vorteil zu nutzen, um nützliche Kundeninformationen aus der CRM-Datenbank zu extrahieren. Drittens werden das Kundenwissen und die damit verbundenen Analysen im B2B-Marketing nach wie vor unterschätzt. Oft ist es das Dilemma, dass Marketinginformationen zu weich, zu allgemein und zu spät zur Verfügung gestellt werden. Selbst wenn relevante Kundeninformationen verfügbar sind, werden Entscheidungen getroffen, ohne diese Informationen in vollem Umfang zu nutzen (vgl. Wiersema 2013).

7. **Beitrag des Marketings zum Unternehmenserfolg**
Die Bedeutung des ökonomischen Beitrags des Marketings zur Geschäftsentwicklung wird seit geraumer Zeit von Wissenschaftlern und Managern in B2B-Unternehmen diskutiert. Es gibt zwei Ansätze, die einen Rahmen für dieses Problem bieten könnten: Erstens, die Rolle des Marketings muss klarer geregelt sein, damit sich das Marketing auf die Metriken auf Unternehmensebene und nicht nur auf die Leistung der eigenen Abteilung konzentrieren kann. Und zweitens muss geklärt werden, was der Beitrag des Marketings am Umsatzwachstum, der Ergebnisentwicklung oder anderer Unternehmenskennzahlen ist. Dies ist besonders wichtig, um unterscheiden zu können, welcher Beitrag bspw. durch Vertrieb, Forschung & Entwicklung oder Operations generiert wurde. Die zunehmend strategische Rolle des Marketings und seine langfristige, strategische Ausrichtung haben die Erfolgsmessung seiner Leistungen in Bezug auf die Unternehmensbeiträge jedoch nicht erleichtert (vgl. Wiersema 2013).

8. **Kundenbeziehungsmanagement (CRM)**
Laut der Forschungsstudie von Wiersema (2013) wird das Kundenbeziehungsmanagement einfach als fortlaufende und nicht als einmalige Interaktion mit ausgewählten Kunden betrachtet, um langfristige und profitable Geschäftsbeziehungen aufzubauen. Wirtschaftspublikationen und wissenschaftliche Zeitschriften haben die Entwicklung des B2B-Marketings von einem Transaktionsmodus zu einem beziehungsorientierten Ansatz umfassend diskutiert. Der Vorteil eines tieferen Kundenbeziehungsmanagements ist seine Rolle als Katalysator für ein besseres Verständnis der bestehenden oder latenten Bedürfnisse der Kunden und ihrer Kaufentscheidungen. Darüber hinaus entwickeln sogenannte Stammkunden eine stärkere Stimme in Bezug auf die Art und Weise, wie sie mit ihren Lieferanten interagieren möchten. Diese Kunden haben steigende Erwartungen an den Wert, der durch die Beziehung geschaffen werden könnte und dies weit über den Produktkauf hinaus. Eine intensivere Kundenbindung kann auf verschiedene Weise erreicht werden: Erstens kooperieren erfolgreiche B2B-Unternehmen immer enger mit Kunden auf mehreren Ebenen, bspw. über den Außendienst und anderen Vertriebskanälen bzw. Support-Funktionen, über digitale Netzwerke und Communities. Es besteht ein Trend zu umfangreichen Kooperationsprojekten und neuen Geschäftsmodellansätzen, die das Potenzial haben, die Beziehungen zwischen Kunden und Lieferanten in so unterschiedlichen Bereichen wie Produktentwicklung, Logistik-

koordination und technische Dienstleistungen erheblich zu verändern. Zweitens besteht neben der zunehmenden Fokussierung auf ausgewählte Kundeninteraktionen ein starkes Interesse von B2B-Unternehmen, an der potenziellen Rolle des Kundenerlebnisses (Lösungsorientierung) als Wettbewerbsdifferenzierungsmerkmal zu partizipieren. Die Koordination des gesamten Erlebniszyklus durch B2B-Marketing würde zwangsläufig eine Gesamtkoordination und Ausrichtung erfordern. Die Interaktion des Marketings und Schnittstellen zu anderen Funktionen sind für die Planung, Verfolgung und Verbesserung der Kundenerfahrung von entscheidender Bedeutung. Drittens ist die Idee des Customer-Experience-Managements einen Schritt voraus und gilt nicht nur für die direkten Kunden, sondern auch für die Kunden ihrer Kunden und bis hin zu den Endkunden oder Verbrauchern (manchmal als B2B2C bezeichnet). Offensichtlich kann das Wissen über die Kunden der Kunden ein wesentlicher Vorteil sein, um B2B-Unternehmen dabei zu unterstützen, sich von Wettbewerbern zu unterscheiden.

9. **Zentrales oder dezentrales Marketing**
Um eine geeignete Organisationsstruktur für das B2B-Marketing aufzubauen, adressiert Wiersema (2013) einige relevante Fragen in seiner Studie: „Wie verortet man die B2B-Marketing-Funktion richtig?" „Sollte Marketing zentral oder dezentral organisiert sein?" „Ist es ratsam, eine Struktur zu entwickeln, die eine Kombination aus zentraler und dezentraler Struktur ist, oder eine Form von Matrixorganisation zu verwenden?" „Und erfordert die Organisationsstruktur Anpassungen, da die strategische Rolle des Marketings weiter zunimmt?"
In der wissenschaftlichen Literatur bzw. B2B-Industrie gibt es für die Organisationsform des Marketings verschiedene Philosophien und konzeptionelle Ansätze. In jedem Fall hängt die Organisationsstruktur des Marketings stark vom jeweiligen Geschäftsmodell ab. In diesem Zusammenhang wird die Ebene der leitenden Marketingführung immer wichtiger. Die Position des Chief Marketing Officer (CMO) gestaltet die Prozesse der Unternehmung und der Ressourcenzuteilung mit einer Markt- und Kundenperspektive und gibt die erforderliche Ausrichtung und Koordination von unternehmensweiten Initiativen und kundenorientierten Ansätzen vor. Eine stärkere Zentralisierung ermöglicht eine breitere Akzeptanz effektiver und effizienter Marketingpraktiken, führt zu Skalen- und Lernvorteilen und verstärkt die strategische Wirkung des Marketings. Ohne den CMO und ohne eine Fülle von Kunden- und Marktkenntnissen tendieren bspw. die F&E-Mitarbeiter dazu, rein technologiebezogen zu sein, nach Perfektion zu suchen und zögern daher, andere als ihre eigene Meinung zu akzeptieren.
Die Zentralisierung des B2B-Marketings unterliegt jedoch Beschränkungen, da es Geschäftsmodelle gibt, bei denen die lokalen Marktbedingungen Agilität oder Unternehmergeist erfordern. Mit einem zentralisierten Ansatz wäre dies schwer zu erreichen. Ein dezentraler Ansatz ist dann sinnvoll, wenn mit separaten strategischen Geschäftseinheiten (SGEs bzw. SBUs) oder stark unterschiedlichen Regionen

mit individuellen Gewinn- und Verlust-Ansätzen agiert wird. Der Vorteil dieser Organisationsstrukturen ist, dass sie sich in der Nähe bestimmter Produktmärkte und Regionen befinden und durch höhere Geschwindigkeit, Flexibilität und lokales Wissen potenzielle Gewinne erzielen. In GuV-betriebenen Unternehmen mit größerer Autonomie für jede strategische Geschäftseinheit konzentriert sich die Rolle des zentralen Marketings auf Gemeinsamkeiten zwischen den SBUs und unternehmensweiten strategischen Chancen und Prioritäten.

10. **Entwicklung von Marketingtalenten und -kompetenzen**
Laut der Studie von Wiersema (2013) wurde in den letzten Jahren der Schwerpunkt der Personalentwicklung insbesondere auf die Entwicklung von Nachwuchsführungskräften für kundennahe Funktionen wie bspw. Marketing, Vertrieb oder Technischen Kundendienst gesetzt. Dieser Fokus orientiert sich an mehreren wichtigen Bedürfnissen: Erstens rekrutieren B2B-Unternehmen im Allgemeinen ihre Mitarbeiter für Marketing oder Vertrieb aus anderen Funktionen des Unternehmens, oft mit wenig vorheriger Schulung oder Verständnis für ihre neue Rolle, Aufgaben und Verantwortlichkeiten. Darüber hinaus ist das Angebot an Universitäten und Hochschulen mit spezifischen B2B-Marketing- und Vertriebskompetenzen begrenzt und diese Absolventen müssen ihre formale Ausbildung durch spezifische Unternehmens- und Branchenexpertise ergänzen. Daher muss das gewünschte Kompetenzniveau mit universellen Leistungsstandards definiert werden, der Rekrutierungsprozess zusammen mit den spezifischen Anforderungen angepasst werden und ein solider Einarbeitungsplan für die neuen Mitarbeiter implementiert werden. Zweitens: Dabei besteht die strategische Rolle des B2B-Marketings darin, den Änderungsprozess zur Entwicklung der Kompetenzen zu koordinieren. Die Möglichkeit, Personen mit Potenzial von anderen Unternehmen abzuwerben, wird durch den begrenzten Pool an B2B-Marketingtalenten eingeschränkt. Die Einstellung von Mitarbeitern von B2C-Unternehmen hat sich als falsch herausgestellt, da B2C-Marketer oft versagen, wenn sie versuchen, die B2B-Herausforderungen zu meistern. Drittens, da die Rolle des Marketings strategischer wird und kundenbezogene Herausforderungen nicht nur Marketing und Vertrieb betreffen, sollte ein umfassenderes Verständnis für Kundenorientierung im Unternehmen aufgebaut werden. Viertens: Die Entwicklung der Position und des Profils des CMOs geht einher mit der veränderten Rolle des Marketings. Die Rolle und Verantwortlichkeiten deuten darauf hin, dass Führungskräfte im Marketing „Orchestratoren", „Change Manager", „Strategen" und „General Manager" sind.

Neben der Forschungsstudie von Wiersema (2013) gibt es weitere Studien zu Trends und Herausforderungen für das Marketing und den Vertrieb. Die Aussagen und Erkenntnisse in diesen Studien zu den Trends und Herausforderungen des B2B-Marketings sind mit denen der Studie von Wiersema größtenteils vergleichbar. Beispielsweise hat Strauß (2017) eine Studie unter Marketingleitern (n = 95) durchgeführt, um die größten

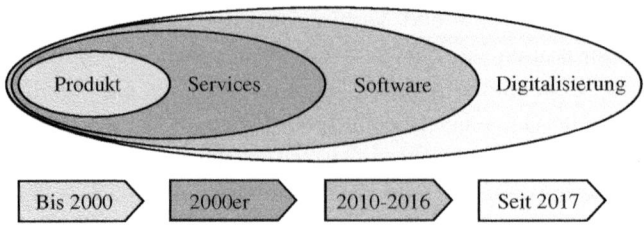

Abb. 2.17 Zeitliche Entwicklung zur digitalen Transformation in der B2B-Industrie

Herausforderungen für das Marketing im Jahr 2020 zu ermitteln. Die höchste Priorität kommt dem Omnichannel-Management (23 %) zu, das die Aufgabe hat, die verschiedene Kommunikations- und Vertriebskanäle so zu integrieren, dass durchgängig ein und dieselbe Kundenerfahrung ermöglicht wird; dichtgefolgt von der individuellen Kundenbetreuung entlang einer Customer Journey (21 %), sowie der konsistenten Kundenerfahrung entlang aller Touchpoints (20 %). Darüber hinaus sind für das Marketing die IT und digitale Anwendungen eine große Herausforderung (17 %) sowie die Kooperation mit anderen Fachabteilungen, insbesondere dem Vertrieb und der IT (17 %).

In den letzten Jahren hat sich in der B2B-Industrie die Entwicklung zur digitalen Transformation mit dem Ziel vollzogen, Produktivitätsgewinne und Alleinstellungsmerkmale zu realisieren. Dabei wurde aus einer reinen Produktorientierung sukzessive ein kundenorientierter Ansatz, der heutzutage aus einer Kombination aus kundenindividuellen Produkt- und Serviceleistungen sowie Software- und Digitalisierungslösungen besteht (vgl. Abb. 2.17).

Die reine Produktorientierung begann Anfang der 50er-Jahre mit der Bereitstellung von Produkten für den Standard-Massenmarkt, das heißt, diese Produkte waren wenig differenziert. Heutzutage ist das Produktangebot auf Kundenbedürfnisse individualisiert und bietet innovative Problemlösungen. Zu Beginn der Jahrtausendwende wurden innovative Produkte durch abgestimmte Serviceleistungen (bspw. Wartungsvertrag) ergänzt, die beim Kunden einen Mehrwert generieren. Inzwischen bieten B2B-Unternehmen ihren Kunden zusätzlich Softwareleistungen (bspw. CRM- und Warenwirtschaftssysteme) an, die neue Anwendungsfelder in der Wertschöpfungskette der Kunden abdecken und damit zu einer noch höheren Kundendurchdringung führen. Neben der Fähigkeit, Produkt- und Serviceleistungen durch die F&E zu entwickeln, bauen B2B-Unternehmen heute Kernkompetenzen im Bereich der Softwareentwicklung auf. Um die Produktivität der Kunden bei Arbeitsprozessen bzw. Produktionsprozessen zu erhöhen, werden in Zukunft digitale Lösungen entwickelt und angeboten (bspw. Telematik oder „Predictive Maintenance").

Im weiteren Verlauf von Abschn. 2.8 sollen – basierend auf den Erkenntnissen der Forschungsstudien von Wiersema (2013) und Strauß (2017) – zwei relevante Trends für das B2B-Marketing detailliert ausgeführt werden, da gerade diese beiden Themengebiete eine hohe Bedeutung für die Zusammenarbeit von Marketing und Vertrieb aufweisen:

- Relationship-Marketing – das Management von Kundenbeziehungen (Abschn. 2.8.2)
- Customer Journey – das Management von Online-und Offline-Touchpoints (Abschn. 2.8.3–2.8.6)

2.8.2 Relationship-Marketing – das Management von Kundenbeziehungen

Der globale Wettbewerbsmarkt besteht gegenwärtig zunehmend aus homogenen und somit aus austauschbaren Produkten, weshalb die Unternehmen sich heutzutage ausschließlich über die Produktebene kaum noch von der Konkurrenz abheben können. Demzufolge besteht für die Marktteilnehmer die Notwendigkeit, sich insbesondere über eine konsequente Kunden- und Serviceorientierung von den Wettbewerbern zu differenzieren (vgl. Helmke et al. 2017). Diese Veränderungen zeigten sich auch in den vergangenen 20 Jahren in der Marketingpraxis, in der das kundenorientierte Relationship-Marketing zunehmend die strategische Steuerung von Kundenbeziehung in den Fokus rückte (vgl. Bruhn 2016). Das grundlegende Paradigma des Relationship-Marketings versteht die Bindung der Kunden als Garant für den unternehmenseigenen ökonomischen Erfolg, sowohl auf Erlös-, als auch auf Kostenseite (vgl. Hadwich 2013). Demgemäß soll die Bindung von Unternehmenskunden auf der Erlösseite zu einer Absatzsteigerung aufgrund von Kauffrequenzsteigerungen und Cross-Selling-Potenzialen der Kunden führen. Daneben wird angeführt, dass auf der Kostenseite parallel Kostensenkungspotenziale aufgrund von Erfahrungseffekten mit dem Umgang der Kunden erreicht werden können (vgl. Bruhn 2016). Insbesondere die spezifischen Charakteristika des B2B-Markts erfordern diese Form der Kundenorientierung. Angesichts der meist komplexen und erklärungsbedürftigen Produkte und Dienstleistungen innerhalb des B2B-Sektors, nimmt die persönliche Interaktion zwischen Anbieter und Nachfrager einen hohen Stellenwert ein. Aufgrund der vergleichsweisen starken Einflussnahme des Nachfragers bei der Leistungserstellung des Anbieters ist die persönliche Beziehung zwischen Anbieter und Nachfrager und dessen Gestaltung somit ein entscheidender Erfolgsfaktor für ein B2B-Unternehmen (vgl. Fuchs 2003).

Im Gegensatz zum transaktionsorientierten Marketing der Vergangenheit, fokussiert das moderne Relationship-Marketing nicht auf einzelne Transaktionen, sondern vielmehr auf die Steuerung der gesamten Kundenbeziehung (vgl. Griese und Bröring 2011). Dieses lässt sich demnach wie folgt definieren: „Relationship Marketing umfasst sämtliche Maßnahmen der Analyse, Planung, Durchführung und Kontrolle, die der Initiierung, Stabilisierung, Intensivierung und Wiederaufnahme sowie gegebenenfalls der Beendigung von Geschäftsbeziehungen zu den Anspruchsgruppen – insbesondere zu den Kunden – des Unternehmens mit dem Ziel des gegenseitigen Nutzens dienen" (Bruhn 2016, S. 12). In der Vergangenheit wurde der Begriff Relationship-Marketing zunehmend von dem Schlagwort Customer-Relationship-Management (CRM) abgelöst und oftmals als Synonym verwendet. Obwohl sich bis zum heutigen Zeitpunkt keine einheitliche abgrenzbare

Definition von CRM finden lässt, gilt an dieser Stelle anzumerken, dass inhaltlich ein Unterschied der beiden Begrifflichkeiten besteht. Im Gegensatz zu dem Konzept des Relationship-Marketings, das sich vornehmlich auf die Absatzseite fokussiert, bezieht sich das CRM auf den gesamten Managementprozess mit allen wesentlichen Kundeninteraktionspunkten. Demzufolge ist das Relationship-Marketing ein Teil des Customer-Relationship-Managements (vgl. Noitz 2014).

Die Funktionalitäten des CRMs lassen sich in drei wesentliche Einsatzbereiche unterteilen: das operative CRM, das kollaborative CRM und das analytische CRM. Der operative Bereich umfasst alle Anwendungen im Front- und Backoffice, die den direkten Kundenkontakt unterstützen und den Dialog zwischen Kunden und Unternehmen fördern. Die Aktivitäten des kollaborativen CRMs unterstützen dabei den direkten Kundenkontakt mithilfe der gesamten Steuerung und Synchronisation aller eingesetzten Kommunikationskanäle, wie Außendienst, Innendienst, stationärer Handel, Website, E-Mails etc. Das analytische CRM bildet für jene Aktivitäten die Basis mit dem Data Warehouse, das die relevanten Kundendaten für die einzusetzenden Instrumente erhebt, bereitstellt und diese anwendungsorientiert auswertet. Dabei strebt das CRM zwei zentrale Ziele innerhalb des Kundenmanagements an. Zum einen eine Effektivitätssteigerung („die richtigen Dinge tun") und zum anderen eine Effizienzsteigerung („die Dinge richtig tun"). Dies äußert sich in der Praxis auf der einen Seite in der Forderung nach Mass Customization im Kleinkundengeschäft, auf der anderen Seite in einem One-to-One-Marketing im Großkundengeschäft. Hierdurch soll die Wirtschaftlichkeit der Kundenbearbeitung gesteigert werden, indem das Verhältnis von Vertriebskosten zu den erzielten Umsätzen verbessert wird (vgl. Helmke et al. 2017). Für das Management der Beziehung zwischen Kunden und Unternehmen sind zunächst einige grundlegende Ansätze zu berücksichtigen, die die Basis für die Gestaltung der Kundenbeziehung bilden. Dazu zählen das Konzept des Lebenszyklus sowie das Konzept der Erfolgskette (vgl. Bruhn 2016). Für das grundlegende Verständnis soll an dieser Stelle das Konzept des Lebenszyklus kurz erläutert werden, jedoch wird im Rahmen dieses Buchs der Fokus auf das Konzept der Erfolgskette gelegt.

Aufgrund des dynamischen Charakters der Kundenbeziehung durchläuft eine Beziehung unterschiedliche Phasen. Dabei lassen sich generell drei Lebenszyklen unterscheiden: der Kundenlebenszyklus, der Kundenepisodenzyklus und der Kundenbeziehungszyklus. Der Kundenlebenszyklus beschreibt, dass die Bedürfnisse eines Kunden von seiner derzeitigen Lebensphase und seinem biologischen Alter beeinflusst werden. Gleichzeitig kann jene Kundenbeziehung in verschiedene Episoden unterteilt werden, die sich aus der wiederholten Inanspruchnahme von Leistungen der Kunden ergeben. Daneben definiert der Kundenbeziehungszyklus unterschiedliche Stadien der Kundenbeziehung, abhängig von der Stärke der Kundenbeziehung, wie Kundenakquisition, Kundenbindung und Kundenrückgewinnung (vgl. Bruhn 2016). Jene Konzepte sollte ein Unternehmen im Management der Kundenbeziehung berücksichtigen und dabei beachten, in welcher Phase sich die jeweiligen Kundengruppen befinden.

2.8 Trends und Herausforderungen im Marketing und Vertrieb

Ein weiteres grundlegendes Konzept für die Planung, Steuerung und Kontrolle von der Beziehung zwischen Unternehmen und den eigenen Kunden, ist das Grundprinzip der Erfolgskette. Der zugrunde liegende Ansatz einer Erfolgskette beinhaltet die Darstellung zusammenhängender Variablen. Mithilfe der Kette können die Wirkungen zwischen den Variablen aufgedeckt werden, weshalb diese somit als Grundlage für die Analyse und Ableitung von Maßnahmen dient. Die Erfolgskette setzt sich aus vier Gliedern zusammen – Input des Unternehmens, psychologische Wirkungen, verhaltensbezogene Wirkungen und Output des Unternehmens – wobei hier auch die Verbindung zu unternehmensbezogenen und kundenbezogenen Größen Gegenstand der Betrachtung in Abb. 2.18 darstellen (vgl. Bruhn 2016).

Hierbei gilt es zu untersuchen, welcher Input in Form von unternehmerischen Maßnahmen eines Unternehmens erforderlich ist, um den gewünschten Output als ökonomischem Erfolg für das Unternehmen zu erzielen (vgl. Winkelmann 2012). Jedoch ist anzumerken, dass es sich hier keineswegs um eindeutig erklärbare Zusammenhänge handelt, vielmehr sind es moderierende Faktoren, die die Zusammenhänge je nach Branche, Kunde etc. anders erscheinen lassen. Dennoch setzt sich das CRM zum Ziel, jene Wirkungszusammenhänge hinreichend aufzudecken, um unter Berücksichtigung der moderierenden Faktoren ein spezifisches Management der Kundenbeziehungen realisieren zu können. Die unternehmensexternen moderierenden Faktoren beziehen sich bspw. auf marktbezogene Komplexität und Dynamik oder Preisbereitschaft und Ertragspotenzial der Kunden, die unternehmensinternen moderierenden Faktoren bspw. auf Individualisierung der Leistung, Leistungsspektrum oder Aufbau von Wechselbarrieren. In Abb. 2.19 wird der Zusammenhang der vier Glieder innerhalb der Erfolgskette folgendermaßen beschrieben: Der Input eines Unternehmens in Form von sämtlichen Unternehmensaktivitäten löst zunächst eine spezifische psychologische Wirkung beim Kunden aus, die wiederum in einem bestimmten Verhalten auf Kundenseite resultiert und für das Unternehmen einen ökonomischen Erfolg generiert (vgl. Bruhn 2016).

Im Zuge der näheren Betrachtung der Erfolgskette werden nun die relevanten verhaltenswissenschaftlichen Konstrukte innerhalb der Kette detaillierter vorgestellt.

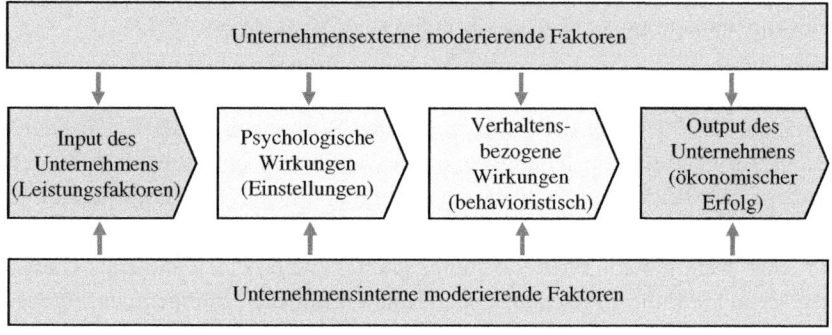

Abb. 2.18 Grundstruktur einer Erfolgskette. (Quelle: in Anlehnung an Bruhn 2016)

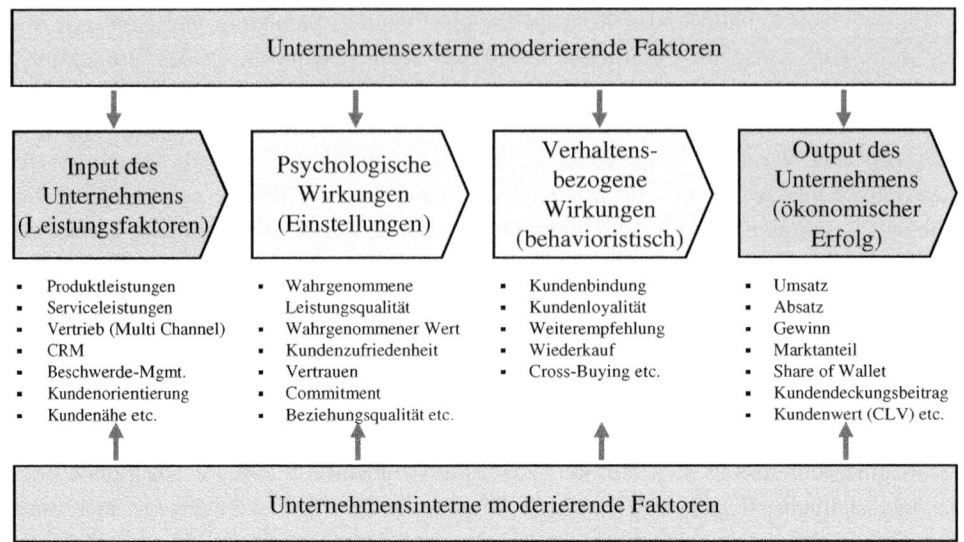

Abb. 2.19 Kundenbeziehungen aus Nachfragersicht. (Quelle: in Anlehnung an Bruhn 2016)

2.8.2.1 Input des Unternehmens innerhalb der Erfolgskette

Den Input des Unternehmens in der Erfolgskette stellen alle Leistungsfaktoren des Unternehmens für den Kunden dar. Diese umfassen im Wesentlichen Produkt- und Serviceleistungen. Darüber hinaus zählen zu den Leistungsfaktoren auch Vertriebsaktivitäten (Multichannel-Vertrieb), das Kundenbeziehungs- (CRM) oder Beschwerdemanagement. In den letzten Jahren hat sich in vielen Unternehmen eine kundenzentrierte Ausrichtung durchgesetzt, die Kundenorientierung und Kundennähe in den Fokus stellt. Kundenorientierung besteht, wenn sich die angebotene Leistung an den Kundenbedürfnissen orientiert und für den Kunden einen individuellen Mehrwert bzw. Nutzen bietet. Die vom Unternehmen für den Kunden vermittelte Kundennähe soll dem Kunden das subjektive Gefühl geben, dass man sich um ihn kümmert und dass seine Bedürfnisse ernst genommen werden. Dies ist die Grundlage für eine dauerhafte Beziehung und damit ein Abonnement im Denken des Kunden (vgl. Winkelmann 2012).

2.8.2.2 Psychologische Wirkungen innerhalb der Erfolgskette

Bei der näheren Betrachtung der psychologischen Wirkungen in der Erfolgskette lassen transaktionsbezogene und beziehungsbezogene Wirkungen unterscheiden. Zu den transaktionsbezogenen Wirkungen zählen die wahrgenommene Leistungsqualität und der wahrgenommene Wert (vgl. Bruhn 2016).

Unter der wahrgenommener Leistungsqualität wird die Fähigkeit eines Unternehmens verstanden, die Erwartungen der Kunden mit den unternehmenseigenen Leistungen zu erfüllen (vgl. Meffert et al. 2015). Dabei ist die Wahrnehmung der Leistung

2.8 Trends und Herausforderungen im Marketing und Vertrieb

der Ausgangspunkt in der Erfolgskette und die Grundvoraussetzung für andere psychologische Wirkungen. Die Beurteilung der Leistungsqualität aus Sicht der Kunden hängt von ihrer Erwartungshaltung gegenüber dem Leistungsprogramm eines Unternehmens ab. Dabei beurteilt der Kunde subjektiv nach der empfundenen Qualität, die in mehreren Dimensionen auftreten kann (vgl. Kleinaltenkamp und Weiber 2014). Exemplarisch hierfür ist das bekannte Kano-Modell zu nennen, das drei Arten von Leistungsmerkmalen differenziert (Abb. 2.20). In dem Modell orientiert sich der Kunde bei der Bildung seines Qualitätsurteils anhand der Erfüllung der sogenannten Basismerkmale, der Leistungsmerkmale und der Begeisterungsmerkmale. Dabei stellen die Basismerkmale Muss-Anforderungen dar und werden von den Kunden erwartet. Leistungsmerkmale hingegen sind Soll-Anforderungen, die sich abhängig davon, ob sie vorhanden sind oder nicht, positiv oder negativ auf nachfolgende Größen auswirken können. Begeisterungsmerkmale äußern sich als Kann-Anforderungen und werden auf Kundenseite nicht zwingend erwartet, die bei Vorhandensein jedoch zu einer positiven Bewertung des Leistungsprogramms eines Unternehmens führen (vgl. Kano et al. 1984).

Das Konstrukt wahrgenommener Wert wird von der wahrgenommenen Leistungsqualität beeinflusst und ist gleichzeitig Treiber der Kundenzufriedenheit und Beziehungsqualität (vgl. Bruhn und Murmann 2013). In der Literatur finden sich mehrere Interpretationsmöglichkeiten des wahrgenommenen Werts, wobei dieser hier als

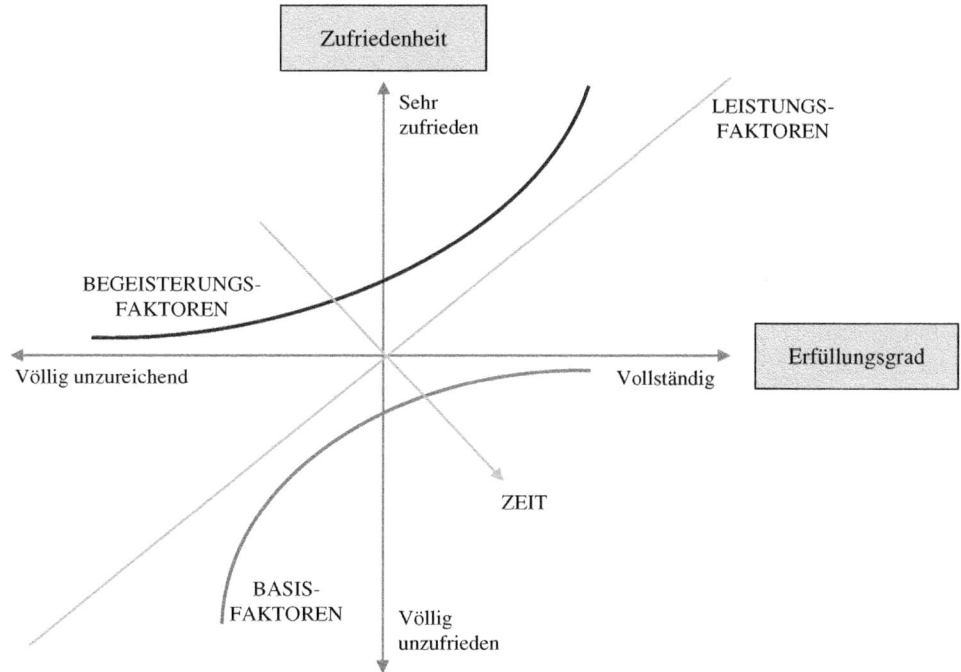

Abb. 2.20 Kano-Modell. (Quelle: in Anlehnung an Kano et al. 1984)

das Preis-Leistungs-Verhältnis interpretiert werden soll. Damit definiert sich der wahrgenommene Wert als das Verhältnis zwischen dem wahrgenommenen Nutzen und dem wahrgenommenen Aufwand des Kunden (vgl. Zeithaml 1988). Dabei entspricht der wahrgenommene Nutzen häufig dem wahrgenommenen Produktnutzen sowie dem Informationsnutzen und dem Nutzen des Markenimages. Der wahrgenommene Aufwand hingegen setzt sich aus dem monetären, zeitlichen, psychischen und energetischen Aufwand der Kunden zusammen, der bei dem Kauf einer Leistung entsteht. Der monetäre Aufwand spielt dabei meist eine tragende Rolle für die Bewertungen des entstandenen Aufwands (vgl. Burgartz und Krämer 2014).

Ein weiteres zentrales Konstrukt der Erfolgskette im Kontext der psychologischen Wirkungen ist die Kundenzufriedenheit. Die Kundenzufriedenheit ist das Resultat eines komplexen Vergleichsprozesses, bei dem der Kunde Übereinstimmung zwischen der Erfahrung eines gekauften Guts und/oder einer Geschäftsbeziehung mit seinen Erwartungen verspürt (vgl. Winkelmann 2012). Aufgrund der generellen Annahme, dass zufriedene Kunden auch gleichzeitig treue Kunden sind, ist das Konstrukt Zufriedenheit für die Unternehmenspraxis besonders relevant. Dabei hängt die Kundenzufriedenheit eng mit der Leistungsqualität und dem wahrgenommenen Wert zusammen (vgl. Bruhn 2016, siehe Abb. 2.21). Die Begrifflichkeit des Konstrukts wird in der Literatur noch sehr uneinheitlich verstanden, da es sich um einen unbeobachtbaren Zustand handelt, der nur durch Indikatoren oder Items erschlossen werden kann. Dies schildert der Wissenschaftler Oliver wie folgt: „Everyone knows what satisfaction is, until asked to give a definition. Then it seems, nobody knows." (Oliver 2010, S. 6) Im Wesentlichen wird die Zufriedenheit als „eine subjektive Empfindung des Kunden bezüglich seiner Erwartungshaltung und der erlebten Leistung" (Pucko 2010, S. 4) beschrieben. In der Vergangenheit

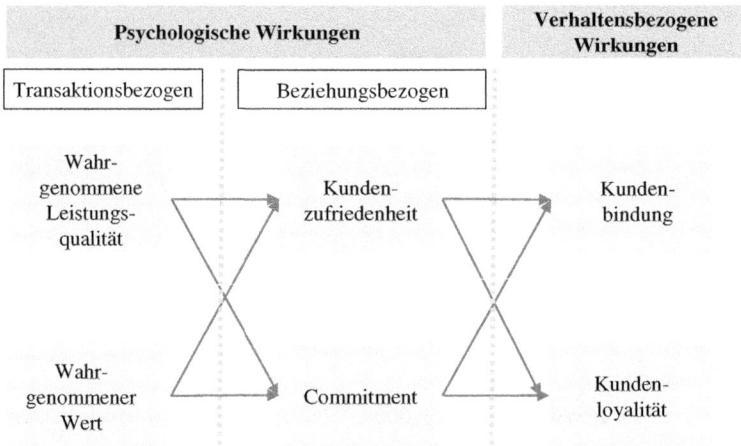

Abb. 2.21 Wirkungsbeziehungen zwischen den Konstrukten der Erfolgskette. (Quelle: in Anlehnung an Bruhn 2016)

2.8 Trends und Herausforderungen im Marketing und Vertrieb

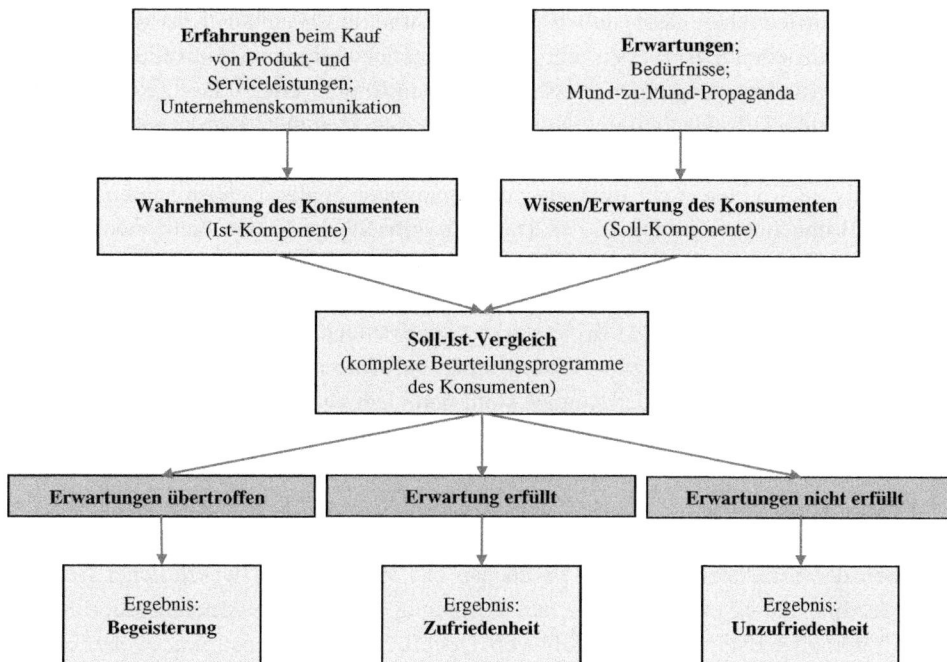

Abb. 2.22 Confirmation/Disconfirmation-Paradigma. (Quelle: in Anlehnung an Oliver 2010)

wurden viele Versuche unternommen, das Konstrukt zu modellieren. Dabei wurde häufig für die Beschreibung der Entstehung von Kundenzufriedenheit das in den 1980er-Jahren entstandene Confirmation/Disconfirmation-Paradigma (vgl. Abb. 2.22) herangezogen (vgl. Oliver 2010). Gemäß diesem Paradigma entsteht das Zufriedenheitsurteil letztlich aus der Erfüllung oder Überfüllung der Kundenerwartungen durch die gelieferte Leistung eines Unternehmens (vgl. Heitmann 2006). Vorteil des Modells ist, dass es leicht nachvollziehbar und praktikabel für die Messung der Kundenzufriedenheit ist. Jedoch handelt es sich bei dem Conformation/Disconformation-Paradigma um einen statischen Ansatz, der die Zufriedenheit nur transaktionsbezogen abbildet (vgl. Winkelmann 2012).

Das Confirmation/Disconfirmation-Paradigma wird der Komplexität des Konstrukts Kundenzufriedenheit allerdings nicht gerecht, weshalb der Ansatz um die dynamische Perspektive ergänzt wurde. Im dynamischen Modell versteht sich die Kundenzufriedenheit als eine Beziehungszufriedenheit, die sich mit der Zeit aus der Erfahrung des Kunden basierend auf einer Vielzahl von Transaktionen bildet (vgl. Stauss und Seidel 2006). Darüber hinaus entwickelt sich Zufriedenheit nicht allein aufgrund von Leistungsbestandteilen eines Produkts oder einer Dienstleistung, sondern basiert vielmehr auf einer Vielzahl indirekter Einflussfaktoren. Dies kann sich exemplarisch in der Zufriedenheit mit der Interaktion des Unternehmens, den eingesetzten Absatzkanälen oder den entsprechenden Vertriebsorganen äußern (vgl. Bruhn 2016). Die dynamische

Beziehungszufriedenheit lässt sich bspw. in der Praxis durch die Klassifizierung der Kunden in Zufriedenheitsgruppen, durch Lieferantenbewertungen, Außendiensteinschätzungen und Kundenbefragungen messen (vgl. Winkelmann 2012). Der Zusammenhang zwischen Kundenzufriedenheit und Kundenbindung wird in der Literatur rege diskutiert, wobei sich mehrere wissenschaftliche Publikationen finden lassen, die sowohl einen linearen als auch einen nicht-linearen Zusammenhang beider Determinanten postulieren (vgl. Bruhn und Homburg 2013). Dass ein zufriedener Kunde nicht zwingend ein treuer Kunde ist, zeigt die Wiederkaufrate in der Automobilbranche. Obwohl 90 % der Kunden als zufrieden bis sehr zufrieden gelten, liegt die Wiederkaufrate lediglich bei 30 bis 40 % (vgl. Bruhn 2016). Eine starke Unzufriedenheit hingegen bedeutet jedoch meist das Ende der Beziehung zwischen Kunde und Unternehmen (vgl. Lassar und Mittal 1998). Die Zufriedenheit der Kunden stellt demnach zwar kein Garant für deren Bindung dar, kann jedoch meist als zentrale Voraussetzung für die Bindung gesehen werden (vgl. Kotler und Bliemel 2001). Daneben beeinflussen moderierende Faktoren, wie z. B. die Wechselkosten, das Bedürfnis nach Abwechslung und das Wettbewerbsumfeld, den Zusammenhang zwischen Zufriedenheit und Bindung (vgl. Giering 2000).

Neben der Kundenzufriedenheit ist ebenso das Vertrauen ein wesentlicher Bestandteil in der Entstehung einer erfolgreichen Beziehung zwischen Unternehmen und Kunde. In der Literatur existiert eine Vielzahl von Definitionen des Konstrukts, wobei an dieser Stelle das Verständnis von Bruhn aufgegriffen werden soll. Bruhn definiert Vertrauen als „die Bereitschaft des Kunden, sich auf das Unternehmen im Hinblick auf dessen zukünftiges Verhalten ohne weitere Prüfung zu verlassen" (Bruhn 2016, S. 89). Dabei entwickelt sich das Vertrauen langfristig und basiert zum einen auf Teilurteilen der Kunden über einzelne Transaktionen, zum anderen auf ganzen Episoden der Beziehung. Aufgrund der Langfristigkeit lässt sich ähnlich wie bei der Beziehungszufriedenheit von einem Beziehungsvertrauen sprechen. Zentrale Funktion des Vertrauens ist die Reduktion der Komplexität von Beziehungen (vgl. Luhmann 2000). Als Determinanten des Vertrauens gelten Verlässlichkeit, Glaubwürdigkeit, Ehrlichkeit, Integrität und Uneigennützigkeit (vgl. Geile 2011). In der Literatur wird das Konstrukt Vertrauen in unterschiedlicher Herangehensweise konzeptualisiert, was aber an dieser Stelle nicht weiter vertieft wird.

Eine weitere psychologische Wirkung der Erfolgskette ist das Commitment. Unter Commitment ist das Ausmaß der Verbundenheit bzw. moralischen Verpflichtung einer Person mit einer Organisation zu verstehen (vgl. Klaiber 2017). Demnach bezieht sich das Commitment nicht auf die einzelnen Leistungen des Unternehmens, sondern stets auf das Unternehmen selbst. Je positiver ein Kunde die Beziehung zu einem Unternehmen beurteilt, desto höher fällt sein Commitment gegenüber jener Organisation aus. Ein höheres Commitment begünstigt somit die Gebundenheit des Kunden gegenüber dem Unternehmen und stellt damit eine zentrale Wechselbarriere dar. Das Commitment lässt sich demnach als eine Basis für die Fortführung der Kundenbeziehung interpretieren, das in einer bestimmten Verhaltenskonsequenz auf Kundenseite resultiert. Als beziehungsrelevante Treiber des Commitments sind neben dem wahrgenommenen

2.8 Trends und Herausforderungen im Marketing und Vertrieb

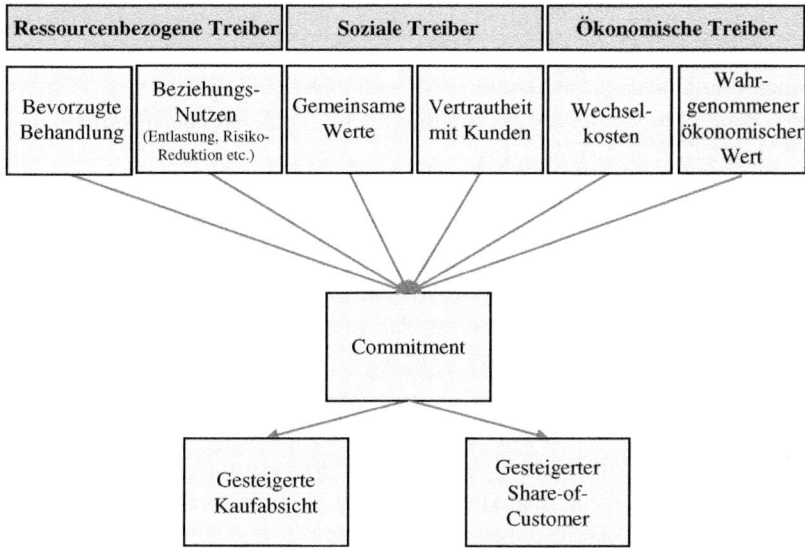

Abb. 2.23 Treiber und Wirkungen des Commitments. (Quelle: in Anlehnung an Bruhn 2016)

Wert und den Wechselkosten, die Vertrautheit, die Vermittlung gemeinsamer Werte, der Beziehungsnutzen, eine bevorzugte Behandlung sowie die Markenreputation zu nennen (vgl. Bruhn 2016; siehe Abb. 2.23).

Das letzte Konstrukt innerhalb der Erfolgskette stellt im Kontext der psychologischen Wirkungen das Metakonstrukt Beziehungsqualität dar. Für dieses Konstrukt wird jene Bezeichnung verwendet, da es sich aus den drei vorher genannten Konstrukten Zufriedenheit, Vertrauen und Commitment zusammensetzt. Diese sind demzufolge voneinander abhängig und beeinflussen sich somit gegenseitig (vgl. Hennig-Thurau und Bornemann 2003). Dabei ist die Beziehungsqualität nach Meffert et al. (2015) die zentrale Größe, die bei der Beurteilung der Beziehung durch den Kunden herangezogen wird. Sie wird als wahrgenommene Güte der Beziehung zwischen Anbieter und Kunden als Ganzes und somit als die Qualität aller bisherigen Anbieter-Nachfrager-Interaktionen definiert. Die Beziehungsqualität nimmt einen transaktionsübergreifenden Charakter ein und bildet sich langfristig über den gesamten Zeitraum einer Beziehung (vgl. Hadwich 2013). Gelingt es einem Unternehmen, eine hohe Beziehungsqualität zu den eigenen Kunden aufzubauen, führt dies zu einer Erleichterung der nachfolgenden Transaktionen zwischen Unternehmen und Kunde. Dabei profitieren die Beziehungspartner bspw. von der reduzierten Unsicherheit und Komplexität des Austauschs (vgl. Meffert et al. 2015).

2.8.2.3 Verhaltenswirkungen innerhalb der Erfolgskette

Wie bereits dargestellt, lösen jegliche Aktivitäten des Unternehmens psychologische Wirkungen auf Kundenseite aus, woraus wiederum verhaltensbezogene Wirkungen der Kunden resultieren. Im Idealfall entstehen Verhaltenskonsequenzen in Form von Kundenbindung, Kundenloyalität und Mund-zu-Mund-Kommunikation. Jene kundenspezifischen Verhaltenswirkungen können sich dabei als Wiederkauf, Cross-Buying, einer Weiterempfehlung oder als ein bestimmtes Integrations- und Informationsverhalten der Kunden äußern (vgl. Bruhn 2016).

Kundenzufriedenheit ist eine notwendige, aber keinesfalls hinreichende Voraussetzung für dauerhafte Geschäftsbeziehungen (vgl. Winkelmann 2012). Zentrale Aufgabe des CRMs ist es, nicht nur eine Beziehung zu den Kunden aufzubauen, sondern diese ebenso langfristig zu intensivieren (vgl. Bruhn 2016). Demzufolge stellt die Kundenbindung eine zentrale Wirkungsgröße in der Erfolgskette für den unternehmerischen Erfolg dar. Nach Bruhn und Homburg umfasst Kundenbindung „sämtliche Maßnahmen eines Unternehmens die darauf abzielen, sowohl die Verhaltensabsichten als auch das tatsächliche Verhalten eines Kunden gegenüber einem Anbieter oder dessen Leistungen positiv zu gestalten, um die Beziehung zu diesem Kunden für die Zukunft zu stabilisieren bzw. auszuweiten" (Bruhn und Homburg 2013, S. 8). Winkelmann definiert Kundenbindung als „alle Maßnahmen eines Unternehmens, die die Wahlmöglichkeit eines Interessenten oder Kunden einengen, Folgekäufe bei Wettbewerbern zu tätigen. Kundenbindung entsteht durch 1) psychologisch (moralische), 2) präferenzmäßige, 3) technisch (systembedingte), 4) vertraglich-rechtliche und 5) ökonomische Abwanderungs-/Wechselbarrieren" (Winkelmann 2012, S. 156). Dabei gilt es stets zu berücksichtigen, dass lediglich die Bindung profitabler Kunden zum wirtschaftlichen Erfolg eines Unternehmens beitragen.

Kundenbindung ist durch den Aufbau von Wechselbarrieren ein psychischer Druck, dem der Kunde ausgesetzt ist. Kundenbindung ist für den Kunden aber nur dann eine angenehme Sache, wenn sie mit Kundenzufriedenheit einhergeht. Dann wird das eigentliche Ziel einer marktorientierten Unternehmensführung erreicht: Kundenloyalität, das heißt einer Kundentreue, mit der Kunden immer wieder freiwillig beim Unternehmen kaufen (vgl. Winkelmann 2012).

Winkelmann definiert Kundenloyalität (Kundentreue) als „spezielle Form einer „weichen Bindung", bei der sich der Kunde freiwillig an 1) ein Produkt/eine Marke, 2) einen Lieferanten (das heißt die Lieferfirma; z. B. im Versandhandel), 3) einen Verkäufer oder an 4) eine Einkaufsstätte bindet. Entsprechend werden die Produkttreue/Markentreue, Lieferantentreue, Verkäufertreue und Einkaufsstättentreue unterschieden. Treue ist jeweils mit freiwilliger Bindung gleichzusetzen" (Winkelmann 2012, S. 156).

Marketing und Vertrieb sollten gezielt daran arbeiten, beim Kunden möglichst eine Präferenz- bzw. Loyalitätsbindung aufzubauen. Dazu sind die drei Schichten der Kundenloyalität zu bedenken (vgl. Stahl 2009):

- Man stelle sich eine Zwiebel mit drei Schichten vor. Die äußere Schicht ist die sogenannte trügerische Kundenloyalität. Bei dieser verlässt sich das Unternehmen auf kundenseitig geäußerte Wiederkaufsabsichten.

2.8 Trends und Herausforderungen im Marketing und Vertrieb

- Diese wird von der Schicht der bedingten Kundenloyalität umrahmt. Das Unternehmen erfüllt offen oder stillschweigend Gegenleistungen, die dem Kunden seine Loyalität schmackhaft machen (abgelten).
- Den Kern bildet die belastbare Loyalität, das sogenannte Kunden-Commitment. Der Kunde ist nicht nur zufrieden, sondern ist sogar begeistert und wird dadurch zum Anhänger oder Fan.

Die Philosophie einer Kundenbindung, die in Korrelation zur Profitabilität steht, beruht laut Forschern auf zwei zentralen Hypothesen (vgl. Huber et al. 2006):

- Erste zentrale Hypothese der Kundenbindung: Der Grad der Kundenbindung nimmt mit der Dauer der Geschäftsbeziehung zu.
- Zweite zentrale Hypothese der Kundenbindung: Der Kundenwert (CLV) steigt mit der Dauer der Geschäftsbeziehung als positiver Effekt einer stärkeren Kundenbindung.

2.8.2.4 Messung der Kundenzufriedenheit

Im Weiteren sollen die kausalen Wirkungszusammenhänge der bereits beschriebenen CRM-Erfolgskette mithilfe einer Strukturgleichungsmodellierung messbar gemacht werden. Ein Strukturgleichungsmodell ist ein statistisches Messverfahren, das Wirkungszusammenhänge zwischen Konstrukten, das heißt nicht beobachtbaren (latenten) Variablen, messbar macht.

Die Phasen der CRM-Erfolgskette, wie Input des Unternehmens (Leistungsfaktoren), psychologische Wirkungen, verhaltensbezogene Wirkungen und Output des Unternehmens (ökonomischer Erfolg) wurden aus der Literatur abgeleitet (vgl. Bruhn 2016). Die Messung der Kundenzufriedenheit umfasst im Kausalmodell ausgewählte Konstrukte zu Inputfaktoren des Unternehmens (Leistungsfaktoren), zu psychologischen und verhaltensbezogenen Wirkungen sowie zum ökonomischen Erfolg als Output-Faktor des Unternehmens (Abb. 2.24).

Im Kausalmodell stellen die Leistungsfaktoren die Angebotsleistungen eines Unternehmens dar und werden über Konstrukte wie bspw. Produkte und Services, Vertriebs-

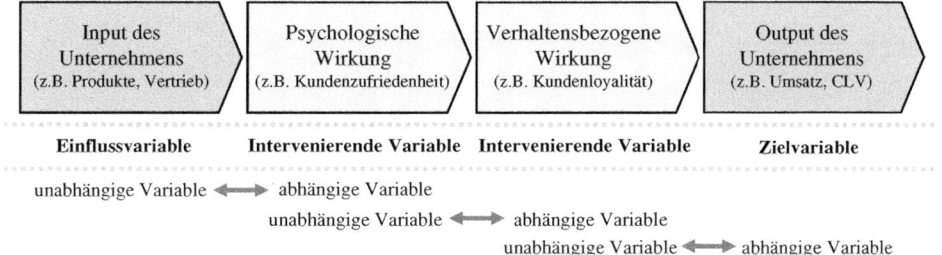

Abb. 2.24 Kausalmodell zur CRM-Erfolgskette zur Messung der Kundenzufriedenheit, Kundenloyalität und Unternehmenserfolg

kanäle, Kundenbeziehungsmanagement CRM oder Beschwerdemanagement adressiert. Im Kausalmodell wirken die ausgewählten Leistungsfaktoren (Konstrukte) als Einflussvariablen auf das Konstrukt der psychologischen Wirkung, das als intervenierende Variable beschrieben wird. Die psychologische Wirkung wird durch das Konstrukt, wie bspw. Kundenzufriedenheit, gemessen. Im Kausalmodell wirken die Konstrukte der psychologischen Wirkung auf das Konstrukt der verhaltensbezogenen Wirkung, das als Zielvariable beschrieben wird. Die verhaltensbezogene Wirkung wird durch das Konstrukt, wie bspw. Kundenloyalität, charakterisiert. Im Kausalmodell der CRM-Erfolgskette wirkt das Konstrukt der verhaltensbezogenen Wirkung auf das Konstrukt des ökonomischen Erfolgs. Die für eine empirische Untersuchung erforderlichen Konstrukte, welche die einzelnen Phasen charakterisieren, werden idealerweise aus der Literatur bzw. aus dem spezifischen Geschäftsmodell des Unternehmens abgeleitet. Diesen Vorgang bezeichnet die Literatur als Konzeptualisierung der Konstrukte (vgl. Weiber und Mühlhaus 2014). Abb. 2.25 zeigt exemplarisch das Kausalmodell einer Kundenzufriedenheitsanalyse mit möglichen Konstrukten für ein Unternehmen der B2B-Industrie.

Um diese aufgeführten Konstrukte messen bzw. beobachten zu können, werden im Idealfall Items oder Indikatoren (manifeste = messbare/beobachtbare Variablen) aus der Literatur abgeleitet. Diesen Vorgang bezeichnet die Literatur als Operationalisierung der Konstrukte (vgl. Weiber und Mühlhaus 2014). Die Items sollten geeignet sein, die Konstrukte im Messmodell zu erklären (wichtig: Sicherstellung von Reliabilität und Validität im Messmodell). In Tab. 2.1, 2.2 und 2.3 sind beispielhaft Items aufgelistet, um die erwähnten Konstrukte zur Erhebung der Kundenzufriedenheit zu messen. Dabei sollten die Befragten die Items (Aussagen) auf einer Skala von 1 (überhaupt nicht zufrieden) bis 5 (voll und ganz zufrieden) bewerten.

Die Strukturgleichungsmodellierung liefert Ergebnisse über den Wirkungszusammenhang von ausgewählten „Leistungsfaktoren" (wahrgenommene Leistungsqualität) auf das Konstrukt „Kundenzufriedenheit" (psychologische Wirkung) sowie

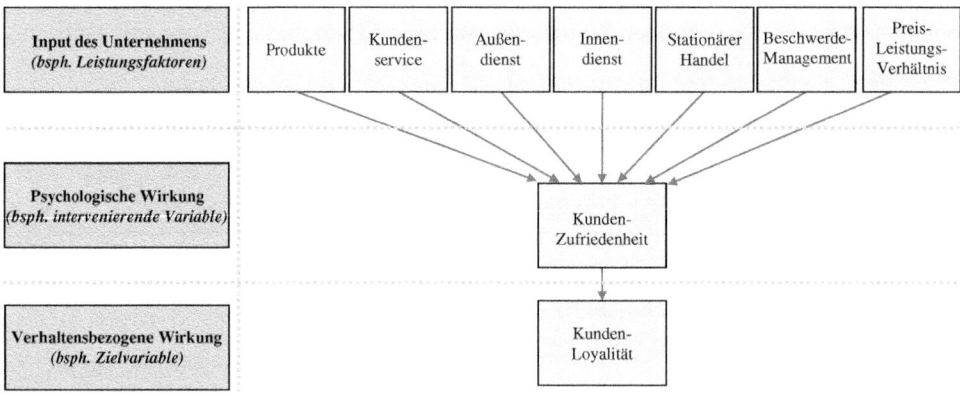

Abb. 2.25 Beispielhaftes Kausalmodell zur Messung der Kundenzufriedenheit

Tab. 2.1 Konstrukte mit den jeweiligen Items zur Messung der Kundenzufriedenheit

Konstrukte	Items
Produkt	Bitte beurteilen Sie das gesamte Produktangebot der Firma XY: „Wie erfüllt das Produktangebot der Firma XY ihre Erwartungen in Bezug auf …"
	1. Qualität der Produkte
	2. Innovation der Produkte
	3. Lebensdauer der Produkte
	4. Leistung der Produkte
	5. Einfache Handhabung der Produkte
	6. Umfassendes Produktangebot
	7. Zuverlässigkeit der Produkte
	8. Funktionalität der Produkte
Services	Wenn Sie nun an das allgemeine Serviceangebot der Firma XY denken: „Wie erfüllt das Serviceangebot der Firma XY ihre Erwartungen in Bezug auf …"
	1. Lieferqualität
	2. Wartung (Predictive Maintenance)
	3. Garantie und Kulanz
	4. Reklamationsbearbeitung
	5. Reparaturservice
	6. Beratung zu Serviceleistungen
	7. Umfassendes Serviceangebot
Vertriebsaußendienst (Direktvertrieb)	Denken Sie nun an den Außendienstmitarbeiter der Firma XY: „Wie erfüllt der Außendienstmitarbeiter Ihre Erwartungen in Bezug auf …"
	1. Angemessenen Kontakt
	2. Besuchshäufigkeit
	3. Fachkompetenz
	4. Freundlichkeit
	5. Das Eingehen auf ihre Wünsche
	6. Ein gutes, persönliches Verhältnis
Vertriebsinnendienst (Customer-Service/Callcenter)	Denken Sie nun an den Innendienst der Firma XY: „Wie erfüllt der Innendienst Ihre Erwartungen in Bezug auf …"
	1. Gute Erreichbarkeit während der Geschäftszeit (kurze/keine Wartezeit)
	2. Bedarfsgerechte Geschäftszeiten
	3. Freundlichkeit des Gesprächspartners
	4. Fachkompetenz des Gesprächspartners
	5. Schnelle Erledigung des Anliegens
	6. Das Eingehen auf ihre Wünsche

(Fortsetzung)

Tab. 2.1 (Fortsetzung)

Konstrukte	Items
Stationärer Handel (Einkaufsstätte/direkter oder indirekter Vertrieb)	Denken Sie nun an die Einkaufsstätte/POS der Firma XY: „Wie erfüllt der stationäre Handel Ihre Erwartungen in Bezug auf …"
	1. Bedarfsgerechte Öffnungszeiten
	2. Modernes Erscheinungsbild des POS
	3. Fachkompetenz des Verkaufspersonals
	4. Freundlichkeit des Verkaufspersonals
	5. Verfügbarkeit von Produkten
	6. Das Eingehen auf ihre Wünsche
E-Commerce (Webshop/Website)	Denken Sie nun an den Webshop/Website der Firma XY: „Wie erfüllen Webshop/Website Ihre Erwartungen in Bezug auf …"
	1. Übersichtliche Informationen der Produkt- und Serviceleistungen
	2. Gute Produktauswahl
	3. Benutzerfreundliche Gestaltung (Usability)
	4. Einfache Bestellmöglichkeit
	5. Schnelle Belieferung
	6. Rasche Beantwortung von Anfragen
Beschwerdemanagement	Denken Sie nun an das Beschwerdemanagement der Firma XY: „Wie erfüllt das Beschwerdemanagement Ihre Erwartungen in Bezug auf …"
	1. Eine einfache Kontaktmöglichkeit für eine Beschwerdeaufnahme
	2. Die Bearbeitung der Beschwerde allgemein
	3. Eine adäquate Beschwerdereaktion
	4. Ein professionelles Beschwerdemanagement
	5. Kundenindividuelle Lösungen zur Beschwerde
Preis-Leistungs-Verhältnis	Denken Sie nun an das Preis-Leistungs-Verhältnis der Firma XY: „Wie erfüllt das Preis-Leistungs-Verhältnis Ihre Erwartungen in Bezug auf …"
	1. Ein attraktives Preis-Leistungs-Verhältnis
	2. Ein konkurrenzfähiges Preis-Leistungs-Verhältnis
	3. Transparente und nachvollziehbare Preise
	4. Ein angemessenes Preis-Leistungs-Verhältnis
	5. Flexible Zahlungskonditionen
	6. Attraktives Preisniveau für hochwertige Produkte/Dienstleistungen

2.8 Trends und Herausforderungen im Marketing und Vertrieb

Tab. 2.2 Items zur Messung der Kundenzufriedenheit

Konstrukt	Items
Kundenzufriedenheit	Bitte denken Sie nun an die Firma XY im Ganzen:
	1. In Anbetracht aller Fragen, die Sie im Zusammenhang mit Firma XY bislang beantwortet haben, wie zufrieden sind Sie insgesamt mit Firma XY?
	2. Wenn Sie an Ihre Erwartungen an einen Anbieter bzw. Hersteller von Produkten/Dienstleistungen der Branche XY denken, wie erfüllt Firma XY ihre Erwartungen?
	3. Wenn Sie an Ihre Idealvorstellung denken, die Sie von einem Anbieter bzw. Hersteller von Produkten/Dienstleistungen der Branche XY denken, wie nahe kommt Firma XY dann Ihrer Idealvorstellung?

Tab. 2.3 Items zur Messung der Kundenloyalität

Konstrukt	Items
Kundenloyalität	Bitte denken Sie nun an die Firma XY im Ganzen:
	1. Wie wahrscheinlich ist es, dass Sie morgen wieder Produkte/Dienstleistungen der Firma XY kaufen?
	2. Wie wahrscheinlich ist es, dass Sie Ihren Geschäftskollegen/Partnern die Firma XY weiterempfehlen werden?
	3. Wie wahrscheinlich ist es, dass Sie auch in einem Jahr noch Produkte/Dienstleistungen der Firma XY kaufen werden?

den Wirkungszusammenhang des Konstrukts „Kundenzufriedenheit" auf das Konstrukt „Kundenloyalität" (verhaltensbezogene Wirkung). Hierbei ist es erforderlich, einen signifikanten und direkten (und jewels nach Hypothesenstellung positiven oder negativen) Wirkungszusammenhang zu generieren. Abb. 2.26 visualisiert, abgeleitet aus der Literatur, beispielhaft eine Kausalanalyse für Kundenzufriedenheit. Der Pfadkoeffizient (PC) zeigt die (positive) Ladung der unabhängigen auf die abhängige Variable, die Faktorreliabilität (Composite Reliability/IR) beschreibt, wie zuverlässig die jeweiligen Items das Konstrukt erklären (vgl. Abschn. 5.5.5 und 5.5.6).

Neben dem Management von Kundenbeziehungen wird in den kommenden Jahren die Customer Journey mit dem Management der Online- und Offline-Touchpoints eine der ganz großen Trends und Herausforderungen für das Marketing und den Vertrieb sein und soll deshalb an dieser Stelle weiter vertieft werden.

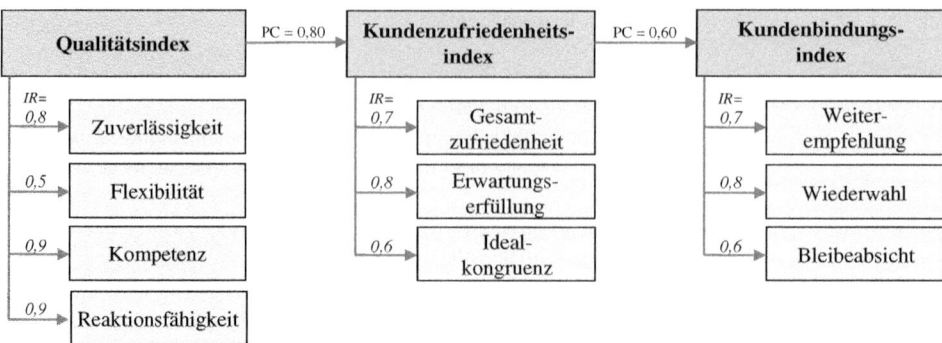

Abb. 2.26 Beispielhafte Kausalanalyse zur Messung der Kundenzufriedenheit (PC = Pfadkoeffizient; IR = Indikatorreliabilität)

2.8.3 Die Customer Journey – das Management von Online- und Offline-Touchpoints

„Im Idealfall gibt es irgendwann einen Anfang und ein Ende erst mit dem Tod des Kunden, denn zwischen Kunde und Unternehmen besteht eine lebenslange Beziehung." (Keller 2017, S. 31) Diese Beziehung beginnt bereits bei der ersten Information und umfasst alle jemals absichtlich oder unabsichtlich angetroffenen Berührungspunkte. Die Gesamtheit dieser Berührungspunkte mit dem Kunden wird in der jüngsten Literatur als Customer Journey bezeichnet.

Laut Flocke und Holland (2014) beinhaltet die Definition der Customer Journey die Interaktion des potenziellen und bestehenden Kunden mit dem Unternehmen in Form von Kontakt- oder Berührungspunkten, den sogenannten „Customer Touchpoints". Diese beginnt mit dem Wecken von Bedürfnissen, wird fortgesetzt mit dem Angebot detaillierter Informationen zum Produkt und mündet im Idealfall in den Erwerb des Produktes und in eine langfristige Kundenbeziehung. Diese Definition zur Customer Journey von Flocke und Holland ist in weitgehender Übereinstimmung mit den Definitionen der einschlägigen wissenschaftlichen Literatur.

Die Customer Journey ist das bedeutendste Werkzeug des „Customer-Experience-Managements", also der ganzheitlichen Erfahrung, die ein Kunde mit der Marke, den Leistungen und allen anderen Maßnahmen des Unternehmens macht (vgl. Rusnjak und Schallmo 2018). Das Themengebiet Customer Experience ist in der Wissenschaft ein aktuell und bereits seit mehreren Jahren diskutiertes Phänomen. So geht die wissenschaftliche Forschung zur Thematik der Customer Experience in etwa auf das Jahr 1982 zurück und basiert auf den Arbeiten von Holbrook und Hirschman (1982). Die Verfasser betonen, dass den Emotionen beim Konsum eines Produkts oder einer Leistung eine besondere Bedeutung zukommt. Des Weiteren ist der Kunde nicht mehr nur als ein rationaler Entscheidungsträger zu verstehen. Die erlebnisorientierte Perspektive, die symbolische, hedonistische und ästhetische Motive des Konsums in den Vordergrund der Betrachtung stellt, wird zunehmend wichtiger (vgl. Bruhn und Batt 2011). Im ganzheitlichen Ansatz

2.8 Trends und Herausforderungen im Marketing und Vertrieb

der Customer Experience geht es nicht mehr nur darum, die Reise des Kunden nachzuverfolgen, um die Produkte zu verkaufen. Vielmehr sollten Unternehmen als oberstes Ziel die Kundenloyalität durch ein abgestimmtes Customer-Experience-Management anstreben (vgl. Ieva et al. 2018). So kann das Unternehmen gesamtheitlich an der Steigerung der Kundenzufriedenheit arbeiten, die Erwartungshaltung der Kunden verändern und somit die Marke stärken (vgl. Johnston und Kong 2011). Dabei steht das Customer-Experience-Management (CEM) in engem Zusammenhang mit dem Customer-Relationship-Management (CRM), das mehr der Datenerfassung und -analyse mit dem Ziel einer loyalen Kundenbeziehung dient.

In der Literatur jedoch wird die bedingt fundierte wissenschaftliche Bearbeitung der Customer Experience teilweise stark bemängelt. Lemon und Verhoef beschreiben mit dem Begriff einen direkten und indirekten Kontakt der Kunden mit dem Unternehmen. Dies basiert auf der Annahme, dass durch den Austausch zwischen Unternehmen und Kunden Interaktionen und somit Erfahrungen entstehen, welche eine Reaktion beim Kunden hervorruft. Eine zweite Definition besagt, dass die Customer Experience eine innere und sehr persönliche Erfahrung des Kunden mit dem Unternehmen ist, die sich auf jeglichen direkten wie indirekten Kontakt mit dem Unternehmen bezieht (vgl. Lemon und Verhoef 2016).

Dieses Phänomen lässt darauf schließen, dass die Customer Experience in sich ein ganzheitliches Konstrukt ist, das alle menschlichen Interaktionen und Reflexe abfragt: kognitiv, affektiv, emotional, sozial und physisch (vgl. LaSalle und Britton 2002; Gentile et al. 2007). Dies wiederum führt dazu, dass Unternehmen nicht alle Aspekte der Interaktion mit dem Kunden bewusst steuern und kontrollieren können. Daher gehen sie davon aus, dass die Customer Experience eine Gesamterfahrung ist, die sich in „der Phase der Suche", „dem Kaufprozess" und der „After-Sales"-Phase wiederfindet. Überdies sind nach Ansicht der Autoren Bruhn und Hadwich die Produkte und Dienstleistungen lediglich als Hilfsmittel zu verstehen, um einzigartige Kundenerlebnisse zu generieren. Die Erlebnisse werden als eigenständige ökonomische Leistungen angesehen. Im Rahmen dieses theoretischen Erklärungsansatzes ist der Kunde eher „passiver Teilnehmer", der mit Customer Experience „berieselt" und „belebt" wird (vgl. Bruhn und Hadwich 2012).

Dies differenziert die Customer Experience von der bisherigen Auffassung, die ausschließlich die Aspekte betrachtet, die unter der Kontrolle des Unternehmens stehen. Diesen Ansatz liefert das Customer-Relationship-Management (siehe auch Abschn. 2.8.2). Dabei handelt es sich um einen softwarebasierten Ansatz zur Datengenerierung und -auswertung der Kunden. Customer-Relationship-Management, gemeint ist damit das Kundenbeziehungsmanagement, richtet Unternehmen auch kundenorientiert und kundenzentriert aus, es bezieht sich aber mehr auf die datenbasierte Auswertung bestehender Kunden und knüpft ausschließlich an bestehende Prozesse an (vgl. Neumann 2014). Die Durchführung von bspw. Kampagnen, die durch die Customer Journey ausgerichtet und gestaltet worden sind, können durch das CRM effizient an die Kunden weitergegeben werden (vgl. Nicuta et al. 2018). Das CRM bildet sozusagen den ausführenden Rahmen und leistet dadurch einen wesentlichen Beitrag zur Umsetzung der Customer Journey und dem dazugehörigen Customer-Experience-Management.

Ziel ist es, den Kunden zu einem Fan der Marke zu machen. Dafür muss das Unternehmen ganzheitlich auf den Kunden ausgerichtet werden. Dies geht auch aus den sieben Gesetzen der digitalen Transformation hervor (vgl. Rusnjak und Schallmo 2018):

Die sieben Gesetze der digitalen Transformation
1. Im Herzen der digitalen Transformation muss eine ganzheitliche „Customer Experience" stehen.
2. Wenn über „Customer Experience" gesprochen wird, dann muss die gesamte „Customer Journey" in Betracht gezogen werden.
3. Die „Customer Journey" endet nicht mit einem Kauf und beinhaltet zwingend eine Rückkopplung des Kunden zur stetigen Verbesserung des Kundenerlebnisses.
4. Alle „Touchpoints" (Kontaktpunkte mit dem Kunden) sollen einprägsam und wirkungsvoll gestaltet sein.
5. Die „Customer Experience" sollte je nach Zeitpunkt folgendermaßen gestaltet sein: einfach, intuitiv, reibungslos, persönlich, ideenreich, bahnbrechend, unvergesslich, funktionell, einprägsam, teilbar etc.
6. Alle Kundenkontakte haben als Ziel ein weiteres Engagement und eine höhere Loyalität der Kunden.
7. Für eine nahtlose „Customer Experience" müssen alle „Touchpoints" konsistent über alle Plattformen und Geräte integriert sein.

Aus den sieben Gesetzen geht hervor, dass die Customer Experience entlang der Customer Journey entsteht. Bei der Customer Journey handelt es sich um einen Prozess, der nicht nach einem Kauf endet, sondern als iterativer Kreislauf zu verstehen ist, der der stetigen Verbesserung der Customer Experience während der Customer Journey dient. Der Blickwinkel bei der Customer Journey ist das Entscheidende. Die Betrachtung der Customer Journey erfolgt zu 100 % aus dem Blickwinkel des Kunden, wobei diese Betrachtungsweise von Kunde zu Kunde variieren kann. Dabei umfasst die Customer Journey zwei wichtige Prämissen:

- Betrachtung aus dem Blickwinkel des Kunden (Kundengruppen) und Fokussierung auf die wichtigsten Anwendungsfälle (Use-Case-basierte Analysen)
- Betrachtungen basieren auf Phasen, welche die wichtigsten Abschnitte im Lebenszyklus darstellen (vgl. Nguyen und Pupillo 2012).

Die Customer Journey stellt demnach ein Instrument dar, das zur Strukturierung dient und mögliche Ansatzpunkte zur Verbesserung der Customer Experience liefern kann. Durch die schrittweise Analyse hilft die Customer Journey dabei zu verstehen, welche Erwartungen vorhanden sind und wie diese am besten befriedigt werden können (vgl. Lemon und Verhoef 2016). Überdies kann eine Customer-Journey-Analyse als Benchmarking-Instrument verwendet werden, um zum einen kritische Situationen zu identifizieren oder zum anderen sogenannte „Branded Moments" (Wow-Momente, die dafür sorgen, dass Kunden gerne ihrem Bekanntenkreis von dem Erlebten berichten) zu etablieren (vgl. Bruhn und Hadwich 2012).

Um den Kunden ganzheitlich zu verstehen, muss die gesamte Customer Journey betrachtet werden, das heißt vom ersten Kundenkontakt bis hin zur After-Sales-Analyse. Demnach sollte jeder einzelne Punkt, an dem der Kunde mit dem Unternehmen in Kontakt tritt, kartiert sein (Touchpoint-Analyse). Damit dies gelingen kann, werden verschiedene Daten benötigt: Kundendaten, Webdaten, demografische Daten, Marketing- und Vertriebsdaten. Der wahre Wert der Customer Journey entsteht daraus, all diese Daten zusammen und ganzheitlich zu betrachten. Diese werden, wie bereits erwähnt, aus dem Ansatz des Customer-Relationship-Managements gezogen.

Die Customer Journey selbst findet ihren Ursprung im späten 19. Jahrhundert, als mit dem AIDA-Konzept (Attention, Interest, Desire, Action) von Elmo Lewis aus dem Jahr 1898 erstmalig die Kaufprozesse von Kunden durchleuchtet worden sind (vgl. Hassan et al. 2015). Gewachsen ist sie schließlich aus zwei historischen Bereichen: Zum einen aus dem in den 1960er-Jahren angesiedelten „customer decision process", der stark von dem Modell von Howard und Sheth geprägt wurde (vgl. Bither et al. 1971). Das Modell behandelt das Kaufverhalten in Zusammenhang mit der Zufriedenheit der Kunden mit der jeweiligen Marke. Zur selben Zeit bauten Lavidge und Steiner (1961) auf das AIDA-Modell von Lewis auf und analysierten, wie Werbung zu verstehen und anzuwenden ist. Sie entwickelten ein sechsstufiges Werbewirkungsmodell: Aufmerksamkeit, Wissen, Sympathie, Präferenz, Überzeugung und Kauf (vgl. Moser 2015). Webster und Wind (1972) haben, Lemon und Verhoef zufolge, den Kaufprozess im B2B-Bereich betrachtet und die Rolle des Buying Centers in den Vordergrund gerückt. Die Basis dieser beiden theoretischen Herangehensweisen zeigt den vertieften Multichannel-Ansatz. Sowohl die marketingorientierte Werbung als auch das Buying Center und die zugehörigen Vertriebskanäle werden untersucht. Lemon und Verhoef schlussfolgern auf Basis der von ihnen verglichenen Herangehensweisen, dass diese stetige Entwicklung des „consumer decision making process" die Grundlage dafür bildet, dass der Kaufprozess und das Kundenerlebnis nun ganzheitlich betrachtet werden. Dies entspricht einem ganzheitlichen Weg durch den „Customer Lifecycle", der als Customer Journey bezeichnet wird (vgl. Lemon und Verhoef 2016). „Customer Purchase Journey as the process a customer goes through, across all stages and touch points, that makes up the customer experience." (Lemon und Verhoef 2016, S. 71)

Die Customer Journey sollte dabei nicht als einfaches Marketinginstrument betrachtet werden. Vielmehr handelt es sich um das Endergebnis einer einheitlichen kundenzentralen, konzernweiten Unternehmensstrategie. Die Customer Journey dient der Wertevermittlung an die Kunden, da dadurch Profitabilität für das Unternehmen generieren soll, um sich langfristig vom Wettbewerb abzuheben. Somit geht es bei der Customer Journey nicht nur darum, das aktuelle Angebot anzupassen. Sie kann das Unternehmen dabei unterstützen, zu innovieren und sich weg von einem traditionellen Firmenansatz hin zu einem agilen und modernen Unternehmen zu transformieren (vgl. Richardson 2010). Die Customer Journey setzt sich aus allen möglichen Kundenkontaktpunkten

(Touchpoints) zusammen. Ziel ist es, jeden Touchpoint so optimal wie nur möglich für jeden einzelnen Kundentyp zu gestalten. Ist dies erreicht, so ist das übergeordnete Ergebnis ein loyaler Kunde.

Um eine ganzheitliche Customer Journey zu gestalten und zu optimieren, ist es nötig, über Informationen zu allen möglichen Touchpoints zu verfügen. Touchpoints können direkter oder indirekter Natur sein. Unterschiedliche Persönlichkeitstypen, sogenannte Personas, nehmen Touchpoints differenziert wahr und reagieren verschieden auf die jeweilige Interaktion (vgl. Gentile et al. 2007; Meyer und Schwager 2007; Verhoef et al. 2009; Nguyen und Pupillo 2012).

Eine einfache Google-Suche nach dem Begriff „Customer Journey" ergibt eine große Anzahl an komplett unterschiedlichen Customer-Journey-Varianten. Jede davon durchleuchtet andere metrische Daten und Gewichtungen. Dies lässt darauf schließen, dass es keine universelle Customer Journey gibt und jedes Unternehmen seine eigene individuelle Customer Journey definiert. Es kann verallgemeinert werden, dass jeder Kanal und jedes Produkt letztendlich eine individuelle Customer Journey festgelegt hat. Jeder Kunde durchlebt seine ganz persönliche Customer Journey. Eine mögliche Darstellung eines Customer Journey Mappings zeigt Abb. 2.27, in der ein Kunde fünf Phasen durchlebt. Besonders verdeutlicht wird dabei, dass die Customer Journey einen ständigen Wechsel zwischen offline (unten) und online (oben) getriebenen Touchpoints erlebt. Wie eingangs erwähnt sind die Phasen eng an Kaufprozessmodelle und das AIDA-Konzept geknüpft. Sie kann jedoch von der hier abgebildeten Struktur je nach Unternehmen abweichen.

Mithilfe der Customer Journey können durch nachvollziehbare und visualisierte Modelle Schwachpunkte im Schnittstellenmanagement, insbesondere Marketing und Vertrieb, aufgedeckt und Handlungsempfehlungen ausgesprochen werden. Dadurch können die einzelnen Schnittstellen und Touchpoints speziell auf die Anforderungen der jeweiligen Kundensegmente angepasst werden. Jede Schnittstelle hat andere Anforderungen. Kunden wechseln zwischen den einzelnen Touchpoints hin und her, erwarten aber gleichzeitig ein konsistentes Auftreten mit gleichbleibender Qualität. Neben der Qualität erwartet der Kunde auch, dass die einzelnen Kanäle miteinander

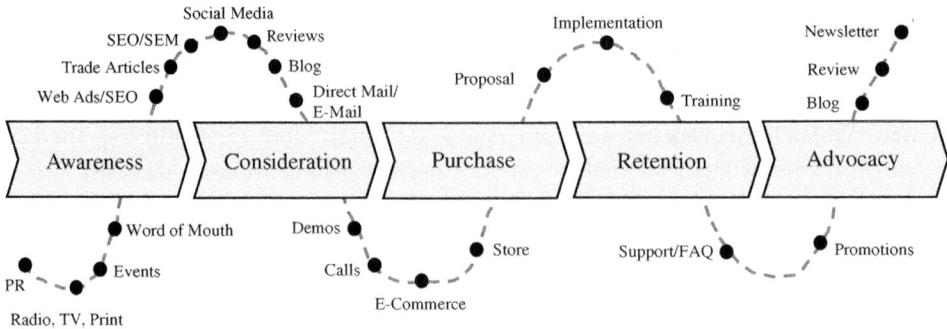

Abb. 2.27 Beispielhaftes Customer Journey Mapping

verknüpft sind und ihre bereits hinterlegten Daten für alle Marketing-, Vertriebs- und Servicekanäle einsehbar sind (vgl. Niehaus und Emrich 2016).

Die Customer Touchpoints sind alle Berührungspunkte, Marketingmaßnahmen und Werbe- und Kommunikationsflächen, mit denen ein Kunde in Kontakt mit der Marke kommt. Die Summe dieser Eindrücke formt somit den Eindruck und die subjektive Wahrnehmung der Marke in Bezug auf den Kunden. Daraus resultiert das subjektive Markenimage. Diese Reise wechselt von bspw. klassischer Printwerbung hin zu Onlinemedien wie Blogs und Foren über den Kontakt zum Vertriebsmitarbeitern im Außen- oder Innendienst oder dem After-Sales-Callcenter (vgl. Binckebanck und Elste 2016). Dadurch, dass Kunden unzählige Möglichkeiten haben, mit einer Marke in Kontakt zu treten und sowohl über Zeitpunkt als auch Ort entscheiden können, ist es höchst diffizil, eine Customer Journey vollumfänglich zu protegieren, zumal nicht alle Touchpoints von Unternehmen selbst gesteuert und beeinflusst werden können (vgl. Wind und Hays 2015).

Unternehmen benötigen daher eine Customer-Touchpoint-Strategie, mit der Brüche während des Kaufprozesses aufgedeckt und neue Möglichkeiten zur Implementierung einer Omnichannel-Strategie erörtert werden können (vgl. Binckebanck und Elste 2016). Der Omnichannel-Ansatz umfasst sämtliche Kommunikations- und Vertriebskanäle (online und offline). Dafür müssen Unternehmen anfangen, die Touchpoints nicht separiert zu betrachten. Das klassische Silo-Denken der einzelnen Unternehmensbereiche muss durchbrochen werden (vgl. Rawson et al. 2013). Dabei können die Touchpoints in allen Phasen der Customer Journey auftreten oder sich wiederholen.

Binckebanck und Elste unterscheiden drei Arten von Touchpoints: „owned" (besitzend), „paid" (bezahlt) und „earned" (verdient). „Owned" Touchpoints können vom Unternehmen direkt und selbst gesteuert werden. Die Website, Außendienstmitarbeiter oder die Service-Hotline wären Beispiele für solche Touchpoints. „Paid" Touchpoints beinhalten all die Touchpoints, die das Unternehmen zur Nutzung bezahlen muss. Beispiele dafür wären Search Engine Advertising (SEA) oder die klassische Printwerbung bzw. Werbung am Point of Sale (POS). Die letzte Variante beschreibt die „earned" Touchpoints, die vom Unternehmen nicht gesteuert werden können, da sie von Dritten geführt werden. Dies könnte bspw. eine Bewertungsplattform für Mitarbeiter oder Kunden sein (vgl. Binckebanck und Elste 2016). Insbesondere der Bereich der „earned" Touchpoints gewinnt bei den Unternehmen zunehmend an Bedeutung. Sie sollten im umfänglichen Touchpoint-Management berücksichtigt werden.

2.8.3.1 Werbewirkungsmodelle

Eng verbunden mit der Wirkungsweise der Erfolgskette im Kundenbeziehungsmanagement ist die Betrachtungsweise der Werbewirkung. In der Marketingpraxis wurde bislang eine Vielzahl von Modellen entwickelt, um die Art und Weise der Wirkung von Werbemaßnahmen eines Unternehmens auf Kundenseite näher zu beleuchten. Diese untersuchen, unter welchen bestimmten Bedingungen spezifische Werbemaßnahmen wirksam sind. Die sogenannten Werbewirkungsmodelle untersuchen die Frage, wie und unter welchen Umständen Werbung ein spezifisches Werbeziel erreicht. Die Modelle basieren dabei auf der Annahme, dass durch den Reiz der Werbung bei dem Empfänger die erwünschte Reaktion ausgelöst werden kann. Jene Reiz-Reaktions-Modelle treffen demnach Aussagen, warum und in welcher Art und Weise Werbebotschaften die Werbeadressaten erreichen oder nicht erreichen (vgl. Moser 2015). Aufgrund der Vielzahl von verschiedenen Wirkungsmodellen werden im Folgenden lediglich einzelne, besonders relevante, Modelle beleuchtet.

Das bekannteste Stufenmodell in der Marketingliteratur ist das 1898 entwickelte Modell von Lewis. Die sogenannte AIDA-Formel gliedert sich in vier Phasen, die ein Kunde innerhalb des Kaufprozesses durchläuft. Das Akronym steht dabei für die englischen Begriffe „Attention" (Aufmerksamkeit), „Interest" (Interesse), „Desire" (Verlangen) und „Action" (Handlung). Demzufolge muss eine Organisation mit ihren Werbemaßnahmen zunächst die Aufmerksamkeit der potenziellen Kunden erlangen, um daraufhin das Interesse bei den Kunden wecken zu können. Basierend darauf entwickelt sich gemäß dem Modell der Wunsch nach dem beworbenen Produkt oder der Leistung auf Kundenseite, der wiederum in der Kaufhandlung resultiert (vgl. Zurstiege 2007). Obwohl das Modell bereits über 100 Jahre alt ist, findet es aufgrund der stetigen Weiterentwicklung auch heute noch in der Marketingpraxis Anwendung. Insbesondere Werbespots und -banner im Fernsehen und Internet werden nach dem „Attention"- und „Interest"-Prinzip gestaltet.

Kritik an der AIDA-Formel wurde hinsichtlich der Starrheit des Stufenmodells geäußert, da die Phasen zwingend in einer klar definierten Abfolge durchlaufen werden sollen. Folglich müsste beim Kunden zunächst Aufmerksamkeit mittels der Werbemaßnahme erzeugt werden, um daraufhin das Interesse des Kunden zu wecken. Somit ist anzumerken, dass jede Phase des Stufenmodells wichtig ist, die vier Phasen jedoch nicht in einer starren Abfolge durchlaufen werden müssen. Deshalb ist die AIDA-Formel mehr als ein Leitfaden für die Marketingkommunikation zu sehen, die gleichzeitig jedoch nicht zwingend eine Garantie für den Verkauf eines Produktes oder einer Dienstleistung ist (vgl. Riesenbeck 2010). Mit der wachsenden Erkenntnis in der Marketingwissenschaft wurde das AIDA-Modell um weitere Komponenten erweitert. Die AIDCA-Formel erweitert das Modell um die Phase der „Vertrauensgewinnung" (Confidence), die als weitere Voraussetzung für einen getätigten Kauf gilt. Eine weitere Umänderung der Formel beschreibt das AIDCAS-Modell, wobei die vorgelagerte Komponente der „Überzeugung" (Conviction) und die nachgelagerte Phase der „Bedürfnisbefriedigung" (Satisfaction) den Kaufakt eines Kunden begleiten (vgl. Poth et al. 2013). Ähnlich dem AIDA-Prinzip entwickelte Russell Colley im Jahr 1961 ein weiteres Werbewirkungsmodell. Nach dem Titel seines Buchs „Defining Advertising Goals for Measured Advertising Results" benannte Colley das Werbewirkungsmodell DAGMAR. Die DAGMAR-Formel durchläuft dabei ebenso hierarchisch aufeinander folgende Phasen. Gemäß dem Modell ist zuerst die „Wahrnehmung" der Werbung des potenziellen Kunden notwendig, um weitere Wirkungen auf Kundenseite auslösen zu können. Darauf folgt die „Aufnahme" der Werbebotschaft, was sich aufgrund des Information-Overloads der Konsumenten als ein kritischer Prozess äußert. Daneben sollte die Werbebotschaft nach

Colley leicht verständlich, glaubwürdig und sympathisch kommuniziert werden, um den Kunden letztendlich zu überzeugen, das Produkt oder die Leistung des Unternehmens zu kaufen. Die DAGMAR-Formel ist als Ergänzung des AIDA-Modells zu verstehen, wurde jedoch von den gegenwärtigen Werbewirkungsmodellen zunehmend abgelöst. In den 1960er-Jahren war jene Formel revolutionär, da sie erstmals auch die emotionale Komponente in der Analyse der Werbewirkung berücksichtigte (vgl. Poth et al. 2013; Dutka 1995). Im Laufe der Zeit wurde in der Literatur eine Vielzahl ausgewählter Stufenmodelle zur Werbewirkung entwickelt, die exemplarisch in Tab. 2.4 dargestellt sind:

Eines der aktuellsten Modelle der Werbewirkungsforschung ist das von Hall (2002) entwickelte P-E-M-Modell. Das Perception-Experience-Memory-Modell stellt ein hierarchieloses Modell dar, das die Wirkungsweise der Kommunikationsbotschaften vor und nach einer Produkterfahrung differenziert, wobei die Grenzen hierbei fließend sind. Die Kommunikationsbotschaften erfüllen in jenem Modell drei verschiedene Funktionen. Zum einen kann sich die Wahrnehmung durch eine Werbebotschaft des Rezipienten formen, zum anderen dient eine Werbebotschaft ebenso zur Sammlung von Erfahrungen. Darüber hinaus fungiert sie dazu, die bereits vorhandenen Erinnerungen zu (re)strukturieren. Bei völliger Unbekanntheit des beworbenen Produkts oder der Dienstleistung auf Kundenseite dient die Kommunikationsbotschaft demnach dazu, dass der Kunde von der Existenz des beworbenen Objektes erfährt und wichtige Informationen zu den Produkteigenschaften erhält. Die zweite Funktion einer Kommunikationsbotschaft beschreibt das Sammeln von Erfahrungen. Diese Anreicherung von Erfahrungen geschieht dabei unabhängig davon, ob der Rezipient bereits direkte Erfahrungen mit dem Produkt gesammelt hat oder nicht. Außerdem hilft eine Kommunikationsbotschaft dem Empfänger, die bereits gespeicherten Erinnerungen und Erfahrungen zu strukturieren. Die bislang vom Rezipienten gesammelten Produkterfahrungen werden durch Hinweisreize der Kommunikationsbotschaft in Form eines Slogans oder einer Melodie leichter zugänglich gemacht und helfen dem Empfänger somit die gespeicherten Informationen leichter abzurufen (vgl. Hall 2002).

Aufgrund der Aktualität des Modells soll der Ansatz von Hall (2002) als das relevanteste Modell unter den vorgestellten Modellen gelten. Angesichts der Vielfalt der angewandten Methoden zur Werbewirkungsmessung ist jedoch gemäß Kröber-Riel und Gröppel-Klein resümierend festzustellen: „Nach dem gegenwärtigen Stand der Messmethoden scheint es am besten, kombinierte Verfahren zu benutzen […]" (Kroeber-Riel und Gröppel-Klein 2013, S. 203).

2.8.3.2 Customer-Touchpoint-Management
Neben der Frage zur Wirkung der zu vermittelnden Botschaft ist es ebenso wichtig zu erforschen, über welche Kanäle jene Botschaft die Rezipienten am besten erreicht. Diese komplexe Fragestellung beschäftigt sowohl die gegenwärtige Marketingliteratur als auch die Marketingpraxis in hohem Maße.

Auslöser für die intensive Auseinandersetzung mit dem Kanalmanagement ist die zunehmende Digitalisierung, die die Anzahl der Berührungspunkte zwischen Anbieter

Tab. 2.4 Übersicht ausgewählter Stufenmodelle der Werbewirkung. (Quelle: in Anlehnung an Koschnik 1987; Hampel 2011)

Modell/Autoren	Stufe 1	Stufe 2	Stufe 3	Stufe 4	Stufe 5	Stufe 6
AIDA/Lewis (1898)	Attention	Interest	Desire			Action
Kitson (1929)	Attention	Interest	Desire	Trust	Decision	Action/Satisfaction
Wündrich-Meißen (1953)	Neugier	Bedarfsabgleich	Preis-Leistungs-Evaluation	Einwandwiderlegung	Handlungsantrieb	Konation
Gutenberg (1955)	Aufmerksamkeitswirkung	Gedächtniswirkung	Hirnstimmung			Verkettung
Colley (1961)	Awareness	Comprehension	Conviction			Action
Lavidge-Steiner (1961)	Awareness	Knowledge	Liking	Preference	Conviction	Purchase
Behrens (1963)	Berührung	Beeindruckung	Erinnerung	Interesse		Aktion
Marc (1965)	Advertising Recall	Brand Awareness	Knowledge about the brand		Attitudes about the brand	Behaviour with respect to the brand
Seyffert (1966)	Sinneswirkung	Aufmerksamkeitswirkung	Vorstellungswirkung	Gefühlswirkung	Gedächtniswirkung	Willenswirkung
Kotler (1967)	Bewusstheit	Wissen		Bevorzugung	Überzeugung	Loyalität
Junk (1971)	Bekanntheit	Verständnis	Einstellung	Motivation		Kaufakt
Robertson (1971)	Awareness	Comprehension	Attitude	Legitimation	Trial	Adoption
De Lozier (1976)	Bewusstsein	Aufmerksamkeit	Verstehen	Einstellung	Lernen	Handlung
Hill (1982)	Berührungserfolg	Aufmerksamkeit	Gefühlswirkung	Erinnerungswirkung	Interessensweckung	Kauf
Preston (1982)	Association	Exposure	Awareness	Perception	Evaluation	Action
Hall (2002)	Perception	Experience				Memory

2.8 Trends und Herausforderungen im Marketing und Vertrieb

und Nachfrager stetig wachsen lässt. So können Unternehmen heutzutage auf mehr als 100 mögliche Touchpoints kommen. Jeder Kontakt mit einer Unternehmensmarke hinterlässt Spuren in den Köpfen der Verbraucher. Beispielsweise der gelbe Eimer von Sto, der Messeauftritt von Caterpillar oder die Außendienstmitarbeiter von Hilti bzw. Würth. Besonders im B2B-Bereich gilt es, die Kunden an den spezifischen Berührungspunkten wirkungsvoll zu erreichen (vgl. Esch 2014). Heutzutage bewegen sich die Verbraucher zunehmend in einer Welt, in der die Online- und Offline-Medienwelt miteinander verschmilzt. Die Symbiose zwischen real und digital veranlasst daher die Unternehmen, ihre unternehmerischen Aktivitäten verstärkt auf die Offline-Online-Customer-Journey auszurichten. Dabei sollte sich jedes Unternehmen zunächst die Frage stellen, welche Touchpoints von großer Bedeutung sind und welche vernachlässigt werden können. Das Touchpoint-Management gilt somit heutzutage als ein wichtiger Ansatz, eine verstärkte Kundenzufriedenheit und Kundenbindung zu erreichen. Um als Unternehmen das komplexe Informations- und Kaufverhalten der eigenen Kunden im digitalen Zeitalter entlang der Customer Journey analysieren zu können, gilt es, zunächst eine Bestandsaufnahme der gesamten Touchpoints durchzuführen (vgl. Keller und Ott 2017).

Esch und Knörle definieren Customer Touchpoints als „[…] alle Orte, Personen, Produkte oder Marketingmaßnahmen, an denen Kunden mit einer (Unternehmens-) Marke interagieren. Jeder einzelne dieser Kontaktpunkte, das heißt jede Berührung mit einer Marke, hinterlässt Spuren in unseren Köpfen" (Esch und Knörle 2016, S. 124). Die Kundenkontaktpunkte können dabei vor, während oder nach einer Transaktion entstehen. Zum einen entweder in direkter Form, wie bspw. über einen Messestand, Newsletter, Verkäuferbesuch oder über die Website, Anzeige oder Rechnung. Zum anderen kann sich der Kundenkontaktpunkt jedoch auch in indirekter Form über einen Testbericht, Presseartikel, Meinungsportal oder eine Weiterempfehlung äußern. Die kundenorientierte Ausgestaltung aller Kontaktpunkte ist dabei von besonderer Bedeutung, da ein einziges negatives Ereignis an einem Berührungspunkt zu einem sofortigen Abbruch der Geschäftsbeziehung des Kunden führen kann. Um die Ist-Situation aller bestehender Touchpoints bewerten zu können, ist zunächst eine Bestandsaufnahme der Berührungspunkte notwendig, um diese abteilungsübergreifend dokumentieren und analysieren zu können. Hierbei lassen sich fünf Gruppen von Touchpoints unterscheiden. Die „Influencing Touchpoints" spielen in der Phase der Informationssuche der Kunden eine entscheidende Rolle. Daneben sind die „Pre-Purchase Touchpoints" in der Phase der Entscheidungsvorbereitung relevant, wohingegen die „Purchase Touchpoints" die tatsächliche Entscheidung für oder gegen einen Kaufakt beeinflussen. Außerdem sind „After-Purchase Touchpoints" maßgeblich für die Nutzungsphase und den Wiederkauf. Schließlich tragen Dritte über die Influencing Touchpoints zu der Beeinflussung des Kunden bei (vgl. Schüller 2012).

Innerhalb der Touchpoint-Analyse ist es folglich bedeutend, alle Touchpoints entlang der gesamten Customer Journey eines Kunden zu analysieren. Als Customer Journey bezeichnet man den gesamten Prozess vor, während und nach einem Produktkauf oder einer Dienstleistungsnutzung. Die Kundenreise beginnt bei der Informationssuche und schließt alle absichtlich oder unabsichtlich angetroffenen Kontaktpunkte mit ein (vgl. Keller und Ott 2017). Ursprünglich wurde unter dem Begriff „Customer Journey" der Weg des Nutzers im Web, von den Klicks bis hin zum letztendlichen Kauf, beschrieben. Jedoch reicht diese Sichtweise heutzutage nicht mehr aus, da die Kunden in einem ständigen Wechsel zwischen der Online- und Offline-Medienwelt leben. Deshalb ist vielmehr von einer Offline-Online-Customer-Journey zu sprechen, innerhalb dieser sowohl Wirkungszusammenhänge, als auch Synergie- und Kannibalisierungseffekte zwischen den Kanälen aufgedeckt werden sollen (vgl. Schüller 2012).

Um die Wirkungszusammenhänge zwischen den eingesetzten Kanälen analysieren zu können, betreiben Unternehmen Customer-Touchpoint-Management. Das Customer-Touchpoint-Management setzt es sich zum Ziel, die unternehmerischen Tätigkeiten in jener Form zu gestalten, dass den bestehenden und potenziellen Kunden an jedem Interaktionspunkt ein einzigartiges Kundenerlebnis widerfährt. Dabei ist es entscheidend, die Prozesseffizienz zu gleichem Maße zu berücksichtigen. Der grundlegende Ansatz des Customer-Touchpoint-Managements liegt darin begründet, dass einzigartige Kundenerlebnisse an den jeweiligen Touchpoints innerhalb der gesamten Customer Journey wesentliche Treiber für die Festigung der Kundenbeziehung und der Weiterempfehlung darstellen. Demnach soll an den Touchpoints primär Begeisterung geschaffen werden und negative Erlebnisse und Enttäuschungen auf Kundenseite minimiert werden. Besonders hilfreich hierzu ist das „Touchpoint Journey Mapping". Die Reise des Kunden wird in Form einer Landkarte aufgezeigt, wobei der Weg an den einzelnen Touchpoints nicht linear erfolgt, sondern sich auch teilweise die Richtung ändern kann. Das „Touchpoint Journey Mapping" dient insbesondere dazu, Kann- und Muss-Kontaktpunkte für die unterschiedlichen Zielgruppen eines Unternehmens herauszuarbeiten (vgl. Schüller 2012).

Einer Studie von Esch mit 106 beteiligten deutschen Managern aus dem B2B-Sektor zufolge, sind 95 % der Meinung, dass das Customer-Touchpoint-Management zukünftig an Bedeutung gewinnen wird. Die aktuelle Umsetzung wird jedoch als problematisch eingestuft. Lediglich sieben Prozent der Befragten schätzten den Professionalisierungsgrad ihres Unternehmens im Bereich Touchpoint-Management als hoch ein. Die Schwierigkeit, das Customer-Touchpoint-Management richtig einzusetzen, liegt darin begründet, dass es für jedes B2B-Unternehmen eine individuelle, beste Lösung gibt. Dies lässt sich jedoch mithilfe eines systematisch gesteuerten Prozesses herausarbeiten (vgl. Esch 2014). Ein ganzheitlicher Customer-Touchpoint-Management-Prozess sieht dabei fünf zu durchlaufende Schritte vor:

1. Prüfung der internen Touchpoints
2. Prüfung der externen Touchpoints
3. Bewertung der Touchpoints
4. Festlegung der Ziele und Strategien für das Touchpoint-Management
5. Festlegung eines Aktionsplans für Touchpoints
6. Tracking der Touchpoints

2.8 Trends und Herausforderungen im Marketing und Vertrieb

Zunächst gilt es, für das B2B-Unternehmen die internen Touchpoints zu überprüfen. Innerhalb der mehr als 100 verschiedenen Kontaktpunkte, wie den Produkten, Niederlassungen, Katalogen und der Visitenkarte des Außendienstes, sind alle Kontaktpunkte gemäß dem Prinzip Qualität vor Quantität zu bewerten und zu priorisieren. Gleiches gilt für die externen Touchpoints durchzuführen. Hierbei sind die wichtigsten Berührungspunkte aus Kundensicht zu bewerten. Denn in der Praxis ist es durchaus möglich, dass einzelne Kontaktpunkte aus Sicht der Mitarbeiter als weniger relevant eingestuft werden, die jedoch für die Zielgruppen als wichtig bewertet werden (vgl. Esch 2014). Vergleicht man die Likes der Facebook-Seiten bspw. von Linde (ca. 63.000 Likes) mit der Fanpage von John Deere mit 3,5 Mio. Likes, kann dies mit der unterschiedlich ausgeprägten Relevanz von Social Media in den Kundengruppen der beiden Unternehmen zusammenhängen.

Eine umfassende Bewertung der Touchpoints erfordert jedoch eine empirische Untersuchung, bei der die definierten Zielgruppen (Personas) zu den jeweils relevanten Touchpoints befragt werden. Dabei ist die Bedeutung bzw. die Zufriedenheit für alle relevanten Touchpoints aus Kundensicht zu erfassen. Die Ergebnisse der Befragung können bspw. mithilfe der Software „Think-cell" in einem Zufriedenheits-Bedeutungs-Portfolio" (siehe Abb. 2.28) dargestellt und daraus entsprechende Strategien für das Customer-Touchpoint-Management abgeleitet werden.

Das Praxisbeispiel (siehe Abb. 2.29) wurde einer aktuellen Untersuchung zur Einordnung der Wichtigkeit und Zufriedenheit der ausgewählten Touchpoints entnommen. Dazu wurden Kundengruppen, sogenannte Personas, mittels Fragebogen zu allen relevanten Online- und Offline-Touchpoints des Unternehmens wie auch der Wettbewerber

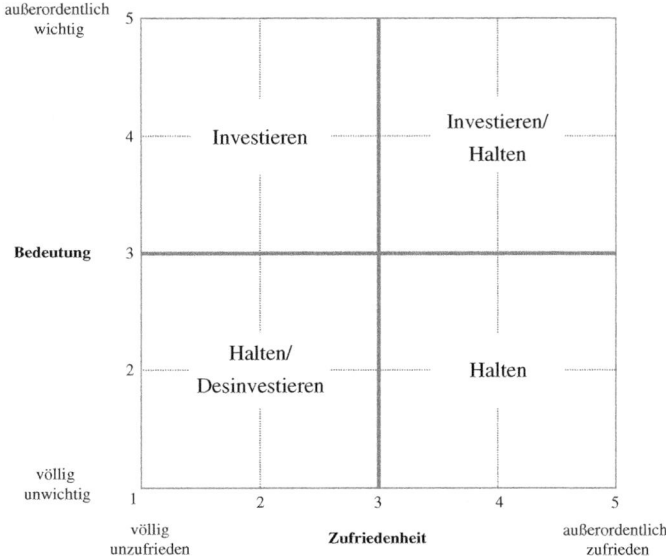

Abb. 2.28 Zufriedenheits-Bedeutungs-Portfolio

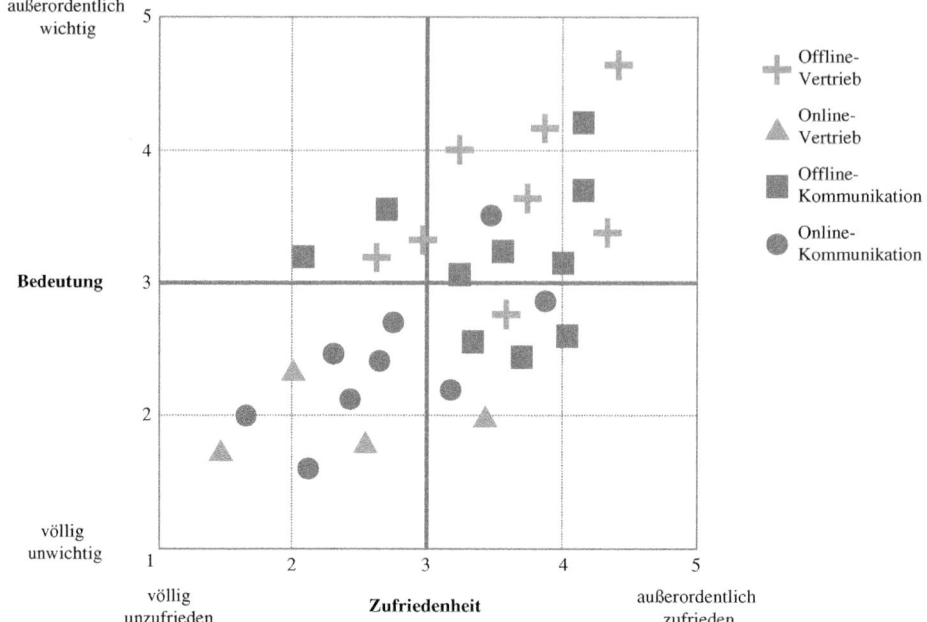

Abb. 2.29 Zufriedenheits-Bedeutungs-Portfolio aus der Praxis

befragt und die Bedeutung und Zufriedenheit der Touchpoints auf einer Bewertungsskala von 1 (völlig unwichtig/völlig unzufrieden) und 5 (außerordentlich wichtig/außerordentlich zufrieden) aus Kundensicht bewertet. In der Darstellung entsprechen die Kreise den Online-Kommunikationskanälen, die Vierecke den Offline-Kommunikationskanälen, die Dreiecke den Online-Vertriebskanälen und die Pluszeichen den Offline-Vertriebskanälen. In der Ergebnisdarstellung ist ersichtlich, dass in dieser B2B-Branche die Offline-Vertriebs- und Kommunikationskanäle durchaus noch dominant positioniert sind, jedoch einzelne Onlinekanäle bereits einen relevanten Touchpoint darstellen.

Basierend auf den Erkenntnissen des internen und externen Touchpoint-Audits ist die Bewertung der Touchpoints durchzuführen. In diesem Schritt sollen die Kontaktpunkte bezüglich ihrer Prozessqualität überprüft und gleichzeitig das investierte Budget je Kontaktpunkt berücksichtigt werden. Daraus können Ziele und Strategien für die untersuchten Touchpoints abgeleitet werden, in dem die strategischen Maßnahmen zur Investition, Beibehaltung, Reduktion oder Desinvestition der Touchpoints definiert werden. Überwiegt der zeitliche, personelle oder monetäre Aufwand für einen bestimmten Kontaktpunkt im Vergleich zu der zugeschriebenen Relevanz jenes Touchpoints, gilt es diesen zu eliminieren. Die fünfte Phase des Customer-Touchpoint-Managements sieht das Touchpoint-Tracking vor. Zielführend ist eine regelmäßige Messung und Kontrolle der zugeschriebenen Relevanz und der eigenen Performance innerhalb aller Kontaktpunkte, da sich gerade in der Online-Medienwelt die Relevanz eines Kanals schnell verschieben kann. Wird das Customer-Touchpoint-Management richtig eingesetzt, können die unterschiedlichen Zielgruppen (Personas) eines Unternehmens mit den entscheidenden Kanälen erreicht werden, Schwächen und Einsparpotenziale identifiziert und Verbesserungen kontinuierlich realisiert werden (vgl. Esch 2014). Außerdem dient das Customer-Touchpoint-Management bei richtiger Anwendung der Realisierung von übergeordneten, unternehmerischen Zielen, wie z. B. einer dauerhaften Kundenloyalität, der Vorbeugung von Kundenabwanderungen und Ressourcenoptimierung. Die Ziele im Customer-Touchpoint-Management sind im Folgenden aufgeführt (vgl. Schüller 2012, S. 150).

Ziele im „Customer-Touchpoint-Management"
- Aufbau von Bekanntheit und Reputation
- Stärkung der Marke und der Preisbereitschaft der Zielgruppe
- Produkt-, Qualitäts-, Prozess- und Serviceverbesserungen
- Neukundengewinnung und Wiederverkauf
- Koordination der Kundenbeziehungspflege
- Aufbau einer dauerhaften Kundenloyalität
- Positive Mundpropaganda und Weiterempfehlungen
- Eindämmen von Kundenabwanderungen und Negativpropaganda
- Vorbeugen und Abschwächen von Reklamationen
- Steigerung von Innovationskraft und Wettbewerbsfähigkeit
- Ressourcenoptimierung (Zeit, Mitarbeiter, Investitionen)
- Erwirtschaften eines höheren Return-on-Investments

Um jene Kontaktpunkte zu identifizieren, die die Kundenloyalität und Empfehlungsbereitschaft der Kunden am nachhaltigsten stärken, gilt es, die eigenen Kundengruppen aktiv in den Managementprozess miteinzubinden. Nach Ballard et al. (2014) bedeutet Kundenzentrierung, die Kundenbedürfnisse umfassend zu verstehen, um dieses Verständnis unternehmensweit in allen Wertschöpfungsprozessen zu nutzen. Mithilfe von Kundenbefragungen, die die Spezifikationen der verschiedenen Touchpoints abfragen, gelingt es somit, die Kunden als Mitgestalter des Kanalmanagementprozesses zu gewinnen. Damit verstärkt sich die Chance, das unternehmerische Risiko zu senken und gleichzeitig zusätzliche Eintrittsbarrieren für die Wettbewerber aufzubauen (vgl. Schüller 2012).

2.8.4 Kommunikatives Instrumentarium in Kontext der Customer Journey

Generell kann konstatiert werden, dass Transaktionen im B2B-Bereich, verglichen mit dem Konsumgüterbereich, durch größere Variantenvielfalt charakterisiert sind. Daher ist in diesem Sektor ein besonders breites und tief angelegtes kommunikatives Instrumentarium für die Marktkommunikation eines B2B-Unternehmens erforderlich (vgl. Fuchs 2003). Gemäß Masciadri und Zupancic lassen sich unter der B2B-Marktkommunikation „[…] alle kommunikativen Aktivitäten subsumieren, die eine Unternehmung im Rahmen ihrer Vermarktungsprozesse gegenüber jenen Organisationen einsetzt, die Marktleistungen beziehen" (Masciadri und Zupancic 2013, S. 4). Dabei setzt sich die anzusprechende Zielgruppe aus einer Gruppe von Personen zusammen, die in dem Unternehmen als Entscheider oder Mitentscheider fungieren (vgl. Masciadri und Zupancic 2013). Die Kommunikation in der B2B-Industrie ist von zahlreichen Besonderheiten gekennzeichnet, die im Folgenden knapp erläutert werden sollen (Abb. 2.30):

Zunächst ist anzuführen, dass die Marktteilnehmer im B2B-Markt nicht anonym und i. d. R. daher leicht zu identifizieren sind. Daneben handelt es sich meist um professionelle und intensiv ausgebildete Entscheidungsträger, die Kaufentscheidungen möglichst rational im wirtschaftlichen Interesse des Unternehmens und nicht basierend auf ihren eigenen Bedürfnissen treffen. Teil der Kaufentscheidungen im B2B-Bereich sind, gegensätzlich zu den meist standardisierten B2C-Produkten, oft technisch hochkomplexe, erklärungsbedürftige Produkte, Systeme oder Dienstleistungen mit einem hohen Individualisierungsgrad. Daher erstrecken sich die Kaufprozesse im B2B-Bereich i. d. R. über einen längeren Zeitraum und erfolgen interaktiv zwischen Anbieter und Nachfrager. Die Komplexität der Produkte erhöht somit auch die Komplexität der Anforderungen an

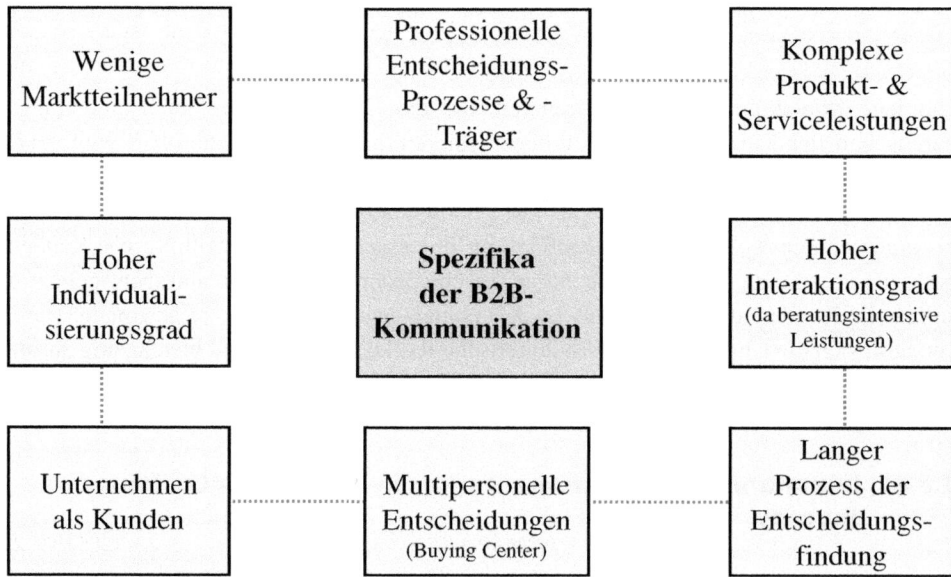

Abb. 2.30 Spezifika der B2B-Kommunikation. (Quelle: in Anlehnung an Masciadri und Zupancic 2013)

2.8 Trends und Herausforderungen im Marketing und Vertrieb

Abb. 2.31 Bestandteile einer Kommunikationsstrategie

die Vermarktung und Kommunikation der genannten Güter und Dienstleistungen (vgl. Masciadri und Zupancic 2013).

Um diesen komplexen Anforderungen an die Vermarktung und Kommunikation gerecht zu werden, ist die Formulierung einer Kommunikationsstrategie von entscheidender Bedeutung (Abb. 2.31). Die Kommunikationsstrategie basiert auf einer klaren Zielsetzung und einem verfügbaren Budget für die Umsetzung. Eine Kommunikationsstrategie definiert zunächst die für die Kommunikation relevanten Zielgruppen bzw. Personas sowie die Botschaft, das heißt das Content-Marketing für die Zielgruppen. Anschließend werden die Kommunikationsinstrumente bzw. -kanäle festgelegt, über die die Botschaft an die Zielgruppen kommuniziert werden soll. Die Definition der relevanten Geografie, des Zeitraums für die Kommunikationsaktivität sowie das Kommunikationsobjekt runden die Kommunikationsstrategie ab. Neben der Formulierung der Kommunikationsstrategie für das Unternehmen ist es sinnvoll, auch integrierte Substrategien für bspw. Onlinekanäle (z. B. Social-Media-Strategie) und/oder Offlinekanäle (z. B. Messestrategie) zu formulieren.

Somit besitzt die Kommunikation in der B2B-Industrie eine Schlüsselrolle für den Markterfolg und erfordert neben ihrer großen Variationsbreite einen hohen Individualisierungsgrad und die Kenntnis über die Besonderheiten der verschiedenen Kommunikationsformen. Wird sie richtig eingesetzt, trägt sie maßgeblich zum Aufbau, der Steuerung und Pflege einer Marke im B2B-Sektor bei (vgl. Masciadri und Zupancic 2013). Je nach anvisierter kommunikativer Aufgabe eigenen sich bestimmte Instrumente und Maßnahmen besser als andere, abhängig davon, welche Zielgruppe (Persona) angesprochen und welches Ziel verfolgt werden soll (vgl. Fuchs 2003).

2.8.4.1 Offline-Kommunikation im B2B-Bereich

Im Folgenden werden die möglichen Offline-Kommunikationsinstrumente in der B2B-Industrie detailliert beleuchtet:

Personale Kommunikation

Die Komplexität der Angebote, die Notwendigkeit einer langfristigen Kundenbeziehung und gegenseitigem Vertrauen bedingen einen sehr hohen Stellenwert der personalen Kommunikation im B2B-Sektor (vgl. Fuchs 2003). Unter personaler Kommunikation versteht Bruhn „die Analyse, Planung, Durchführung und Kontrolle sämtlicher unternehmensinterner und -externer Aktivitäten, die mit der wechselseitigen Kontaktaufnahme bzw. -abwicklung zwischen Anbieter und Nachfrager in einer durch die Umwelt vorgegebenen Face-to-Face Kontaktsituation verbunden sind, in die bestimmte Erfahrungen und Erwartungen durch verbale und nonverbale Kommunikationshandlungen eingebracht werden, um damit gleichzeitig vorab definierte Ziele der Kommunikationspolitik zu erreichen" (Bruhn 2007, S. 425). Dabei kann die personale Kommunikation in andere Kommunikationsinstrumente integriert sein, wie z. B. auf Events und Messen, oder aber auch als eigenständiges Instrument in Form von Verkaufsgesprächen auftreten. Im Rahmen der Marktkommunikation eines B2B-Unternehmens erfüllt die personale Kommunikation zahlreiche Funktionen, wie bspw. die Funktion der Information, der Beeinflussung, der Beratung und Betreuung, des Ver- und Nachkaufs, der Profilierung, der Motivation und der Integration. Aufgrund der charakteristischen Multifunktionalität können durch den Einsatz der personalen Kommunikation sowohl ökonomische Ziele, wie bspw. die Gewinnung neuer Handelspartner oder die Anzahl von Vertragsabschlüssen, als auch psychografische Ziele, wie die Schaffung von Goodwill und Vertrauen, realisiert werden (vgl. Fuchs 2003). Die wichtigste Kommunikationsform der personalen Kommunikation im B2B-Sektor ist der Vertrieb, der zugleich Kommunikationsinstrument und Distributionsfaktor darstellt. Der Vertrieb fungiert dabei als Sprachrohr für das Unternehmen und dient als direkter Ansprechpartner, der die Kunden fachlich kompetent und markenaffin betreut (vgl. Masciadri und Zupancic 2013). Aufgrund des hohen Stellenwertes des Vertriebs im B2B-Sektor wird diese Kommunikationsform und seine Kanäle in Abschn. 2.8.5.1 nochmals detaillierter beleuchtet.

Fachzeitschriften

Fachzeitschriften werden als Informationsmittel genutzt und unterscheiden sich in ihrer Funktion von Publikumszeitschriften. Fachmedien dienen der beruflichen Information und der Fortbildung eindeutig definierbarer, nach fachlichen Kriterien abgrenzbarer B2B-Zielgruppen. Dass die Fachzeitschriften im B2B-Markt eine prominente Rolle einnehmen, bestätigt die aktuelle Fachpresse-Statistik aus dem Jahr 2018 der Deutschen Fachpresse. Stefan Rühling, Fachpresse-Sprecher der Vogel Business Media, bilanziert wie folgt: „Der deutsche B2B-Medienmarkt wächst seit Jahren, da sich Fachmedienhäuser konsequent weiterentwickeln und eine Vielzahl an zeitgemäßen Lösungen anbieten" (Deutsche Fachpresse 2018). Neben den digitalen Medien als stärkster Wachstumstreiber, verzeichnen die Fachzeitschriften mit 1,9 Mrd. EUR des Gesamtumsatzes der Fachmedienhäuser einen

2.8 Trends und Herausforderungen im Marketing und Vertrieb

Anteil von insgesamt 55 %. Die erstmals von der Fachpresse-Statistik höchste gemessene Titelanzahl mit über 4000 Fachzeitschriftentiteln nimmt einen signifikanten Stellenwert in der B2B-Industrie ein. Eine hohe Reichweite und Affinität bei den spezifischen Zielgruppen erreichen die Fachzeitschriften besonders aufgrund der Eigenschaften der Glaubwürdigkeit, Fachaktualität und dem praktischen Nutzen. Daneben eröffnet sich für B2B-Unternehmen mit der Schaltung einer Fachanzeige die Chance, organisationale Entscheidungsträger ohne hohe Streuverluste anzusprechen und mit gezielten Informationen bei den relevanten Entscheidern der Branche Impulse zu setzen (vgl. Fuchs 2003).

Druckschriften
Zu dem Sammelbegriff „Druckschriften" zählen mehrere Kommunikationsformen, die sich aufgrund ihrer Zielorientierung differenzieren lassen (Abb. 2.32). Die wissenschaftliche Literatur unterscheidet zwischen imageorientierten, absatzorientierten und After-Sales-orientierten Druckschriften (vgl. Fuchs 2003).

Imageorientierte Druckschriften Ziel der imageorientierten Druckschriften ist es, allgemeine Informationen über ein Unternehmen bereitzustellen und durch diese ein positives Image sowie Goodwill zu erzeugen. In diesem Abschnitt sollen die gängigsten imageorientierten Druckschriften, wie die Image- und Informationsbroschüre, der Geschäftsbericht und die Kunden- und Firmenzeitschrift näher vorgestellt werden.

Image- und Informationsbroschüren dienen der Präsentation der unternehmenseigenen Entwicklung hinsichtlich der Geschäftsfelder, Produkte, Mitarbeiter sowie dem Engagement des Unternehmens. Die Organisation zeigt sich hierbei von ihrer besten Seite, um eine möglichst starke Identifikation sowohl nach innen bei den Mitarbeitern, als auch nach außen bei den Kunden, Geschäftspartnern und Journalisten mit der Unternehmung zu erzielen (vgl. Rota 2002). Ein weiteres wichtiges kommunikatives Instrumentarium ist der Geschäftsbericht, der der Berichterstattung über ein Unternehmen in Form von Jahresabschluss und Lagebericht dient. Ziel dabei soll es sein, die Ziel-

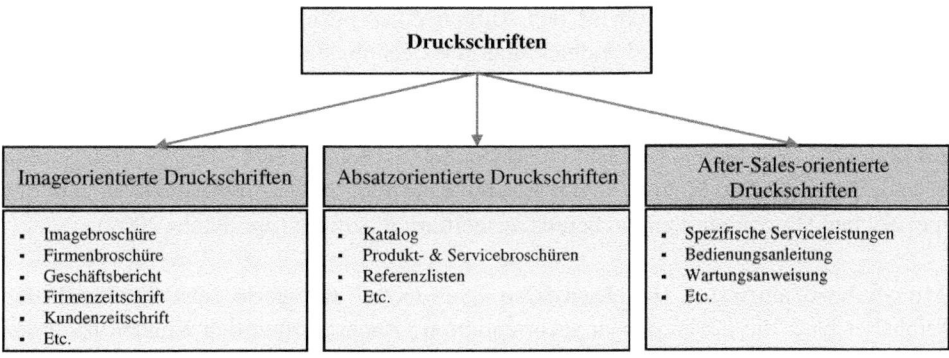

Abb. 2.32 Arten von Druckschriften. (Quelle: in Anlehnung an Fuchs 2003)

gruppen, wie bspw. Kunden, Lieferanten, Aktionäre, Geschäftspartner, Journalisten und eigenen Mitarbeiter über die Geschäftsaktivitäten und Ertragsentwicklung sowie die Strategien und das Engagement der Organisation zu informieren (vgl. Keller 2006).

Daneben eignet sich eine Firmenzeitschrift als periodisch erscheinende Publikation für die Bereitstellung von detaillierten Informationen und Neuigkeiten hinsichtlich der unterschiedlichen Geschäftsbereiche. Mit einer Firmenzeitschrift wird eine breit angelegte Zielgruppe adressiert, die neben den Unternehmenskunden auch die eigenen Mitarbeiter sowie Multiplikatoren umfasst.

Die Kundenzeitschrift adressiert im Vergleich zur Firmenzeitschrift externe Zielgruppen, wie bspw. Kunden und Marktpartner. Die Informationsquelle soll insbesondere dazu dienen, die Kunden und Partner stärker an das Unternehmen zu binden und ein positives Image aufzubauen. Um jene Ziele realisieren zu können, geht der Informationsgehalt einer Kundenzeitschrift meist über die reinen Produkt- und Unternehmensinformationen hinaus und zielt darauf ab, den Zielgruppen klare Nutzenvorteile in Form von Marktinformationen und Serviceangeboten zu bieten (vgl. Fuchs 2003).

Absatzorientierte Druckschriften Im Gegensatz zu den imageorientierten Druckschriften sind die absatzorientierten Druckschriften näher dem konkreten Beschaffungsvorgang zuzuordnen. Kataloge zählen mitunter zu dieser Rubrik. Dabei kann zwischen mehreren Arten von Katalogen, wie Händlerkataloge, Versandkataloge, Spezialkataloge und Industriekataloge unterschieden werden. In der Regel erscheinen die Kataloge in regelmäßigen Abständen und bieten dem Leser einen umfassenden Überblick über das Warenangebot eines Unternehmens in Form von Text und Bildern. Dabei übernimmt er die Funktion der Information, Beratung und Verkaufshilfe und dient dem Empfänger mit einer schnellen Angebotsübersicht (vgl. Fuchs 2003). Ähnlich wie der Produktkatalog erfüllt das Produktprospekt eine unpersönliche Angebotsfunktion und liefert gebündelte Informationen über eine Produktfamilie. Diese Kommunikationsform ergänzt i. d. R. andere Kommunikationsmittel und kann bspw. als Beihefter in Fachzeitschriften oder auf Messen eingesetzt werden. Die Periodizität des Produktprospekts ist meist längerfristig, bis er von einer neuen Auflage abgelöst wird (vgl. Pflaum et al. 2002). Eine weitere Druckschrift, die sich für den Aufbau eines positiven Images eignet, ist eine Referenzliste. Referenzlisten berichten über die Leistungsfähigkeit einer Organisation in den spezifischen Bereichen und sind meist sehr aufwendig und exklusiv gestaltet. Zielgruppen einer solchen Druckschrift sind primär das höhere und mittlere Management aus dem kaufmännischen, vertrieblichen und technischen Bereich. Das Medium gewährt ihnen eine detaillierte Einsicht in das Leistungsprogramm eines Unternehmens und dem spezifischen Umgang mit einem bereits ausgeführten Auftrag (vgl. Fuchs 2003).

After-Sales-orientierte Druckschriften Die letzte Kategorie der Druckschriften beinhaltet jene, die neben den imageorientierten Druckschriften den Kunden nach dem Kauf in kommunikativer Art und Weise weiterhin unterstützend zur Seite stehen sollen. Hierzu zählen insbesondere Bedienungsanleitungen, Funktionsbeschreibungen, Wartungsanweisungen oder auch Störungssuchanleitungen (vgl. Fuchs 2003).

Nach dem Kauf eines Produktes sind Bedienungsanleitungen bzw. Gebrauchsanleitungen für den Kunden von zentraler Bedeutung. Sie stellen dem Verwender eine Sammlung von jenen Informationen bereit, die er für einen sicheren und sachgerechten Umgang mit einem Produkt, bspw. Gerät benötigt. Da eine Bedienungsanleitung i. d. R. für einen längeren Zeitraum genutzt wird, sollte besonders auf ihre Richtigkeit, Vollständigkeit, Verständlichkeit und Prägnanz geachtet werden. Zugleich ist es von Vorteil, eine Bedienungsanleitung aufgrund des internationalen Charakters der B2B-Industrie in mehreren Sprachen zu gestalten. Weitere unterstützende kommunikative Instrumente in der After-Sales-Phase sind Wartungsanweisungen oder Störungssuchanleitungen für Produkte, bspw. Maschinen oder Anlagen. Diese sind besonders für die Interessensgruppen technisches Management, Betriebsingenieure, Techniker und Meister relevant. Sie helfen dem Nutzer im Falle einer Störung oder notwendigen Wartung mit der Beschreibung von anleitenden Voraussetzungen und notwendigen Tätigkeiten (vgl. Fuchs 2003).

Events
Events sind ein weiterer wichtiger Bestandteil des kommunikativen Instrumentariums eines B2B-Unternehmens. Sie ermöglichen eine dialog- und erlebnisorientierte Kommunikation zwischen Kunden, Partnern, Interessenten und Unternehmen. Ein Event kann als ein organisiertes, zweckbestimmtes, zeitlich begrenztes Ereignis definiert werden, an dem eine Gruppe von Menschen vor Ort oder über Medien teilnimmt. Dabei werden die Kommunikationsbotschaften besonders erlebnisorientiert, in Form von Inszenierung und Interaktion zwischen Veranstalter, Teilnehmer und Dienstleistern an die Zielpersonen multisensorisch übermittelt (vgl. Eisermann et al. 2014). Generell lassen sich drei Typen von Veranstaltungen, abhängig von der jeweiligen Zielorientierung, unterscheiden. Hierzu zählen Infotainment-orientierte, arbeitsorientierte und freizeitorientierte Events. Infotainment-orientierte Veranstaltungen zielen darauf ab, Unterhaltung mit Wissen zu kombinieren und die Beteiligten somit stärker anzusprechen. Bei arbeitsorientierten Events hingegen liegt der Fokus auf dem Austausch von Informationen und Wissen. Freizeitorientierte Events zielen primär auf die Unterhaltung der Besucher ab, weshalb die Ansprache besonders emotional gestaltet wird. In der Regel finden die ersten beiden Arten von Events in der B2B-Branche am häufigsten Anwendung (vgl. Fuchs 2003).

Messen
Neben den Events wird in der B2B-Industrie Messen eine besonders prominente Rolle zugeschrieben, i. d. R. den größten Anteil des gesamten Kommunikationsbudgets beansprucht (vgl. Fuchs 2003). Als Messe bezeichnet man eine „zeitlich begrenzte, im Allgemeinen regelmäßig am gleichen Ort wiederkehrende Veranstaltung, auf der eine Vielzahl von Ausstellern das wesentliche Angebot eines oder mehrerer Wirtschaftszweige darstellt und überwiegend nach Mustern an gewerbliche Wiederverkäufer, gewerbliche Verbraucher oder Großabnehmer vertreibt" (Hesse et al. 2007, S. 270).

Generell ist jedoch zu beobachten, dass sich zunehmend ein Wandel von den reinen Order- und Kaufmessen hin zu Kommunikations-, Informations- und Kontaktbörsen vollzieht (vgl. Fuchs 2003).

Tab. 2.5 gibt einen Überblick über die vielfältigen Typen einer Messe. Diese Messetypologien lassen sich nach geografischer Orientierung, Märkten, Anbieterstruktur, Angebotsbreite, Funktion, Hauptrichtung des Absatzes und Visualisierungsgrad differenzieren (vgl. Kirchgeorg und Springer 2009).

Zu den gängigsten Messetypen im B2B-Sektor zählen Ein- und Mehrbranchenmessen, sowie Fach- und Hausmessen. Auf Mehrbranchenmessen wird das Programm aus mehreren Bereichen, wie dem Handels-, Handwerks- oder Industriebereich den Besuchern gezeigt. In der Praxis zählt hierzu die Hannover Messe, die sich selbst als die „weltgrößte Kombination von Fachmessen" betitelt. Fachmessen sind i. d. R. inhaltlich auf bestimme Wirtschaftszweige und Themengebiete ausgerichtet. Beispiel hierfür ist die BAUMA in München, eine Messe für Bau-, Baustoff- und Bergbaumaschinen (vgl. Fuchs 2003). Eine selektivere Form der Messe ist die Hausmesse, die eine Mischung aus Verkaufs- und Kundenveranstaltung darstellt. Dabei laden Unternehmen insbesondere bestehende Kunden, Geschäftspartner und Lieferanten ein und können somit die Besucherstruktur und Zielgruppenansprache sehr zielgenau steuern (vgl. Selbach und Wittrock 2007). Der hohe Stellenwert von Messen in der B2B-Branche äußert sich auch in der Zielpluralität. Messen werden in der B2B-Branche eingesetzt, um neben produktpolitischen Zielen ebenso Kommunikations-, Distributions-, Verkaufs- und Informationsziele zu erreichen. Folglich bieten sie die Chance, bestehende Kontakte zu vertiefen und neue zu knüpfen, Produkte auf ihre Marktakzeptanz zu testen und den Bekanntheitsgrad bei den wichtigen Entscheidern zu steigern (vgl. Fuchs 2003).

Kompetenzzentren

In vielen Branchen der B2B-Industrie gestaltet es sich besonders schwierig, die unternehmenseigenen Produkte auf einer Messe adäquat zu präsentieren. Abhilfe hierfür schaffen sogenannte Kompetenzzentren (z. B. Akademie des Unternehmens), in denen das B2B-Unternehmen die Funktionsfähigkeit der eigenen Produkte und Systeme seinen Kunden und potenziellen Nachfragern demonstrieren kann. Trotz des meist sehr kostenintensiven Charakters der Kommunikationsform ist diese, in dem äußerst komplexen B2B-Umfeld, essenziell für ein detailliertes und technisches Kundenverständnis. Ziel der Kompetenzzentren ist es, die Kunden von der unternehmenseigenen Glaubwürdigkeit und der Qualität der Leistungen zu überzeugen (vgl. Fuchs 2003).

2.8.4.2 Online-Kommunikation im B2B-Bereich

Ergänzend zu den zahlreichen kommunikativen Möglichkeiten im Offlinebereich, ermöglichen die sogenannten neuen Medien den B2B-Unternehmen neue Wege für einen schnellen, direkten Kontakt mit den Interessenten und Kunden. Insbesondere die Onlinemedien werden aufgrund ihrer Multifunktionalität kontinuierlich genutzt. Neben der interaktiven, multimedialen Ansprache zeichnen sich die Onlinemedien durch ihre

2.8 Trends und Herausforderungen im Marketing und Vertrieb

Tab. 2.5 Messetypologien. (Quelle: in Anlehnung an Kirchgeorg und Springer 2009)

Geografische Orientierung	Märkte	Anbieterstruktur	Angebotsbreite	Funktion	Hauptausrichtung	Visualisierungsgrad
Regionale Messe Nationale Messe Internationale Messe	Konsumgütermesse Industriegütermesse Dienstleistungsmesse	Gewerbemesse Berufsständemesse Handwerkermesse Industriemesse Dienstleistungsmesse	Fachmesse Ein-Branchen-Messe Mehr-Branchen-Messe Hausmesse	Verkaufsveranstaltung Informationsveranstaltung	Exportmesse Importmesse	Reale Messe Virtuelle Messe

globale Reichweite und die Aktualität der angebotenen Informationen aus (vgl. Fuchs 2003). Primär präsentieren sich Unternehmen im Internet, um die eigene Markt- und Produktbekanntheit zu steigern, Produkt- und Unternehmensinformationen bereitzustellen und Neukunden zu gewinnen (vgl. Kreutzer et al. 2015). Im B2B-Umfeld zählen insbesondere die Corporate Website, Online-PR, der E-Mail-Newsletter, Suchmaschinenoptimierung (SEO) und -werbung (SEA), Displaywerbung, Social Media, Affiliate-Marketing und Mobile-Kommunikation zum kommunikativen Online-Instrumentarium einer Organisation (vgl. Masciadri und Zupancic 2013). Im Folgenden sollen die gängigsten Online-Kommunikationsformen eines B2B-Unternehmens näher beleuchtet werden.

Corporate Website
Wesentlicher Bestandteil der Internetpräsenz eines B2B-Unternehmens ist die unternehmenseigene Website. Sie dient als Online-Visitenkarte einer Organisation und fungiert als zentrale Anlaufstelle weltweit für alle Interessenten, die nähere Informationen über jene Organisation suchen (vgl. Kreutzer et al. 2015). Dabei dient sie den Interessenten während des gesamten Kaufentscheidungsprozesses, von der Recherche bis hin zur Kaufentscheidung, als Lieferant wertvoller Informationen (vgl. Stendel 2010). Die Corporate Website kann sowohl Informationen zu Unternehmen und Produkten, Händlern und Vertriebsniederlassungen bereitstellen, als auch als Plattform für Bestellungen und für die Vernetzung mit den sozialen Medien genutzt werden (vgl. Kreutzer et al. 2015). Eine spezifischere Form der Homepage neben der allgemeinen Website, ist die individualisierte Corporate Website. Sie ist speziell auf die spezifischen Interessen einer Kundengruppe ausgerichtet und erscheint dem Nutzer als personalisierte Website mit Inhalten, die speziell auf ihn zugeschnitten sind. Hierbei profitiert der User davon, relevante Informationen schnell zu erhalten, ohne länger danach suchen zu müssen. Das bereitstellende Unternehmen erhält auf diese Weise wertvolle Informationen über die qualitativen Daten und das Nutzerverhalten seiner Zielgruppen (vgl. Fuchs 2003). Um einem Kunden ein kundenindividuelles Produkt anbieten zu können, wird heute von einigen Unternehmen ein Konfigurator eingesetzt, mit dem es dem Kunden möglich ist, aus verschiedenen Produkt-Merkmalsausprägungen ein auf seine Bedürfnisse zugeschnittenes Produkt zu konfigurieren und damit zu individualisieren.

E-Mail und Newsletter
Eine Electronic Mail, abgekürzt E-Mail, wird als eine Nachricht definiert, die auf elektronischem Weg von einem Internetabsender zu einem oder mehreren Empfängern übertragen wird. Dabei steht der direkte Dialog mit einer lediglich geringen Zeitverzögerung zwischen Sender und Empfänger im Fokus (vgl. Lammenett 2012). Die E-Mail zählt zu einem der effizientesten Kommunikationskanäle im B2B-Bereich und kann als Instrument zur Individualkommunikation oder auch als Massenmedium zur Ansprache einer Vielzahl von Empfängern genutzt werden (vgl. Ryan und Jones 2009; Fuchs 2003). In der Praxis werden vor allem Transaction-Mails zur Unterstützung der Geschäftsvorgänge zwischen dem B2B-Unternehmen und seinen bestehenden und potenziellen

Kunden verwendet. Die After-Sales-E-Mail hingegen vereint die Funktionen der beiden bereits benannten Arten von Mails. Zum einen trägt sie dazu bei, den Kaufprozess erfolgreich abzuschließen und zum anderen kann eine After-Sales-E-Mail mit den bereitgestellten Informationen bezüglich Zusatzangeboten einen Neukauf zu initiieren (vgl. Kreutzer et al. 2015). Eine besonders prominente Rolle nimmt der E-Mail-Newsletter in der Online-Kommunikation ein. Mit einem Newsletter werden aktuelle Informationen in regelmäßigen Abständen an Zielpersonen verteilt, die ihr Interesse offiziell dazu bekundet haben. Empfänger solcher Newsletter sind lediglich jene Interessenten, die ihn explizit im Voraus angefordert haben. Neben dem Vorteil der sehr geringen Produktions- und Distributionskosten bietet ein Newsletter die Chance, das Interesse mehrerer Stakeholder für die Leistungen des Unternehmens zu wecken und diese somit langfristig an das Unternehmen zu binden (vgl. Fuchs 2003).

Social Media
Im Gegensatz zum starken Zuspruch im B2C-Bereich in den vergangenen Jahren ist der Gebrauch von Social Media im B2B-Sektor in einer sich entwickelnden Phase. Jedoch prognostizieren Marketingexperten eine zunehmende Bedeutung der sozialen Medien innerhalb der B2B-Industrie. Auch vom Bundesverband Digitale Wirtschaft e. V. (BVDW) durchgeführte Studie „Social Media in Unternehmen" bestätigt, dass den sozialen Medien durchaus bereits eine Relevanz innerhalb des B2B-Bereichs zugeschrieben wird. Beispielsweise setzen drei Viertel der Unternehmen in Deutschland Social Media bislang in ihrem kommunikativen Instrumentarium ein. Außerdem bestätigt der Großteil der Unternehmen nicht nur die Bedeutung der sozialen Medien, sondern auch dessen Nutzen in der Vergangenheit (vgl. BVDW 2014). Laut Social-Media-Experten herrscht vielfach die Meinung, dass Unternehmen nicht die Wahl haben, ob sie Social-Media-Kanäle nutzen sollten, sondern vielmehr, in welcher Art und Weise diese in das Touchpointmanagement integriert werden.

Soziale Medien werden primär für die Interaktion und den Informationsaustausch zwischen Internetnutzern verwendet. Zu dieser spezifischen Art der Onlinemedien zählen neben den sozialen Netzwerken, Blogs, Foren und Communities, sowie Media-Sharing-Plattformen. In Abb. 2.33 sind die wichtigsten Nutzungsklassen der sozialen Medien ersichtlich. Die innerhalb der sozialen Medien kommunizierten Inhalte können sowohl von wertschaffender als auch von wertvernichtender Natur sein (vgl. Kreutzer et al. 2015).

Die Nutzung von sozialen Medien birgt für eine Organisation durchaus Gefahren, wie bspw. die Veröffentlichung von vertraulichen Informationen von Mitarbeitern, die Verletzung rechtlicher Rahmenbedingungen und der Verlust von Reputation (vgl. Masciadri und Zupancic 2013). Diese Gefahren können jedoch meist durch unternehmenseigenes Engagement bezüglich der bereitgestellten Inhalte eingedämmt werden (vgl. Kreutzer et al. 2015). Mit der Nutzung der sozialen Medien verfolgen B2B-Unternehmen die klassischen Marketingziele, wie die Steigerung des Bekanntheitsgrades, einen Imagegewinn und eine stärkere Kundenbindung (vgl. Masciadri und Zupancic 2013).

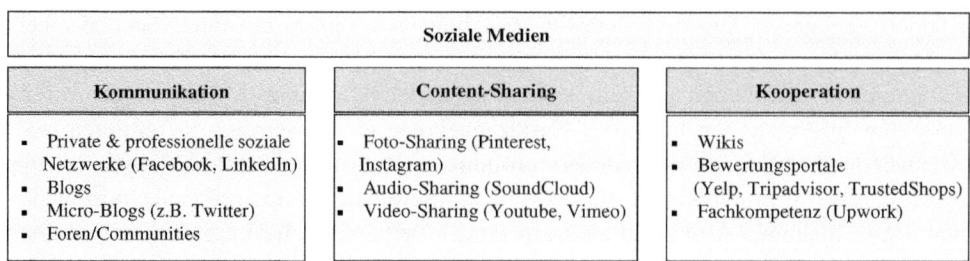

Abb. 2.33 Nutzungsklassen der sozialen Medien. (Quelle: in Anlehnung an Kreutzer et al. 2015)

Für das weitere Verständnis des kommunikativen Instrumentariums der sozialen Medien werden die am weitest verbreiteten Erscheinungsformen der sozialen Medien im Folgenden näher beleuchtet:

Facebook Das mit Abstand wichtigste soziale Netzwerk für die privaten Nutzer weltweit ist Facebook. Es wird in mehr als 79 Sprachen verwendet und bilanziert im zweiten Quartal des Jahres 2019 2,4 Mrd. aktive Nutzer. B2B-Unternehmen nutzen aufgrund der enormen Nutzerintensität und Reichweite mittlerweile ebenso das Netzwerk, indem sie Unternehmensprofile einrichten und mittels kundenorientierter und zeitgemäßer Kommunikation das eigene Unternehmen darstellen (vgl. Kreutzer et al. 2015). Wie in anderen sozialen Netzwerken ist die Nutzung von Facebook gleichermaßen aufgebaut. Die Nutzer haben die Möglichkeit, ein eigenes Profil zu erstellen und dieses um weitere Elemente wie Fotos, Videos, Posts, Links oder durch das Teilen von Beiträgen zu ergänzen und können sich darüber hinaus mit anderen Usern mit privaten oder öffentlichen Mitteilungen austauschen. Für Unternehmen sollte das Ziel sein, möglichst viele Kunden, Interessenten und insbesondere digitale Meinungsführer bzw. „Influencer" in die Kommunikation über das bzw. mit dem Unternehmen einzubinden und diese zu überzeugen. Dabei spielt die Quantität in Form der Anzahl der Fans und Likes eines Unternehmens gegenüber der Qualität eine untergeordnete Rolle. Weitaus bedeutender ist es, welche Multiplikatoren das Unternehmen mit dem eigenen kommunikativen Auftritt gewinnen kann und wie sich diese für das Unternehmen engagieren. Dies kann bspw. mit einer Engagement-Auswertung gemessen werden, indem das Verhältnis zwischen Nutzerkommentaren und eigenen Posts auf der Facebook-Seite ausgewertet wird.

LinkedIn/Xing Des Weiteren eignen sich die professionellen Business-Netzwerke wie LinkedIn oder Xing ebenfalls als Kommunikationskanäle innerhalb des B2B-Business. LinkedIn gilt mit 260 Mio. aktiven Nutzern als das weltweit größte professionelle soziale Netzwerk, während Xing besonders im deutschsprachigen Raum mit über 13 Mio. Usern in der DACH-Region den Markt anführt. Der Zweck der beiden sozialen Netzwerke äußert sich in der Pflege bestehender Kontakte sowie im Knüpfen neuer Geschäftskontakte. Unternehmen können ein Profil erstellen, das als Anlaufstelle für Neuigkeiten,

2.8 Trends und Herausforderungen im Marketing und Vertrieb

Events und Stellenausschreibungen fungiert. Durch die Bereitstellung einer Vielzahl von thematisch orientierten Gruppen, die teilweise offen oder geschlossen behandelt werden, wird der Austausch und die Vernetzung in dem Netzwerk gefördert (vgl. Masciadri und Zupancic 2013). Die Idee dieser Netzwerke ist, dass jeder Anwender über ein oder mehrere Kontakte mit anderen Netzwerkteilnehmern verbunden ist und somit das Networking unter den Usern vereinfacht werden soll. Dies spiegelt sich auch in den Zahlen wider: 65,5 % der Verwender nutzen die Netzwerke, um mit anderen Kontakten einen Austausch herzustellen. Daneben dient LinkedIn und Xing ebenso während der Phase der Mitarbeiterrekrutierung als wertvoller Kommunikationskanal (vgl. Kreutzer et al. 2015).

Blogs Eine der wichtigsten Erscheinungsformen des Web 2.0 sind Blogs. Als Blog wird eine Website bezeichnet, die von privaten Nutzern, Gruppen oder Unternehmen gestaltet wird (vgl. Kreutzer et al. 2015). Hier referiert der Bloginhaber zu verschiedenen Themen, sogenannten Blogposts. Dabei können Dritte auf jene Einträge reagieren und hierzu Kommentare verfassen, was dem Blog einen dialogischen, interaktiven Charakter verleiht (vgl. Zarella 2012). Unternehmenseigene Blogs, sogenannte Corporate-Blogs, thematisieren primär die Leistungen, Produkte und Programme eines Unternehmens und adressieren die eigenen Mitarbeiter, Kunden, Interessenten, Multiplikatoren, Investoren und Lieferanten (vgl. Beck und Schweiger 2010). Besonders bieten sich in der B2B-Industrie Produkt-Blogs an, die zu einem besseren Kundenverständnis der erklärungsbedürftigen Produkte beitragen (vgl. Barfknecht 2014). Die dialogorientierte Kommunikation mithilfe eines Unternehmensblogs dient besonders dem Aufbau von Vertrauen mit der eigenen Zielgruppe (vgl. Masciadri und Zupancic 2013). Vorzeigebeispiel eines Corporate-Blogs im B2B-Bereich ist der Blog der Krones AG, Hersteller von Abfüll- und Verpackungsanlagen. Krones verfolgt mit dem unternehmenseigenen Blog das Ziel, in einen globalen Dialog mit Kunden, Fachpublikum, interessierter Öffentlichkeit sowie mit den eigenen Mitarbeitern und potenziellen neuen Mitarbeitern zu treten. Mithilfe von definierten Blog-Kategorien, wie Technologie, Events und Menschen, bietet Krones einen auf die verschiedenen Zielgruppen zugeschnittenen Content an (vgl. Krones 2018a). Neben der Ansprache des Fachpublikums mit den thematisierten Beiträgen in der Kategorie „Technologie" (vgl. Krones 2018b) dient die Kategorie „Menschen" bspw. für die Mitarbeiterkommunikation und das Employer Branding (vgl. Krones 2018c).

Twitter Ein weiteres, weltbekanntes soziales Medium ist der Micro-Blog Twitter. Aus dem Englischen mit „Gezwitscher" übersetzt, ist Twitter eine digitale Echtzeitanwendung zur Verbreitung von Kurznachrichten („Tweets") mit einer begrenzten Zeichenanzahl von maximal 280 Zeichen. Die Kommunikationsplattform wird überwiegend von privaten Nutzern verwendet und verzeichnet über 300 Mio. aktive Nutzer im Jahr 2019. Eine Besonderheit des Dienstes findet sich in der Anwendung. Nicht der Sender, sondern der Empfänger bestimmt bei Twitter, welche Nachrichten er erhalten möchte. Daneben können Nutzer Twitter-Accounts folgen und als sogenannte Follower die Nachrichten jenes Accounts abonnieren. Dabei ist es möglich, dass die Follower selbst auf die Nachrichten als „Replies" antworten oder weiterleiten („Re-Tweets"). Auch im B2B-Bereich kann der Kommunikationskanal dazu dienen, mit den Kunden auf gleicher Augenhöhe zu kommunizieren und somit eine persönlichere Kundenbeziehung aufzubauen. Gemäß dem B2B Social Media Report aus dem Jahr 2015 hat sich Twitter neben Facebook in der Vergangenheit zu einer zentralen B2B-Plattform mit wachsendem Beitragsaufkommen entwickelt (vgl. Davids 2015). Twitter bietet sich besonders für zeitkritische, zielgerichtete Neuigkeiten an, die die Stakeholder eines Unternehmens in Echtzeit erreichen sollen (vgl. Kreutzer et al. 2015).

Foren Zu der ältesten Form der sozialen Medien zählen Foren. In diesen findet ein Austausch über Erfahrungen, Meinungen und Ideen zu unterschiedlichen Themenbereichen zwischen verschiedenen Zielgruppen statt. In dem virtuellen Ort, dem sogenannten Thread, teilen die Mitglieder ihre Fragen und Antworten in Form eines virtuellen Gesprächs miteinander (vgl. Kreutzer et al. 2015). Im B2B-Sektor sind Foren für Unternehmen besonders hilfreich, wenn sie ein direktes Feedback von potenziellen Kunden, Interessenten oder auch Experten bezüglich der eigenen Produkte abfragen möchten. Diese wertvollen Informationen können im Nachhinein für die Verbesserung der Produkte und zur Ausschöpfung von Innovationspotenzialen genutzt werden (vgl. Masciadri und Zupancic 2013). Als eine noch intensivere Form der Foren gestalten sich Online-Communities. Die Beziehung der Mitglieder geht hierbei meist über den reinen Austausch von Informationen hinaus und äußert sich in einer gemeinsamen Bearbeitung von spezifischen Themen. Foren und Communities sind demnach als ein wichtiger Kommunikationskanal im B2B-Bereich anzusehen, der Organisationen die Chance bietet, mit den eigenen Zielgruppen einen kontinuierlichen Dialog zu führen (vgl. Kreutzer et al. 2015).

YouTube Zu dem Bereich des Content-Sharings zählt der vielfältig genutzte Kommunikationskanal YouTube. Das der Google-Gruppe angehörende Videoportal ist die weltweit wichtigste Media-Sharing-Plattform mit einer globalen Reichweite von mehr als einer Mrd. Nutzer. Dabei stellt YouTube lediglich die Plattform zur Verfügung und kreiert keine eigenen Inhalte. Diese werden in Form von Video-Clips entweder von Unternehmen selbst oder von privaten Nutzern kostenfrei erstellt. Die Anzahl von Aufrufen und positiven sowie negativen Bewertungen ist ein Indiz für die Relevanz jener Videobotschaften (vgl. Masciadri und Zupancic 2013). Unternehmen können mithilfe eines Brand Channels ihren eigenen Markenauftritt derartig gestalten, dass interessierte Nutzer Zugang zu Informationen über die Marke und ihre Produkte und Leistungen erhalten. Besonders häufig werden im B2B-Kontext verfilmte Produktanwendungen und Lehrvideos auf YouTube eingestellt, um die Anwendungssicherheit der Kunden zu verstärken. Gleichzeitig verwenden die privaten Nutzer YouTube oftmals als Plattform, um auf ihren User-Channels ihre Meinung über die Leistungen eines Unternehmens kundzutun. Der sogenannte User-Generated Content kann aufgrund der Reichweite des Kanals im Falle positiver Nutzerbeiträge den Imageaufbau eines Unternehmens fördern, jedoch auch gleichzeitig Versäumnisse oder Fehler eines Unternehmens aufdecken (vgl. Kreutzer et al. 2015).

Instagram Zu den häufigsten Foto-Sharing-Plattformen zählen Instagram und Pinterest. Mit weltweit über 500 Mio. aktiven Nutzern (Stand 2019) zählt Instagram zu einer der beliebtesten Foto-Sharing-Plattformen. Instagram ist eine App, in der Fotos und Videos aufgenommen, bearbeitet und in das Netzwerk hochgeladen werden können. Oftmals dient Instagram auch als Schnittstelle zu anderen sozialen Netzwerken, wie Facebook oder Twitter. Für B2B-Unternehmen bietet sich die Foto-Sharing-App an, um ein virtuelles Unternehmensprofil mit Kontakt-Button anzulegen. Bei Interesse an jenem Unternehmen kann der Nutzer das Profil abonnieren und erhält somit in seinem persönlichen „News-Feed" alle Profilaktivitäten des Unternehmens. Daneben besteht für den Nutzer die Möglichkeit, über den Kontakt-Button mit dem Unternehmen durch Telefon, E-Mail oder Chat-Nachricht direkten Kontakt aufzunehmen. Instagram kann demnach als ein zusätzliches Tool zur Steigerung der Markenbekanntheit, den Aufbau von Reichweite und Kundenbindung fungieren. Das Unternehmensprofil liefert dabei wertvolle Informationen in Form von Statistiken zu den unternehmenseigenen Followern, Klicks und der eigenen Reichweite (vgl. Faßmann und Moss 2016). Im B2B-Bereich ist die unternehmerische Präsenz auf der Foto-Sharing-Plattform Instagram im Gegensatz zum B2C-Sektor jedoch noch vergleichsweise gering (vgl. Beilharz 2014).

Pinterest Ähnlich wie auf der Foto-Sharing-Plattform Instagram können die Nutzer im sozialen Netzwerk Pinterest Bilder- und Video-Kollektionen zu verschiedenen Themengebieten an virtuelle Pinnwände („Boards") heften. Grundlegende Idee ist es, dass sich die User basierend auf den verschiedenen Pinnwänden zu unterschiedlichen Themen austauschen. Trotz der bislang vergleichsweise geringeren Relevanz von Pinterest im B2B-Sektor, kann es für B2B-Unternehmen durchaus interessant sein, den Kanal als einen virtuellen Produktkatalog zu verwenden und diesen viral zu verbreiten (vgl. Kreutzer et al. 2015).

QR-Codes und Apps Mit der Verbreitung der sozialen Netzwerke wirkt sich auch die verstärkte Nutzung mobiler Endgeräte von Endverbrauchern und Unternehmen nachhaltig auf die Online-Kommunikation aus. Mobile Endgeräte gelten heutzutage für die meisten Nutzer als das wichtigste Mittel für den Internetzugang, wobei hierfür das Smartphone mit einer Nutzungsquote von 69 % als das beliebteste Endgerät gilt (vgl. BVDW 2014). Die zunehmende Verbreitung internetfähiger Endgeräte stellt damit einen wichtigen Treiber für die Mobile-Kommunikation dar und äußert sich in einer steigenden Anzahl von mobilen Websites und Apps. Besonders relevant für die mobile Kommunikation von B2B-Unternehmen sind QR-Codes und Apps. Unter einem QR-Code (im Englischen „Quick Response") wird ein zweidimensionaler Code verstanden, der mithilfe von Smartphones oder Tablets eingescannt werden kann und den Anwender zu virtuellen Webadressen oder Telefonnummern verlinkt. In der B2B-Kommunikation dient er insbesondere auf Visitenkarten, Messeständen, Produkten oder Maschinen sowie in Katalogen, Broschüren und Geschäftsberichten als ergänzendes Kommunikationsmittel. Daneben bieten sich mobile Websites und Apps für einen mobilen Kommunikationsauftritt an. Apps können hierbei als Lieferant von Unternehmensinformationen fungieren oder aber auch eine unterstützende Funktion mit Anwendungstipps hinsichtlich des unternehmenseigenen Produktprogramms einnehmen. Darüber hinaus werden Apps in der B2B-Praxis häufig als ein mobiler Produktkatalog genutzt, in dem das Produktportfolio eines Unternehmens für Interessenten allzeit zugänglich ist und zum Teil um eine Bestellfunktion ergänzt wird (vgl. Kreutzer et al. 2015).

Neben dem kommunikativen Instrumentarium eines B2B-Unternehmens gilt es ebenso, die Vertriebskanäle und -organe adäquat auf die definierten Markt- bzw. Kundensegmente auszurichten. Besonders im B2B-Bereich nimmt der Vertrieb eine zentrale Stellung ein. Deshalb sollen im Folgenden die wichtigsten Vertriebskanäle und ihre Funktionen im Kontext der Customer Journey für die B2B-Industrie näher beleuchtet werden.

2.8.5 Vertriebskanäle im Kontext der Customer Journey

Der Vertrieb in einem Unternehmen umfasst alle Funktionen und Prozesse für die Gewinnung von Aufträgen und die Warenbereitstellung, um das unternehmerische Umsatzziel zu erreichen (vgl. Winkelmann 2012). Dabei werden über den Vertriebskanal Informations-, Waren- und Geldströme zwischen Hersteller und Abnehmer ausgetauscht (vgl. Pepels 2014). Im Rahmen der unternehmenseigenen Vertriebskanalstrategie gilt es zunächst zu entscheiden, welche Offline- und Onlinekanäle integriert werden und ob die Kunden mit eigenen und/oder fremden Vertriebsorganen bedient werden sollen (vgl. Winkelmann 2012; Abb. 2.34).

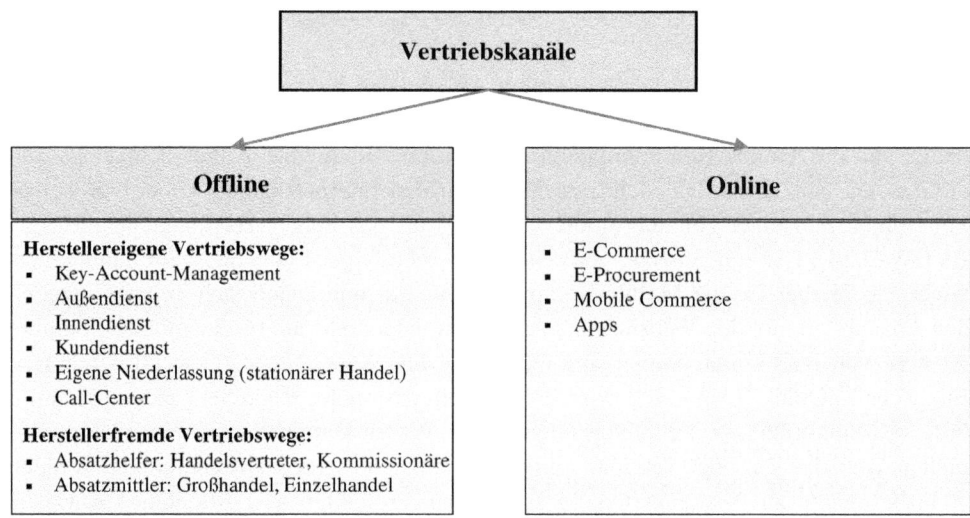

Abb. 2.34 Offline- und Online-Vertriebskanäle in der B2B-Industrie (vgl. in Anlehnung an Winkelmann 2012)

2.8.5.1 Offline-Vertriebskanäle im B2B-Bereich

Innerhalb der Offline-Vertriebskanäle bieten sich mehrere Gestaltungsmöglichkeiten der Vertriebswege an. Ein B2B-Unternehmen kann folglich zwischen einem herstellereigenen oder herstellerfremden Vertrieb seiner Produkte und Dienstleistungen wählen. Der direkte Vertrieb charakterisiert sich durch den direkt vollzogenen Distributionsprozess zwischen Hersteller und Verwender, wohingegen im indirekten Vertriebsweg ein oder mehrere Absatzorgane zwischengeschaltet sind (vgl. Kleinaltenkamp 2006). In der Regel werden insbesondere stark erklärungsbedürftige Produkte über den direkten Weg vermarktet. Hierbei werden primär die Vertriebskanäle, wie Außendienst, Innendienst, Key-Account-Management sowie eigene Niederlassungen (stationärer Handel, Einkaufsstätten) und Callcenter eingesetzt. Diesen komplexen Vertriebsansatz bezeichnet man als Multi-Kanal-Vertrieb oder Multichannel-Vertrieb (vgl. Winkelmann 2012).

Vertriebsaußendienst

Zu der klassischen Form des direkten Vertriebs zählt der Außendienst. Er vertritt als repräsentative Instanz das Unternehmen nach außen. Im Außendienst sind unternehmensinterne oder -externe Personen tätig, deren Hauptzuständigkeitsbereich die Akquirierung von Neukunden und Gewinnung von rentablen Aufträgen umfasst. Folglich spielt er für den Umsatz und das letztendliche wirtschaftliche Ergebnis eines Unternehmens eine zentrale Rolle (vgl. Winkelmann 2012). Als Teilbereich des Personal Sellings und dem damit verbundenen direkten Kontakt mit den Kunden, gestaltet der Außendienstmitarbeiter eigenverantwortlich die Intensität und Dauer der Kundenbeziehung mit und gilt somit als ein wichtiges Instrument der Kundenbindung (vgl. Kotler und Armstrong 2001). Zu den klassischen Aufgaben des Außendienstes zählt die Suche potenzieller Neukunden, der Besuch von Kaufinteressenten, die persönliche Beratung sowie die Pflege der Beziehung zu den Kunden (vgl. Winkelmann 2012). Die folgende Übersicht gibt beispielhaft einen Überblick über Aufgabenbereiche eines Außendienstmitarbeiters:

> **Aufgabenfelder des Vertriebsaußendienstes. (Quelle: in Anlehnung an Winkelmann 2012, S. 50)**
> - **Verantwortungen**
>   - Pflege und Betreuung des vorhandenen Kundenstammes oder Betreuung von Vertragspartnern (Händlern)
>   - Suchen und Akquisitionen von Neukunden
>   - Erreichung der Umsatzziele für ein definiertes Verkaufsgebiet oder einer Produkt- oder Kundengruppe
>   - Potenzialorientierung
> - **Hauptaufgaben**
>   - Identifikation von Kaufinteressenten und Potenzialklärung
>   - Kundenbesuche und Kundenqualifizierung
>   - Neukundengewinnung

- Stammkundensicherung
- Produktvorstellung und Präsentationen
- Verkaufsverhandlungen von Preisen und sonstigen Konditionen
- Marktbeobachtung, Wettbewerbsforschung beim Kunden
- Potenzialorientierte Gebietsbearbeitung (CRM-basiert)
- Abklärung der Warenverfügbarkeit und Lieferzeiten (mit Innendienst)
- Abklärung von Beanstandungen, Reklamationen (mit Innendienst)
- Austausch von Produkterfahrungen der Kunden mit Produktmanagement
- Mitarbeit an strategischer und operativer Planung
- Mitarbeit an Messen und Ausstellungen
• **Unterstellungen**
Außendienstmitarbeiter berichten an den Verkaufsleiter „Flächenvertrieb" bzw. an die Leitung Marketing oder Vertrieb

Vertriebsinnendienst

Ein weiteres wichtiges Vertriebsorgan ist der Vertriebsinnendienst. Er arbeitet Hand-in-Hand mit dem Außendienst und nimmt eine verkaufsunterstützende und -abwickelnde Funktion im Backoffice-Bereich ein. Andere gängige Bezeichnungen für den Innendienst sind Customer Service, Customer Care oder Customer Support (vgl. Winkelmann 2012). Die Verantwortlichkeit des Innendienstes beinhaltet primär die Abwicklung laufender Kundenvorgänge, die Mitarbeit bei der Kundenbetreuung sowie die Unterstützung des Außendienstes. Zum zentralen Aufgabengebiet eines Innendienstmitarbeiters zählen vielfältige Tätigkeiten, wie bspw. die Beratung und Angebotsabwicklung, die Fakturierung, das Beschwerdemanagement und die Abstimmung mit der Logistik. Die folgende Übersicht zeigt das Aufgabenportfolio eines Innendienstmitarbeiters.

Die Aufgabenfelder des Vertriebsinnendienstes. (Quelle: in Anlehnung an Winkelmann 2012, S. 60)
• **Verantwortungen**
  - Abwicklung der laufenden Kundenvorgänge
  - Mitarbeit an der Kundenbetreuung (aktives Marketing)
  - Unterstützung des Außendienstes
• **Hauptaufgaben**
  - Unterstützung für den Außendienst bei Beratung und Bedarfsklärung
  - Folgebedarfsabklärungen
  - Eigenverantwortliche Kleinkundenbetreuung (Channel Shift)
  - Allgemeine telefonische und schriftliche Vorgangsbeschreibung
  - Angebotsbearbeitung und Auftragsabwicklung
  - Beschwerdemanagement, Abwicklung von Reklamationen

- Weiterverfolgung von Kundenanregungen
- Abstimmung mit der Logistik, vor allem Lieferzeitkontrolle
- Unterstützung für den Handel und anderer Vertriebspartner
- Mitarbeit bei Mailingaktionen, Telemarketing
- Allgemeine Beratung und Hotline-Service
- Mitarbeit bei Messen und Verkaufsförderungsaktionen
- Kundenbetreuung des E-Commerce-Geschäfts
- **Unterstellungen**
  Außendienstmitarbeiter berichten an den Verkaufsleiter „Innendienst" bzw. an die Leitung Marketing oder Vertrieb

Key-Account-Management

Ein effektives und effizientes Vertriebsmanagement erfordert neben dem Außen- und Innendienst ein langfristig ausgerichtetes Key-Account-Management. Das Key-Account-Management eines Unternehmens ist für die Schlüsselkunden, die sogenannten Key Accounts, zuständig. Schlüsselkunden charakterisieren sich als Hauptkunden, die einen großen Anteil des Gesamtumsatzes bzw. -ertrags ausmachen und ihnen daher eine besonders hohe strategische Bedeutung zugeschrieben wird (vgl. Kirchgeorg et al. 2017). Key Accounts sind diejenigen Kunden, „die zu verlieren Sie sich nicht leisten können. Diese Kunden – und solche, die das Potenzial haben, diese Bedeutung zu erlangen – bezeichnen wir als Schlüsselkunden" (Miller et al. 1992, S. 27). Key-Account-Management erfordert, wichtige Großkunden konzentriert durch besonders qualifizierte Vertriebsmitarbeiter zu betreuen, um mit diesen Schlüsselkunden ins Geschäft zu kommen, möglichst hohe Lieferanteile zu erreichen (Ziel: durch hohe Kundennähe eine hohe Ausschöpfung des potenziellen Einkaufsbudgets) und die Geschäftsbeziehung langfristig zu sichern. Daher benötigt ein erfolgreiches Key-Account-Management eine entsprechende Strategie und Infrastruktur. Im Vordergrund des Key-Account-Managements steht eine intensive Kundenberatung und eine aktive Zusammenarbeit mit dem Key Account, das heißt einer professionellen Projektabwicklung, der Entwicklung neuer Produkte und Leistungen sowie einem Solution Selling. Das Ziel besteht darin, die Partnerschaft wertsteigernd und langfristig aufzubauen und gemeinsame Markterfolge zu realisieren. Das Key-Account-Management setzt voraus, dass mit dem Ziel des Aufbaus und der Bindung von Schlüsselkunden signifikante Investitionen in Kundennähe, Kundenzufriedenheit und Kundenloyalität getätigt werden (vgl. Winkelmann 2012).

Stelleninhalte eines Key-Account-Managers. (Quelle: in Anlehnung an Winkelmann 2012; Hofbauer und Hellwig 2016)

- **Verantwortungen**
  - Pflege und Weiterentwicklung der Schlüsselkunden
  - Suche und Akquisitionen von neuen Schlüsselkunden
  - Erreichung der Umsatzziele und Ergebnisziele für die Kundengruppe
  - Herausarbeiten und Absicherung von Wettbewerbsvorteilen gegenüber der Konkurrenz
- **Hauptaufgaben**
  - Schlüsselkundenbetreuung und -sicherung
  - Kontraktmanagement, Konditionsverhandlung (z. B. Rahmenverträge)
  - Kundenanalyse (Bedürfnisse, Bedarf, Wertschöpfungskette/-Stufen, Potenziale für Cross-Selling und Up-Selling)
  - Kundenpotenzialeinschätzung (Kundenbewertung)
  - Produktentwicklung mit dem Kunden (Fokusgruppen, Lead User)
  - Projektabwicklung mit dem Kunden
  - Prozessoptimierung mit dem Kunden
  - Marktforschung mit dem Kunden (Absatzpotenziale)
  - Firmen- und Produktpräsentationen
  - Abwicklung von Beanstandungen, Reklamationen und Beschwerden
  - Abstimmung mit Flächenvertrieb
  - Mitarbeit an Verkaufsförderung und Messen
- **Unterstellungen**
  - Der Key-Account-Manager berichtet an den Verkaufsleiter „KAM od. Flächenvertrieb", seltener an Geschäftsleitung;
  - Trend: KAM auch verantwortlich für die Abstimmung mit Flächenvertrieb zwecks besserer Koordination und Ausschöpfung von Synergien.

Eigene Vertriebsniederlassungen (stationärer Handel, Einkaufsstätten)

Die Vertriebsniederlassung ist bei Unternehmen wie z. B. Hilti oder Würth ein wesentlicher Bestandteil des Multi-Kanal-Ansatzes. Eine der Hauptaufgaben der Vertriebsniederlassung ist, eine hohe Verfügbarkeit von Produkten mit besonders großer Nachfrage sowie ein kundenorientiertes Produktsortiment sicherzustellen. Darüber hinaus werden die Kunden durch die Mitarbeiter am Point of Sale (POS) kompetent beraten und können Produkte direkt vor Ort testen.

2.8 Trends und Herausforderungen im Marketing und Vertrieb

> **Stelleninhalte von Mitarbeitern im stationären Handel**
> - **Verantwortungen**
>   – Pflege und Betreuung des vorhandenen Laufkundenstammes (vor allem Kleinkunden)
>   – Erreichung der Umsatzziele für den stationären Handel, das heißt den definierten Shop
> - **Hauptaufgaben**
>   – Allgemeine Beratung und Bedarfsklärung von Laufkunden
>   – Folgebedarfsabklärungen bei Laufkunden
>   – Eigenverantwortliche Kleinkundenbetreuung (Channel Shift)
>   – Shop-Gestaltung (Schaufenster, Ausstellung, Regale, Produktvorführung und Testbereich)
>   – Logistische Versorgung des Shops in Abstimmung mit Logistik/Supply Chain Management
>   – Kundenevents (z. B. Tag der offenen Tür)
>   – Angebotsbearbeitung und Auftragsabwicklung
>   – Fakturierung
>   – Nachhalten der Kundenbonitäten, Auskunftseinholung
>   – Beschwerdemanagement, Abwicklung von Reklamationen
>   – Weiterverfolgung von Kundenanregungen
>   – Unterstützung für andere Vertriebspartner, wie Außendienstmitarbeiter und Innendienst
>   – Mitarbeit bei Mailingaktionen, Telemarketing
> - **Unterstellungen**
>   Mitarbeiter des stationären Handels berichten an den Verkaufsleiter „Flächenvertrieb" oder „Stationärer Handel" bzw. an die Leitung Marketing oder Vertrieb

Callcenter
Ein weiterer Vertriebskanal mit verkaufsunterstützender Funktion ist das Callcenter. Zu den Aufgabenschwerpunkten eines Callcenters zählen neben der allgemeinen Kundenberatung das Beschwerdemanagement, die Händlerbetreuung sowie eine Backoffice-Funktion. Aufgrund der verstärkt virtuell gestützten Kundenbetreuung entwickelte sich das Callcenter zunehmend weiter zu einem Customer Care Center. Im Gegensatz zum Callcenter ist das Customer Care Center keine isolierte Organisationseinheit im Unternehmen, sondern ein vernetzter, dezentraler Kommunikations- und Vertriebskanal, der im direkten Kundenkontakt zur Service- und Problemlösung steht (vgl. Winkelmann 2012).

Indirekter Vertrieb über Vertriebspartner
Neben dem direkten Vertriebsweg über Außendienst, Innendienst, Key-Account-Management, Niederlassungen (stationärer Handel) und Callcenter bietet sich für ein B2B-Unternehmen ebenso der indirekte Weg über Vertriebspartner an, die eigenen Pro-

dukte und Leistungen am Markt zu vertreiben (vgl. Pepels 2014). Hierbei werden in den Vertriebsweg zwischengeschaltete Absatzorgane miteingebunden. In der Praxis greifen B2B-Unternehmen häufig auf die Hilfe von Vertriebspartnern zurück, um nicht nur die Verkaufstätigkeit des eigenen Außen- und Innendienstes zu unterstützen, sondern auch das eigene Distributionsgebiet zu erweitern (vgl. Winkelmann 2012).

Der freie Handel als Partner der Hersteller besitzt eine lange Kaufmannstradition und kann über den Groß- und/oder Einzelhandel erfolgen. Der Großhandel fungiert hierbei als zentrales Element des indirekten Vertriebs (vgl. Specht 1998), das heißt als Warenverteilungs- und Verkaufsdrehscheibe zwischen Hersteller und Einzelhandel, Weiterverarbeitern, gewerblichen Verbrauchern oder von behördlichen Großverbrauchern. Einzelhandel betreibt, wer Waren auf eigene Rechnung anschafft und sie unverändert oder nach üblicher Be- oder Verarbeitung im Publikumsverkehr (offene Verkaufsstellen) in konsumadäquaten Mengen an gewerbliche oder private Endverbraucher anbietet (vgl. Winkelmann 2012).

Der Handel repräsentiert die Kompetenz und die Ware des Herstellers an der stationären Einkaufsstätte, das heißt am Point of Sale (PoS). Der Standort des Herstellers stellt für seine Distributionskraft heute keine wesentliche Einflussgröße mehr dar. Eine Zielgröße der Hersteller ist Ubiquität (Überall-Erhältlichkeit) als vertriebliche Voraussetzung zur Bildung von Markenkraft. Die Lagerhaltung des Handels gleicht Nachfrageschwankungen aus und ermöglicht dem Hersteller (theoretisch) eine Verstetigung seiner Herstellungsprozesse. In der Praxis ist dies jedoch nur möglich, wenn Consumer-Efficient-Response-Maßnahmen, das heißt bedarfsorientierte Steuerung der Warenströme (IT-basiert) umgesetzt werden. Im Rahmen der Marketingfunktion sondiert der Handel die Kaufpotenziale seiner Kunden, bereitet Markteinführungen vor, wirbt (für sich und) für die Herstellerprodukte in den regionalen Einzugsgebieten und informiert und berät die Endkunden im Sinne der Hersteller. Aus der Vielfalt des Warenangebots stellt der Handel endkundengerechte Sortimente zusammen und übernimmt für die Hersteller die Verkaufstätigkeiten am Point of Sale (vgl. Winkelmann 2012).

Innerhalb des mehrstufigen Vertriebswegs können dabei entweder Absatzhelfer oder Absatzmittler eingesetzt werden:

Zu den Absatzhelfern zählen Handelsvertreter, Agenten, Kommissionäre, Broker, Verkaufsberater sowie externe Callcenter (vgl. Diller et al. 2005). Gemäß dem §§ 84 ff. HGB charakterisiert sich ein Handelsvertreter „[…] als [ein] selbständiger Gewerbetreibender [der] ständig damit betraut ist, für einen anderen Unternehmer Geschäfte zu vermitteln oder in dessen Namen abzuschließen". Somit handelt es sich bei Handelsvertretern um selbstständige Verkaufsvertreter, die jedoch i. d. R. in fremden Namen auf fremde Rechnung wirtschaften. Diese können entweder als Ein-Firmenvertreter lediglich für ein Unternehmen oder als Mehrfirmenvertreter für mehrere, nicht konkurrierende Auftraggeber tätig sein. Innerhalb der unternehmerischen Entscheidung, ob eigene Reisende oder externe Handelsvertreter in dem Vertriebsprozess eingesetzt werden sollen, müssen die grundsätzlichen Unterschiede zwischen Reisenden und Handelsvertretern abgewogen werden. Handelsvertreter sind gemäß §§ 84 ff. HGB grundsätzlich nicht weisungsgebunden und werden i. d. R. variabel entlohnt. Dies steht im Gegensatz zu den stark weisungsgebundenen Reisenden, die für das Unternehmen einen größtenteils fixen Kostencharakter darstellen. Außerdem sollte in der Entscheidung berücksichtigt werden, dass die Handelsvertreter neben den unternehmerischen Interessen ebenso eigene sowie einkommensorientierte Interessen verfolgen können (vgl. Pepels 2014).

Ein weiterer Absatzhelfer ist der Kommissionär. Gegensätzlich zum Handelsvertreter ist er in eigenem Namen auf fremde Rechnung tätig. Dabei kann es sich um ein dauerhaftes oder zeitlich beschränktes Vertragsverhältnis eines Einkaufs- oder eines Verkaufskommissionärs handeln. Ein Einkaufskommissionär erwirbt zunächst das Eigentum an dem kommissionierten Gut, bis es an den Kommittenten übereignet wird, wohingegen der Verkaufskommissionär kurzzeitig Eigentümer der Forderung wird (vgl. Pepels 2014).

Neben Absatzhelfern können auch Absatzmittler im Absatzkanal tätig sein. Hierbei nimmt der Großhandel im B2B-Sektor eine zentrale Rolle ein. Der Großhandel übernimmt die Funktion der Vordistribution von Waren und Leistungen, die an Einzelhandelsunternehmen, Großverbraucher, Weiterverarbeiter oder gewerbliche Verwerter abgesetzt werden. Als Absatzmittler agiert der Großhandel im eigenen Namen auf eigene Rechnung und fungiert dabei als Warenverteiler zwischen Hersteller und Verbraucher (vgl. Winkelmann 2012). Bindet ein B2B-Unternehmen den Großhandel in den eigenen Vertriebsprozess mit ein, kann es dabei von den Handelsfunktionen profitieren. Zunächst übernimmt der Handel eine Raum- und Zeitüberbrückungsfunktion. Dies äußert sich in der Ubiquität des Herstellers sowie in der Verantwortlichkeit für die Lagerhaltung und konstanten Warenverfügbarkeit. Außerdem harmonisiert der Handel unterschiedliche Qualitätsniveaus der Hersteller und nimmt daher eine Preisausgleichsfunktion ein. Die Sortiments-, sowie Quantitäts- und Qualitätsfunktion des Handels sorgt für ein kundengerechtes Sortiment bezüglich Qualität und Menge der Waren. Die Marketing- und Verkaufsfunktion runden den Leistungsbereich des Handels ab (vgl. Seyffert 1972).

2.8.5.2 Online-Vertriebskanäle im B2B-Bereich

Neben den zahlreichen Vertriebswegen mit Offline-Charakter sind im heutigen, digitalen Zeitalter ebenso die Online-Vertriebskanäle fester Bestandteil eines unternehmerischen Vertriebsprozesses. Neben Hotline-Diensten und T-Commerce nehmen insbesondere die Kanäle des E-Commerce, E-Procurement und Mobile-Commerce eine relevante Rolle ein.

Unter E-Commerce wird der „Einsatz von Informations- und Kommunikationstechnologien zur elektronischen Integration von Lieferanten und Abnehmer" (Pepels 2014, S. 134) verstanden. Dabei werden sämtliche Geschäftsprozesse im Bereich Beschaffung, Absatz, Produktion, Logistik und Kundendienst zwischen Anbieter und Nachfrager virtuell abgewickelt (vgl. Pepels 2014). Insbesondere aus Gründen der Kosteneinsparung begannen die Unternehmen in der Vergangenheit, sich im Einkaufs- und Verkaufsprozess internetorientiert aufzustellen.

Der Einkaufsprozess entwickelte sich zunehmend zu einem elektronisch gestützten Prozess (E-Procurement), der aufgrund der Faktoren Zeitersparnis, papierlosen Verarbeitung, Katalogsuche in Echtzeit und Senkungen der Einkaufspreise den bisherigen Einkaufsprozess erleichtert (vgl. Winkelmann 2012). Die Entstehung des E-Commerce brachte zunächst den klassischen E-Shop in Erscheinung, der entweder von Unternehmen selbst gestaltet, gemietet oder gekauft werden kann (vgl. Pepels 2014). Der Einsatz von E-Shops bietet insbesondere bei der Verkaufsabwicklung von standardisierten Produkten und Dienstleistungen, bei Katalogware, bei OEM-spezifizierten Produkten sowie bei allen Produkten, die Just-in-Time geliefert werden, nützliche Rationalisierungspotenziale. Die Existenz der Onlineshops wird zunehmend um kollaborative Funktionen ergänzt, woraus sich Transaktions- und Kooperationsplattformen entwickeln. Jene virtuellen Marktplätze dienen Unternehmen als Plattform, ihre Wertschöpfungsketten zu verbinden und neue Allianzen zu bilden. Dabei können mit der Bündelung und Integration von Aktivitäten und Prozessen neue Synergieeffekte geschaffen werden (vgl. Winkelmann 2012). Ein prominentes Beispiel ist der weltweit größte Online-Versandhändler Amazon. Neben dem Verkauf von eigenen Produkten bietet eine integrierte Verkaufsplattform Privatpersonen und Unternehmen die Möglichkeit, neue sowie gebrauchte Produkte zu handeln und gehört damit im Jahr 2019 zu den wertvollsten Unternehmen der Welt.

Im Jahr 2015 launchte Amazon die Plattform „Amazon Business", um mit jenem Marktplatz ebenso gewerbliche Nutzer im B2B-Bereich anzusprechen (vgl. Amazon 2018a). In den USA konnte Amazon Business bislang mit ca. 45.000 Amazon-Händlern über eine Mrd. US-Dollar Umsatz verzeichnen. In Europa strebt Amazon derzeit einen ähnlichen Erfolg an, wobei bereits kleinere B2B-Unternehmen als Kunden gewonnen wurden. Simon Schreiner, Inhaber der Schreiner Elektronik GmbH, bezeugt die Nützlichkeit der Plattform für seine unternehmerische Tätigkeit wie folgt: „Amazon Business hat uns geholfen […] vom kleinen zum großen Partner zu wachsen. Wir konnten unsere B2B Umsätze durch zusätzliche Geschäftskunden um 150 % erhöhen […]" (vgl. Amazon 2018b). Das Segment E-Commerce nimmt, als eines der größten Segmente in der deutschen Internetwirtschaft, eine zentrale Rolle ein. Dabei ist das E-Procurement ein wichtiger Wertetreiber. Der hohe Automatisierungsgrad, gepaart mit den niedrigen Kosten, lässt das E-Commerce besonders attraktiv für den B2B-Sektor erscheinen. Im B2B-Bereich stoßen E-Commerce-Lösungen weiterhin auf Zuspruch, wobei zunehmend Online-Selbstservices und mobile Dienste an Relevanz gewinnen. Jedoch soll an dieser Stelle betont werden, dass E-Commerce keineswegs den konventionellen Absatzkanal Außendienst ersetzen wird, vielmehr ist er als komplementärer, eigenständiger Vertriebskanal anzusehen, der das Multichannel-Angebot eines B2B-Unternehmens abrundet.

2.8.6 Die Festlegung von Personas im Kontext der Customer Journey

Personas beschreiben im Kontext der Customer Journey abstrakte Zielgruppen, die über ein spezifisches Content-Marketing über festgelegte Kommunikations- und Vertriebskanäle differenziert bearbeitet werden sollen.

Im Folgenden wird beschrieben, was unter sogenannten Personas zu verstehen ist, wie zur Gestaltung von Personas vorzugehen ist und welche Merkmale bei der Festlegung von Personas in der B2B-Industrie eingesetzt werden können.

2.8.6.1 Definition von Personas

Alan Coopers schuf den Begriff der Persona im Jahr 1999 und definierte die Persona als eine fiktive, spezifische und konkrete Darstellung von Zielkunden. Das Ziel der damaligen Zeit bestand darin, mithilfe von Personas den Nutzer und dessen Bedürfnisse besser zu verstehen und Produkte mit Mehrwert bzw. Kundennutzen zu entwickeln (vgl. Cooper 1999). Heutzutage werden Personas nicht nur im Rahmen der Produktentwicklung eingesetzt, sondern vor allem auch, um die Online- und Offline-Touchpoints der Customer Journey mittels differenziertem Content-Marketing zielgruppenspezifisch zu bespielen. Eine Persona enthält auf der einen Seite imaginäre Elemente, wie z. B. einen Namen, ein Foto oder soziale Attribute und auf der anderen Seite Daten, die aus der Realität stammen, wie z. B. wichtige Attribute der Funktion oder der persönlichen Präferenzen (vgl. Wang 2014). Keller und Ott definieren Personas als „Kundengruppen, die über ihre Beschreibung ein Gesicht bekommen und einen einprägsamen Namen erhalten und damit quasi real werden" (Keller und Ott 2017, S. 42).

2.8.6.2 Vorgehen zur Gestaltung von Personas

Pruitt und Adlin (2006) haben einen kompletten Prozess mit sechs Schritten zur Gestaltung der Personas festgelegt. Im ersten Schritt werden aus den Datenquellen des Unternehmens, z. B. CRM-System kundenbezogene Daten zur Verfügung gestellt. Mithilfe dieser Daten können Rückschlüsse auf spezifische Merkmale der Kunden geschlossen werden. Der zweite Schritt umfasst die Festlegung von Kundenkategorien mit ähnlichen Eigenschaften, wie z. B. einer Funktion. Im dritten Schritt werden diese Kundenkategorien mit ähnlichen Eigenschaften aus der Datenquelle herausgefiltert, z. B. alle Einkäufer identifiziert. Der vierte Schritt beinhaltet die Definition von Merkmalen, die die Persona im Wesentlichen charakterisieren, z. B. Aufgaben, Bedürfnisse, Ausbildung oder Alter. Im fünften Schritt wird die Persona mit allen Details konkret charakterisiert und in einem Persona-Dokument festgehalten. Dieses Persona-Dokument beschreibt auf der einen Seite das Persona-Profil mit imaginären Elementen, wie z. B. Alter, Foto, Bildungsstand oder professionelle Charaktereigenschaften und auf der anderen Seite realitätsbezogene Daten, wie z. B. Aufgaben, Bedürfnisse, präferierte Medien oder Denkhaltung. Im sechsten und letzten Schritt werden nach Cooper und Reimann (2003) alle relevanten Persona-Typen des Unternehmens mittels Persona-Dokument definiert und sinnvoll voneinander abgegrenzt.

Bei der Definition der Persona ist zwischen der sogenannten „User Persona" und der „Customer Persona" zu unterscheiden. Die „User Persona" verwendet das Produkt direkt und ist damit Anwender der Produkte (Enduser), die „Customer Persona" dagegen ist nicht der direkte Anwender der Produkte.

Das Profil einer Persona sollte durch folgende Charaktereigenschaften beschrieben werden:

- **Profil:** Welche typischen Charaktereigenschaften hat die Persona?
- **Auslöser:** Welche Information/Aktion löst bei der Persona einen Entscheidungsprozess aus?
- **Erfolgsfaktoren:** Was stellt einen Mehrwert, was eine Enttäuschung für die Persona dar?
- **Hemmnisse:** Welche Kriterien könnten diese Persona vom Kauf abhalten?
- **Entscheidungskriterien:** Welche Produkt-/Serviceeigenschaften sind für die Persona von Bedeutung?
- **Customer Journey:** Wie verhält sich die Persona bei Kaufentscheidungen? Wodurch wird sie beeinflusst?

2.8.6.3 Festlegung von Merkmalen für Personas in der B2B-Industrie

Anhand von zwei Praxisbeispielen soll nun aufgezeigt werden, wie Unternehmen der B2B-Industrie die Persona „Einkäufer" mit ausgewählten Merkmalen spezifizieren könnten (Abb. 2.35 und 2.36).

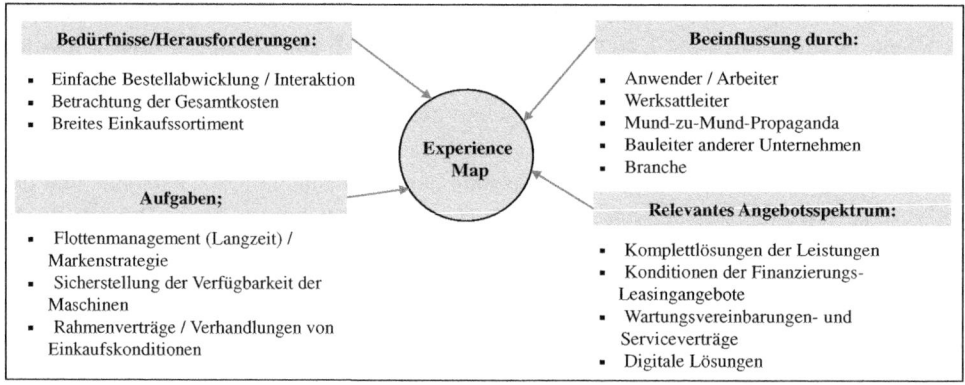

Abb. 2.35 Praxisbeispiel 1: Persona-Profil eines Einkäufers

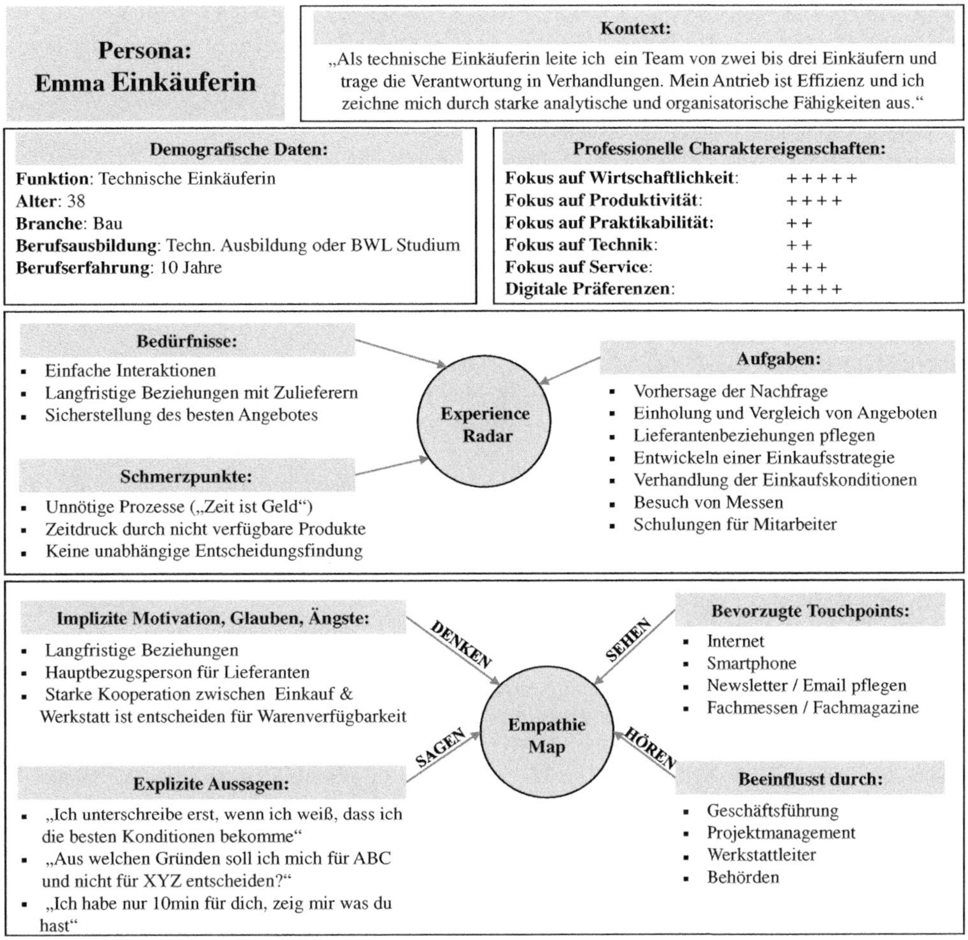

Persona:	Kontext:
Emma Einkäuferin	„Als technische Einkäuferin leite ich ein Team von zwei bis drei Einkäufern und trage die Verantwortung in Verhandlungen. Mein Antrieb ist Effizienz und ich zeichne mich durch starke analytische und organisatorische Fähigkeiten aus."

Demografische Daten:	Professionelle Charaktereigenschaften:	
Funktion: Technische Einkäuferin	Fokus auf Wirtschaftlichkeit:	+ + + + +
Alter: 38	Fokus auf Produktivität:	+ + + +
Branche: Bau	Fokus auf Praktikabilität:	+ +
Berufsausbildung: Techn. Ausbildung oder BWL Studium	Fokus auf Technik:	+ +
Berufserfahrung: 10 Jahre	Fokus auf Service:	+ + +
	Digitale Präferenzen:	+ + + +

Bedürfnisse:
- Einfache Interaktionen
- Langfristige Beziehungen mit Zulieferern
- Sicherstellung des besten Angebotes

Aufgaben:
- Vorhersage der Nachfrage
- Einholung und Vergleich von Angeboten
- Lieferantenbeziehungen pflegen
- Entwickeln einer Einkaufsstrategie
- Verhandlung der Einkaufskonditionen
- Besuch von Messen
- Schulungen für Mitarbeiter

Schmerzpunkte:
- Unnötige Prozesse („Zeit ist Geld")
- Zeitdruck durch nicht verfügbare Produkte
- Keine unabhängige Entscheidungsfindung

(Experience Radar)

Implizite Motivation, Glauben, Ängste:
- Langfristige Beziehungen
- Hauptbezugsperson für Lieferanten
- Starke Kooperation zwischen Einkauf & Werkstatt ist entscheiden für Warenverfügbarkeit

Bevorzugte Touchpoints:
- Internet
- Smartphone
- Newsletter / Email pflegen
- Fachmessen / Fachmagazine

Explizite Aussagen:
- „Ich unterschreibe erst, wenn ich weiß, dass ich die besten Konditionen bekomme"
- „Aus welchen Gründen soll ich mich für ABC und nicht für XYZ entscheiden?"
- „Ich habe nur 10min für dich, zeig mir was du hast"

Beeinflusst durch:
- Geschäftsführung
- Projektmanagement
- Werkstattleiter
- Behörden

(Empathie Map — DENKEN, SEHEN, HÖREN, SAGEN)

Abb. 2.36 Praxisbeispiel 2: Persona-Profil eines Einkäufers

Literatur

Aberdeen Group. (2007). *Mobile sales force effectiveness – Strategies beyond mobility utilization*. Boston: Aberdeen Group.

Ahearne, M., Hughes, D., & Schillewaert, N. (2007). Why sales reps should welcome information technology: Measuring the impact of CRM-based IT on sales effectiveness. *International Journal of Research in Marketing, 27*, 336–349.

AMA (1935). Marketing Definition. In P. Bennett (Hrsg.) (1995), *Dictionary of Marketing Terms*. Chicago: American Marketing Association.

AMA (1948). Marketing Definition. In P. Bennett (Hrsg.) (1995), *Dictionary of Marketing Terms*. Chicago: American Marketing Association.

AMA. (1985). AMA board approves new marketing definition. *Marketing News, 19*(5), 1–2.

AMA. (1995). *Dictionary. Resource library*. Chicago: American Marketing Association.
AMA (2004). Marketing Definition. In P. Bennett (Hrsg.) (1995), *Dictionary of Marketing Terms*. Chicago: American Marketing Association.
AMA (2007). Marketing Definition. In P. Bennett (Hrsg.) (1995), *Dictionary of Marketing Terms*. Chicago: American Marketing Association.
Amazon. (2018a). Was ist Amazon Business? https://www.amazon.de/b?node=14154536031. Zugegriffen: 21. Mai 2019.
Amazon. (2018b). Ihre Vorteile als Amazon Business Verkäufer. https://services.amazon.de/programme/b2b-verkaufen/merkmale-und-vorteile.html?ld=AZDEB2BBUYREG&ref_=b2b_reg_mlp. Zugegriffen: 21. Mai 2019.
Ansoff, I. (1975). Managing strategic surprise by response to wwak signals. *California Management Review, 18*(2), 21–33.
Baker, M. (2003). *The marketing book* (5. Aufl.). Oxford: Butterworth-Heinemann.
Ballard, C., Case, J., Clyne, D., Hildreth, B., Kache, H., & Radley, D. (2014). *Enhance inbound and outbound marketing with a trusted single view of the customer*. Poughkeepsie: International Business Machines Corporation.
Barfknecht, K. (2014). *Unternehmenskommunikation heute: Einsatz von Social Media im B2B-Bereich*. Hamburg: Igel-Verlag.
Beck, K., & Schweiger, W. (2010). *Handbuch Online-Kommunikation*. Wiesbaden: Springer.
Becker, J. (1998). *Marketing-Konzeption: Grundlagen des strategischen Marketing-Managements* (6. Aufl.). München: Vahlen.
Beilharz, F. (2014). *Social Media Marketing im B2B*. Köln: O'Reilly.
Belasco, J. (1966). The salesman's role revisited. *Journal of Marketing, 30*, 6–11.
Bennett, P. (1995). *Dictionary of marketing terms*. Chicago: American Marketing Association.
Binckebanck, L., & Elste, R. (2016). *Digitalisierung im Vertrieb – Strategien zum Einsatz neuer Technologien in Vertriebsorganisationen*. Wiesbaden: Springer Gabler.
Bither, S., Dolich, I., & Nell, E. (1971). The application of attitude immunization techniques in marketing. *Journal of Marketing Research, 8*(1), 56–61.
Bottom, J. (2013). *The Buyersphere report 2013*. London: Base One Group.
Bruhn, M. (2007). *Kommunikationspolitik. Systematischer Einsatz der Kommunikation für Unternehmen* (4. Aufl.). München: Vahlen.
Bruhn, M. (2016). *Relationship Marketing. Das Management von Kundenbeziehungen* (5. Aufl.). München: Vahlen.
Bruhn, M., & Batt, V. (2011). Mitarbeiter als Erlebnistreiber. Theoretische Fundierung und empirische Untersuchung an einem Fallbeispiel. *Marketing – Zeitschrift für Forschung und Praxis, 33*(3), 208–220.
Bruhn, M., & Hadwich, K. (2012). Customer Experience – Eine Einführung in die theoretische und praktischen Problemstellungen. In M. Bruhn & K. Hardwich (Hrsg.), *Customer Experience*. Wiesbaden: Gabler Verlag.
Bruhn, M., & Homburg, C. (2013). *Handbuch Kundenbindungsmanagement: Strategien und Instrumente für ein erfolgreiches CRM*. Wiesbaden: Springer Gabler.
Bruhn, M., & Murman, B. (2013). *Nationale Kundenbarometer: Messung von Qualität und Zufriedenheit*. Wiesbaden: Springer.
Burgartz, T., & Krämer, A. (2014). Customer relationship controlling. *Controlling, 26*(4–5), 264–271.
BVDW. (2014). Social Media in Unternehmen. https://www.bvdw.org/fileadmin/bvdw/upload/publikationen/social_media/studie_social_media_in_unternehmen_ergebnisband_gesamt.pdf. Zugegriffen: 21. Mai 2019.

Churchill, G., Ford, N., & Walker, O. (1977). Motivation and performance in industrial selling: Present knowledge and needed research. *Journal of Marketing Research, 14,* 156–168.

Cooper, A. (1999). *The inmates are running the Asylum.* London: Macmillan.

Cooper, A., & Reimann, R. (2003). *About face 2.0: The essentials of interaction design.* Hoboken: Wiley.

Copeland, M. (1920). *Marketing problems.* New York: A.W. Shaw.

Corcoran, K., Petersen, L., Baitch, D., & Barret, M. (1995). *High performance sales organizations: Creating competitive advantage in global marketplace.* Chicago: Irwin.

Cornelsen, J. (2001). Kundenbewertung mit Referenzwerten. In B. Günter & S. Helm (Hrsg.), *Kundenwert.* Wiesbaden: Gabler.

Dannenberg, H., & Zupancic, D. (2015). Optimierung von Verkaufsprozessen. *Sales Management Review, 24,* 74–80.

Davids, V. (2015). B2B Social Media Report 2015. https://www.brandwatch.com/de/wp-content/uploads/2016/04/B2B-Social-Media-Report-2015.pdf. Zugegriffen: 21. Mai 2019.

Deutsche Fachpresse. (2018). Fachpresse-Statisitk 2018. https://www.deutsche-fachpresse.de/fileadmin/fachpresse/upload/bilder-download/markt-studien/fachpresse-statistik/2018/Fachpresse_Statistik_2018_Final.pdf. Zugegriffen: 21. Mai 2019.

Diller, H., Haas, A., & Ivens, B. (2005). *Verkauf und Kundenmanagement. Eine prozessorientierte Konzeption.* Stuttgart: Kohlhammer.

Drucker, P. (1954). *The practice of management.* New York: Harper & Brother.

Dubinski, A. (1980). A factor analytic study of the personal selling process. *Journal of Personal Selling and Sales Management, 1*(1), 26–33.

Dutka, S. (1995). *Dagmar: Defining advertising goals for measured advertising results* (2. Aufl.). Lincolnwood: NTC Business Books.

Eisermann, U., Dodt, M., & Roßbach, T. (2014). Grundlagen des Eventmarketing. In U. Eisermann, L. Winnen, & A. Wrobel (Hrsg.), *Praxisorientiertes Eventmanagement.* Wiesbaden: Springer Gabler.

Esch, F. (2014). Customer Touchpoint Management – Wie B2B-Unternehmen Potentiale ausschöpfen. *Handeln!* 2(2014), 2–29.

Esch, F., & Knörle, C. (2016). Omni-Channel-Strategien durch Customer- Touchpoint-Management erfolgreich realisieren. In L. Binckebanck & R. Elste (Hrsg.), *Digitalisierung im Vertrieb. Strategien zum Einsatz neuer Technologien in Vertriebsorganisationen* (S. 123–128). Wiesbaden: Springer Gabler.

Faßmann, M., & Moos, C. (2016). *Instagram als Marketing-Kanal. Die Positionierung ausgewählter Social-Media-Plattformen.* Wiesbaden: Springer Fachmedien.

Flocke, L., & Holland, H. (2014). Die Customer Journey Analyse im Online Marketing. In Deutscher Dialogmarketing Verband e. V. (Hrsg.), *Dialogmarketing Perspektiven 2013/2014.* Wiesbaden: Springer Gabler.

Fratter, I., Redden, S., & Banks, L. (2015). How to drive commercial excellence through analytics: Lessons from two leading pharmacos. https://pharmaphorum.com/views-and-analysis/how-to-drive-commercial-excellence-through-analytics-lessons-from-two-leading-pharmacos/. Zugegriffen: 21. Mai 2019.

Fuchs, W. (2003). *Management der Business-to-Business-Kommunikation. Instrumente – Maßnahmen – Fallbeispiele.* Wiesbaden: Gabler.

Geiger, S., & Guenzi, P. (2009). The sales function in the twenty-first century – Where are we and where do we go from here? *European Journal of Marketing, 43*(7/8), 873–889.

Geile, A. (2011). *Face-to-Face Kommunikation im Vertrieb von Industriegütern* (2. Aufl.). Wiesbaden: Springer.

Gentile, C., Spiller, N., & Noci, G. (2007). How to sustain the customer experience: An overview of experience components that co-create value with the customer. *European Management Journal, 25*(5), 395–410.

Giering, A. (2000). *Der Zusammenhang zwischen Kundenzufriedenheit und Kundenloyalität. Eine Untersuchung moderierender Effekte*. Wiesbaden: Dt. Univ.-Verl.

Griese, K. M., & Bröring, S. (2011). *Marketing-Grundlagen: Eine fallstudienbasierte Einführung*. Wiesbaden: Springer.

Haas, A., & Bowen, M. (2016). Neue Medien im Vertrieb – State of the Art und Potenziale. In L. Binckebanck (Hrsg.), *Digitalisierung im Vertrieb* (S. 29–45). Wiesbaden: Springer.

Hadjikhani, A., & LaPlaca, P. (2013). Development of B2B marketing theory. *Industrial Marketing Management, 42*, 294–305.

Hadwich, K. (2013). *Beziehungsqualität im Relationship Marketing. Konzeption und empirische Analyse eines Wirkungsmodells*. Wiesbaden: Gabler.

Hall, B. F. (2002). A new model for measuring advertising effectiveness. *Journal of Advertising Research, 42*(2), 23–31.

Hampel, S. (2011). *Werbewirksames Email-Marketing – Eine Experimentelle Studie zur Wirkung formaler Gestaltungselemente zur Email-Kommunikation auf ausgewählte Konstrukte des Konsumentenverhaltens*. Berlin: Logos.

Hassan, S., Nadzim, S. Z. A., & Shiratuddin, N. (2015). Strategic use of social media for small business based on the AIDA model. *Proceida – Social and Behavior Sciences, 172*, 23–31.

Heitmann, M. (2006). *Entscheidungszufriedenheit. Grundidee, theoretisches Konzept und empirische Befunde*. Wiesbaden: Deutscher Universitäts-Verlag.

Helmke, S., Uebel, M., & Dangelmaier, W. (2017). *Effektives Customer Relationship Management. Instrumente – Einführungskonzepte – Organisation* (6. Aufl.). Wiesbaden: Springer Gabler.

Hennig-Thurau, T., & Bornemann, D. (2003). Return on Relationship Quality, oder: Lohnen sich Investitionen in die Qualität von Geschäftsbeziehungen? In R. Rapp & A. Payne (Hrsg.), *Handbuch Relationship Marketing* (S. 111–147). München: Vahlen.

Hesse, J., Neu, M., & Theuner, G. (2007). *Marketing. Grundlagen* (2. Aufl.). Berlin: Berliner Wissenschafts-Verlag.

Hofbauer, G., & Hellwig, C. (2016). *Professionelles Vertriebsmanagement – Der prozessorientierte Ansatz aus Anbieter- und Beschaffersicht* (4. Aufl.). Erlangen: Publicis Publishing.

Homburg, C., & Krohmer, H. (2003). *Marketingmanagement* (1. Aufl.). Wiesbaden: Gabler.

Holbrook, M., & Hirschmann, E. (1982). The experiential aspects of consumption: Consumer fantasies, feelings, and fun. *Journal of Consumer Research, 9*(2), 132–140.

Huber, F., Hermann, A., & Braunstein, C. (2009). Der Zusammenhang zwischen Produktqualität, Kundenzufriedenheit und Unternehmenserfolg. In H. Hinterhuber & K. Matzler (Hrsg.), *Kundenorientierte Unternehmensführung* (6. Aufl., S. 69–85). Wiesbaden: Springer. (Erstveröffentlichung 2006).

Ieva, M., Canio, F. D., & Ziliani, C. (2018). Daily deal shoppers: What drives social couponing? *Journal of Retailing and Consumer Services, 40*, 299–303.

Johnston, R., & Kong, X. (2011). The customer experience: A road-map of improvement. *Managing Service Quality: An International Journal, 21*(1), 5–24.

Kano, N., Seraku, N., Takahashi, F., & Tsuji, S. (1984). Attractive quality and must-be quality. *Journal of the Japanese Society for Quality Control, 14*(2), 147–156.

Keller, B. (2017). *Touchpoint Management – inkl. Arbeitshilfen online. Entlang der Customer Journey erfolgreich agieren*. München: Haufe Lexware.

Keller, B., & Ott, C. (2017). *Touchpoint management*. Freiburg: Haufe.

Keller, R. (2006). *Der Geschäftsbericht*. Wiesbaden: Gabler.

Kim, H. (2004). A process model for successful CRM system development. *IEEE Software, 21*(4), 22–28.

Kirchgeorg, M., & Springer, C. (2009). Messen und Ausstellungen. In M. Bruhn, F. Esch, & T. Langner (Hrsg.), *Handbuch Kommunikation*. Wiesbaden: Gabler.

Kirchgeorg, M., Dornscheidt, W., & Stoeck, N. (2017). *Handbuch Messemanagement. Planung, Durchführung und Kontrolle von Messen, Kongressen und Events* (2. Aufl.). Wiesbaden: Springer Gabler.

Klaiber, S. (2017). *Organisationales Commitment*. Wiesbaden: Springer VS.

Kleinaltenkamp, M. (2006). *Markt- und Produktmanagement. Die Instrumente des Business-to-Business-Marketing* (2. Aufl.). Wiesbaden: Gabler.

Kleinaltenkamp, M., & Weiber, R. (2014). *Business- und Dienstleistungsmarketing. Die Vermarktung integrativ erstellter Leistungsbündel*. Stuttgart: Kohlhammer.

Koschnik, W. (1987). *Standardlexikon für Marketing, Marktkommunikation, Markt- und Medienforschung*. München: Saur.

Kotler, P. (1967). *Marketing management: Analysis, planning, and control*. Upper Saddle River: Prentice Hall.

Kotler, P., & Armstrong, G. (2001). *Principles of marketing* (9. Aufl.). Upper Saddle River, NJ: Prentice Hall.

Kotler, P., & Bliemel, F. (2001). *Marketing-Management. Analyse, Planung und Verwirklichung*. Stuttgart: Schäffer-Poeschel.

Kotler, P., & Keller, K. (2006). *Marketingmanagement* (12. Aufl.). Upper Saddle River: Prentice Hall.

Kotler, P., Kartajaya, H., & Setiawan, I. (2017). *Marketing 4.0: Der Leitfaden für das Marketing der Zukunft*. Frankfurt a. M.: Campus.

Kreutzer, R. (2017). *Praxisorientiertes Marketing: Grundlagen – Instrumente – Fallbeispiele* (5. Aufl.). Wiesbaden: Springer.

Kreutzer, R., Rumler, A., & Wille-Baumkauff, B. (2015). *B2B-Online-Marketing und Social Media. Ein Praxisleitfaden*. Wiesbaden: Springer Gabler.

Kroeber-Riel, W., & Gröppel-Klein, A. (2013). *Konsumentenverhalten* (10. Aufl.). München: Vahlen.

Krones. (2018a). Das Blog der Krones AG. https://blog.krones.com/. Zugegriffen: 21. Mai 2019.

Krones. (2018b). Technologie. https://blog.krones.com/blog/category/technologie/. Zugegriffen: 21. Mai 2019.

Krones. (2018c). Menschen. https://blog.krones.com/blog/category/menschen/. Zugegriffen: 21. Mai 2019.

Kuß, A., & Kleinaltenkamp, M. (2011). *Marketingeinführung: Grundlagen – Überblick – Beispiele*. Wiesbaden: Springer.

Lammenett, E. (2012). *Praxiswissen Online-Marketing* (3. Aufl.). Wiesbaden: Gabler.

Landry, T., Arnold, T., & Arndt, A. (2005). A compendium of sales-related literature in customer relationship management: Processes and technologies with managerial implications. *Journal of Personal Selling & Sales Management, 25*(3), 231–251.

LaSalle, D., & Britton, T. (2002). *Priceless: Turning ordinary products into extraordinary experiences*. Boston: Harvard Business School Press.

Lassar, W., & Mittal, B. (1998). Why do customers switch? The dynamics of satisfaction versus loyalty. *Journal of Services Marketing, 12*(3), 177–194.

Lavidge, R., & Steiner, G. (1961). A model for predictive measurements of advertising effectiveness. *Journal of Marketing, 25*(6), 59–62.

Lehning, T., Steiner, R., Holzer, M., & Dürr, A. (2014). *Marketing – IT/IT – Marketing: Eine Verständigungshilfe*. Würzburg: Vogel Business Media.

Leigh, T., & Marshall, G. (2001). Research priorities in sales strategy and performance. *Journal of Pesonal Selling and Sales Management, 21*(2), 83–93.

Lemon, K., & Verhoef, P. (2016). Understanding customer experience throughout the customer journey. *Journal of Marketing, 80*(6), 69–96.

Lilien, G., & Grewald, R. (2012). *Handbook of business-to-business Marketing*. Northampton: Elgar.

Luhmann, N. (2000). *Organisation und Entscheidung*. Opladen: Westdt.

Marshall, G., Moncrief, W., Rudd, J., & Lee, N. (2012). Revolution in sales: The impact of social media and related technology on the selling environment. *Journal of Personal Selling and Sales Management, 32*(3), 349–363.

Masciadri, P., & Zupancic, D. (2013). Die Rolle der Marke und der Kommunikation in B2B-Märkten. In P. Masciadri & D. Zupancic (Hrsg.), *Marken- und Kommunikationsmanagement im B-to-B-Geschäft*. Wiesbaden: Springer Gabler.

Maynard, H., Weidler, W., & Beckman, T. (1927). *Principals of marketing* (1. Aufl.). New York: Ronald.

McCarthy, E. (1960). *Basic marketing: A managerial approach*. Homewood: Richard D. Irwin.

McIntosh, J., & Baron, J. (2005). Mobile commerce's impact on today's workforce: Issues, impacts and implications. *International Journal of Mobile Communications, 3*(2), 99–113.

McKinsey. (2012). *The social economy: Unlocking value and productivity through social technologies*. New York: Mc Kinsey Global Institute.

McMurry, R. (1961). The mystique of super-salesmanship. *Business Review, 39*(2), 113–122.

Meffert, H. (1974). *Absatzpolitik*. Münster: Regensberg.

Meffert, H. (1977). *Marketing*. Wiesbaden: Gabler.

Meffert, H. (2000). *Marketing: Grundlagen marktorientierter Unternehmensführung* (9. Aufl.). Wiesbaden: Gabler.

Meffert, H., & Kirchgeorg, M. (1994). *Marktorientiertes Umweltmanagement*. Stuttgart: Schäffer-Poeschel.

Meffert, H., Burmann, C., & Kirchgeorg, M. (2015). *Marketing – Grundlagen marktorientierter Unternehmensführung* (12. Aufl.). Wiesbaden: Springer Gabler.

Meyer, C., & Schwager, A. (2007). Understanding customer experience. *Harvard Business Review, 85*, 116–126.

Miller, R., Heiman, S., & Tuleja, T. (1992). *Successful large account management*. New York: Grand Central Publishing.

Moncrief, W. (2017). Are sales as we know it dying … or merely transforming. *Journal of Personal Selling and Sales Management, 37*(4), 271–279.

Moser, K. (2015). Werbewirkungsmodelle. In K. Moser (Hrsg.), *Wirtschaftspsychologie* (2. Aufl., S. 11–28). Wiesbaden: Springer.

Neumann, A. (2014). *CRM mit Mitarbeitern erfolgreich umsetzen – Aufgaben, Kompetenzen und Maßnahmen der Unternehmen*. Wiesbaden: Springer Gabler.

Nguyen, P., & Pupillo, N. (2012). Branded Moments – Vom zufälligen Kundenerlebnis zur aktiven Gestaltung von Wow-Momenten in der Kundeninteraktion bei Vodafone Deutschland. In M. Bruhn & K. Hadwich (Hrsg.), *Customer Experience – Forum Dienstleistungsmanagement* (S. 317–330). Wiesbaden: Springer Gabler.

Nicuta, A. M., Luca, F. A., & Apetrei, A. (2018). Innovation and trends in CRM – Customer relation management. *Network Intelligence Studios, 6*(11), 21–25.

Niehaus, A., & Emrich, K. (2016). Ansätze und Erfolgsfaktoren für die Digitalisierung von Vertriebsstrategien. In L. Binckebanck & R. Elste (Hrsg.), *Digitalisierung im Vertrieb* (S. 47–63). Wiesbaden: Springer Gabler.

Noitz, D. (2014). *Customer Relationship Management (CRM) erfolgreich aufbauen. CRM Grundlagen und Umsetzung für die Praxis*. Paderborn: Schröder Consulting.

Oliver, R. (2010). *Satisfaction: A behavioral perspective on the consumer* (2. Aufl.). Armonk: Sharpe.
Payne, A., & Frow, P. (2005). A strategic framework for customer relationship management. *Journal of Marketing, 69*(4), 167–176.
Pepels, W. (2014). *Vertriebsmanagement. Die Distributions- und Verkaufspolitik im Marketing.* Berlin: Duncker & Humblot.
Pflaum, D., Bäuerle, F., & Laubach, K. (2002). *Lexikon der Werbung* (7. Aufl.). München: Moderne Industrie.
Pförtsch, W., & Godefroid, P. (2013). *Business-to-Business-Marketing* (5. Aufl.). Herne: Kiehl.
Poth, L., Poth, G., & Pradel, M. (2013). *Gabler Kompakt-Lexikon Marketing. 4.500 Begriffe nachschlagen, verstehen, anwenden* (2. Aufl.). Wiesbaden: Gabler.
Pruitt, J., & Adlin, T. (2006). *The personal lifecycle.* Amsterdam: Mogen Kaufman.
Pucko, W. (2010). *Kundenzufriedenheit in der Werbevermarktung durch Online-Werbebörsen. Eine explorative Analyse aus Sicht der Inhalteanbieter.* Hamburg: Diplomica.
Pufahl, M. (2015). *Sales Performance Management – Excellenz im Vertrieb mit ganzheitlichen Steuerungskonzepten.* Wiesbaden: Springer.
Rawson, A., Duncan, E., & Jones, C. (2013). The truth about customer experience. *Harvard Business Review, 91,* 90.
Rennhak, C. (2005). *Konzeptionelle Überlegungen zum Kundenwert.* München: Munich Business School.
Richardson, A. (2010). Using customer journey maps to improve customer experience. *Harvard Business Review, 15,* 2–5.
Riesenbeck, H. (2010). Erfolgsfaktoren im Kundenbeziehungsmanagement. In D. Georgi & K. Hadwich (Hrsg.), *Management von Kundenbeziehungen. Perspektiven – Analysen – Strategien – Instrumente* (S. 201–228). Wiesbaden: Gabler.
Rota, F. (2002). *Public Relations und Medienarbeit Effektive Öffentlichkeitsarbeit von Unternehmen im Informationszeitalter* (3. Aufl.). München: Deutscher Taschenbuch-Verlag.
Runia, P., Wahl, F., Geyer, O., & Thewißen, C. (2015). *Marketing – Prozess- und Praxisorientierte Grundlagen* (4. Aufl.). Berlin: De Gruyter.
Rusnjak, A., & Schallmo, D. (2018). *Customer Experience im Zeitalter des Kunden: best Practices, Lessons Learned und Forschungsergebnisse.* Wiesbaden: Springer Gabler.
Ryan, D., & Jones, C. (2009). *Understanding digital marketing.* London: Kogan Page.
Schrock, W., Zhao, Y., Hughes, D., & Richards, K. (2016). JPSSM since the beginning: Intellectual cornerstones, knowledge structure, and thematic developments. *Journal of Personal Selling and Sales Management, 4*(36), 321–343.
Schüller, A. (2012). *Touchpoints – Auf Tuchfühlung mit dem Kunden von heute. Managementstrategien für unsere neue Businesswelt* (4. Aufl.). Offenbach a. M.: Gabal.
Selbach, D., & Wittrock, O. (2007). *Messetraining für den Mittelstand.* Wien: Linde.
Seyffert, R. (1972). *Wirtschaftslehre des Handels* (5. Aufl.). Wiesbaden: VS Verlag.
Sinisalo, J., Karjaluoto, H., & Saraniem, S. (2015). Barriers to the use of mobile sales force automation systems: A salesperson's perspective. *Journal of Systems and Information Technology, 17*(2), 121–14.
Sparling, S. (1906). *Introduction to business organization.* New York: Macmillan.
Specht, G. (1998). *Distributionsmanagement* (3. Aufl.). Stuttgart: Kohlhammer.
Spiro, R., & Weitz, B. (1990). Adaptive selling: Conceptualization, measurement, and nomological validity. *Journal of Marketing Research, 27,* 61–69.

Stahl, H. (2009). Kundenloyalität kritisch betrachtet. In H. H. Hinterhuber & K. Matzler (Hrsg.), *Kundenorientierte Unternehmensführung* (S. 87–106). Wiesbaden: Gabler.

Staudt, T., & Taylor, D. (1970). *A managerial introduction to marketing.* Englewood Cliffs: Prentice Hall.

Stauss, B., & Seidel, W. (2006). Prozessuale Zufriedenheitsermittlung und Zufriedenheitsdynamik bei Dienstleistungen. In C. Homburg (Hrsg.), *Kundenzufriedenheit. Konzepte – Methoden – Erfahrungen* (6. Aufl., S. 171–196). Wiesbaden: Gabler.

Stendel, A. (2010). Relevanz der neuen Werbeformen für die B-to-B-Markenkommunikation. In C. Baumgarth (Hrsg.), *B-to-B-Markenführung Grundlagen – Konzepte – Best Practice* (S. 561–574). Wiesbaden: Gabler.

Strauß, R. (2017). Die Herausforderungen für das Marketing bis 2020. In *Deutscher Marketing Verband April 2017*.

Verhoef, P., Lemon, C., Parasuraman, A., Roggeveen, A., Tsiros, M., & Schlesinger, L. A. (2009). Customer experience creation: Determinants, dynamics and management strategies. *Journal of Retailing, 85*(1), 31–41.

Wallace, D., Giese, J., & Johnson, J. (2004). Customer retailer loyalty in the context of multiple channel strategies. *Journal of Retailing, 80*(4), 249–263.

Wang, X. (2014). Personas in the user interface design. https://immagic.com/eLibrary/ARCHIVES/GENERAL/UCALG_CA/U071112W.pdf. Zugegriffen: 21. Mai 2019.

Webster, F. E., & Wind, Y. (1972). A general model for understanding organizational buying behavior. *Journal of Marketing, 36*(2), 12–19.

Weiber, R., & Jacob, F. (2000). Kundenbezogene Informationsgewinnung. In M. Kleinaltenkamp & W. Plinke (Hrsg.), *Technischer Vertrieb* (S. 523–612). Berlin: Springer.

Weiber, R., & Mühlhaus, D. (2014). *Strukturgleichungsmodellierung Eine anwendungsorientierte Einführung in die Kausalanalyse mit Hilfe von AMOS, SmartPLS und SPSS.* Wiesbaden: Springer Gabler.

Weitz, B. (1978). The relationship between salesperson performance and understanding of customer decision making. *Journal of Marketing Research, 15,* 501–516.

Wiedmann, K. (1993). *Rekonstruktion des Marketingansatzes und Grundlagen einer erweiterten Marketingkonzeption.* Stuttgart: M&P-Verlag für Wissenschaft und Forschung.

Wiersema, F. (2013). The B2B agenda: The current state of B2B marketing and a look ahead. *Industrial Marketing Management, 42*(4), 470–488.

Wiesner, K. (2016). *Faires Management und Marketing.* Berlin: De Gruyter.

Wind, Y., & Hays, C. (2015). *Beyond advertising – Creating value through all customer touchpoints.* Hoboken: Wiley.

Winkelmann, P. (2012). *Vertriebskonzeption und Vertriebssteuerung Die Instrumente des integrierten Kundenmanagements (CRM)* (5. Aufl.). München: Vahlen.

Wise, G. (1974). Differential pricing and treatment by new car salesmen: The effects of prospect's race, sex, and dress. *Journal of Business, 47,* 218–230.

Zarella, D. (2012). *Das Social Media-Marketing Buch* (2. Aufl.). Köln: O'Reilly.

Zeithaml, V. (1988). Consumer perceptions of price, quality, and value: A means-end model and synthesis of evidence. *Journal of Marketing, 52*(3), 2–22.

Zoltners, A., Sinha, P., & Lorimer, S. (2008). Sales force effectiveness: A framework for researchers and practitionors. *Journal of Personal Selling & Sales Management, 23*(2), 115–131.

Zurstiege, G. (2007). *Werbeforschung.* Konstanz: UVK Verl.-Ges.

3 Die Zusammenarbeit von Marketing und Vertrieb

Zusammenfassung

Das dritte Kapitel befasst sich zunächst mit der Darstellung spezifischer Merkmale der Zusammenarbeit von Marketing und Vertrieb. Dabei wird diese Schnittstelle charakterisiert, die Bedeutung der Zusammenarbeit von Marketing und Vertrieb herausgestellt sowie eine optimale Aufgaben- und Rollenverteilung aufgezeigt. In diesem Abschnitt werden auch dysfunktionale Konflikte in der Zusammenarbeit von Marketing und Vertrieb thematisiert, die nicht nur die Schnittstelle, sondern sogar das Unternehmensergebnis negativ beeinflussen können. Der zweite Teil des Kapitels umfasst eine fundierte Literaturrecherche mit einem Überblick der Forschungsergebnisse zur „Zusammenarbeit von Marketing und Vertrieb" der Jahre 1998 bis 2017. Hierbei werden quantitative und qualitative Forschungsstudien analysiert, um Erkenntnisse zu relevanten Erfolgsfaktoren für die integrierte Zusammenarbeit von Marketing und Vertrieb ableiten zu können.

3.1 Merkmale der Zusammenarbeit von Marketing und Vertrieb

3.1.1 Die Schnittstelle zwischen Marketing und Vertrieb

Bereits 1996 erforschte Kahn die Zusammenarbeit von Funktionsbereichen, als er die Integration von Marketing und F&E untersuchte. Er fand heraus, dass kollaborative Komponenten wie „gemeinsame Ziele", „gegenseitiges Rollenverständnis", „informelle

Kommunikation", "gemeinsame Ressourcen und Vision" sowie "Teamgeist" einen größeren Einfluss auf die Zusammenarbeit haben, als die tatsächliche Interaktion zwischen beiden Abteilungen (vgl. Kahn 1996).

Im Gegensatz zur Zusammenarbeit des Marketings mit anderen Funktionsbereichen, wie bspw. F&E, Produktion, Finanzen oder Rechnungswesen, die in einer Organisation deutlich unterschiedliche technische und kaufmännische Funktionen wahrnehmen, sollten die Abteilungen Marketing und Vertrieb auf effektive und effiziente Art und Weise zusammenarbeiten. Der Grund: Beide Funktionen dienen dem Kunden. Während das Marketing dabei Vertriebsmitarbeiter unterstützt und ein nachhaltiges Markenimage für Produkte und Unternehmen aufbaut, nimmt der Vertrieb traditionell Kontakt mit Kunden auf, führt Marketingstrategien aus und schließt den Verkauf mit den Kunden ab (vgl. Matthyssens und Johnston 2006; Rouziès et al. 2005).

Trotz der Vielzahl an wissenschaftlicher Literatur zur Zusammenarbeit von Marketing und Vertrieb existiert bis heute kein festgelegtes Set an Erfolgsfaktoren für einen integrierten Marketing- und Vertriebsansatz. Kahn (1996) war der erste Wissenschaftler, der die Integration von Marketing und Vertrieb mit einer Kombination aus Interaktion und Kollaboration postulierte. Unter Interaktion versteht er, wenn die Kommunikation zwischen den organisatorischen Funktionen in strukturierter Weise abläuft. Und Kollaboration erfordert seiner Ansicht nach, dass die Einheiten bereit sind, zusammenzuarbeiten und Vision, Ziele und Ressourcen zu teilen. Rouziès et al. (2005) definieren die Integration von Marketing und Vertrieb als den Umfang, zu welchem die Aktivitäten beider Abteilungen gemeinsam und unterstützend ausgeführt werden und dabei zur Erreichung der Ziele der jeweils anderen Abteilungen beitragen. Kotler et al. (2006) entwickelten in ihrer Forschungsstudie eine graduelle Entwicklung der Zusammenarbeit von Marketing und Vertrieb mit dem Ziel der Integration der beiden Funktionseinheiten. Die wesentlichen Erfolgsfaktoren sind laut der Wissenschaftler die disziplinierte Kommunikation, eine Abstimmung der Aufgaben und Prozesse, abgestimmte Ziele und gemeinsame Ressourcen. Zuletzt artikulierten Biemans et al. (2010) einen integrierten Marketing- und Vertriebsansatz als Zielebene der Zusammenarbeit beider Funktionseinheiten. Als Erfolgsfaktoren zur Erreichung der Integration definierten sie klare Rollen und Verantwortlichkeiten, eine abteilungsübergreifende Kommunikation mit Informationsaustausch sowie ein gemeinsames Wertesystem.

3.1.2 Die Bedeutung der Zusammenarbeit von Marketing und Vertrieb

In den letzten Jahren ist das Interesse an der Gestaltung des Marketings in B2B-Unternehmen signifikant gewachsen. Alle Managementtrends – wie Total Quality Management, Business Re-Engineering, Customer-Relationship-Management etc. – rücken in den Hintergrund, um die Effektivität und Effizienz der Marketingprozesse zu optimieren (vgl. Krohmer et al. 2002). Verbesserte Geschäftsergebnisse, die Schaffung von Kundennutzen und Wettbewerbsvorteilen sind abhängig von der Koordination der

Funktionsbereiche einer Organisation. Die oft suboptimale Zusammenarbeit zwischen Marketing und Vertrieb gilt als Hemmschuh für den Erfolg und hat deshalb in der wissenschaftlichen Literatur in den letzten Jahren mehr Aufmerksamkeit erfahren (vgl. Hughes et al. 2012).

Einige internationale Umfragen unter Führungskräften aus verschiedenen B2B-Branchen haben aufgezeigt, dass die Integration von Marketing und Vertrieb einer der organisatorischen Veränderungen ist, die die Vertriebsleistung am meisten verbessern würde (vgl. Miller und Gist 2003; Rouziès et al. 2005). Verschiedene Studien belegen, dass eine stärkere Zusammenarbeit zwischen Marketing und Vertrieb der Organisation Vorteile durch verbesserte Geschäftsergebnisse generiert (vgl. Le Meunier-FitzHugh und Piercy 2007a). Eine konsekutive Forschungsstudie zeigte, dass die Zusammenarbeit zwischen Marketing und Vertrieb positive Beziehungen und eine höhere Marktorientierung fördert und sich zusätzlich positiv auf die Geschäftsentwicklung auswirkt (vgl. Le Meunier-FitzHugh und Piercy 2011).

3.1.3 Die Abstimmung der Aufgaben zwischen Marketing und Vertrieb

Die betriebswirtschaftliche Forschung hat sich intensiv mit der Abstimmung der Aufgaben und zwischen Marketing und Vertrieb befasst und die Notwendigkeit einer integrierten Zusammenarbeit zwischen beiden Abteilungen erkannt. Nachfolgend soll anhand von zwei Konzepten eine optimale Struktur der Aufgabenverteilung zwischen Marketing und Vertrieb dargestellt werden.

Abb. 3.1 zeigt eine Aufstellung von Marketing- und Vertriebsaktivitäten, die durch eine entsprechende Abstimmung die Effizienz der beiden Abteilungen verbessert. Die Aktivitäten im linken Kreis werden primär vom Marketing mit Input aus dem Vertrieb und die Aktivitäten im rechten Kreis überwiegend vom Bereich Vertrieb mit Input aus dem Marketing ausgeführt. Die Aktivitäten der Schnittmenge können nur durch eine gemeinsame Anstrengung zwischen Marketing und Vertrieb durchgeführt werden. Daher erfordern alle dargestellten Aktivitäten ein hohes Maß an Abstimmung zwischen Marketing und Vertrieb.

Demnach sollten einerseits die analytischen und strategischen Aufgaben, wie bspw. Wettbewerbsanalyse, Marktsegmentierung und Produktpositionierung vom Marketing durchgeführt werden. Andererseits sollten der Verkaufsprozess und das Kundenbeziehungsmanagement vom Vertrieb ausgeführt werden. Umsatzprognosen, Kundenklassifikation sowie Nutzen- und Werteversprechen sollten dagegen von beiden Abteilungen gemeinsam festgelegt werden. Jedoch sind sowohl das Marketing als auch der Vertrieb für die Ausführung ihrer Aufgaben auf Informationen aus der jeweils anderen Abteilung angewiesen. Da beide Bereiche sehr unterschiedliche Fähigkeiten haben, ist eine organisatorische Trennung einerseits zwar sinnvoll, andererseits gewinnt die Zusammenarbeit von Marketing und Vertrieb in B2B-Unternehmen jedoch zunehmend an Bedeutung (vgl. Le Meunier-FitzHugh und Piercy 2010).

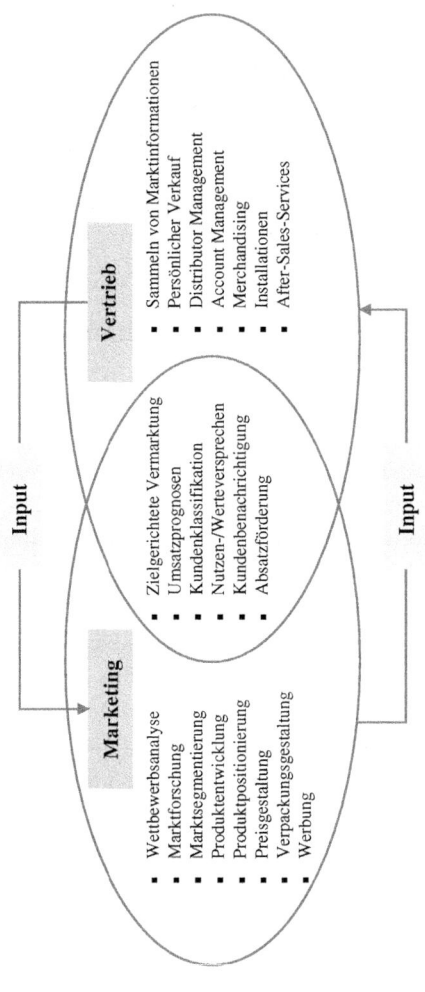

Abb. 3.1 Abstimmung von Aufgaben zwischen Marketing und Vertrieb. (In Anlehnung an Zoltners 2004)

Abb. 3.2 Der Kauftrichter. (Quelle: in Anlehnung an Kotler et al. 2006)

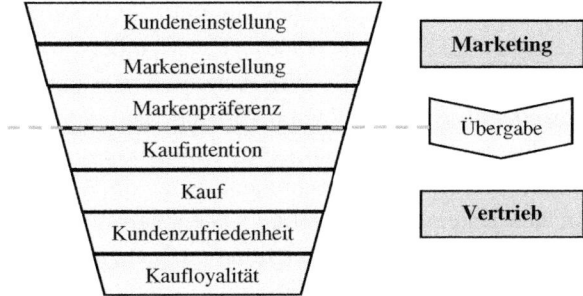

Ein weiteres Konzept zur Abstimmung der Aufgaben von Marketing und Vertrieb ist in Abb. 3.2 mit dem sogenannten Kauftrichter nach Kotler et al. (2006) dargestellt. Gemäß dieser Ausführung ist das Marketing für die ersten drei Stufen des Kaufprozesses verantwortlich. Diese Stufen bestehen aus Aktivitäten, welche 1) die Einstellung des Kunden (psychologische Wirkung) zu Produkten, Services, Vertrieb etc., 2) die Einstellung zur Marke (Markenimage) und 3) die Markenpräferenz adressieren. Der Vertrieb ist entsprechend für die zweiten vier Stufen des Kauftrichters verantwortlich, welche die Kaufintention, den Kauf, die Kundenzufriedenheit und die Kundenloyalität beinhalten.

Um einen reibungslosen Ablauf zwischen beiden Abteilungen zu gewährleisten, unterstützt der Marketingmanagementprozess nach Matthyssens und Johnston (2006) wie folgt:

1. Marketinganalyse
2. Marketingplanung (Ziele und Strategien)
3. Implementierung (Instrumente)
4. Kontrolle

In der ersten Phase des Prozesses werden alle notwendigen Marktinformationen, die der Vertrieb bereitstellt, von Produkt- und Marketingmanagern ausgewertet und analysiert. Im zweiten Schritt erfolgt aufbauend auf die Analyse die Planung, um eine Strategie zu definieren und einen Marketingplan zu entwickeln. Der Vertrieb sollte in diesen Schritt mit eingebunden werden. In der Implementierungsphase wird anschließend ein Marketingprogramm mit konkreten Zielfestlegungen und Aktivitäten organisiert. An dieser Stelle ist eine aktive Kooperation mit dem Vertrieb erforderlich, welcher das neue Produkt oder die neue Dienstleistung beratend an den Kunden vertreibt. In der letzten Phase, der Kontrollphase, werden alle Ergebnisse vom Marketing überprüft und Feedbacks vom Vertrieb zur zukünftigen Optimierung eingeholt.

Infolgedessen ist ersichtlich, dass der Vertrieb einen starken Einfluss auf den Erfolg des Marketings hat. Das Marketing ist stets auf den Input des Vertriebs angewiesen, welcher in engem und direktem Kontakt mit seinen Kunden steht. Idealerweise sammeln Vertriebsmitarbeiter wertvolle Informationen in Bezug auf ihre Kunden und spielen diese den Marketingmitarbeitern und Produktmanagern zu, welche hieraus kundenorientierte Programme und Produkte entwickeln (vgl. Dewsnap und Jobber 2000). Le Meunier-FitzHugh und Piercy fanden in ihren Forschungsstudien mit B2B-Unternehmen jedoch heraus, dass Markt- und Wettbewerbsinformationen vom Vertrieb häufig nicht an das Marketing weitergegeben werden und wenn, dann vom Marketing oftmals nicht effizient genutzt werden. Daher scheitert die Zusammenarbeit von Marketing und Vertrieb in vielen Fällen an der Datenweitergabe und Datenanalyse (vgl. Le Meunier-FitzHugh und Piercy 2006). Doch genau diese Situation kann für ein Unternehmen problematisch werden: Denn individuelle Produktleistungen und persönliche Kommunikation müssen auf unterschiedliche Kundentypen zugeschnitten sein und zur richtigen Zeit am richtigen Ort erfolgen (vgl. Borders 2006). Aus diesem Grund ist eine reibungslose und vollumfängliche Zusammenarbeit zwischen Marketing und Vertrieb von großer Bedeutung und daher für das Unternehmen erfolgsentscheidend.

3.1.4 Rollenverteilung zwischen Marketing und Vertrieb

Im Laufe der letzten Jahrzehnte haben sich die Marktbedingungen verändert und die Ansprüche der Kunden erhöht. Durch neue Kommunikationskanäle und -mittel, wie bspw. Onlinemedien oder soziale Netzwerke, können Kunden auf eine Vielzahl an Informationen für ihre Kaufentscheidung zurückgreifen. Dies erhöht den Wettbewerbsdruck und den Fokus auf ein ganzheitliches Kundenbeziehungsmanagement. Folglich versuchen B2B-Unternehmen, ihre Kunden zu segmentieren, um für diese Kundengruppen passende Produkte und Dienstleistungen anbieten zu können. Dadurch hat sich das B2B-Marketing stetig weiterentwickelt und somit auch seine Rolle bei strategischen Unternehmensentscheidungen (vgl. Wiersema 2013).

Statt den Fokus auf die eigenen Produkte und Dienstleistungen zu legen, konzentrieren sich B2B-Unternehmen zunehmend auf individuelle Lösungen für die Bedürfnisse der Kunden. Steigender Wettbewerbsdruck und neue Vertriebskanäle setzen auch den traditionellen Vertrieb unter Druck (vgl. Malshe 2011). Insbesondere durch die zunehmende Bedeutung des Internets, auch im B2B-Bereich, hat sich die Rolle des Vertriebs im Verlauf der letzten Jahre gewandelt. In diesem Zusammenhang bezieht sich die Rolle des Vertriebs zunehmend auf das Kundenbeziehungsmanagement und die Entwicklung loyaler Kunden. Um dieses Konzept erfolgreich umsetzen zu können, ist eine hohe Kundenorientierung und ein datenbasiertes CRM-System erforderlich (vgl. Hiemeyer 2016). Die Umsetzung dieses Konzeptes verbessert die Vertriebsleistung, den Verkaufsprozess und das Verhalten der Vertriebsmitarbeiter gegenüber dem Kunden (vgl. Ahearne et al. 2007). Neben der optimalen Kundenbetreuung und -beratung gehören die Marktbeobachtung und die potenzialorientierte Kundenbearbeitung zu den wichtigsten Aufgaben des Vertriebs (vgl. Ernst et al. 2010). Der B2B-Vertrieb setzt das Marketingkonzept des Unternehmens im direkten Kontakt beim Kunden um, weshalb eine Zusammenarbeit von Marketing und Vertrieb von hoher Bedeutung ist (vgl. Hughes et al. 2012).

Im Laufe der Zeit haben sich nicht nur die Aufgaben des Marketings und Vertriebs verändert, sondern auch die Rolle der beiden Abteilungen innerhalb eines Unternehmens. In vielen B2B-Unternehmen nimmt der Vertrieb im Vergleich zum Marketing eine dominantere Rolle ein. Gemäß Kotler et al. (2006) kann die Rollenverteilung zwischen Marketing und Vertrieb anhand von vier Dimensionen beschrieben werden. In den extremsten Ausprägungen kann das Geschäftsmodell entweder eine reine Vertriebs- oder eine reine Marketingorientierung aufweisen. Gemäßigtere Formen sind ein vertriebsgesteuertes Marketing oder ein marketinggesteuerter Vertrieb. Dabei ist die Verteilung stark von der Unternehmensgröße und der Branche abhängig.

Wenn kleine oder mittelgroße B2B-Unternehmen durch eine starke Vertriebsorientierung geprägt sind, so haben diese Unternehmen meist keine separate Marketingabteilung, da diese nicht als wesentlich angesehen wird. Marketingaktivitäten werden von Managern, dem Außendienst oder extern durch Agenturen gesteuert. Dieser Geschäftsmodellansatz wird von Kotler et al. (2006) als „Hidden Marketing" bezeichnet. Diese Unternehmen können zwar kurzfristig auf veränderte Kundenbedürfnisse reagieren, allerdings fehlen meist strukturierte Kundendaten, um langfristige Kundenbeziehungen aufzubauen.

In Unternehmen mit einer starken Vertriebsorientierung ist oftmals das Marketing nur ein „Anhängsel" des Vertriebs. Die Hauptaufgabe besteht in der Unterstützung des Vertriebs im Tagesgeschäft, wie bspw. Verkaufsförderung oder Lead Generation. Bei einer starken Marketingorientierung werden strategische Aufgaben, wie bspw. Segmentierung, Positionierung oder Produktentwicklung von internen Marketingspezialisten durchgeführt. Dagegen werden in diesem Fall die Vertriebstätigkeiten an externe Dienstleister, wie bspw. Absatzmittler oder Handelspartner ausgelagert. Große B2B-Unternehmen haben im Regelfall separate Marketing- und Vertriebsabteilungen. Abhängig von der Organisation des Unternehmens kann es zu einer Dominanz des Marketings oder des Vertriebs kommen. Allerdings haben bereits viele Unternehmen Programme etabliert, um die Zusammenarbeit zwischen den Abteilungen zu fördern und zu entwickeln.

3.1.5 Konfliktpotenziale in der Zusammenarbeit von Marketing und Vertrieb

Wissenschaftler haben in verschiedenen Forschungsstudien festgestellt, dass eine gute Zusammenarbeit zwischen Marketing und Vertrieb für ein Unternehmen von großem Vorteil ist, jedoch eine Marketing-Vertriebs-Schnittstelle mit dysfunktionalen Konflikten schädliche Auswirkungen auf die Wertschöpfung und den Unternehmenserfolg haben kann (vgl. Guenzi und Troilo 2006; Le Meunier-FitzHugh und Piercy 2009). Vor allem Le Meunier-FitzHugh und Piercy (2007b) untersuchten dysfunktionalen Konflikte zwischen Marketing und Vertrieb und stellten fest, dass beide Abteilungen gegeneinander arbeiten, inkompatible Ziele haben und die Rolle des anderen nicht zu schätzen wissen. Die Ergebnisse ihrer Studien bestätigen frühere Untersuchungen, die einen deutlichen Konflikt zwischen Marketing und Vertrieb aufgezeigt haben und dadurch die Entwicklung einer effektiven Zusammenarbeit von Marketing und Vertrieb behindert (vgl. Dewsnap und Jobber 2002; Kotler et al. 2006).

Wie erwähnt, haben Marketing und Vertrieb oftmals unterschiedliche Sichtweisen oder Ausrichtungen, die auf unterschiedlichen Aufgaben und Rollen basieren (vgl. Bruhn und Homburg 2004). Der Denk- und Handlungsansatz für marktorientierte Maßnahmen ist im Marketing von strategischer Natur und wird durch analytisches Denken geprägt. In der zeitlichen Orientierung sind die Marketingmaßnahmen i. d. R. auf langfristige Ziele ausgerichtet. Der Kunde wird dabei idealerweise als Gesamtheit betrachtet und nach diversen Kriterien in verschiedene Segmente kategorisiert, um effiziente und angepasste Strategien entwickeln zu können (vgl. Bruhn und Homburg 2013).

Der Denk- und Handlungsansatz im Vertrieb ist überwiegend operativ und nicht primär strategisch. Dabei stellt in vielen B2B-Unternehmen der Vertrieb die zentrale Funktionseinheit dar. Kennzeichnend für die Aktivitäten des Vertriebes ist die direkte Interaktion mit dem Kunden, bei welchem idealerweise die strategischen Vorgaben des Marketings umgesetzt werden. Allerdings besteht das vorrangige Ziel vieler Vertriebsmitarbeiter in der Erzielung von Vertragsabschlüssen und nicht zwangsläufig in der detaillierten Umsetzung der Marketingkonzepte. Die zeitliche Ausrichtung des Vertriebs ist im Gegensatz zum Marketing tendenziell kurzfristig (vgl. Haase 2006). Das Marketing, als strategische und langfristig ausgerichtete Einheit, beklagt, dass Vertriebsmitarbeiter strategische Themen wie Branding, Positionierung und neue Produkte ignorieren, während der Vertrieb als kurzfristige und umsatzorientierte Abteilung über nicht kunden- und segmentspezifisches Werbematerial, fehlende Verkaufsunterstützung und das schlechte Verständnis des Marketings für Kunden- und Marktanforderungen klagt.

Diese Interessengegensätze zwischen Marketing und Vertrieb führen zu folgenden klassischen Problemfeldern: 1) Zielkonflikte zwischen beiden Abteilungen, 2) mangelhafte abteilungsübergreifende Kommunikation, 3) Machtkämpfe zu verfügbaren Ressourcen und 4) Verantwortlichkeiten, bspw. der Preispolitik, sowie 5) zwischenmenschliche Auseinandersetzungen.

Ungleiche Zielsetzung, wie bspw. unterschiedliche Anreiz- bzw. Bonussysteme, können dazu führen, dass Marketing und Vertrieb sich nicht gegenseitig unterstützen. Marketingmitarbeiter werden oftmals durch ein fixes Gehalt entlohnt, während im Vertrieb erfolgsorientierte Vergütungsmodelle die gängige Praxis sind (vgl. Haase 2006). Dies kann dazu führen, dass sich der Vertrieb mehr mit den eigenen Verkaufszahlen beschäftigt und identifiziert und weniger die Umsetzung der übergeordneten Marketingstrategie berücksichtigt (vgl. Strahle et al. 1996). Auch können unklare Zuständigkeiten und Prozesse zu einer ineffizienten und inkonsistenten Kundenansprache führen. Es hat sich herausgestellt, dass durch eine aufgabenorientierte Unternehmensstruktur die Konkurrenz zwischen den Abteilungen zunimmt und die Integration beeinträchtigt wird (vgl. Wunderer 1985).

Besteht eine räumliche Distanz zwischen der Marketing- und Vertriebsabteilung, so führt dies zu weniger abteilungsübergreifender Kommunikation und reduziert den Zusammenhalt. Mangelhafte Kommunikation zwischen den Abteilungen ist ein fruchtbarer Boden für gegenseitiges Misstrauen (vgl. Wunderer 1985), welches ein mangelndes Verständnis für die andere Abteilung verstärkt. Dies führt dazu, dass die jeweils andere Abteilung mit geringer Wertschätzung behandelt wird. So kann es passieren, dass das Marketing den Vertrieb „nur" als ausführendes Organ sieht, welches in die strategischen Entscheidungsprozesse nicht integriert werden muss, sondern lediglich finale Informationen erhält. Oder Marketingmaßnahmen werden kreiert, ohne die Marktinformationen des Vertriebes mit zu berücksichtigen (vgl. Bauer 2000).

Ein weiteres Konfliktfeld ist die Machtverteilung zwischen Marketing und Vertrieb in einem Unternehmen. Dabei haben der akademische Hintergrund und der Karriereschwerpunkt der Geschäftsführung entscheidenden Einfluss darauf, welche Abteilung die zentralere Rolle in einem Unternehmen einnimmt (vgl. Homburg et al. 1999). Gemäß Zoltners (2004) sollte das Marketing in Übereinstimmung mit der Positionierungsstrategie die Preise für die Produkte und Dienstleistungen des Unternehmens festlegen. Doch oftmals wird von dem Vertriebsmitarbeiter vor Ort beim Kunden ein niedrigerer Preis durchgesetzt, um kurzfristig das Absatzvolumen zu erhöhen (vgl. Jobber 2001).

Zwischenmenschliche Konflikte können dadurch entstehen, dass innerhalb des Marketings und des Vertriebs unterschiedliche Kulturen herrschen. Während im Marketing oftmals eine gewisse „Entspanntheit" der kreativen Kräfte festzustellen ist, herrscht im Vertrieb durch kurzfristige Umsatzziele ein höherer Leistungsdruck. Eigenständige Subkulturen innerhalb eines Unternehmens fördern zwar den Zusammenhalt innerhalb der Abteilung, beeinflussen allerdings dadurch die Bereitschaft zur Kooperation mit der anderen Funktionseinheit negativ (vgl. Specht 2000). Die Identifikation mit dem eigenen Team kann auf spezifisches Wissen oder Fähigkeiten basieren und zu negativen Vorurteilen und Abgrenzungen gegenüber anderen Funktionseinheiten führen, wodurch die Zusammenarbeit zwischen den Abteilungen weiter belastet wird (vgl. Dawes und Massey 2005). Die negativen Stereotypen „Misstrauen" und „mangelnde Bereitschaft zur Kooperation" sind höher ausgeprägt, je stärker die jeweilige Gruppenidentität ist (vgl. Dewsnap und Jobber 2002).

3.2 Analyse der Forschungsergebnisse zur Zusammenarbeit von Marketing und Vertrieb für die Jahre 1998–2017

In den folgenden Abschnitten erfolgt eine Zusammenstellung der Erkenntnisse aus der wissenschaftlichen Literatur zu Forschungsstudien über die Zusammenarbeit von Marketing und Vertrieb. Die explizite Forschung zu diesen beiden Funktionsbereichen begann im Wesentlichen Anfang der 2000er-Jahre. Es konnte eine Vielzahl an Studien zum Thema „Zusammenarbeit von Marketing und Vertrieb" identifiziert werden, wovon nun 30 ausgewählte Studien und deren Forschungsergebnisse näher erläutert und beschrieben werden.

3.2.1 Forschungsergebnisse der Jahre 1998–2006

Die beiden Forscher Morgan und Piercy (1998) haben in einer quantitativen Studie die interfunktionalen Beziehungen in Bezug auf die Marketingqualität untersucht. Ihre Studie beruht auf der Erkenntnis, dass das Qualitätsmanagement und die Entwicklung einer effektiven, funktionsübergreifenden Zusammenarbeit in den letzten Jahren eine neue strategische Bedeutung erlangt haben. Viele Unternehmen haben jedoch berichtet, dass Qualitätsstrategien die erwarteten Leistungsvorteile nicht erbracht haben und dass ineffektive interfunktionale Beziehungen dafür verantwortlich sein könnten. Die Autoren charakterisieren die Qualität der abteilungsübergreifenden Zusammenarbeit durch drei Ebenen: Vernetzung, Kommunikation und Konflikte. Die Studie kommt zu dem Ergebnis, dass Unternehmen, welche die Effektivität abteilungsübergreifender Interaktion verbessern möchten, einen angemessenen Führungsstil des Senior-Managements, einen interfunktionalen strategischen Planungsprozess und entsprechende Kontrollmechanismen sicherstellen müssen, um einen positiven Effekt auf den Unternehmenserfolg sicherzustellen (Abb. 3.3).

Kahn und Mentzer (1998) führten eine empirische Studie mit 514 Marketing-, Produktions- und F&E-Managern durch. Ziel der Studie war es, die abteilungsübergreifende Integration besser zu definieren, indem der Frage nachgegangen wurde, ob die Zusammenarbeit des Marketings mit anderen Abteilungen 1) „Interaktiv", 2) „Kollaborativ" oder 3) beides gleichzeitig sein sollte, um einen höheren Unternehmenserfolg (Perfomance Outcomes) zu erzielen. „Interaktion" wird dabei als Kommunikation beider Abteilungen über formale Meetings und einen klar organisierten Informationsfluss definiert. „Kollaboration" unterscheidet sich dahingehend, dass die Kommunikation nicht auf formalen Verpflichtungen beruht, sondern mehr auf einer wechselseitigen Beziehung der Abteilungen. Das bedeutet, dass gegenseitiges Verständnis,

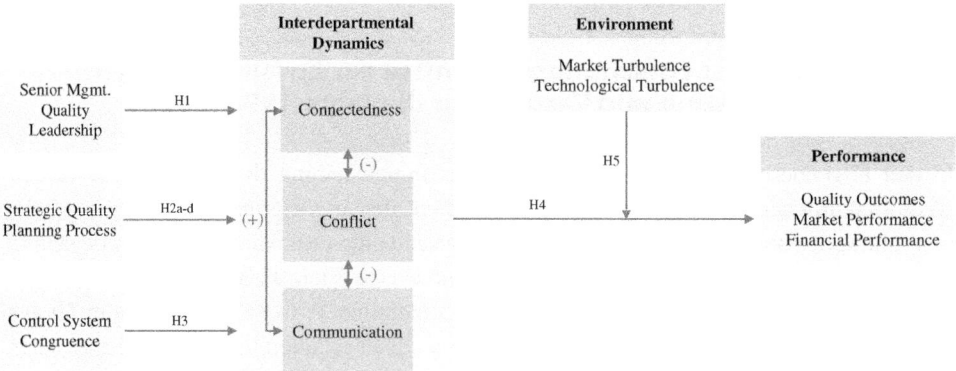

Abb. 3.3 Hypothesenmodell der quantitativen Forschungsstudie. (In Anlehnung an Morgan und Piercy 1998)

3.2 Analyse der Forschungsergebnisse

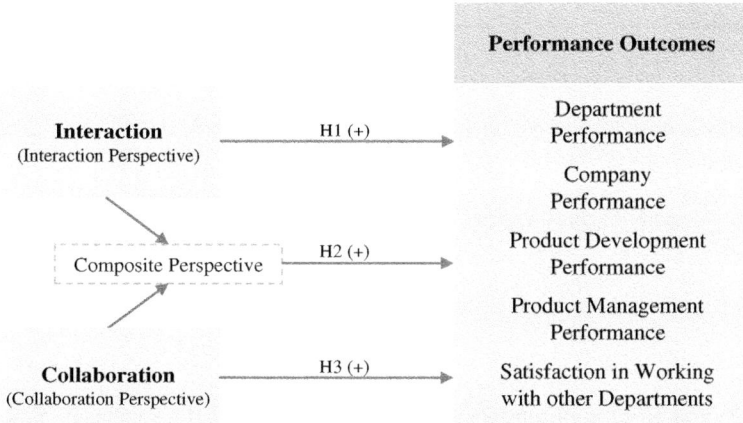

Abb. 3.4 Hypothesenmodell der quantitativen Forschungsstudie. (In Anlehnung an Kahn und Mentzer 1998)

eine gemeinsame Vision, der Austausch von Ressourcen und das Erreichen kollektiver Ziele die Grundlage und Motivation für die Zusammenarbeit zwischen den Abteilungen darstellt. Basierend auf den empirischen Erkenntnissen wird gefolgert, dass die abteilungsübergreifende Zusammenarbeit auf den Merkmalen der „Kollaboration" basiert, da die Unternehmensleistung steigt und sich die Zufriedenheit aller Abteilungen in der Zusammenarbeit mit dem Marketing erhöht. Um die Zusammenarbeit zwischen den beiden Funktionen zu verbessern und den Schwerpunkt auf die Marktorientierung zu legen, untersuchte Kahn (1996) auch den Erfolgsfaktor „Einstellung des Managements gegenüber einer Zusammenarbeit". Es zeigte sich, dass eine positive Einstellung des Managements die Wirkung erhöht, die Mitarbeiter aller Abteilungen zu ermutigen, ein gemeinsames Rollenverständnis zu suchen, Vision und Ressourcen zu teilen, gemeinsame Ziele zu erreichen und informell zusammenzuarbeiten (Abb. 3.4).

Krohmer et al. (2002) haben in einer empirischen Studie mit B2B-Unternehmen aus den USA und Deutschland untersucht, ob Marketingentscheidungen abteilungsübergreifend getroffen werden sollten. Sie kamen zu der Erkenntnis, dass sich abteilungsübergreifende Aktivitäten positiv auf den Unternehmenserfolg auswirken können. Die Forscher konnten einige Erfolgsfaktoren identifizieren, welche die Zusammenarbeit des Marketings mit anderen Abteilungen, bspw. dem Vertrieb, fördern können. Ein Hauptfaktor ist die Kommunikation zwischen den entsprechenden Abteilungen. Insbesondere das Teilen von Markt- und Kundeninformationen gilt als grundlegender Faktor für eine erfolgreiche Kooperation. Einen positiven Einfluss können auch Projektteams ausüben, die aus Mitarbeitern aller relevanten Abteilungen zusammengestellt werden. Zudem sollten die Ziele der Abteilungen aufeinander abgestimmt sein und diese gemeinsamen Ziele in den Bonuszahlungen bzw. dem Vergütungssystem abgebildet sein. Folglich kann eine systematische abteilungsübergreifende Kooperation den Informationsfluss und das Verständnis für die Rolle der anderen Funktionen verbessern.

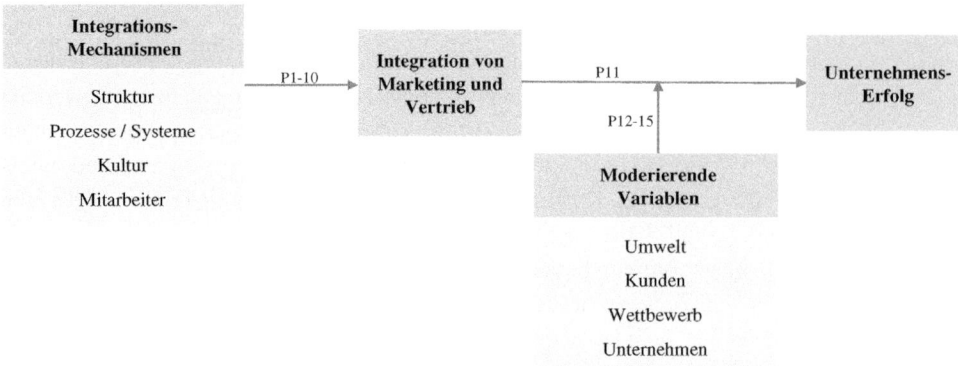

Abb. 3.5 Konzeptioneller Bezugsrahmen der Forschungsstudie. (In Anlehnung an Rouziès et al. 2005)

Rouziès et al. (2005) empfehlen für die Integration von Marketing und Vertrieb einen konzeptionellen Rahmen aus Integrationsmechanismen und moderierenden Variablen (Abb. 3.5), durch welchen die Zusammenarbeit der beiden Abteilungen einen hohen Einfluss auf den Unternehmenserfolg erhält. Die Integrationsmechanismen Struktur, Prozesse, Kultur und Menschen sind Variablen, welche den Grad der Integration von Marketing und Vertrieb bestimmen.

Der Integrationsmechanismus „Struktur" beschreibt die Organisationsform der beiden Abteilungen, das heißt, ob abteilungsübergreifende Teams existieren und ob die Abteilungen dezentral gesteuert werden. Die Nutzung gemeinsamer Kommunikations- und Informationssysteme und Abstimmung von gemeinsamen Zielen und Incentives beinhaltet der Integrationsmechanismus „Prozesse und Systeme". Der dritte Integrationsmechanismus „Unternehmenskultur" wird durch gemeinsame Werte beider Abteilungen charakterisiert. Der letzte Integrationsmechanismus „Mitarbeiter" beschreibt die Einstellung der Mitarbeiter gegenüber einer Zusammenarbeit beider Abteilungen. Idealerweise zeichnen sich die Mitarbeiter durch eine offene Denkweise und durch eine teamorientierte Arbeitsweise aus. Auch sollten diese ein Bewusstsein haben, dass durch eine abteilungsübergreifende Arbeit die eigene Leistung verbessert werden kann. Je stärker die vier Integrationsmechanismen in einem Unternehmen ausgeprägt sind, desto höher ist der Integrationsgrad zwischen beiden Abteilungen und desto größer ist der Einfluss auf den Unternehmenserfolg. Der Effekt auf den Unternehmenserfolg wird dabei von weiteren vier moderierenden Variablen „Umwelt" (Unsicherheiten des Marktumfeldes), „Kunden" (Kundenorientierung), „Wettbewerb" (Wettbewerbsintensität) und „Unternehmen" (Frequenz von Produktneuheiten) beeinflusst.

Kotler et al. (2006) haben ein vierstufiges Modell erarbeitet, um den Grad der Zusammenarbeit von Marketing und Vertrieb zu messen und dementsprechend entwickeln zu können. Die vier Stufen, veranschaulicht in Abb. 3.6, definieren die Zusammenarbeit als „undefiniert", „definiert", „abgestimmt" und „integriert".

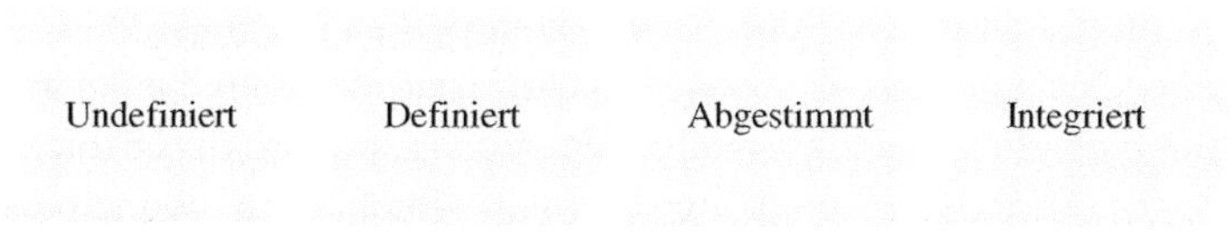

3.2 Analyse der Forschungsergebnisse

Undefiniert   Definiert   Abgestimmt   Integriert

Abb. 3.6 Konzeptioneller Bezugsrahmen der Forschungsstudie. (In Anlehnung an Kotler et al. 2006)

Damit der Grad der Zusammenarbeit von Marketing und Vertrieb in eine höhere Stufe eingeordnet werden kann, müssen bestimmte Mängel beseitigt werden. Dafür haben die Autoren Erfolgsfaktoren definiert, womit die Zusammenarbeit von Marketing und Vertrieb verbessert werden kann: 1) Förderung einer disziplinierten Kommunikation; 2) Abstimmung der Aufgaben und Prozesse, sodass keine Doppelarbeiten entstehen; 3) koordinierte Ressourcenverteilung; 4) klare Definition von Rollen und Verantwortlichkeiten der beiden Abteilungen; 5) Sicherstellung der Akzeptanz der Rollen und Verantwortlichkeiten der jeweils anderen Abteilung; 6) ständige Produktentwicklung, damit der Produktlebenszyklus verkürzt und somit der Technologieeinsatz gefördert wird; 7) Veranstaltung von gemeinsamen Aktivitäten wie Trainings und Events; 8) Definition von gemeinsamen Zielen, welche in dem Vergütungssystem abgebildet sein sollten; 9) Aufteilung des Marketings in zwei Gruppen – upstream (strategisch) und downstream (taktisch, operativ) und 10) Integration von Marketing- und Vertriebskennzahlen.

Die beiden Forscher Guenzi und Troilo (2006) gehen in ihrer qualitativen Studie auf den Aspekt ein, dass durch die Verbesserung der Integration von Marketing und Vertrieb der Kundenwert (das heißt die Fähigkeit, die Probleme des Kunden durch besseres und breites Wissen über den Markt zu lösen) gesteigert werden kann. Dabei konnten sie sechs Faktoren identifizieren, welche die Integration von Marketing und Vertrieb unterstützen und somit die Leistungsfähigkeit des Marketings positiv beeinflussen: 1) Ein ungehinderter Informationsfluss zwischen den Abteilungen; 2) eine konstruktive Unternehmenskultur; 3) strukturelle und organisatorische Abstimmung zwischen Marketing und Vertrieb; 4) gegenseitiges Vertrauen; 5) eine gemeinsame Vision beider Abteilungen, die sich in der Unternehmensstrategie widerspiegelt und 6) die Fähigkeit, langfristige Kundenbeziehungen einzugehen und zu gestalten.

Im Jahr 2006 hat der Wissenschaftler Oliva in seiner qualitativen Studie mit 60 B2B-Unternehmen die Zusammenarbeit von Marketing und Vertrieb untersucht. Er kommt zum Ergebnis, dass diese Zusammenarbeit durch drei Faktoren verbessert werden kann: 1) Durch eine Fachsprache, welche die Mitarbeiter von beiden Abteilungen verstehen; 2) durch die Implementierung eines Bindegliedes zwischen beiden Abteilungen, bspw. ein Chief Marketing Officer (CMO), der für Marketing und Vertrieb verantwortlich ist; 3) durch die klare Definition der Prozesse, Verantwortlichkeiten und Regeln zwischen den Abteilungen, wodurch die Mitarbeiter eine klare Vorstellung von der Zusammenarbeit mit der anderen Abteilung bekommen (vgl. Oliva 2006).

Matthyssens und Johnston (2006) haben in ihrer qualitativen Studie vier Erfolgsfaktoren für die Zusammenarbeit von Marketing und Vertrieb herausgefunden. Erstens, die Zusammenarbeit beider Abteilungen wird gefördert durch die Abstimmung der Aufgaben, die Verteilung von klaren Verantwortlichkeiten und eine gemeinsame Schnittstelle (bspw. eines CMO). Weiterhin ist es empfehlenswert, das Marketing in kundenbezogenen Aktivitäten, bspw. Vertriebsaufgaben, phasenweise einzubinden, damit bei Marketingmitarbeitern das Verständnis über den Markt steigt und somit bessere Entscheidungen getroffen werden können. Zweitens, die abteilungsübergreifende Kommunikation, die sowohl formell in geplanten Meetings als auch informell stattfinden sollte, beeinflusst die Interaktion. Abgestimmte Prozesse sowie klare Verantwortlichkeiten erleichtern einen effektiven, abteilungsübergreifenden Informationsaustausch. Drittens, abteilungsübergreifende Teams sowie gemeinsame Aktivitäten und Programme, bspw. Jobrotation, fördern das Verständnis für andere Funktionen und Aufgaben und dadurch die Kooperation beider Abteilungen, wodurch ein gemeinsamer Teamgeist und ein gemeinsames Wertesystem entstehen können. Und viertens, die Zusammenarbeit von Marketing und Vertrieb wird positiv beeinflusst, wenn die Unternehmenskultur an der Erfüllung von Kundenbedürfnissen, bspw. Kundenorientierung, ausgerichtet ist.

Beverland et al. (2006) kamen in einer qualitativen Studie zu zwei wesentlichen Erkenntnissen. Erstens, dass im Marketing und Vertrieb jeweils unterschiedliche Subkulturen existieren. Dadurch kann es zu Konflikten zwischen den Abteilungen kommen, da das Verständnis für die andere Funktionseinheit fehlt, wodurch beiden Abteilungen zu wenig miteinander kommunizieren. Deshalb fördert die Entwicklung von gemeinsamen Werten und einer gemeinsamen Kultur die abteilungsübergreifende Zusammenarbeit. Zweitens, diese Studie konnte aufzeigen, dass abgestimmte Ziele zwischen Marketing und Vertrieb die Zusammenarbeit beider Abteilungen positiv beeinflussen (Abb. 3.7).

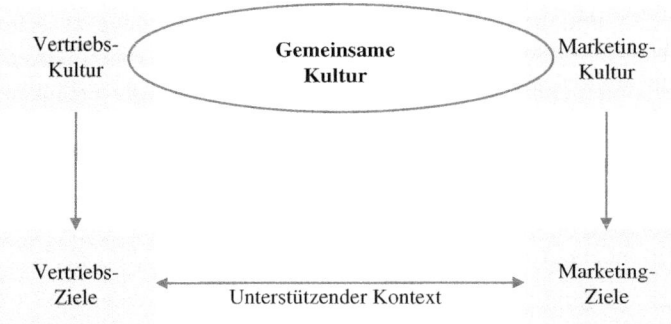

Abb. 3.7 Konzeptioneller Bezugsrahmen der Forschungsstudie. (In Anlehnung an Beverland et al. 2006)

3.2 Analyse der Forschungsergebnisse

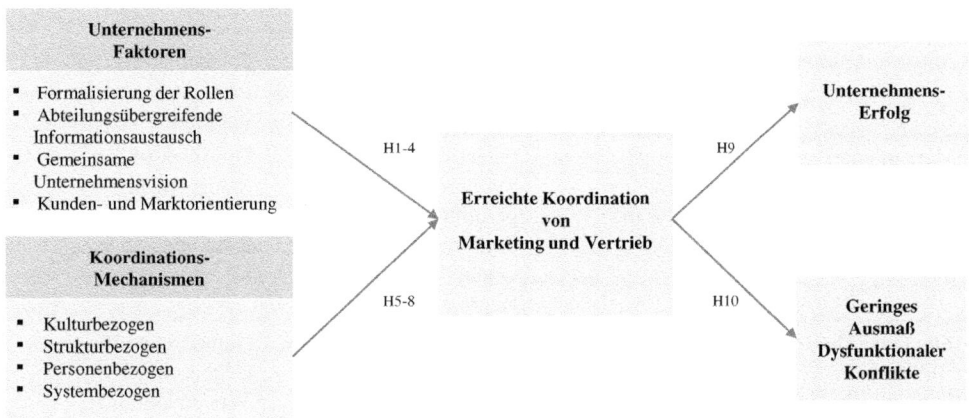

Abb. 3.8 Hypothesenmodell der quantitativen Forschungsstudie. (In Anlehnung an Haase 2006)

In ihrer Forschungsstudie hat Haase (2006) Gestaltungsvarianten für ein erfolgreiches Schnittstellenmanagement zwischen Marketing und Vertrieb untersucht. Dafür hat sie einen konzeptionellen Bezugsrahmen entwickelt. Mit diesem Rahmen lässt sich messen, welchen Einfluss der erreichte Grad der Kooperation zwischen Marketing und Vertrieb auf den Unternehmenserfolg hat. Die Koordination zwischen beiden Funktionseinheiten wird zum einen durch „Unternehmensfaktoren" und zum anderen durch „Koordinationsmechanismen" definiert. Die „Unternehmensfaktoren" sind durch vier Konstrukte charakterisiert: 1) Die Formalisierung der Rollen zwischen Marketing und Vertrieb; 2) der Austausch von Informationen zwischen beiden Abteilungen; 3) die Existenz einer gemeinsamen Unternehmensvision sowie 4) die Kunden- und Marktorientierung von Marketing und Vertrieb. Die „Koordinationsmechanismen" beziehen sich auf folgende vier Fragestellungen: 1) Fördert die Unternehmenskultur die Zusammenarbeit? 2) Fördert die Unternehmensstruktur die Zusammenarbeit? 3) Haben die Mitarbeiter eine positive Einstellung gegenüber einer Zusammenarbeit und stark ausgeprägte Sozialkompetenzen? 4) Fördern systembezogene Aspekte wie Zielvereinbarung und Entlohnung die Zusammenarbeit? Der Bezugsrahmen wurde empirisch durch eine quantitative Studie überprüft und Haase (2006) konnte belegen, dass eine starke Koordination zwischen Marketing und Vertrieb zu einem Anstieg des Unternehmenserfolges führt und die abteilungsübergreifenden Konflikte abnehmen (Abb. 3.8).

Die Forschungsergebnisse der Jahre 1998 bis 2006 sind in Tab. 3.1 zusammengefasst und übersichtlich dargestellt.

Tab. 3.1 Übersicht der Forschungsergebnisse der Jahre 1998–2006

Autoren, Journal	Forschungsthema	Forschungsansatz, Stichprobe und Methodik	Forschungsergebnisse: Erfolgsfaktoren für die Integration von M&V
Morgan und Piercy (1998) Journal of the Academy of Marketing Science	Interaction between Marketing and Quality at the SBU Level	Quantitative Forschung Stichprobe: 1018 ausgefüllte Fragebögen von Senior-, Marketing-, und Qualitäts-Managern Regressionsanalyse	Führungsstil des Managements Vernetzung Kommunikation Lösung von Konflikten
Kahn und Mentzer (1998) Journal of Business Research	Marketing Integration with other Departments	Quantitative Forschung Stichprobe: 514 Interviews mit Marketing-, Produktions- und F&E-Managern Regressionsanalyse	Gemeinsame Vision Gegenseitiges Verständnis Ressourcenteilung Kollektive Ziele Marktorientierung Einstellung des Managements
Krohmer et al. (2002) Journal of Business Research	Should marketing be cross-functional?	Quantitative Forschung Stichprobe: 514 Interviews mit CEOs und M&V-Managern aus B2B-Unternehmen in GER/USA Regressionsanalyse	Abteilungsübergreifende Kommunikation Abteilungsübergreifende Teams Abgestimmte Ziele und Strategien
Rouziès et al. (2005) Journal of Personal Selling & Sales Management	Sales and marketing integration: A proposed framework	Literaturrecherche Qualitative Inhaltsanalyse	Abstimmung von Kultur, Prozessen, Systeme Abteilungsübergreifende Teams Incentivierung von M&V Einstellung der M&V-Mitarbeiter
Kotler et al. (2006) Harvard Business Review	Ending the war between sales & marketing	Literaturrecherche Qualitative Inhaltsanalyse	Abteilungsübergreifende Kommunikation Bindeglied (CMO) Gemeinsame Ziele Gemeinsame Aktivitäten Abstimmung von Aufgaben und Prozessen Gerechte Ressourcenverteilung

(Fortsetzung)

3.2 Analyse der Forschungsergebnisse

Tab. 3.1 (Fortsetzung)

Autoren, Journal	Forschungsthema	Forschungsansatz, Stichprobe und Methodik	Forschungsergebnisse: Erfolgsfaktoren für die Integration von M&V
Guenzi und Troilo (2006) Industrial Marketing Management	Marketing sales integration	Qualitative Forschung Stichprobe: 12 Interviews mit M&V-Managern aus B2B/B2C-Unternehmen Deskriptive Statistik Qualitative Inhaltsanalyse	Abstimmung der Kultur Abstimmung der Aufgaben & Strukturen Abteilungsübergreifende Kommunikation Gegenseitiges Vertrauen
Oliva (2006) Journal of Business & Industrial Marketing	The three key linkages: improving the connection between mark. & sales	Qualitative Forschung Stichprobe: 60 Interviews mit M&V-Managern der B2B-Industrie Deskriptive Statistik Qualitative Inhaltsanalyse	Gemeinsame Sprache Abstimmung der Aufgaben und Prozesse Klare Rollenverteilung Bindeglied (CMO)
Matthyssens und Johnston (2006) Journal of Business & Industrial Marketing	Marketing and sales: optimization of a neglected relationship	Qualitative Forschung Stichprobe: 21 Interviews von M&V-Managern aus B2B-Unternehmen Deskriptive Statistik Qualitative Inhaltsanalyse	Kundenorientierung Abteilungsübergreifende Teams Job Rotation, gemeinsame Trainings formelle/informelle Kommunikation Koordination der Aufgaben Bindeglied (CMO)
Beverland et al. (2006) Journal of Business & Industrial Marketing	Cultural frames that drive sales and marketing apart: an exploratory study	Qualitative Forschung Stichprobe: 44 Interviews von M&V-Personen in vier B2B-Unternehmen Deskriptive Statistik Qualitative Inhaltsanalyse	Gemeinsame Kultur und Werte Gemeinsame Ziele
Haase (2006) Doctorial Thesis, Monography	Koordination von Marketing und Vertrieb	Quantitative Forschung Stichprobe: 195 Interviews mit M&V-Managern aus B2B-Unternehmen in Deutschland Strukturgleichungsmodellierung	Unternehmensfaktoren: Rollenverteilung, Kommunikation, Vision, Kunden-/Marktorientierung Koordinationsmechanismen: Kultur, Struktur, Personen, Systeme

3.2.2 Forschungsergebnisse der Jahre 2007–2009

Le Meunier-FitzHugh und Piercy (2007a) haben in einer quantitativen Studie erforscht, welche Erfolgsfaktoren die Zusammenarbeit von Marketing und Vertrieb verbessern und dadurch den Unternehmenserfolg positiv beeinflussen könnten (Abb. 3.9). Dabei konnten beide Forscher drei Erfolgsvariablen identifizieren: sogenannte „Integratoren", „Moderatoren" und „Einstellung und Verhalten des Managements bezüglich der Koordination der Zusammenarbeit". Die „Integratoren" umfassen folgende Bereiche in der abteilungsübergreifenden Interaktion: eine effektive interne Kommunikation (formal und informell); die Lernfähigkeit der Organisation (Organizational learning); der direkte Austausch von relevanten Marktinformationen (Market intelligence); gemeinsame Entwicklung der Marktstrategien und die Reduzierung von Konfliktpotenzialen zwischen den Abteilungen. Als „Moderatoren" werden Mechanismen bezeichnet, welche die Entwicklung der Zusammenarbeit von Marketing und Vertrieb beeinflussen, bspw. abteilungsübergreifende Trainings, Jobrotation-Programme, abteilungsübergreifende Projektteams sowie abgestimmte Entlohnungs- und Gehaltssysteme. Das „Einstellung und des Verhaltens des Managements bezüglich der Koordination der Zusammenarbeit" hat ebenfalls einen direkten Einfluss auf die Interaktion der Mitarbeiter zwischen beiden Abteilungen. Unternehmen wird deshalb empfohlen, eine Kultur zu etablieren, in welcher gemeinsame Visionen erstellt und geteilt werden, die gleichen Ziele verfolgt werden und das gegenseitige Verständnis gefördert wird.

Darüber hinaus haben Le Meunier-FitzHugh und Piercy (2007b) in einer weiteren quantitativen Studie den Zusammenhang zwischen der Zusammenarbeit von Marketing und Vertrieb und dem Unternehmenserfolg untersucht (Abb. 3.10). Dabei konnten sie einen positiven Wirkungszusammenhang zwischen den beiden Variablen feststellen. Zudem haben sie einige Erfolgsfaktoren identifiziert, welche die abteilungsübergreifende Kommunikation stützen und somit die Konflikte oder Barrieren zwischen dem

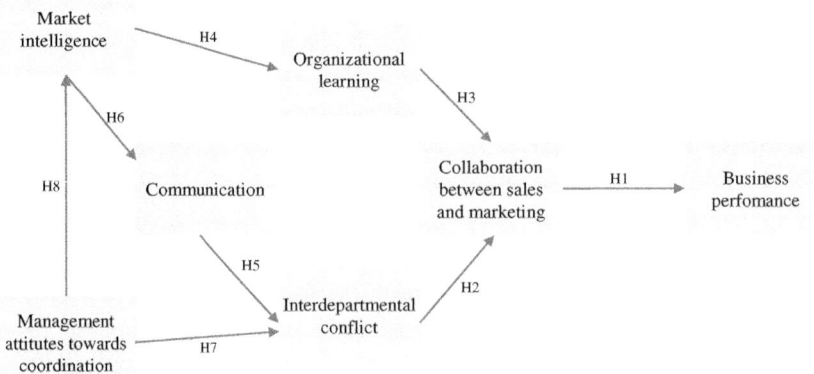

Abb. 3.9 Hypothesenmodell der Forschungsstudie. (In Anlehnung an Le Meunier-FitzHugh und Piercy 2007a)

3.2 Analyse der Forschungsergebnisse

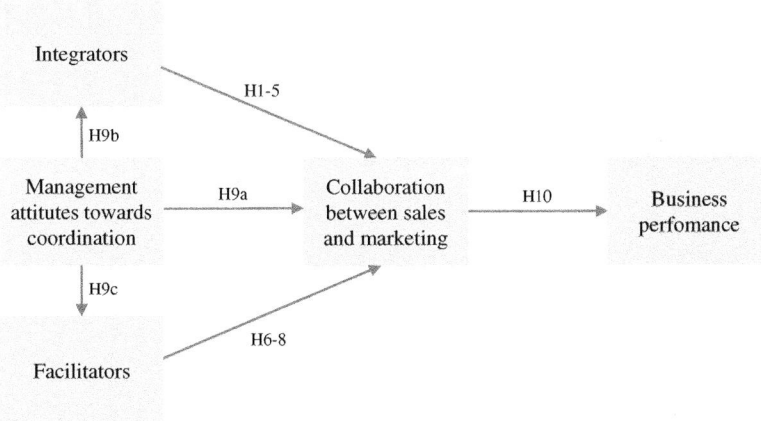

Abb. 3.10 Hypothesenmodell der quantitativen Forschungsstudie. (In Anlehnung an Le Meunier-FitzHugh und Piercy 2007b)

Marketing und Vertrieb reduzieren können. Ein wesentlicher Faktor ist die Einstellung und das Verhalten des Managements gegenüber einer Zusammenarbeit mit der anderen Abteilung. Ist diese positiv, so wirkt sich das positiv auf die Interaktion zwischen Marketing und Vertrieb aus. Zudem wird die abteilungsübergreifende Kommunikation durch formelle und informelle Kontakte zwischen den Mitarbeitern verbessert, bspw. durch abteilungsübergreifende Teams („Facilitators"). Ebenfalls einen positiven Einfluss hat die gemeinsame Durchführung von marktbezogenen Aktivitäten, bspw. der Marktforschung und Kundenanalyse. Dies kann durch ein gemeinsames CRM-System unterstützt werden („Integrators").

In einer qualitativen Studie haben Biemans und Brencic (2007) die Rahmenbedingungen für eine erfolgreiche Zusammenarbeit zwischen Marketing und Vertrieb erforscht und konnten dabei drei Faktoren identifizieren: Erstens, die Unternehmenskultur sollte eine Interaktion mit der jeweils anderen Abteilung unterstützen. Des Weiteren ist eine gemeinsame Kultur dann förderlich, wenn sie sich durch eine offene Denkweise der Mitarbeiter füreinander auszeichnet und sich in einem effizienten und effektiven Prozess der Entscheidungsfindung zeigt. Zweitens, die Aufgaben und Prozesse beider Abteilungen sollten aufeinander abgestimmt sein, was durch gemeinsame Meetings und Kundenbesuche unterstützt wird. Drittens, die Mitarbeiter beider Abteilungen sollten eine positive Einstellung gegenüber einer Zusammenarbeit haben und sich kooperationsbereit zeigen. Durch eine funktionierende Interaktion zwischen Marketing und Vertrieb kann das Unternehmen den Wandel von einer Produkt- zu einer Kundenorientierung einfacher vollziehen.

Le Meunier-FitzHugh und Piercy (2008) haben in einer quantitativen Studie den Einfluss der Organisationsstruktur auf die Zusammenarbeit zwischen Marketing und Vertrieb untersucht. Dabei haben sie festgestellt, dass die meisten B2B-Unternehmen immer noch vertikale Strukturen haben und je größer das untersuchte Unternehmen war, desto eher war das Marketing und der Vertrieb als getrennte Abteilungen im Unternehmen

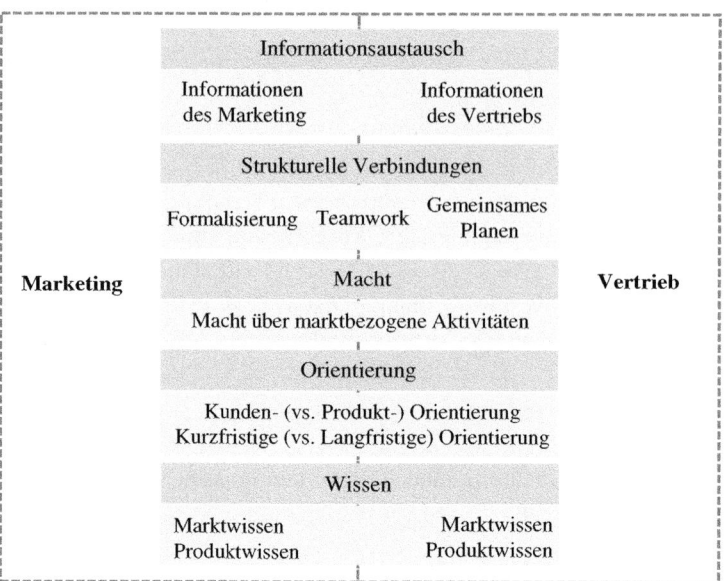

Abb. 3.11 Konzeptioneller Bezugsrahmen der Forschungsstudie. (In Anlehnung an Homburg et al. 2008)

verortet. Die Forscher kamen zu der Erkenntnis, dass es keinen Einfluss auf eine effektive Zusammenarbeit hat, wenn beide Abteilungen am gleichen Ort oder getrennt voneinander verortet sind. Heute stellen moderne Kommunikationstechnologien den Informationsaustausch über große Distanzen sicher.

Homburg et al. (2008) haben in einer quantitativen Studie ein konzeptionelles Modell für die Zusammenarbeit von Marketing und Vertrieb entwickelt, gestützt auf 337 Interviews mit M&V-Managern aus B2B-Unternehmen. Demnach bestimmen fünf Faktoren den Erfolg der Zusammenarbeit zwischen beiden Abteilungen maßgeblich (siehe Abb. 3.11): 1) Die Bereitstellung bzw. das Teilen von Informationen zwischen den Abteilungen; 2) strukturelle Verbindungen zwischen Marketing und Vertrieb in Form von Rollenaufteilung, gemeinsamen Planungen und gemeinsamen Teams; 3) die Verteilung der Macht über marktbezogene Aktivitäten; 4) die zeitliche Orientierung – langfristig oder kurzfristig – und die Kunden- oder Produktorientierung sollte zwischen beiden Abteilungen angepasst sein und schließlich 5) das Markt- und Produktwissen der beiden Abteilungen. Zusammenfassend lässt sich feststellen, dass die Kommunikation von markt- und kundenbezogenen Informationen über die Abteilungen hinweg ein Schlüsselfaktor für Unternehmen ist, damit diese sich erfolgreich an veränderte Kundenbedürfnisse oder äußeren Umstände anpassen können (vgl. Homburg et al. 2008).

Dewsnap und Jobber (2009) haben eine qualitative Studie durchgeführt, um einen konzeptionellen Bezugsrahmen zu entwickeln, um durch die Integration von (Handels-)Marketing und Vertrieb („Category"-Management) die Zusammenarbeit zu verbessern und dadurch den Unternehmenserfolg positiv zu beeinflussen (Abb. 3.12). Das

3.2 Analyse der Forschungsergebnisse 133

Abb. 3.12 Hypothesenmodell der quantitativen Forschungsstudie. (In Anlehnung an Dewsnap und Jobber Dewsnap and Jobber 2009)

Handelsmarketing stellt sicher, dass die Anforderung der Kunden und der eigenen Marke durch adäquate Werbeaktionen sichergestellt werden. Der Vertrieb und das Sortimentsmanagement sorgen dafür, dass die Profitabilität durch eine entsprechende Produktauswahl maximiert wird und in der langfristigen Strategie die Kundenbedürfnisse berücksichtigt werden. Die Autoren haben für die Zusammenarbeit von Marketing und Vertrieb sechs Erfolgsfaktoren identifiziert: 1) Damit die Ziele gemeinsam erreicht werden, muss die Zielsetzung gemeinsam erstellt und von beiden Abteilungen unterstützt werden; 2) damit beide Abteilungen die gleiche Vision verfolgen, müssen die Strategien die Bedürfnisse beider Einheiten beinhalten; 3) beide Abteilungen müssen die Rolle der jeweils anderen verstehen und welche Bedürfnisse, Ziele und Herausforderung damit verbunden sind; 4) es muss eine informelle Kommunikation zwischen Marketing und Vertrieb existieren; 5) Informationen, Ressourcen und Ideen müssen zwischen beiden Einheiten geteilt werden sowie 6) abteilungsübergreifende Teams fördern eine gemeinsame Entwicklung der beiden Funktionseinheiten.

Le Meunier-FitzHugh und Lane (2009) haben in ihrer quantitativen Forschungsstudie den Wirkungszusammenhang der Zusammenarbeit von Marketing und Vertrieb, der Marktorientierung und dem Unternehmenserfolg untersucht (Abb. 3.13). Dabei

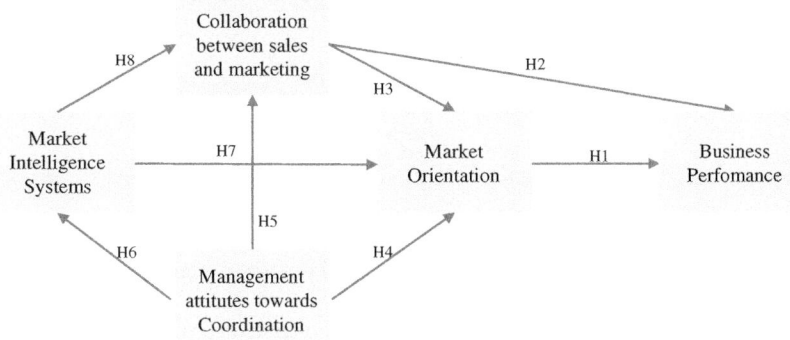

Abb. 3.13 Hypothesenmodell der quantitativen Forschungsstudie. (In Anlehnung an Le Meunier-FitzHugh und Lane 2009)

gelangten die Forscher zu folgenden Erkenntnissen: 1) Beide Abteilungen benötigen ein gemeinsames, effektives Marktforschungssystem (CRM). Der Vertrieb stellt relevante Daten über den Markt, Wettbewerb und Kunden zu Verfügung und das Marketing spiegelt diese zurück, indem es die Daten analysiert und strukturiert auswertet. 2) Das Management trägt die Verantwortung dafür, dass beide Abteilungen ein gegenseitiges Rollenverständnis aufbauen, die gleiche Vision leben, Ressourcen teilen, sich in abteilungsübergreifenden Teams kooperativ verhalten und persönliche Konflikte vorbeugen, indem ein Teamgeist entwickelt wird. 3) Eine Marktorientierung ist entscheidend für eine effektive und effiziente Zusammenarbeit zwischen Marketing und Vertrieb. Die Autoren konnten nachweisen, dass eine effektive und effiziente Zusammenarbeit von Marketing und Vertrieb und hohe Marktorientierung einen positiven Einfluss auf den Unternehmenserfolg hat.

Le Meunier-FitzHugh und Piercy (2009) haben die Treiber für die Marketing-Vertriebs-Schnittstelle in B2B-Vertriebsorganisationen untersucht und konnten dabei fünf Erfolgsfaktoren identifizieren, um die Zusammenarbeit von Marketing und Vertrieb zu verbessern und dadurch den Unternehmenserfolg zu erhöhen (Abb. 3.14): 1) Eine positive Einstellung des Managements hinsichtlich der Unterstützung der abteilungsübergreifenden Zusammenarbeit und Aufbau einer gemeinsamen Kultur. 2) Formale und informelle Kommunikation zwischen beiden Abteilungen führt dazu, dass Informationen effektiver geteilt und somit Kunden- und Marktgegebenheiten besser erkannt und behandelt werden. 3) Abteilungsübergreifende Konflikte haben einen negativen Einfluss auf die Effektivität und Effizienz der Zusammenarbeit. 4) Die Lernfähigkeit der Organisation wird sichergestellt, wenn sowohl Marketing- als auch Vertriebsmitarbeiter ihr Wissen und ihre Erfahrungen miteinander teilen und 5) gemeinsame Marktforschung erfordert die Zurverfügungstellung von Daten durch den Vertrieb und die strukturierte Datenanalyse und Bereitstellung der Daten durch das Marketing.

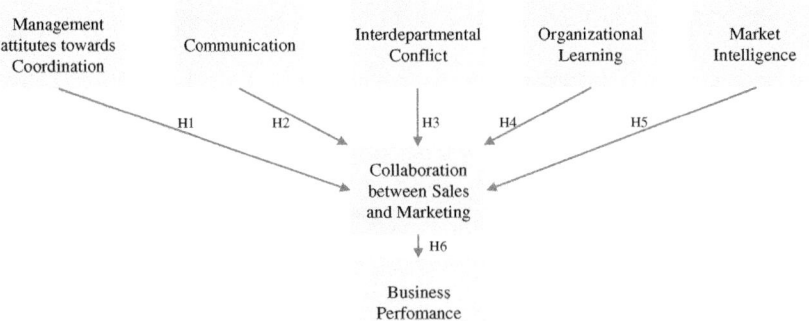

Abb. 3.14 Hypothesenmodell der quantitativen Forschungsstudie. (In Anlehnung an Le Meunier-FitzHugh und Piercy 2009)

3.2 Analyse der Forschungsergebnisse

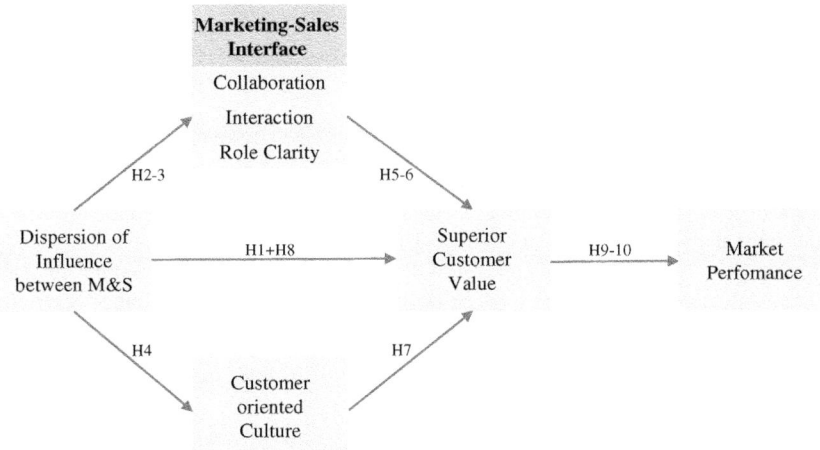

Abb. 3.15 Hypothesenmodell der quantitativen Forschungsstudie. (In Anlehnung an Troilo et al. 2009)

Troilo et al. (2009) haben in einer quantitativen Studie mit einer Stichprobe von 326 M&V-Managern untersucht, wie sich die Einflussverteilung zwischen Marketing und Vertrieb auf den Unternehmenserfolg auswirkt, welcher durch die Komponenten Umsatzwachstum, Marktanteil, Profitabilität und Kundenbindung bestimmt wurde (Abb. 3.15). Wenn der Einfluss von Marketing und Vertrieb auf die verschiedenen Aufgaben (bspw. Produktentwicklung, Preisgestaltung, Kundenservice, Vertriebs- und Marketingaufgaben) gleich verteilt ist oder beide Abteilungen konstruktiv ihren Einfluss geltend machen können, so ist die Zusammenarbeit zwischen beiden Abteilungen und das gegenseitige Verständnis am besten. Eine konstruktive Interaktion von Marketing und Vertrieb verbessert den Informationsaustausch und die Bildung von gemeinsamen Wissen bzw. Daten. So können Kundenpotenziale leichter identifiziert und Kundenbedürfnisse effektiver angesprochen werden. Die Autoren konnten schließlich durch eine Strukturgleichungsmodellierung nachweisen, dass eine effektiv und effizient zusammenarbeitende Marketing-Vertriebs-Schnittstelle und eine kundenorientierte Kultur dafür sorgen, dass Leistungen mit überlegenem Mehrwert für Kunden angeboten werden und dadurch sich der Erfolg für das Unternehmen am Markt erhöht.

Die Forschungsergebnisse der Jahre 2007 bis 2009 sind in Tab. 3.2 zusammengefasst und übersichtlich dargestellt.

Tab. 3.2 Übersicht der Forschungsergebnisse der Jahre 2007–2009

Autoren, Journal	Forschungsthema	Forschungsansatz, Stichprobe und Methodik	Forschungsergebnisse: Erfolgsfaktoren für die Integration von M&V
Le Meunier-FitzHugh und Piercy (2007a) European Journal of Marketing	Exploring collaboration between sales and marketing	Qualitative Forschung Stichprobe: 3 Case Studies mit großen B2B-Unternehmen aus GB Deskriptive Auswertung Qualitative Inhaltsanalyse	Abteilungsübergreifende Kommunikation Einstellung des Managements Abstimmung der Ziele Abteilungsübergreifende Trainings Jobrotation Projektgruppen Gemeinsame Vision
Le Meunier-FitzHugh und Piercy (2007b) Journal of Personal Selling & Sales Management	Does collaboration between sales and marketing affect business performance	Quantitative Forschung Stichprobe: 146 Interviews mit M&V-Managern von B2B-Unternehmen in GB Multivariate Varianzanalyse/Faktoranalyse	Koordinierte Marktaktivitäten Abteilungsübergreifende Kommunikation Einstellung des Managements gegenüber der Zusammenarbeit Gemeinsame Kultur
Biemans und Brencic (2007) European Journal of Marketing	Designing the marketing-sales interface in B2B firms	Qualitative Forschung Stichprobe: 11 B2B-Unternehmen (M&V-Managern) Deskriptive Statistik Qualitative Inhaltsanalyse	Gemeinsame Kundenbesuche Abteilungsübergreifende Meetings Einstellung der M&V-Mitarbeiter Informelle Kommunikation
Le Meunier-FitzHugh und Piercy (2008) Journal of General Management	The importance of organisational structure for collaboration between sales and marketing	Quantitative Forschung Stichprobe: 146 Interviews mit M&V-Managern von B2B-Unternehmen Multivariate Varianzanalyse (MANOVA); Faktoranalyse	Organisationsstruktur
Homburg et al. (2008) Journal of Marketing	Configurations of Marketing and Sales: A Taxonomy	Quantitative Forschung Stichprobe: 337 Interviews mit M&V-Managern aus B2B-Unternehmen Kovarianz-Analyse	Abteilungsübergreifende Kommunikation Abstimmung Aufgaben & Struktur Machtverteilung Kundenorientierung Gleicher Wissensstand zwischen M&V

(Fortsetzung)

Tab. 3.2 (Fortsetzung)

Autoren, Journal	Forschungsthema	Forschungsansatz, Stichprobe und Methodik	Forschungsergebnisse: Erfolgsfaktoren für die Integration von M&V
Dewsnap und Jobber (2009) European Journal of Marketing	An exploratory study of sales-marketing integrative devices	Quantitative Forschung Stichprobe: 20 Interviews (Marketing- und Vertriebsmanager) Deskriptive Auswertung Qualitative Inhaltsanalyse	Gemeinsame Ziele Gemeinsame Vision Gegenseitiges Verständnis Informelle Zusammenarbeit Teilen von Ideen und Daten Teamwork
Le Meunier-FitzHugh und Lane (2009) Journal of Strategic Marketing	Collaboration between sales and marketing, market orientation and business performance in b2b organisations	Quantitative Forschung Stichprobe: 146 Interviews mit M&V-Managern von B2B-Unternehmen in GB Multivariate Varianzanalyse (MANOVA); Faktoranalyse	Gemeinsame Marktforschung Einstellung des Managements gegenüber der Zusammenarbeit
Le Meunier-FitzHugh und Piercy (2009) Journal of Marketing Management	Drivers of sales and marketing collaboration in business-to-business selling organisation	Quantitative Forschung Stichprobe: 146 Interviews mit M&V-Managern von B2B-Unternehmen in GB Multivariate Varianzanalyse (MANOVA); Faktoranalyse	Einstellung des Managements gegenüber der Zusammenarbeit Abteilungsübergreifende Kommunikation
Troilo et al. (2009) Industrial Marketing Management	Marketing and Sales effects on superior customer value and market performance	Quantitative Forschung Stichprobe: 326 M&V-Manager der B2B/B2C-Industrie in Europa Strukturgleichungsmodellierung	Klarheit über Rollenaufteilung Kundenorientierung Abstimmung der Aufgaben und Prozesse

3.2.3 Forschungsergebnisse der Jahre 2010–2013

Basierend auf früheren Studien und Erkenntnissen haben Le Meunier-FitzHugh und Piercy (2010) nach weiteren Erfolgsfaktoren in einer qualitativen Studie geforscht, um die Beziehung zwischen Marketing und Vertrieb zu verbessern. Dabei konnten sie acht Bereiche identifizieren, welche die Zusammenarbeit zwischen beiden Abteilungen beeinflussen: 1) Die Einstellung und das Verhalten des Managements bezüglich der Zusammenarbeit von Marketing und Vertrieb; 2) die abteilungsübergreifende Kultur;

Abb. 3.16 Konzeptioneller Bezugsrahmen der Forschungsstudie. (In Anlehnung an Le Meunier-FitzHugh und Piercy 2010)

3) die strukturelle Organisation beider Abteilungen; 4) eine starke Markt- und Kundenorientierung; 5) die Reduzierung von abteilungsübergreifenden Konflikten; 6) formale und informelle Kommunikation zwischen beiden Abteilungen; 7) gemeinsame Marktforschung basierend auf einem gemeinsam genutzten CRM-System und 8) lernende Organisationseinheiten. Aus den genannten Faktoren haben die Autoren einen konzeptionellen Rahmen erstellt, welcher in Abb. 3.16 dargestellt ist.

Biemans et al. (2010) untersuchten in einer qualitativen Studie die Schnittstelle zwischen Marketing und Vertrieb, sodass sie vier unterschiedliche Ausprägungen definieren konnten: „Hidden Marketing", „Sales-driven Marketing", „Living apart together" und „Marketing-Sales-Integration". Bei der ersten Ausprägung „Hidden Marketing" handelt es sich um ein Geschäftsmodell, wo kein spezifisches Marketing existiert und die Marketingaufgaben vom Vertriebsleiter oder von Vertriebsmitarbeitern übernommen werden. Die Ausprägung „Sales-driven Marketing" ist dadurch charakterisiert, dass es ein unterstützendes Marketing gibt (bspw. Werbung, Training, Katalog), jedoch der Vertrieb für die strategische und operative Führung verantwortlich ist. Vielfach existiert in Unternehmen heute die Ausprägung „Living apart together", bei der die beiden Funktionseinheiten Marketing und Vertrieb getrennt voneinander organisiert sind. Es gibt ein klares Rollenverständnis für die Aufgaben des jeweiligen Bereichs, jedoch ist die Zusammenarbeit geprägt durch fehlende Abstimmung und dysfunktionale Konflikte. Die letzte Ausprägung definiert den höchsten Grad der Zusammenarbeit, die Integration von Marketing und Vertrieb. Um diese Entwicklungsstufe zu erreichen, empfehlen die Autoren drei Schritte: Erstens, klare Rollen und Verantwortlichkeiten definieren; zweitens, die abteilungsübergreifende Kommunikation und den Daten- und Informationsaustausch fördern; und drittens, ein gemeinsames Wertesystem etablieren (Abb. 3.17).

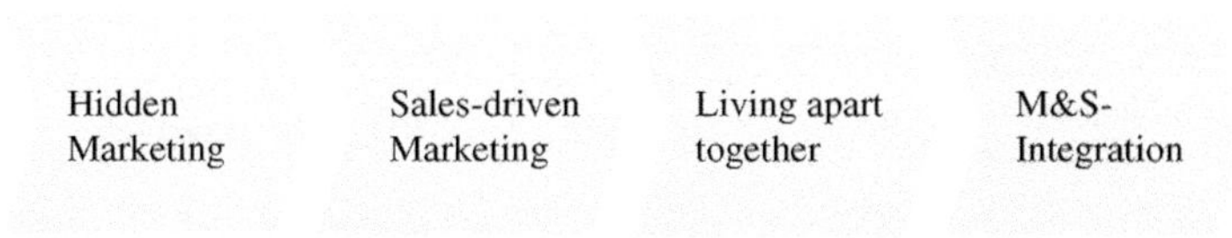

3.2 Analyse der Forschungsergebnisse

| Hidden Marketing | Sales-driven Marketing | Living apart together | M&S-Integration |

Abb. 3.17 Konzeptioneller Bezugsrahmen der Forschungsstudie. (In Anlehnung an Biemans et al. 2010)

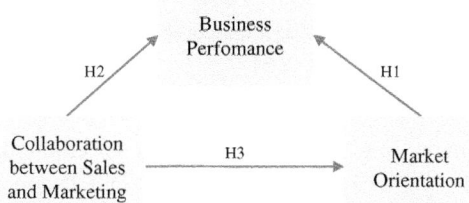

Abb. 3.18 Hypothesenmodell der quantitativen Forschungsstudie. (In Anlehnung an Le Meunier-FitzHugh und Piercy 2011)

Le Meunier-FitzHugh und Piercy (2011) haben in einer weiteren wissenschaftlichen Studie explizit den Zusammenhang der Zusammenarbeit von Marketing und Vertrieb, der Marktorientierung und dem Unternehmenserfolg untersucht (Abb. 3.18). Dabei konnten sie neben den bereits in früheren Forschungsstudien identifizierten Erfolgsfaktoren drei weitere für die Verbesserung der Zusammenarbeit beider Abteilungen herausfinden: Erstens, die Markt- bzw. Kundenorientierung korreliert positiv mit der Unternehmenserfolg. Zweitens, die Autoren empfehlen B2B-Unternehmen eine informelle und flexibel gestaltete Zusammenarbeit von Marketing und Vertrieb. Voraussetzung dafür ist ein gegenseitiges Rollenverständnis, die Zurverfügungstellung von Informationen sowie eine koordinierte Planung der Marketing- und Vertriebsaktivitäten. Darüber hinaus können übergeordnete bzw. gemeinsame Ziele die abteilungsübergreifende Zusammenarbeit ebenfalls fördern und mögliche Konflikte zwischen den Abteilungen reduzieren. Drittens, bei der informellen Kommunikation spielt das Verhalten des Senior-Managements eine übergeordnete Rolle, denn dieses Verhalten nehmen sich die Mitarbeiter zum Vorbild für ihr eigenes. Deshalb sollte das Management die Zusammenarbeit aktiv fördern und darauf achten, dass die Mitarbeiter beider Abteilungen eine positive Einstellung gegenüber der Zusammenarbeit mit der jeweils anderen Abteilung haben. Zusammenfassend konnten die Forscher zeigen, dass die konstruktive Zusammenarbeit und Marktorientierung den Unternehmenserfolges signifikant erhöht.

Des Weiteren haben die Wissenschaftler Le Meunier-FitzHugh et al. (2011) den Einfluss der Konstrukte „Gehalts- und Vergütungssystemen" sowie „Einstellung des Managements zur Koordination der Zusammenarbeit von Marketing und Vertrieb" auf die Konstrukte „dysfunktionaler Konflikt" und „Zusammenarbeit zwischen Marketing und Vertrieb" untersucht (Abb. 3.19). Sie stellten fest, dass die Koordination der Marketing-Vertriebs-Schnittstelle durch das Management einen positiven Einfluss auf die Zusammenarbeit von Marketing und Vertrieb hat und darüber hinaus dysfunktionale Konflikte reduziert werden. Daher empfehlen die Autoren den Unternehmen,

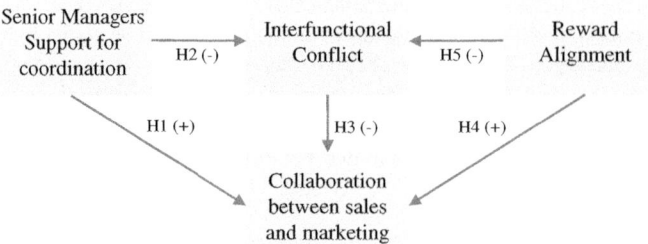

Abb. 3.19 Hypothesenmodell der quantitativen Forschungsstudie. (In Anlehnung an Le Meunier-FitzHugh et al. 2011)

gemeinsame Ziele und Visionen zu etablieren, ein gegenseitiges Rollenverständnis zu schaffen und den Informations- und Datenaustausch zwischen beiden Abteilungen zu fördern.

Malshe (2011) hat in einer qualitativen Untersuchung mit 47 B2B-Unternehmen aus den USA fünf Faktoren identifiziert, welche die Zusammenarbeit von Marketing und Vertrieb verbessern können: 1) Die Kommunikation innerhalb des Unternehmens sollte vertikal, das heißt über die Hierarchieebenen hinweg, und horizontal, das heißt zwischen den jeweiligen Abteilungen innerhalb einer Hierarchieebene, stattfinden. 2) Die informelle Kommunikation zwischen den Abteilungen sollte gefördert werden, denn dadurch kann eine Verbindung auf persönlicher Ebene zwischen Marketing- und Vertriebsmitarbeitern und Managern geschaffen werden. 3) Zusätzlich sollten abteilungsübergreifende Teams geschaffen werden und diese sollten sichtbar miteinander agieren. 4) Die Mitarbeiter beider Abteilungen sollten sich aktiv an abteilungsübergreifenden Prozessen beteiligen und sich für diese verantwortlich fühlen. Dieser Aspekt setzt die Unterstützung des Managements voraus. 5) Den letzten Erfolgsfaktor nennt der Autor „philosophische Verbindung zwischen den Abteilungen". Darunter versteht er drei Aspekte: Die Orientierung des Unternehmens am Kunden, das Commitment der Mitarbeiter bezüglich der Unternehmensziele anstatt kurzfristiger persönlicher Ziele sowie die Betrachtung der jeweils anderen Abteilung als Partner (Abb. 3.20).

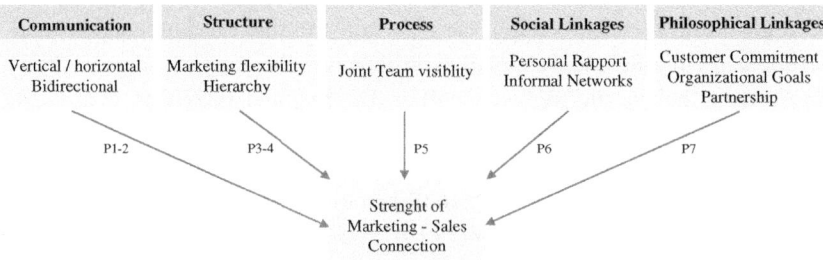

Abb. 3.20 Konzeptioneller Bezugsrahmen der Forschungsstudie. (In Anlehnung an Malshe 2011)

3.2 Analyse der Forschungsergebnisse

Hulland et al. (2012) führten eine quantitative Studie mit 203 B2B-Unternehmen in den USA zu deren Wahrnehmung zur Beziehung zwischen Marketing- und Vertriebsabteilung durch. Dabei konnten die Forscher einen positiven Wirkungszusammenhang zwischen der Effektivität der Zusammenarbeit und der wahrgenommenen Gerechtigkeit feststellen. So wurden drei Arten von Gerechtigkeit identifiziert, welche für die abteilungsübergreifende Zusammenarbeit erforderlich sind. Erstens, eine gerechte Ressourcenverteilung zwischen Marketing und Vertrieb. Zweitens, eine gerechte Unternehmenspolitik bezogen auf beide Abteilungen (bspw. faire Verteilung der Aufgaben zwischen den Abteilungen). Drittens, eine gerechte und faire Interaktion zwischen den Abteilungen, das heißt, die Wahrnehmung der einzelnen Mitarbeiter über das Verhalten der Mitarbeiter einer anderen Abteilung bezüglich Höflichkeit, Ehrlichkeit, Zuverlässigkeit und Respekt. Des Weiteren zählt die abteilungsübergreifende Kommunikation als wichtiger Treiber für eine effektive Beziehung zwischen Marketing und Vertrieb. Das entsprechende Hypothesenmodell der Autoren ist in Abb. 3.21 dargestellt.

Hughes et al. (2012) haben durch ihren qualitativen Forschungsansatz ein konzeptionelles Rahmenmodell zur Zusammenarbeit von Marketing und Vertrieb entwickelt (Abb. 3.22).

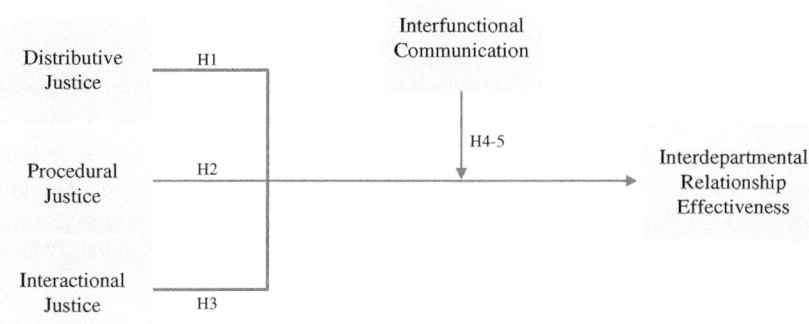

Abb. 3.21 Hypothesenmodell der quantitativen Forschungsstudie. (In Anlehnung an Hulland et al. 2012)

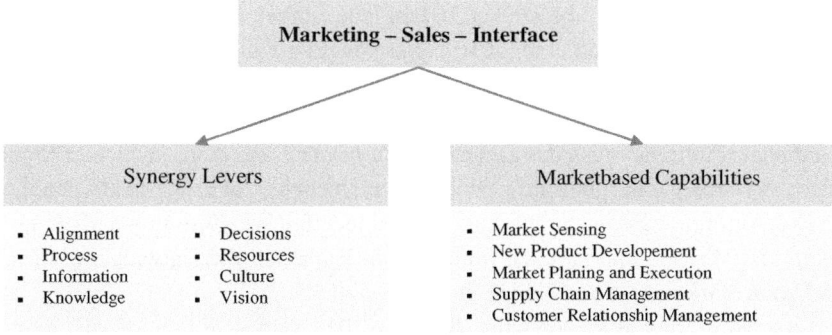

Abb. 3.22 Konzeptioneller Bezugsrahmen der Forschungsstudie. (In Anlehnung an Hughes et al. 2012)

Dabei wurden acht Faktoren identifiziert, welche zu Synergien in der Zusammenarbeit führen: Erstens müssen alle Funktionen des Unternehmens, einschließlich Marketing und Vertrieb, die gleiche Vision teilen (vgl. Guenzi und Troilo 2006). Zweitens müssen Strategien und Ziele in einem Unternehmen mit der vertikalen und horizontalen Organisationsstruktur aller Funktionen in Einklang gebracht werden. Drittens besteht ein Prozess aus einer Reihe von Schritten, Aktionen oder Aktivitäten, die dazu bestimmt sind, die Ziele zu erreichen. Der Prozess muss klar definiert sein und sollte die Zusammenarbeit zwischen Marketing und Vertrieb erleichtern. Viertens, da die B2B-Unternehmen bestrebt sind, den Austausch ihrer Kunden mit deren Kunden zu intensivieren, wird der abteilungsübergreifende Informationsfluss im Hinblick auf organisatorisches Lernen, gemeinsames Verständnis und der Reaktionsfähigkeit bezüglich des Marktes immer wichtiger (vgl. Duncan und Moriarty 1998). Fünftens, eine gemeinsame Datenbasis (bspw. durch ein CRM-System) ermöglicht den gleichen Wissensstand zwischen den Abteilungen. Sechstens erfordern Entscheidungen, die unter optimalen Umständen getroffen werden, Rationalität und Verständnis für die Ziele der anderen Abteilung, Verfügbarkeit relevanter Informationen und eine Sensibilität für das Geschäftsumfeld (vgl. Dean und Sharfmann 1996). Siebtens, Unternehmensressourcen, wie bspw. Finanzkraft und Humankapital, stellen einen Wettbewerbsvorteil dar, wenn sie strategisch und taktisch verwaltet und ordnungsgemäß eingesetzt werden (vgl. Crook et al. 2008). Achtens, die Organisationskultur ist durch eine Reihe von Werten gekennzeichnet, welche die Art und Weise bestimmen, wie ein Unternehmen sein Geschäft führt (vgl. Barney 1986).

Darüber hinaus schlagen die Wissenschaftler fünf marktbezogene Fähigkeiten vor, die durch die zuvor genannten Synergiehebel ermöglicht und gestärkt werden. Erstens erfordern ein gutes Marktforschungssystem, dass mehrere Funktionen innerhalb einer Organisation an gut koordinierten Informationsprozessen beteiligen und ein gut funktionierendes, intelligentes System aufbauen, um von Kunden, Konkurrenten und eigenen Quellen zu lernen und die aktuellen Trends zu verstehen und zukünftige Märkte zu erkennen. Zweitens: Um einen effizienten Prozess für die Entwicklung neuer Produkte zu etablieren, ist es für B2B-Unternehmen unerlässlich, Funktionsbereiche bezüglich deren Zusammenarbeit zu koordinieren. Dies bedingt, dass die Abteilungen innerhalb der Organisation 1) eine gemeinsame Vision verfolgen; 2) ihre verschiedenen Prozesse und Aktivitäten synchronisieren und 3) während des Entwicklungsprozesses neuer Produkte das Wissen untereinander austauschen. Drittens werden Lieferketten in einer Organisation als Wertschöpfungsnetzwerke betrachtet, indem jede Einheit oder jeder Intermediär einen Wertbeitrag leistet (vgl. Lusch et al. 2010). Viertens setzt Kundenbeziehungsmanagement (CRM) voraus, dass ein Unternehmen in der Lage ist, relevante Kundendaten zu erheben, zu speichern, zu analysieren und seine Leistungen auf eine für den Kunden wertvolle Weise anbietet. Fünftens muss das Unternehmen in der Lage sein, geeignete Marketingstrategien zu entwickeln und diese durch verschiedene taktische Aktivitäten umzusetzen. Die Autoren weisen darauf hin, dass eine effektive Zusammenarbeit zwischen Marketing und Vertrieb und anderen funktionalen Einheiten die Entwicklung dieser fünf beschriebenen marktbezogenen Fähigkeiten benötigt.

Die Forschungsergebnisse der Jahre 2010 bis 2013 sind in Tab. 3.3 zusammengefasst und übersichtlich dargestellt.

3.2 Analyse der Forschungsergebnisse

Tab. 3.3 Übersicht der Forschungsergebnisse der Jahre 2010–2013

Autoren, Journal	Forschungsthema	Forschungsansatz, Stichprobe und Methodik	Forschungsergebnisse: Erfolgsfaktoren für die Integration von M&V
Le Meunier-FitzHugh und Piercy (2010) European Business Review	Improving the relationship between sales and marketing	Qualitative Forschung Stichprobe: 3 Case Studies mit großen B2B-Unternehmen aus GB Deskriptive Statistik Qualitative Inhaltsanalyse	Abteilungsübergreifende Kommunikation Einstellung des Managements gegenüber der Zusammenarbeit Abstimmung der Struktur Gemeinsame Marktforschung
Biemans et al. (2010) Industrial Marketing Management	Marketing-sales interface configuration in B2B firms	Qualitative Forschung Stichprobe: 101 Interviews (M&V-Managern & Mitarbeiter) Deskriptive Statistik Qualitative Inhaltsanalyse	Abstimmung der Aufgaben Informationen & Daten teilen Informelle Kommunikation
Le Meunier-FitzHugh und Piercy (2011) Journal of Personal Selling & Sales Management	Exploring the relationship between market orientation and sales marketing collaboration	Quantitative Forschung Stichprobe: 146 Interviews mit M&V-Managern von B2B-Unternehmen in GB Multivariate Varianzanalyse (MANOVA) SGM Smart PLS 2.0	Klare Rollenverteilung Gemeinsame Ziele und Strategien Unterstützung des Top-Managements Abstimmung von Aufgaben und Prozessen Kunden- und Marktorientierung Informelle Kommunikation Einstellung der M&V-Mitarbeiter
Le Meunier-FitzHugh et al. (2011) Industrial Marketing Management	The impact of aligned rewards and senior manager attitudes on conflict and collaboration between sales and marketing	Quantitative Forschung Stichprobe: 146 Interviews mit M&V-Managern von B2B-Unternehmen in GB Multivariate Varianzanalyse (MANOVA) SGM Smart PLS 2.0	Unterstützung des Top-Managements Gemeinsame Ziele und Strategien

(Fortsetzung)

Tab. 3.3 (Fortsetzung)

Autoren, Journal	Forschungsthema	Forschungsansatz, Stichprobe und Methodik	Forschungsergebnisse: Erfolgsfaktoren für die Integration von M&V
Malshe (2011) Journal of Business & Industrial Marketing	An exploration of key connections within sales-marketing interface	Qualitative Forschung Stichprobe: 47 Interviews mit M&V-Managern aus B2B-Unternehmen in den USA Deskriptive Statistik Qualitative Inhaltsanalyse	Abstimmung der Prozesse Vertikale/Horizontale Kommunikation Abteilungsübergreifende Teams Informelle Kommunikation zwischen M&V-Mitarbeitern Kundenorientierung Unterstützung der Unternehmensziele
Hulland et al (2012) Journal of the Academy of Marketing Science	Perceived marketing-sales relationship effectiveness: a matter of justice	Quantitative Forschung Stichprobe: 203 Interviews mit M&V-Managern aus 38 B2B-Unternehmen in den USA Kovarianz-Analyse/ HLM	Faire Ressourcenverteilung Faire Unternehmenspolitik Abteilungsübergreifende Kommunikation
Hughes et al. (2012) Journal of Personal Selling & Sales Management	The marketing-sales interface: creating market-based capabilities through organizational synergy	Qualitative Forschung Stichprobe: 25 Interviews mit Managern und Mitarbeitern der B2B/B2C-Industrie Deskriptive Statistik Qualitative Inhaltsanalyse	Gemeinsame Vision Abstimmung von Zielen und Strategien Abstimmung der Prozesse Abteilungsübergreifende Kommunikation Gleicher Wissensstand Gemeinsame Entscheidungsfindung Optimale Aufteilung der Ressourcen Unternehmenskultur

3.2.4 Forschungsergebnisse der Jahre 2013–2017

Rouziès und Hulland (2014) haben in ihrer quantitativen Studie die Zusammenarbeit von Marketing und Vertrieb aus der Perspektive der Sozialökonomie untersucht (Abb. 3.23). Die Theorie der Sozialökonomie besagt, dass je höher das Sozialkapital einer organisatorischen Einheit ist, desto stärker ist der Zusammenhalt innerhalb dieser Gruppe (vgl. Nahapiet et al. 1998). Dabei kann das Sozialkapital durch gegenseitiges Vertrauen und durch Kooperationsbereitschaft aufgebaut werden. Die Autoren kommen in ihrer Studie unter

3.2 Analyse der Forschungsergebnisse

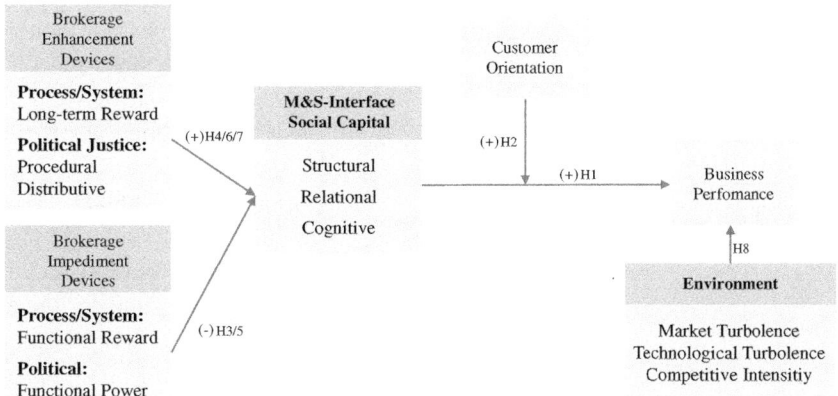

Abb. 3.23 Hypothesenmodell der quantitativen Forschungsstudie. (In Anlehnung an Rouziès und Hulland 2014)

anderem zu der Erkenntnis, dass sich die Zusammenarbeit und der Zusammenhalt zwischen Marketing und Vertrieb verschlechtert, wenn die Ziele der Abteilungen („Functional Reward") nicht aufeinander abgestimmt sind und die übergeordneten Unternehmensziele nicht auf beide Abteilungen adaptiert werden können. Denn durch das Fehlen der gemeinsamen Ziele nimmt das Vertrauen in die andere Abteilung und die Bereitschaft zur Kooperation ab. In diesem Fall versuchen die Mitarbeiter persönliche Ziele zu erreichen, anstatt übergeordnete Unternehmensziele zu verfolgen. Gleiches gilt für eine ungleiche bzw. einseitige Machtverteilung zwischen Marketing und Vertrieb („Functional Power"). Dies führt ebenfalls zu einem Vertrauensverlust in der Zusammenarbeit mit der anderen Abteilung und der Reduktion der Kooperationsbereitschaft. Wird die Machtverteilung („Political Justice") als gerecht von beiden Abteilungen wahrgenommen, so hat dies einen positiven Einfluss auf die Zusammenarbeit. Zusammenfassend lässt sich sagen, dass ein höheres Sozialkapital im Marketing und Vertrieb zu einer besseren Zusammenarbeit führt und damit einen positiven Einfluss auf den Unternehmenserfolg hat.

Arnett und Wittmann (2014) haben in einer quantitativen Studie den Einfluss des Informationsaustausches zwischen Marketing und Vertrieb auf den Erfolg der Marketingaktivitäten untersucht (Abb. 3.24). Dabei konnten vier Faktoren identifiziert werden, welche den Austausch zwischen beiden Abteilungen fördern und folglich die Effizienz und Effektivität des Marketings verbessern. Erstens, die Koordination der Aufgaben und die Abstimmung der Ziele kann die Qualität der abteilungsübergreifenden Kommunikation verbessern. Zweitens, das Vertrauen in die Mitarbeiter der jeweils anderen Abteilung fördert den formellen und informellen Informationsaustausch. Vertrauen entsteht, wenn die andere Person als verlässlich und integer wahrgenommen wird. Drittens, gemeinsame Aktivitäten, Trainings und abteilungsübergreifende Teams können die Sympathie für die Mitarbeiter der anderen Abteilungen stärken und haben somit einen positiven Einfluss auf den Informationsaustausch. Und viertens, das M&V-Management

Abb. 3.24 Hypothesenmodell der quantitativen Forschungsstudie. (In Anlehnung an Arnett und Wittmann 2014)

kann durch seinen Führungsstil und die Verteilung der Ressourcen den Mitarbeitern die Bedeutung der abteilungsübergreifenden Zusammenarbeit signalisieren und als Vorbild dienen. Ohne die Unterstützung des Top-Managements haben Mitarbeiter eine geringere Motivation, sich für die Belange und Aufgaben der anderen Abteilung einzusetzen und selbstständig die Zusammenarbeit zu fördern.

Hiemeyer (2016) untersuchte die Zusammenarbeit zwischen Marketing und Vertrieb in einer quantitativen Studie mit 15 B2B-Unternehmen (95 Interviews) in Deutschland. Basierend auf den Ergebnissen früherer Forschungsarbeiten hat diese Studie relevante Integrationsmechanismen und Integrationsfaktoren abgeleitet und die Auswirkungen dieser Mechanismen und Faktoren auf einen „Integrierten Marketing- und Vertriebsansatz" untersucht. Ebenso konnte ein konzeptionelles Integrationsmodell entwickelt werden, um Zusammenarbeit von Marketing und Vertrieb zu messen und mittels geeigneter Maßnahmen entlang eines Kontinuums zu verbessern. Da die meisten früheren Untersuchungen nur mit Managern durchgeführt wurden, hat diese Studie die Perspektive sowohl der Marketing- und Vertriebsmanager als auch deren Mitarbeiter untersucht. Die Studie lieferte folgende Erkenntnisse: Erstens haben die ausgewählten Integrationsmechanismen – abteilungsübergreifende Kommunikation, Abstimmung der Prozesse, Aufgaben, Kultur sowie Struktur und die ausgewählten Integrationsfaktoren – Führungsverhalten des Managements, Abstimmung von Strategien und Zielen, Einstellung und Kompetenzen der Mitarbeiter sowie Kundenorientierung (siehe Hypothesenmodell in Abb. 3.25) signifikante und positive Auswirkungen auf einen integrierten Marketing- und Vertriebsansatz. Zweitens ist das Integrationsmodell (vgl. Abschn. 5.1) ein geeignetes Instrument zur Messung und Visualisierung der Zusammenarbeit von Marketing und Vertrieb. Drittens, die Befragten aus dem Marketing beurteilten die abteilungsübergreifende Beziehung positiver als ihre Kollegen aus dem Vertrieb. Das Management und deren Mitarbeiter aus beiden Abteilungen bewerteten die Marketing-Vertriebs-Schnittstelle jedoch identisch. Viertens, aus den Ergebnissen können keine signifikanten Unterschiede zu Branchen festgestellt werden. Jedoch ist nicht überraschend, dass die Zusammenarbeit von Marketing

3.2 Analyse der Forschungsergebnisse

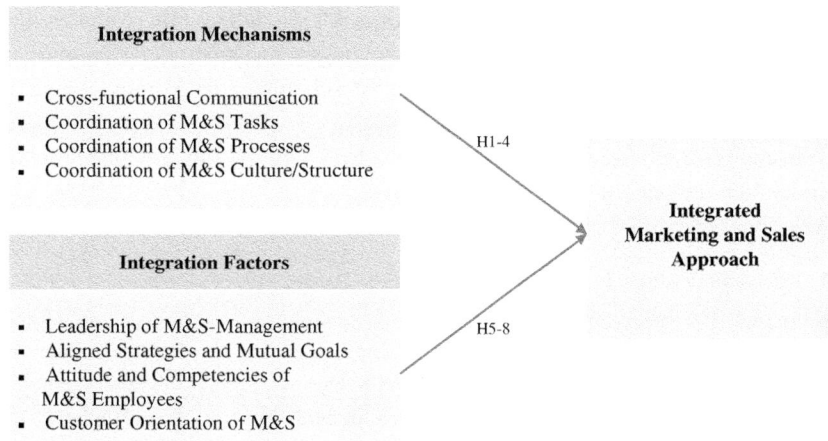

Abb. 3.25 Hypothesenmodell der quantitativen Forschungsstudie. (In Anlehnung an Hiemeyer 2016)

und Vertrieb in kleinen und mittelgroßen B2B-Unternehmen besser ausgeprägt ist, als in großen und sehr großen Unternehmen.

Malshe et al. (2017) untersuchten in einer explorativen Studie die Interdependenz zwischen Vertrieb und Marketing, um zu verstehen, wie Marketingstrategien erfolgreich entwickelt und umgesetzt werden können. Während in der Literatur eine Vielzahl von Erfolgsfaktoren identifiziert wurde, um die strategische und operative Abstimmung des Marketings mit dem Vertrieb zu optimieren, haben jedoch diese gewonnenen Erkenntnisse nur begrenzten Nutzen für eine große Anzahl von Unternehmen, da die meisten Studien sich auf große Konzerne beziehen. Im Großen und Ganzen herrscht aber noch Unklarheit darüber, wie Marketingexperten in kleinen und mittleren Unternehmen (KMU) eine strategische und operative Ausrichtung ihrer Vertriebspartner erreichen können. Die Autoren wenden eine explorative Methode an und verwenden Tiefeninterview-Daten, die von 39 Verkaufs- und Marketingmitarbeitern in einem KMU-Kontext gesammelt wurden, um dieses Phänomen besser zu beleuchten. Die Ergebnisse zeigen, dass Marketingexperten in KMUs einen zweistufigen Prozess anwenden, um Marketingstrategien dem Vertriebspersonal näher zu bringen: 1) Legitimierung durch eine Führungskraft und 2) gleichzeitige Signalisierung von Kameradschaft, um eine strategische und operative Ausrichtung mit den Verkäufern zu erreichen. Des Weiteren postulieren die Autoren, dass durch ein hohes Sozialkapital eine Reihe von Vorteilen im abteilungsübergreifenden Austausch entsteht. Es ermöglicht einen verstärkten Austausch von Informationen und Ressourcen zwischen den Akteuren, eine verbesserte Fähigkeit zur Integration von Wissen, eine verbesserte Problemlösungsfähigkeiten, mehr Solidarität und eine verbesserte Leistungsfähigkeit. Im Rahmen der Studie konnten die Forscher ebenfalls zeigen, dass Investitionen in Sozialkapital zu höher Informationstransparenz und kooperativen zwischenmenschlichen Beziehungen beitragen. Der innerbetriebliche

Wissensaustausch ist somit eine spezifische Form des Sozialkapitals, welches die Leistung der Abteilungen und die Qualität der Beziehungen zwischen den Teammitgliedern beeinflusst. Jeder dieser vorgenannten Vorteile ist scheinbar die Voraussetzung für die strategische und operative Ausrichtung eines KMUs.

Die Forschungsergebnisse der Jahre 2014 bis 2017 sind in Tab. 3.4 zusammengefasst und übersichtlich dargestellt.

Tab. 3.4 Übersicht der Forschungsergebnisse der Jahre 2014–2017

Autoren, Journal	Forschungsthema	Forschungsansatz, Stichprobe und Methodik	Forschungsergebnisse: Erfolgsfaktoren für die Integration von M&V
Rouziès und Hulland (2014) Journal of the Academy of Marketing Science	Marketing and Sales Integration from a social capital perspective	Quantitative Forschung Stichprobe: 203 Interviews mit M&V-Manager aus 38 B2B-Unternehmen in USA Deskriptive Statistik HLM	Sozialkapital (Vertrauen, Kooperationsbereitschaft) Gerechte Verteilung der Macht- bzw. Hierarchie zwischen M&V
Arnett und Wittmann (2014) Journal of Business Research	Improving marketing success: The role of tactic knowledge exchange between sales and marketing	Quantitative Forschung Stichprobe: 200 Interviews mit B2B-Vertriebsmitarbeiter SGM/Faktoranalyse	Abstimmung von Aufgaben und Zielen Gegenseitiges Vertrauen Gemeinsame Aktivitäten und Events Top-Management Unterstützung
Hiemeyer (2016) Doctorial Thesis Monography	Design of an Integrated Marketing and Sales Approach for the B2B Industry – Using an Integration Model	Quantitative Forschung Stichprobe: 95 M&V-Manager und Mitarbeiter aus 15 B2B-Unternehmen in Deutschland SGM/SmartPLS	Abteilungsübergreifende Kommunikation Abstimmung von Aufgaben, Prozesse, Kultur, Struktur Führungsstil des Managements Abstimmung von Strategie und Zielen Kundenorientierung
Malshe et al. (2017) Journal of Industrial Marketing Management	Strategic and operational alignment of sales-marketing interfaces: Dual paths within an SME configuration	Qualitative Forschung Stichprobe: 39 Telefoninterviews mit Marketing- und Vertriebsmitarbeitern Qualitative Inhaltsanalyse	Informeller Informationsaustausch Führungsstil des Managements

Literatur

Ahearne, M., Hughes, D., & Schillewaert, N. (2007). Why sales reps should welcome information technology: Measuring the impact of CRM-based IT on sales effectiveness. *International Journal of Research in Marketing, 27,* 336–349.

Arnett, D., & Wittmann, M. (2014). Improving marketing success: The role of tacit knowledge exchange between sales and marketing. *Journal of Business Research, 67,* 324–331.

Barney, J. (1986). Organizational culture: Can it be a source of sustained competitive advantage? *Academy of Management Review, 11*(3), 656–665.

Bauer, R. (2000). Vertiebsorganisation. In H. Bullinger (Hrsg.), *Vertriebsmanagement: Organisation – Technologieeinsatz – Personal* (S. 35–83). Stuttgart: Poeschel.

Beverland, M., Steel, M., & Dapiran, P. (2006). Cultural frames that drive sales and marketing apart: An exploratory study. *Journal of Business & Industrial Marketing, 21*(6), 386–394.

Biemans, W., & Brencic, M. (2007). Designing the marketing-sales interface in B2B firms. *European Journal of Marketing, 41*(3/4), 257–273.

Biemans, W., Brencic, M., & Malshe, A. (2010). Marketing-sales interface configurations in B2B firms. *Industrial Marketing Management, 39,* 183–194.

Borders, A. (2006). Customer-initiated influence tactics in sales and marketing activities. *Journal of Business & Industrial Marketing, 21*(6), 361–375.

Bruhn, M., & Homburg, C. (2004). *Gabler Lexikon Marketing* (2. Aufl.). Wiesbaden: Gabler.

Bruhn, M., & Homburg, C. (2013). *Handbuch Kundenbindungsmanagement: Strategien und Instrumente für ein erfolgreiches CRM.* Wiesbaden: Springer Gabler.

Crook, R., Ketchen, D., Combs, J., & Todd, S. (2008). Strategic resources and performance: A meta-analysis. *Strategic Management Journal, 29*(11), 1141–1154.

Dawes, P., & Massey, G. (2005). Antecedents of conflict in marketing's cross-functional relationship with sales. *European Journal of Marketing, 14*(11/12), 1327–1344.

Dean, J., & Sharfmann, M. (1996). Does decision process matter? A study of strategic decision-making effectiveness? *Academy of Management Journal, 39*(2), 368–396.

Dewsnap, B., & Jobber, D. (2000). The sales-marketing interface in consumer packed-goods companies: A conceptual framework. *Journal of Personal Selling and Sales Management, 20*(2), 109–119.

Dewsnap, B., & Jobber, D. (2002). A social psychological model of relations between marketing and sales. *European Journal of Marketing, 36*(7/8), 874–894.

Dewsnap, B., & Jobber, D. (2009). An exploratory study of sales-marketing integrative devices. *European Journal of Marketing, 43*(7/8), 985–1007.

Duncan, T., & Moriarty, S. (1998). A communication based marketing model for managing relationships. *Journal of Marketing Management, 62*(2), 1–13.

Ernst, H., Hoyer, W., & Rübsaamen, C. (2010). Sales, marketing, and research-and-development cooperation across new product development stages: Implications for success. *Journal of Marketing Management, 74,* 80–92.

Guenzi, P., & Troilo, G. (2006). Developing marketing capabilities for customer value creation through marketing-sales integration. *Industrial Marketing Management, 35*(11), 974–988.

Haase, K. (2006). *Koordination von Marketing und Vertrieb. Determinanten, Gestaltungsdimensionen und Erfolgsauswirkungen.* Wiesbaden: Deutscher Universitäts-Verlag.

Hiemeyer, W. (2016). *Design of an integrated marketing and sales approach for the B2B industry – using an integration model.* Aachen: Shaker.

Homburg, C., Workman, J., & Krohmer, H. (1999). Marketing's influence within the firm. *Journal of Marketing Management, 63,* 1–17.

Homburg, C., Jensen, O., & Krohmer, H. (2008). Configurations of marketing and sales: A taxonomy. *Journal of Marketing Management, 72*(2), 133–154.

Hughes, D., Le Bon, J., & Malshe, A. (2012). The marketing-sales interface at the interface: Creating market-based capabilities through organizational synergy. *Journal of Personal Selling and Sales Management, 32*(1), 57–72.

Hulland, J., Nenkov, G., & Barclay, D. (2012). Perceived marketing–sales relationship effectiveness: A matter of justice. *Journal of the Academy of Marketing Science, 40*(3), 450–467.

Jobber, D. (2001). *Principles and practice of marketing* (3. Aufl.). London: McGraw-Hill.

Kahn, K. (1996). Interdepartmental integration: A definition with implications for product development performance. *Journal of Product Innovation Management, 13*(2), 137–151.

Kahn, K., & Mentzer, T. (1998). Marketing's integration with other departments. *Journal of Business Research, 42*(1), 53–62.

Kotler, P., Rackham, N., & Krishnaswamy, S. (2006). Ending the war between sales & marketing. *Harvard Business Review, 84*(7/8), 68–78.

Krohmer, H., Homburg, C., & Workman, J. (2002). Should marketing be cross-functional? Conceptual development and interactional empirical evidence. *Journal of Business Research, 55*(6), 451–465.

Le Meunier-FitzHugh, K., & Lane, N. (2009). Collaboration between sales and marketing, market orientation and business performance in business-to-business organisations. *Journal of Strategic Marketing, 17*(3–4), 291–306.

Le Meunier-FitzHugh, K., & Piercy, N. (2006). Integrating marketing intelligence sources. *International Journal of Market Research, 38*(6), 699–716.

Le Meunier-FitzHugh, K., & Piercy, N. (2007a). Exploring collaboration between sales and marketing. *European Journal of Marketing, 41*(7/8), 939–955.

Le Meunier-FitzHugh, K., & Piercy, N. (2007b). Does collaboration between sales and marketing affect business performance? *Journal of Personal Selling and Sales Management, 27*(3), 207–220.

Le Meunier-FitzHugh, K., & Piercy, N. (2008). The importance of organisational structure for collaboration between sales and marketing. *Journal of General Management, 34*(1), 19–36.

Le Meunier-FitzHugh, K., & Piercy, N. (2009). Drivers of sales and marketing collaboration in business-to-business selling organisations. *Journal of Marketing Management, 25*(5–6), 611–633.

Le Meunier-FitzHugh, K., & Piercy, N. (2010). Improving the relationship between sales and marketing. *European Business Review, 22*(3), 287–305.

Le Meunier-FitzHugh, K., & Piercy, N. (2011). Exploring the relationship between market orientation and sales and marketing collaboration. *Journal of Personal Selling and Sales Management, 31*(3), 287–296.

Le Meunier-FitzHugh, K., Massey, G., & Piercy, N. (2011). The impact of aligned rewards and senior manager attitudes on conflict and collaboration between sales and marketing. *Industrial Marketing Management, 40*, 1161–1171.

Lusch, R., & Webster, F. (2010). *Marketing's responsibility for the value of the enterprise* (Working paper series no. 10-111). Cambridge: Marketing Science Institute.

Malshe, A. (2011). An exploration of key connections within sales-marketing interface. *Journal of Business & Industrial Marketing, 26*(1), 45–57.

Malshe, A., Friend, S., Al-Khatib, J., Al-Habib, M., & Al-Torkistiani, M. (2017). Strategic and operational alignment of sales-marketing interfaces: Dual paths within an SME configuration. *Industrial Marketing Management, 66*, 145–158.

Matthyssens, P., & Johnston, W. (2006). Marketing and sales: Optimization of a neglected relationship. *Journal of Business & Industrial Marketing, 21*(6), 338–345.

Miller, T., & Gist, E. (2003). *Selling in turbulent times*. New York: Accenture Economist Intelligence Unit Survey.

Morgan, N., & Piercy, N. (1998). Interaction between marketing and quality at the SBU level: Influences and outcomes. *Journal of the Academy of Marketing Science, 26*(3), 190–208.

Nahapiet, J., & Goshal, S. (1998). Social capital, intellectual capital, and the organizational advantage. *The Academy of Management Review, 23*(2), 242–266.

Oliva, R. (2006). The three key linkages: Improving the connections between marketing and sales. *Journal of Business & Industrial Marketing, 21*(6), 395–398.

Rouziès, D., & Hulland, J. (2014). Does marketing and sales integration always pay off? Evidence from a social capital perspective. *Journal of the Academy of Marketing Science, 42*, 511–527.

Rouziès, D., Anderson, E., Kohli, A., Michaels, R., Weitz, B., & Zoltners, A. (2005). Sales and marketing integration: A proposed framework. *Journal of Personal Selling and Sales Management, 15*(2), 113–122.

Specht, G. (2000). Schnittstellenmanagement: Marketing und Forschung & Entwicklung. In F. Huber (Hrsg.), *Kundenorientierte Produktgestaltung* (S. 265–28). München: Vahlen.

Strahle, W., Spiro, R., & Acito, F. (1996). Marketing and sales: Strategic alignment and functional implementation. *Journal of Personal Selling and Sales Management, 16*(1), 1–17.

Troilo, G., Luca, L. M., & Guenzi, P. (2009). Dispersion of influence between marketing and sales: Its effects on superior customer value and market performance. *Industrial Marketing Management, 38*(8), 872–882.

Wiersema, F. (2013). The B2B agenda: The current state of B2B marketing and a look ahead. *Industrial Marketing Management, 42*(4), 470–488.

Wunderer, R. (1985). Marketing organization: An integrative framework of dimensions an determinants. *Journal of Marketing, 62*(3), 21–41.

Zoltners, A. (2004). *Sales and marketing interface. Sales force summit*. Houston: University of Houston.

Integration von Marketing und Vertrieb – Herleitung des Hypothesenmodells

4

> **Zusammenfassung**
>
> Das vierte Kapitel des Buches befasst sich mit der höchsten Ausprägungsstufe der Zusammenarbeit von Marketing und Vertrieb: der Integration der beiden Funktionseinheiten. Dabei wird zunächst die „Integration von Marketing und Vertrieb" aus der wissenschaftlichen Literatur hergeleitet, um daraus ein entsprechendes Kausalmodell bzw. Hypothesenmodell zu entwickeln. Die aus der Literatur identifizierten Erfolgsfaktoren, sogenannte Integrationsmechanismen und -faktoren, werden konzeptualisiert und Hypothesen formuliert. Das Kapitel schließt mit dem endgültigen Hypothesenmodell und den entsprechenden Hypothesen, die in der vorliegenden Forschungsstudie mithilfe der Strukturgleichungsmodellierung getestet werden (Kap. 5 und 6).

4.1 Die Relevanz der Integration von Marketing und Vertrieb

Die gegenwärtige Situation in der B2B-Industrie wird aufgrund der Globalisierung, der Digitalisierung und des verstärkten Wettbewerbs zunehmend komplex und zwingt B2B-Unternehmen, die Zusammenarbeit der Funktionseinheiten Marketing und Vertrieb besser aufeinander abzustimmen, bestmöglich sogar zu integrieren (vgl. Boles et al. 1997, 1999). Matthyssens und Johnston (2006) definierten vier Gründe für die Integration von Marketing und Vertrieb. Erstens, Trends, wie Digitalisierung, Globalisierung, technische Innovationen und die demografische Entwicklung, bedingen, dass das Kundenmanagement zur strategischen Kernkompetenz wird und dass Integratoren, wie bspw. Segmentmanager, den Integrationsprozess orchestrieren sollten. Zweitens, das Einkaufsverhalten in der B2B-Industrie durch sogenannte Buying Center erfordert den Einsatz moderner Kommunikations- und Internettechnologien und der Zusammenarbeit unterschiedlicher Funktionseinheiten, bspw. zwischen dem Produktmanagement und dem Key-Account-Management, als Teil des Selling Centers. Drittens, die zunehmende Diversifizierung und Fragmentierung der Märkte erfordert, dass Marketing und Vertrieb auf den Kunden zugeschnitten, individuelle Problemlösungen entwickeln und anbieten. Viertens, B2B-Unternehmen werden zunehmend mit dem Problem konfrontiert, dass kürzer werdende Lebenszyklen das Wachstum des Unternehmens gefährden. Die Herausforderung für Marketing und Vertrieb ist, den Produktentwicklungsprozess durch hohe Flexibilität und effiziente Kommunikation zu beschleunigen (vgl. Matthyssens und Johnston 2006). Weitere Wissenschaftler, wie bspw. Kotler et al. (2006) und Biemans et al. (2010), haben in ihren Forschungsstudien die Integration von Marketing und Vertrieb als höchste Entwicklungsstufe der abteilungsübergreifenden Zusammenarbeit charakterisiert. Dazu wurden Erfolgsfaktoren definiert, um eine Integration von Marketing und Vertrieb zu erreichen. Im Folgenden soll, aufbauend auf den Erkenntnissen der Forschungsstudie von Hiemeyer (2016), ein vorläufiges Hypothesenmodell entwickelt und geeignete Erfolgsfaktoren zur Realisierung der Integration von Marketing und Vertrieb aus der wissenschaftlichen Literatur abgeleitet werden.

4.2 Das voräufige Hypothesen-Modell

Die Integration von Marketing und Vertrieb erfolgt nach Hiemeyer (2016) durch zwei wesentliche Einflussgrößen: zum einen durch sogenannte Integrationsmechanismen und zum anderen durch sogenannte Integrationsfaktoren (Abb. 4.1). Unter dem Begriff Integrationsmechanismen sind organisatorische Einflüsse zu verstehen, welche ein aufeinander abgestimmtes Funktionieren der Zusammenarbeit zwischen Marketing und Vertrieb ermöglichen (bspw. gemeinsame Strukturen). Der Begriff Integrationsfaktoren bezeichnet persönliche Einflüsse, welche die Zusammenarbeit zwischen den beiden Abteilungen unterstützen (bspw. Führungsverhalten). Das vorläufige Hypothesenmodell beinhaltet „Integrationsmechanismen" und „Integrationsfaktoren" als Einflussvariablen, das Konstrukt „Integration von Marketing und Vertrieb" als intervenierende Variable und schließlich das Konstrukt „Unternehmenserfolg" als Zielvariable.

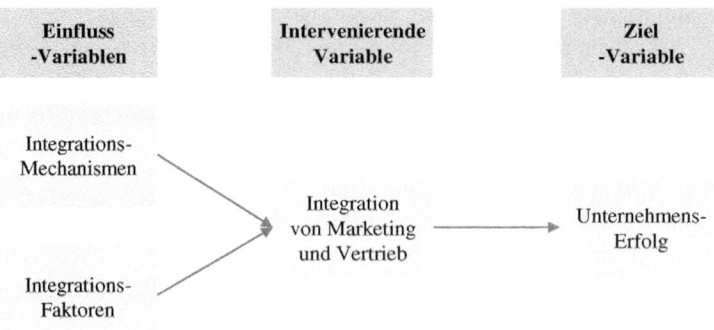

Abb. 4.1 Vorläufiges Hypothesenmodell der Forschungsstudie

4.3 Die Konzeptualisierung der Integrationsmechanismen und Hypothesenformulierung

Die Schnittstelle zwischen Marketing und Vertrieb zieht klare Grenzen zwischen den funktionsübergreifenden Einheiten hinsichtlich ihrer Rollen, Aufgaben und Verantwortlichkeiten. Um diese Grenzen zu durchdringen und eine effektive Marketing- und Vertriebsschnittstelle zu schaffen, ist eine Kombination von funktionsübergreifenden Instrumenten erforderlich (vgl. Hillebrand und Biemans 2003). Frühere Forschungsstudien haben verschiedene funktionsübergreifende Instrumente untersucht, um die Zusammenarbeit zwischen Marketing und Vertrieb zu verbessern. Auf Grundlage früherer Forschungsstudien wurden wesentliche Integrationsmechanismen identifiziert, die den organisatorischen Einfluss auf das Unternehmen darstellen, um einen „Integrierten Marketing- und Vertriebsansatz" zu gestalten.

Explorative Ergebnisse haben gezeigt, dass Kommunikation zwischen Marketing und Vertrieb die Zusammenarbeit der Funktionseinheiten fördert. Dabei sollte eine formelle Kommunikation (Meetings und Konferenzen) und informelle Kommunikation (zufällige Kontakte) zur Umsetzung gemeinsamer Strategien und Prozesse genutzt werden, um sicherzustellen, dass alle Aktivitäten zwischen Marketing und Vertrieb koordiniert werden und funktionale Silos dadurch aufbrechen (vgl. Le Meunier-FitzHugh und Piercy 2007a). Darüber hinaus haben Homburg et al. (2008) festgestellt, dass die Kommunikation zwischen Marketing und Vertrieb den Wissensaustausch sowie die Zurverfügungstellung von funktionsübergreifenden Informationen beinhaltet. Wie zahlreiche Untersuchungen aufzeigen, trägt Kommunikation und Informationsaustausch wesentlich zu einer besseren Zusammenarbeit zwischen Marketing und Vertrieb bei. Daher wird die „abteilungsübergreifende Kommunikation" als erster Integrationsmechanismus festgelegt.

Die Koordination der Marketing- und Vertriebsfunktionen kann die Effektivität der Aktivitäten beider Einheiten verbessern. Aufgaben, die grundsätzlich in der Rolle des Marketings liegen, bspw. Markt- und Kundendaten, erfordern ganz wesentlich einen Input aus dem Vertrieb. Demgegenüber benötigt der Vertrieb zur Ausführung seiner Aufgaben den Input des Marketings, bspw. Mehrwertargumentation für Produkt- und Serviceleistungen. Gemeinsame, das heißt überschneidende Aufgaben, bspw. Kundensegmentierung, können nur durch eine koordinierte Zusammenarbeit zwischen Marketing und Vertrieb effektiv ausgeführt werden. Die Integration von Marketing und Vertrieb ist daher das Ausmaß, in dem sich die Aktivitäten der beiden Funktionen gegenseitig unterstützen (vgl. Rouziès et al. 2005). Darüber hinaus haben Matthyssens und Johnston (2006) die Zusammenarbeit zwischen Marketing und Vertrieb im Marketingmanagementprozess untersucht und vier Hauptphasen unterschieden: Analyse, Planung, Implementierung und Kontrolle. Die Autoren identifizierten in diesen Phasen verschiedene Aufgaben von Marketing und Vertrieb und weisen auf die Wichtigkeit von Ressourcenaufteilung und von Informationsströmen pro Phase für beide Einheiten hin, um die Integration von Marketing und Vertrieb zu fördern. Biemans et al. (2010) untersuchten in ihrer Forschungsstudie verschiedene Marketing-Vertriebs-Konfigurationen („Hidden Marketing", „Sales-driven Marketing", „Living apart together" und „Marketing-Sales-Integration") und identifizieren für jede der vier Konfigurationen spezifische Marketing- und Vertriebsaufgaben. Obwohl die Forschung in Bezug auf die Verteilung der Aufgaben zwischen Marketing und Vertrieb wenig ausgeprägt ist, hat die Koordination der Marketing- und Vertriebsaktivitäten zur Erreichung eines „Integrierten Marketing- und Vertriebsansatzes" hohe Relevanz.

Ein Prozess ist als eine Reihe von Aufgaben, Maßnahmen oder Aktivitäten definiert, die dazu dienen, ein Ziel zu erreichen. Dabei sind eine klare Rollenaufteilung und eindeutig definierte Verantwortlichkeiten entscheidend, damit informelle und formelle Prozesse zwischen verschiedenen Abteilungen abgestimmt sind (vgl. Krohmer et al. 2002). Die Basis für exakt definierte Kundenprozesse bildet das CRM-System. Das CRM-System ermöglicht es dem Unternehmen, wichtige Kundeninformationen zu sammeln, zu speichern und zu analysieren und sein Angebot und sein Kontaktmuster so anzupassen, dass Unternehmen und Kunden davon profitieren. Daher verlangen CRM-Prozesse, dass ein Unternehmen regelmäßig Kundendaten erfasst, die Datenbank mithilfe analytischer Instrumente verwaltet, wichtige Erkenntnisse ableitet, zukünftige Kundennachfragemuster richtig prognostiziert und relevante organisatorische Ressourcen einsetzt, um seine Kunden besser bearbeiten und bedienen zu können. Die Forschung zeigt auch, dass ein professionell aufgesetztes CRM-System viele Vorteile bietet, wie bspw. eine effizientere Kundenbearbeitung, eine verbesserte Kundenreaktionsfähigkeit sowie eine höhere Kundenzufriedenheit und Kundenloyalität und unterstützt dadurch die Zusammenarbeit von Marketing und Vertrieb ganz wesentlich (vgl. Hughes et al. 2012).

Sales-Automation-Systeme (operatives CRM) können sowohl die formelle als auch die informelle Kommunikation erleichtern, bspw. durch weniger Aufwand für die Erstellung von Kundenbesuchsberichten mittels App oder E-Mails zur Interaktion mit anderen Funktionsbereichen. Ein zweites Merkmal von Informationssystemen besteht darin, dass sie den Austausch umfassender Daten zwischen Marketing und Vertrieb ermöglichen und die Vertriebsmitarbeiter bei der Kundenbearbeitung maßgeblich unterstützen. Dies trägt zur Integration von Marketing und Vertrieb ganz wesentlich bei (vgl. Rouziès et al. 2005). Darüber hinaus tragen Prozesse, wie bspw. abgestimmte Marketing- und Vertriebsplanungen auf strategischer und operativer Ebene (vgl. Le Meunier-FitzHugh und Piercy 2007a) und gemeinsam vereinbarte Strategien (vgl. Malshe 2011), entscheidend zur Verbesserung der Zusammenarbeit zwischen Marketing und Vertrieb bei. Die gemeinsame Planung wurde von Homburg et al. (2008) als das Ausmaß, in dem Ziele, Budgets und Maßnahmen von Marketing und Vertrieb entwickelt werden, definiert. Die Relevanz abgestimmter Prozesse wurde in früheren Untersuchungen zur Verbesserung der Marketing-Vertriebs-Schnittstelle intensiv diskutiert. So wird die Abstimmung von Marketing- und Vertriebsprozessen in Kombination mit der Abstimmung der Marketing- und Vertriebsaufgaben als zweiter Integrationsmechanismus zur Erreichung eines „Integrierten Marketing- und Vertriebsansatzes" festgelegt.

Laut den Forschungsergebnissen von Le Meunier-FitzHugh und Piercy (2008) hat die strukturelle Organisation der beiden Funktionseinheiten aus folgenden Gründen keine signifikanten Auswirkungen auf die Zusammenarbeit von Marketing und Vertrieb: Erstens basiert die bestehende Struktur von Marketing und Vertrieb wahrscheinlich auf historischen Faktoren und Industrienormen; zweitens führen Marketing und Vertrieb grundsätzlich unterschiedliche Funktionen aus, die von einem bestimmten Geschäftsmodellansatz abhängen und drittens gibt es kaum einen Unterschied zwischen der Qualität der Zusammenarbeit oder interfunktionalen Konflikten, in denen sie als zwei geografisch getrennte Abteilungen arbeiten und in denen sie als einzelne Abteilung am selben Standort arbeiten. Die Wissenschaftler Homburg et al. (2008) weisen in ihrer Forschungsstudie darauf hin, dass gerade strukturelle Verbindungen zwischen Marketing und Vertrieb, bspw. Rollenaufteilung, Teamwork oder die gemeinsame Planung, einen hohen Einfluss auf die Zusammenarbeit von Marketing und Vertrieb hat. Darüber hinaus hat Haase (2006) in ihrer wissenschaftlichen Untersuchung festgestellt, dass gemeinsame Strukturen zwischen Marketing und Vertrieb, wie bspw. Projektteams, ganz wesentlich die Zusammenarbeit der Schnittstelle verbessern und dysfunktionale Konflikte reduzieren. Rouziès et al. (2005) fordern für die Erreichung eines integrierten Marketing- und Vertriebsansatzes unter anderem strukturelle Aspekte, wie bspw. funktionsübergreifende Teams, Berichterstattung an denselben Manager sowie Integratoren. Aus diesen Gründen wird „Abteilungsübergreifende Strukturen zwischen Marketing und Vertrieb" als der dritte Integrationsmechanismus zur Erreichung einer Integration von Marketing und Vertriebs definiert.

Die Wissenschaftler Matthyssens und Johnston (2006) haben in ihrer Studie festgestellt, dass die Vorstands- bzw. Geschäftsführungsebene sowie die Manager der beiden Abteilungen ein optimales organisatorisches Klima zwischen den Abteilungen schaffen und gemeinsame Trainings- und Entwicklungsprogramme durchführen sollten. Dabei sollten die beiden Funktionseinheiten eine kundenorientierte Denkweise und kundenzentriertes Handeln entwickeln. In diesem Kontext könnte das Produktmanagement als Koordinationsmechanismus zwischen Marketing und Vertrieb effektiv funktionieren und „aus seinem Elfenbeinturm herauskommen". Beverland et al. (2006) bestätigten, dass es interkulturelle Konflikte und wahrgenommene Statusunterschiede zwischen Marketing und Vertrieb gibt, die durch die Beseitigung von Barrieren und einem besseren Verständnis für die Rolle des anderen gelöst werden könnten, um eine stärkere Integration der beiden Einheiten zu erreichen. Schließlich schlagen Le Meunier-FitzHugh und Piercy (2010) vor, dass die abteilungsübergreifende Kultur, wie bspw. ein gemeinsames Wertverständnis und das Harmonisieren von Normen und Philosophien, eine funktionsübergreifende Zusammenarbeit ermöglicht. Daher wird die „Abteilungsübergreifende Kultur" zur Förderung eines integrierten Marketing- und Vertriebsansatzes als der vierte Integrationsmechanismus definiert (Abb. 4.2).

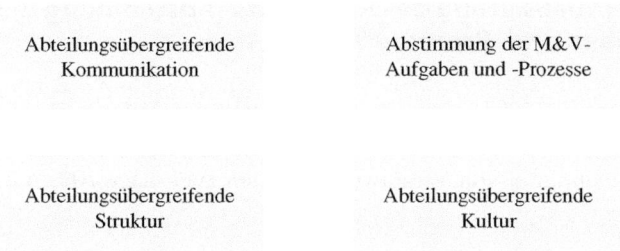

Abb. 4.2 Konzeptualisierung der Integrationsmechanismen aus der wissenschaftlichen Literatur

4.3.1 Konzeptualisierung des Konstrukts „Abteilungsübergreifende Kommunikation"

Die abteilungsübergreifende Kommunikation ist ein Schlüsselfaktor für die Integration von Marketing und Vertrieb (vgl. Rouziès et al. 2005; Hofmaier 2014). Um die Grenzen zwischen den Abteilungen abzubauen, benötigt es abteilungsübergreifende Strukturen, welche eine effektive und effiziente Kommunikation untereinander vereinfachen und fördern. Deshalb empfiehlt eine Vielzahl von Forschern (vgl. Kotler et al. 2006; Oliva 2006; Matthyssens und Johnston 2006) den Unternehmen für ihre Marketing- und Vertriebsabteilung gemeinsame Meetings und Konferenzen abzuhalten. Diese Treffen sollen eine Basis für die formelle Kommunikation darstellen und können als Plattform dienen, um Informationen auszutauschen und Entscheidungen zu treffen. Außerdem sollten sie planmäßig und regelmäßig stattfinden, das heißt mindestens einmal pro Quartal. Idealerweise werden dabei neben aktuellen operativen Aufgaben auch Markttrends, Kunden und der Wettbewerb gemeinsam analysiert (vgl. Homburg et al. 2008; Mashe 2011). Des Weiteren kann die Integration von Marketing und Vertrieb gefördert werden, wenn das Marketing- bzw. Vertriebspersonal an den Meetings der jeweils anderen Abteilung teilnimmt (vgl. Troilo et al. 2009) oder wenn das Marketing den Vertrieb bei Kundenbesuchen begleitet (vgl. Biemans und Brencic 2007). Dadurch gewinnen Manager und Mitarbeiter Einblicke in die Tätigkeiten der anderen Funktionseinheit. Zudem kann durch diese Maßnahme das gegenseitige Verständnis wachsen.

Neben der formellen Kommunikation zwischen Marketing und Vertrieb ist auch die informelle Kommunikation zwischen den Mitarbeitern ein wichtiger Faktor für eine konstruktive und erfolgreiche Zusammenarbeit der beiden Abteilungen. Eine informelle Kommunikation ist der unplanmäßige und „gewöhnliche" Kontakt zwischen den Mitarbeitern. Dieser kann durch gemeinsame Aktivitäten, wie Events oder Trainings begünstigt werden (vgl. Matthyssens und Johnston 2006).

Aufgrund der aufgezählten Aspekte ist davon auszugehen, dass eine funktionierende abteilungsübergreifende Kommunikation zwischen Marketing und Vertrieb die Zusammenarbeit der beiden Abteilungen positiv beeinflusst, sodass die folgende erste Hypothese gebildet werden kann:

▶ H1: Die Abteilungsübergreifende Kommunikation hat einen positiven Einfluss auf die Integration von Marketing und Vertrieb.

4.3.2 Konzeptualisierung des Konstrukts „Abstimmung der M&V-Aufgaben und -Prozesse"

Gemäß Rouziès et al. (2005) kann die Abstimmung der Aufgaben zwischen Marketing und Vertrieb die Effektivität der jeweiligen Aktivitäten verbessern. Dies erfordert zum einen die klare Definition von Verantwortlichkeiten (vgl. dazu Abb. 4.3 als Beispiel für

4.3 Die Konzeptualisierung der Integrationsmechanismen …

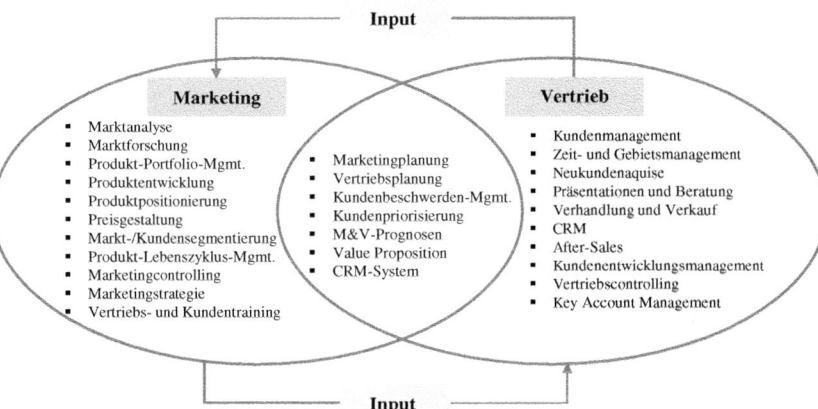

Abb. 4.3 Beispiel für die Abstimmung von Aufgaben zwischen Marketing und Vertrieb. (In Anlehnung an Zoltners 2004)

die optimale Aufteilung der Aufgaben zwischen Marketing und Vertrieb). Zum anderen, dass sich die Abteilungen gegenseitig durch die Weitergabe und das Teilen von Informationen unterstützen, denn beide benötigen für die eigenen Aktivitäten Informationen bzw. Input von der jeweils anderen Seite. Je besser die Koordination unter den beiden Abteilungen organisiert ist, desto effektiver und effizienter können beide Abteilungen arbeiten. Beide Abteilungen sollten an dem Planungsprozess, wer welche Aufgaben übernimmt, beteiligt sein (vgl. Homburg et al. 2008). Das gemeinschaftliche Vorgehen erleichtert den Mitarbeitern das Verständnis und die Identifikation mit der Zusammenarbeit, sodass die Planung effektiver umgesetzt werden kann (vgl. Piercy 2002).

Haase (2006) identifizierte relevante Marketing- und Verkaufsaufgaben, die in Abb. 4.4 dargestellt sind. Diese unterschiedlichen Aufgaben von Marketing und Vertrieb wurden von Cespedes (1994) abgeleitet und entlang eines Kontinuums aufgeführt. Dabei unterscheiden die Wissenschaftler Aufgaben mit hoher Relevanz für das Marketing wie bspw. „Marktforschung", „Produktentwicklung", „Positionierung" und „Segmentierung" sowie vertriebsrelevante Aufgaben wie „Distribution", „Beschwerdemanagement", „Kundenmanagement" und „persönlicher Verkauf". Weitere Aufgaben wie „Werbung", „Planung", „Preisgestaltung" und „Verkaufsförderung" werden überwiegend vom Marketing wahrgenommen, erfordern aber die Abstimmung mit dem Vertrieb, um angemessen durchgeführt zu werden.

Neben den Aufgaben sollten auch die Unternehmensprozesse, in welche die Marketing- und Vertriebsabteilung involviert sind, aufeinander abgestimmt sein. Im Gegensatz zu einer spezifischen Aufgabe ist ein Prozess eine Serie oder ein Ablauf von Aktionen und Stufen (vgl. Hughes et al. 2012). Eine klare Aufgabenverteilung mit eindeutig definierten Verantwortlichkeiten und einem klaren Rollenverständnis sind weitaus effektiver, wenn die dazugehörigen Prozesse genau definiert und abgestimmt

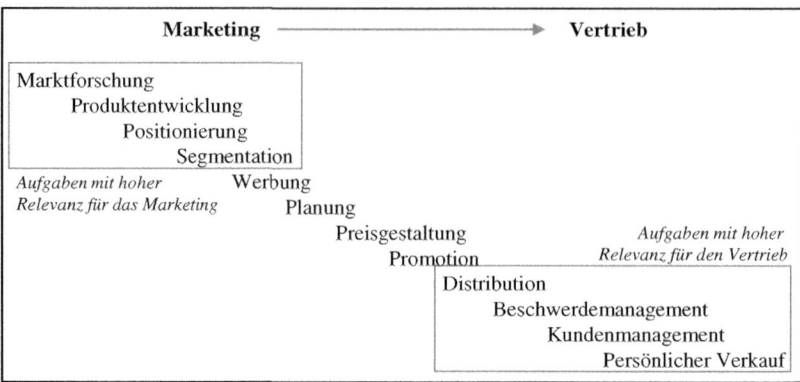

Abb. 4.4 Kontinuum der Aufgabenverteilung zwischen Marketing und Vertrieb. (In Anlehnung an Cespedes 1994)

sind (vgl. Krohmer et al. 2002). Die Verfügbarkeit einer gemeinsamen Datenbasis, wie bspw. ein CRM-System, erlaubt es dem Marketing und dem Vertrieb, Informationen zu teilen und hilft gemeinsame Strategien, Ziele und Aktivitäten zu definieren. Solche Systeme können als Grundlage für einen integrierten Prozess von Marketing und Vertrieb dienen. Beispielsweise involviert das Sammeln, Analysieren und Auswerten von Markt- und Kundeninformationen viele einzelne Aufgabenschritte, welche über ein CRM-System gesteuert werden können. Dies erleichtert die Zusammenarbeit, allerdings nur unter der Voraussetzung, dass das CRM-System sehr gut in die Prozessabläufe implementiert ist (vgl. Rouziès et al. 2005; Hulland et al. 2012). Verschiedene Forschungsstudien in den letzten Jahren haben gezeigt, dass in vielen B2B-Firmen ein Marktinformationssystem, das heißt CRM-System, zwar verfügbar ist, jedoch ein schneller und sinnvoller Informationsaustausch zwischen Marketing und Vertrieb aufgrund der bestehenden Strukturen und Prozesse oftmals nicht umgesetzt wird. Die unterschiedlichen Marketing- und Vertriebsprozesse sind in Abb. 4.5 dargestellt. Wie daraus ersichtlich, gibt es im linken Kreis Prozesse, die in erster Linie vom Marketing mit Input aus dem Vertrieb durchgeführt werden, und Prozesse im rechten Kreis, die im Wesentlichen vom Vertrieb mit Input vom Marketing durchgeführt werden. Die Schnittstelle zeigt gemeinsame Prozesse, bei denen eine intensive Zusammenarbeit zwischen Marketing und Vertrieb erforderlich ist, um diese Prozesse effektiv durchzuführen. Wenn der Vertrieb in die strategischen Prozesse des Marketings integriert ist, setzt er neue Marketingaktivitäten engagierter und erfolgreicher um (vgl. Malshe 2011). Ist das Marketing in die Abläufe der Vertriebsprozesse eingebunden, verbessert dies sein Verständnis für die Kunden und die Märkte, wodurch die Marketingplanung zielgerichteter erstellt werden kann. Gemäß Oliva (2006) haben Unternehmen mit klar definierten Prozessabläufen zwischen M&V die beste „Business Performance".

4.3 Die Konzeptualisierung der Integrationsmechanismen ...

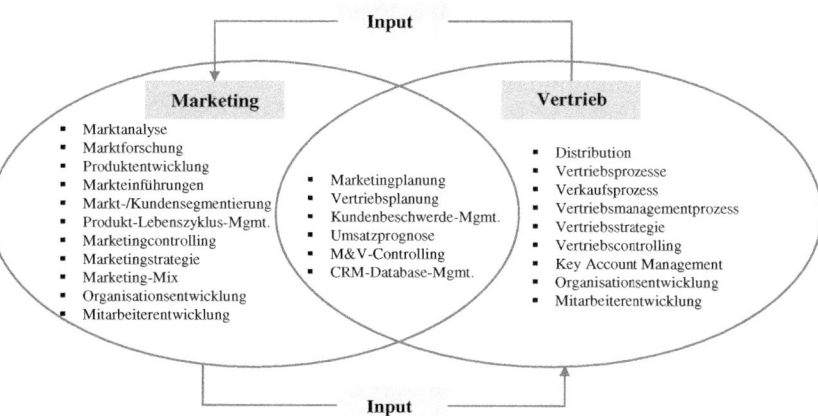

Abb. 4.5 Abstimmung von Marketing- und Vertriebsprozessen

Aus den Ergebnissen der Literaturrecherche kann abgeleitet werden, dass die „Abstimmung der M&V-Aufgaben und -Prozesse" die Integration von Marketing und Vertrieb signifikant und positiv beeinflussen kann und deshalb wird die zweite Hypothese wie folgt formuliert:

▶ H2: Die „Abstimmung der M&V-Aufgaben und -Prozesse" hat einen positiven Einfluss auf die Integration von Marketing und Vertrieb.

4.3.3 Konzeptualisierung des Konstrukts „Abteilungsübergreifende Strukturen"

Ausgehend von der Abstimmung der Prozesse und Aufgaben ist auch die Organisationsstruktur für den Erfolg der Zusammenarbeit von Marketing und Vertrieb von besonderer Bedeutung. Mehrere Wissenschaftler schlagen deshalb vor, dass beide Abteilungen idealerweise an dieselbe Person berichten, welche als Bindeglied zwischen Marketing und Vertrieb fungiert (vgl. Workman et al. 1998; Kotler et al. 2006; Oliva 2006). Diese Marketing- und Vertriebsführungskraft kann bspw. unter dem Titel CMO fungieren. Neben dem Bindeglied ist auch die Macht- und Ressourcenverteilung zwischen Marketing und Vertrieb ein wichtiges Kriterium für die Effektivität und Effizienz der Zusammenarbeit. Dabei ist vor allem von Bedeutung, wie gerecht bzw. fair die Mitarbeiter die Verteilung beider Aspekte wahrnehmen. Wird diese als gerecht empfunden, so wird die Zusammenarbeit, der Zusammenhalt und somit die Integration der beiden Abteilungen gefördert (vgl. Hulland et al. 2012; Rouziès und Hulland 2014). Zusätzlich fördert die Existenz von abteilungsübergreifenden Teams oder Projektgruppen die Integration von Marketing und Vertrieb (Oliva 2006; Matthyssens und Johnston 2006; Le Meunier-FitzHugh und Piercy 2007a; Malshe 2011). Zusammenfassend lässt sich aus den genannten Punkten die dritte Hypothese bilden:

▶ H3: Die „Abteilungsübergreifenden Struktur" hat einen positiven Einfluss auf die Integration von Marketing und Vertrieb.

4.3.4 Konzeptualisierung des Konstrukts „Abteilungsübergreifende Kultur"

Die Unternehmenskultur als komplexes Konstrukt aus Werten, Glaubensgrundsätzen und Annahmen (vgl. Hughes et al. 2012) ist ein weiterer Mechanismus, welcher die Integration zwischen Marketing und Vertrieb verbessert. Denn die vorherrschende Kultur in einem Unternehmen bestimmt, inwieweit bspw. der Teamgedanke zwischen beiden Abteilungen ausgeprägt ist (vgl. Guenzi und Troilo 2006). Gemäß Le Meunier-Fitz-Hugh und Piercy (2007b) trägt die Geschäftsleitung bzw. das Top-Management die Verantwortung für die Entwicklung einer Kultur der Zusammenarbeit zwischen dem Marketing und dem Vertrieb. Eine gemeinsame Kultur beinhaltet auch, dass beide Abteilungen eine gemeinsame Fachsprache nutzen. Abteilungsübergreifende Kommunikation funktioniert nur, wenn alle Beteiligten verstehen, worüber gesprochen wird und was unter den genutzten Begriffen zu verstehen ist (vgl. Oliva 2006).

Vertrauen ist ein grundlegender Faktor für die Bildung von zwischenmenschlichen Beziehungen. Können sich die Mitarbeiter aus den betroffenen Abteilungen vertrauen, fördert dies den formellen und informellen Informationsaustausch (vgl. Arnett und Wittmann 2014). Das gleiche gilt für die wahrgenommene Integrität des Gegenübers. Wird diese positiv bewertet, so fördert sie den Zusammenhalt und die Zusammenarbeit (vgl. Rouziès und Hulland 2014). Daher kann die vierte Hypothese wie folgt formuliert werden:

▶ H4: Die „Abteilungsübergreifende Kultur" hat einen positiven Einfluss die Integration von Marketing und Vertrieb.

4.3.5 Zusammenfassung der Integrationsmechanismen

Ziel des vorangegangenen Abschnitts war es, relevante Integrationsmechanismen zu identifizieren, um einen integrierten Marketing-Vertriebsansatz zu fördern und Hypothesen für die vorliegende Forschungsstudie zu formulieren. Die in Abb. 4.6 dargestellten Integrationsmechanismen und Hypothesen wurden aus früheren Forschungsstudien und theoretischer Überlegungen zur Integration von Marketing und Vertrieb abgeleitet.

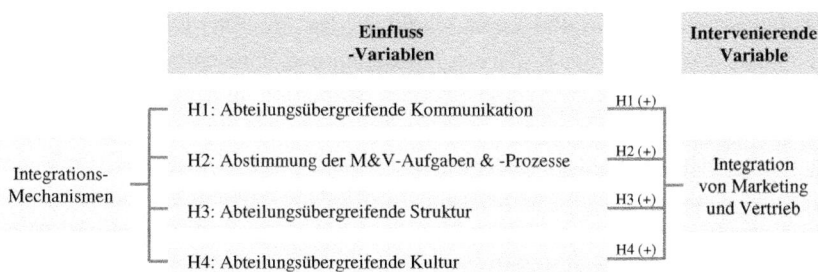

Abb. 4.6 Übersicht der Integrationsmechanismen und Hypothesen

4.4 Konzeptualisierung der Integrationsfaktoren und Formulierung der Hypothesen

Ziel dieses Abschnitts ist es, aus der wissenschaftlichen Literatur ausgewählte Integrationsfaktoren zu ermitteln, um eine Integration von Marketing und Vertrieb zu erzielen. Die Integrationsfaktoren beziehen sich auf persönliche Merkmale der Zusammenarbeit von Marketing und Vertrieb, wie bspw. der Einfluss der Führungskräfte auf die Gestaltung der Schnittstelle. Frühere Forschungsarbeiten untersuchten in diesem Kontext unterschiedliche Faktoren, wie bspw. Managementeinstellungen zur Koordination, gemeinsame Vision und Ziele, Personalentwicklungsprogramme oder Markt- und Kundenorientierung, um die Zusammenarbeit von Marketing und Vertrieb zu verbessern.

Die positive Einstellung des Managements zur Koordination der Marketing-Vertriebs-Schnittstelle sollte dazu beitragen, eine funktionsübergreifende Kultur zur Festlegung gemeinsamer Ziele zu entwickeln, die gemeinsame Planung zu fördern, einen Teamgeist zu kreieren und eine gemeinsame Vision zu formulieren (vgl. Le Meunier-Fitz-Hugh und Piercy 2007a). Das Top-Management sollte Programme in Betracht ziehen, welche die beiden Abteilungen dazu ermutigt, kollektiv Ziele zu erreichen, gegenseitiges Verständnis aufzubauen, informell zusammenzuarbeiten, die gleiche Vision zu verfolgen sowie Ideen und Ressourcen auszutauschen (vgl. Kahn 1996). Senior Manager müssen sich der potenziellen Gefahr dysfunktionaler Konflikte bewusst sein und überlappende, wechselseitig voneinander abhängige Aufgaben in der Weise formalisieren, dass das Rollenverständnis eindeutig geklärt ist (vgl. Menon et al. 1996). Darüber hinaus wurde die neue Rolle und Position des „Chief Marketing Officers" (CMO) definiert, um die Organisations- und Prozessverantwortung für die Bereiche Marketing und Vertrieb zu übernehmen. Der neue CMO ermöglicht es, einen einzigen Prozess der „Nachfragegenerierung" über die beiden Funktionen hinweg zu erzwingen und eine gemeinsame Sprache und einen einheitlichen Prozess zu schaffen, sodass Nachfrageerzeugung und Innovation als entscheidende Aufgaben im Rahmen des organischen Wachstums angesehen werden (vgl. Oliva 2006). Daher haben Senior Manager eine wesentliche Rolle beim Aufbau eines organisatorischen Umfelds, das die Entwicklung der Zusammenarbeit und das Verständnis der Rolle von Marketing und Vertrieb bei der Erreichung organisatorischer Ziele ermöglicht. Dabei werden Marketing und Vertrieb Werkzeuge, wie bspw. ein CRM-System, zur Verfügung gestellt, um ihre Aktivitäten zu synchronisieren, Informationen effizienter auszutauschen und den Beitrag des anderen zum Erreichen gemeinsamer Ziele klar zu verstehen (vgl. Le Meunier-FitzHugh und Piercy 2011). Da die wissenschaftliche Literatur den Einfluss der Marketing- und Vertriebs-Führungskräfte zur Verbesserung der Marketing-Sales-Schnittstelle als relevant betrachtet hat, wurde das „Führungsverhalten des M&V-Managements" als erster Integrationsfaktor zur Erreichung eines Integrierten Marketing- und Vertriebsansatzes identifiziert.

Die Vereinbarung einer gemeinsamen Vision und Strategie ist wichtig für die Verbesserung der Zusammenarbeit von Marketing und Vertrieb. Dafür muss ein Prozess festgelegt werden, der die Entwicklung dieser gemeinsamen Vision und Strategie zwischen Marketing und Vertrieb realisiert. Da viele dieser Aktivitäten strategischer Natur sind, sollte jedes Programm zur Verbesserung der Marketing-Sales-Schnittstelle Änderungen im strategischen Planungsprozess des Unternehmens beinhalten (vgl. Le Meunier-FitzHugh und Piercy 2007b). Darüber hinaus argumentiert Shapiro (1988), dass die Strategie des Unternehmens inkonsistent, fehlerhaft und ineffizient sein wird, wenn keine wirkungsvolle Zusammenarbeit zwischen Marketing und Vertrieb existiert. Des Weiteren stellen Dewsnap und Jobber (2009) fest, dass die Zusammenarbeit von Marketing und Vertrieb stark davon abhängt, inwieweit die beiden Funktionen eine gemeinsame Vision und Strategie verfolgen, welche die Bedürfnisse von Marketing und Vertrieb berücksichtigen. Ein wesentlicher Faktor, der laut Webster (1997) zu Schwierigkeiten zwischen Marketing und Vertrieb führen kann, ist die Tatsache, dass Verkaufsziele oft kurzfristig angelegt sind, während die Marketingziele i. d. R. längerfristig ausgerichtet sein können. Bei der Vereinbarung von gemeinsamen Zielen sollte darauf geachtet werden, dass die funktionsspezifischen Sichtweisen von Marketing und Vertrieb erhalten bleiben sollten (vgl. Cordery 2002; Schmonsees 2006). Da die Marketingstrategie eine langfristige Perspektive erfordert und die Verkaufsziele kurzfristig ausgerichtet sind, haben viele Senior Manager Schwierigkeiten, die Zielkonflikte zwischen kurzfristigen und langfristigen Leistungszielen zu lösen (vgl. Webster 1981, 1997). Die Festlegung aufeinander abgestimmter Ziele für Marketing und Vertrieb ist jedoch ein wichtiges Element, um ihre Zusammenarbeit zu verbessern (vgl. Kotler et al. 2006). Da frühere Forschungsergebnisse die Festlegung gemeinsamer Strategien und Ziele zwischen Marketing und Vertrieb identifiziert haben, wird der zweite Integrationsfaktor zur Förderung eines „Integrierten Marketing- und Verkaufsansatzes" als „Abteilungsübergreifende Strategien und Ziele" definiert.

Ein weiterer Ansatz zur Verbesserung der Zusammenarbeit zwischen Marketing und Vertrieb besteht darin, Marketing- und Vertriebsmitarbeiter zu rekrutieren und zu fördern, die offen für Teamarbeit sind und das Gefühl haben, dass die Zusammenarbeit mit anderen Funktionen ihre persönliche Leistung sowie die

4.4 Konzeptualisierung der Integrationsfaktoren …

Leistung ihres Funktionsbereichs und ihrer Organisation verbessert (vgl. Rouziès et al. 2005). Die Qualität der Marketing-Vertriebs-Schnittstelle wird ganz wesentlich von den Eigenschaften der beteiligten Personen beeinflusst. Wenn mehrere Personen Teil der Kooperation zwischen Marketing und Vertrieb sind, hat die zwischenmenschliche Chemie einen großen Einfluss auf die Ausprägung der Zusammenarbeit von Marketing und Vertrieb. Es bedarf sowohl sorgfältiger Einstellungsverfahren als auch informeller Interaktion der M&V-Mitarbeiter, um eine effektive und effiziente Zusammenarbeit zwischen Marketing und Vertrieb zu fördern (vgl. Biemans und Brencic 2007).

Jobrotation ist ein Mitarbeiterentwicklungsprogramm, das Einblicke in die Aufgabenbereiche der jeweils anderen Funktion, bspw. Marketing oder Vertrieb, gewährt. Dies führt zu wachsenden Kompetenzen und Fähigkeiten der Mitarbeiter und damit zu einer geringeren Anzahl von Problemen bei der Zusammenarbeit der beiden Funktionsbereiche. Darüber hinaus stimulieren gemeinsame Trainings- und Seminarprogramme die Marketing-Vertriebs-Schnittstelle, da ein gemeinsamer Fachjargon sowie Denkmuster bereitgestellt werden und die Seminaratmosphäre zu offener Diskussion unter professioneller Anleitung führt (vgl. Matthyssens und Johnston 2006). Im Einklang mit den Erkenntnissen von Dewsnap und Jobber (2009) muss zwischen den beiden Funktionsbereichen ein gegenseitiges Verständnis für Rollen, Ziele und Strategien herrschen und den Beitrag des anderen bei Leistungserbringung zu würdigen. Troilo et al. (2009) definieren die Klarheit der Rollen als den Umfang, in dem Ziele, Strategien, Aufgaben und Verantwortlichkeiten von Marketing und Vertrieb definiert sind. In Übereinstimmung mit den Ergebnissen früherer Untersuchungen wird die „Einstellung und Kompetenzen der M&V-Mitarbeiter" als dritter Integrationsfaktor zur Förderung eines integrierten Marketing- und Vertriebsansatzes festgelegt.

Eine kundenorientierte Kultur richtet sich an den Bedürfnissen und Bedarfen der Kunden aus, das heißt, sie erfordert aus Marketing- und Vertriebssicht gemeinsame Überzeugungen hinsichtlich eines kundenzentrierten Verhaltens. Dies führt zu einer verbesserten Effektivität und Effizienz bei der Entscheidungsfindung für kundenorientiertes Denken und Handeln (vgl. Troilo et al. 2009). Im Gegensatz zur einschlägigen Literatur, in der in erster Linie das Konstrukt „Marktorientierung" als Erfolgsfaktor für die Zusammenarbeit von Marketing und Vertrieb untersucht wurde, wird für die vorliegende Forschungsstudie das Konstrukt „Kundenorientierung von Marketing und Vertrieb" als vierter Integrationsfaktor zur Erreichung eines „Integrierten Marketing- und Verkaufsansatzes" ausgewählt (Abb. 4.7). Dieser Faktor ist für die Marketing-Vertriebs-Schnittstelle von großer Bedeutung, weil es aufgrund der unterschiedlichen Einstellung und des Verhaltens von Marketing- und Vertriebsmitarbeitern hinsichtlich ihrer Kundenperspektive zu dysfunktionalen Konflikten kommen kann (vgl. Haase 2006).

Führungsverhalten des M&V-Managements	Abteilungsübergreifende Strategien und Ziele
Einstellung und Kompetenzen der M&V-Mitarbeiter	Kundenorientierung von Marketing und Vertrieb

Abb. 4.7 Konzeptualisierung der Integrationsfaktoren aus der wissenschaftlichen Literatur

4.4.1 Konzeptualisierung des Konstrukts „Führungsverhalten des M&V-Managements"

Ohne die aktive Unterstützung des Top-Managements wird es nicht zu einer engen abteilungsübergreifenden Zusammenarbeit kommen. Manager können den Integrationsprozess durch ihr Führungsverhalten positiv beeinflussen, das heißt, sie sollten diese aktiv fördern und fordern. Dadurch können Manager ein Umfeld kreieren, in welchem die Mitarbeiter gerne und abteilungsübergreifend Informationen austauschen (vgl. Piercy 2006; Arnett und Wittmann 2014). Dabei sollte den Managern ihre Rolle als Vorbild und Wegbereiter bewusst sein. Zusätzlich ist die Einstellung des Top-Managements hinsichtlich der Zusammenarbeit essenziell. Sofern diese negativ ist, kann dies automatisch negative Auswirkungen auf die Zusammenarbeit haben, auch wenn Maßnahmen für die Zusammenarbeit getroffen werden (vgl. Le Meunier-FitzHugh und Piercy 2007a). Zudem ist es die Aufgabe des Managements klare Aufgaben- und Rollenverteilung für die Mitarbeiter beider Abteilungen festzulegen. Dabei ist es wichtig, dass ein klares Verständnis für die Rollenverteilungen und Verantwortlichkeiten zwischen den Abteilungen geschaffen wird (vgl. Troilo et al. 2009). Zudem sollten M&V-Manager sicherstellen, dass die Aktivitäten und Prozesse auf gegenseitige Unterstützung ausgerichtet sind (vgl. Haase 2006).

Le Meunier-FitzHugh et al. (2011) kamen in einer Studie zu der Erkenntnis, dass die Unterstützung des Top-Managements für eine koordinierte Zusammenarbeit einen positiven Einfluss auf die Verbesserung der gesamten Zusammenarbeit hat. Aufgrund dieser Argumente lautet die fünfte Hypothese:

▶ H5: Das „Führungsverhalten des M&V-Managements" hat einen positiven Einfluss auf die Integration von Marketing und Vertrieb.

4.4.2 Konzeptualisierung des Konstrukts „Abteilungsübergreifende Strategien und Ziele"

Obwohl laut Le Meunier-FitzHugh und Lane (2009) viele Senior-Manager vor dem Start ihres Forschungsinterviews versichert haben, dass deren M&V-Ziele stark aufeinander abgestimmt sind, kamen die Forscher zu dem Ergebnis, dass häufig die strategischen Ziele des Marketings im Widerspruch mit den relativ kurzfristig ausgerichteten Verkaufszielen des Vertriebes stehen.

Inkompatible Ziele bzw. teilweise widersprechende Ziele können zu Interessenskonflikten führen (vgl. Le Meunier-FitzHugh und Piercy 2007a). Wenn Marketing und Vertrieb nicht gewillt sind zu kooperieren, wird die Unternehmensstrategie inkonsistent und ineffizient umgesetzt (vgl. Hughes et al. 2012). Dabei sind gemeinsame Ziele und Strategien ein wichtiges Element für die Verbesserung der Interaktion zwischen Marketing und Vertrieb (vgl. Kotler et al. 2006). Verschiedene Untersuchungen haben ergeben, dass die Zusammenarbeit von Marketing und Vertrieb deutlich verbessert wird, wenn beide Abteilungen die gleichen Ziele haben (vgl. Hult et al. 2002). Eine gemeinsame Planung und Entwicklung der Strategien und Ziele (von beiden Abteilungen und sowohl von Managern als auch von Mitarbeitern) stärkt die Verpflichtung gegenüber diesen, wodurch beides effektiver umgesetzt wird.

Ein weiterer Aspekt, welcher die Zusammenarbeit beider Abteilungen fördern kann, ist das Bonus- bzw. Incentive-System für beide Abteilungen. Dieses sollte die gemeinsamen Ziele abbilden (vgl. Le Meunier-FitzHugh und Piercy 2007a). Beispielsweise hat Haase (2006) herausgefunden, dass die Abbildung von Umsatzzielen im Bonusystem des Marketings, welches normalerweise im Bonusystem des Vertriebes integriert ist, zu einer besseren Interaktion des Marketings mit dem Vertrieb führt. Gemeinsame Ziele in Verbindung mit einem Bonusystem, welche diese Ziele abbildet, fördern die Zusammenarbeit von beiden Abteilungen. Somit lautet die sechste Hypothese:

H6: „Abteilungsübergreifende Ziele und Strategien" haben einen positiven Einfluss auf die Integration von Marketing und Vertrieb.

4.4.3 Konzeptualisierung des Konstrukts „Einstellung und Kompetenzen der M&V-Mitarbeiter"

Eine weitere Komponente für eine erfolgreiche Zusammenarbeit zwischen Marketing und Vertrieb sind die Mitarbeiter, welche letztendlich die Aktivitäten der beiden Abteilungen ausführen. Ein wichtiger Aspekt für eine erfolgreiche Zusammenarbeit beider Abteilungen ist die Klarheit der Mitarbeiter über ihre Rolle, Aufgaben und Verantwortlichkeiten innerhalb der Abteilung. Zudem ist es von Bedeutung, dass diese Klarheit auch für die Aufgaben, Rollen und Verantwortlichkeiten der Mitarbeiter der jeweils anderen Abteilung besteht (vgl. Troilo et al. 2009; Oliva 2006).

Mitarbeiter mit ausgeprägten sozialen Kompetenzen, wie eine offene Denkweise, Kommunikationsfähigkeit und Teamorientierung, fördern die Integration von Marketing und Vertrieb (vgl. Rouziès et al. 2005). Eine positive Einstellung der Mitarbeiter gegenüber der Zusammenarbeit mit der jeweils anderen Abteilung in Verbindung mit proaktivem Verhalten wirkt ebenfalls unterstützend für die Zusammenarbeit (vgl. Le Meunier-FitzHugh et al. 2011).

Eine positive Einstellung bzw. das gegenseitige Verständnis kann durch gemeinsame Aktivitäten, beispielweise Trainings (vgl. Matthyssens und Johnston 2006), gefördert werden. Ebenso verbessert sich die Zusammenarbeit, je mehr Mitarbeiter einen abteilungsübergreifenden Hintergrund haben. Marketingmanager mit Vertriebshintergrund haben eine Affinität zum Vertrieb und können somit eine positivere Einstellung gegenüber einer integrativen Zusammenarbeit haben. Dies kann zusätzlich durch sogenannte „Jobrotation-Programme" gefördert werden (vgl. Krohmer et al. 2002; Kotler et al. 2006). Nach Matthyssens und Johnston (2006) führen entsprechende Einblicke durch solche Programme zu einer Verbesserung der Fach- und Sozialkompetenz der Mitarbeiter. Aus diesen Gründen lautet die siebte Hypothese:

▶ H7: Die „Einstellung und Kompetenzen von M&V-Mitarbeiter" haben einen positiven Einfluss auf die Integration von Marketing und Vertrieb.

4.4.4 Konzeptualisierung des Konstrukts „Kundenorientierung von Marketing und Vertrieb"

Die Wettbewerbsfähigkeit eines Unternehmens hängt immer stärker von der Fähigkeit ab, die Kundenbedürfnisse und Kundenpotenziale zu identifizieren und genau zu adressieren. Eine kundenorientierte Unternehmenskultur zeichnet sich dadurch aus, dass die Aktivitäten und die Strategien am Kunden und am Markt ausgerichtet sind und nicht am eigenen Produkt oder der eigenen Dienstleistung (vgl. Le Meunier-FitzHugh und Lane 2009). Wenn ein Unternehmen seine Prozesse auf Kundenbedürfnisse ausrichtet, so verbessert dies die Effektivität und Effizienz seiner marktbezogenen Strategien (vgl. Troilo et al. 2009). Dies bezieht sich vor allem auf das Teilen der vorhandenen Kundeninformationen zwischen Marketing und Vertrieb. Zudem gilt, je mehr Mitarbeiter aus beiden Abteilungen wissen, wie die Kundenzufriedenheit und der Kundennutzen gesteigert werden kann, bzw. darauf ausgerichtet sind, die Zufriedenheit und den Nutzen zu steigern, desto stärker ist die Bereitschaft mit der jeweils anderen Abteilung zu kooperieren (vgl. Guenzi und Troilo 2006). Nach einer Studie von Le Meunier-FitzHugh et al. (2011) korreliert die Zusammenarbeit zwischen Marketing und Vertrieb positiv mit der Markt- bzw. der Kundenorientierung und hat im Endeffekt positive Auswirkung auf den Unternehmenserfolg, deshalb lautet die achte Hypothese:

▶ H8: Die „Kundenorientierung von Marketing und Vertrieb" hat einen positiven Einfluss auf die Integration von Marketing und Vertrieb.

4.4.5 Zusammenfassung der Integrationsfaktoren

Ziel des vorangegangenen Abschnitts war es, relevante Integrationsfaktoren zu identifizieren, um die Integration von Marketing und Vertrieb zu ermöglichen und Hypothesen

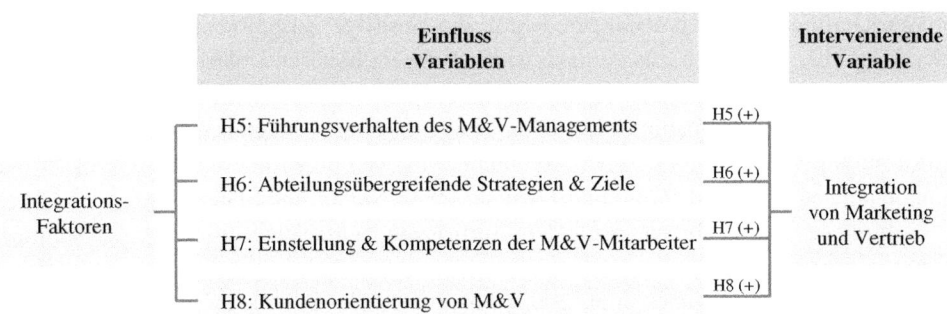

Abb. 4.8 Übersicht der Integrationsfaktoren und Hypothesen

für die vorliegende Forschungsstudie zu formulieren. Die Integrationsfaktoren, die aus der Überprüfung früherer Forschungsstudien abgeleitet und konzeptualisiert wurden, sind in Abb. 4.8 dargestellt.

4.5 Konzeptualisierung des Konstrukts „Integration von Marketing und Vertrieb" als intervenierende Variable

Eine hohe Integration zwischen Marketing und Vertrieb ist erreicht, wenn Prozesse auf die Kunden und Zielmärkte ausrichtet sind, wenn ein klares Verständnis zwischen den Abteilungen herrscht, wer welchen Beitrag für die Erreichung der Ziele leistet und wenn eine Kultur der gemeinsamen Verantwortung gepflegt wird.

Es besteht ein statistisch hoch signifikanter Zusammenhang zwischen der erreichten Koordination von Marketing und Vertrieb und dem marktbezogenen, ökonomischen Unternehmenserfolg (vgl. Haase 2006). Le Meunier-FitzHugh et al. (2011) konnten ebenfalls die positive Beziehung zwischen „high business performance" und „efficient collaboration between marketing and sales" nachweisen. Jedoch ist eine gute und effiziente Zusammenarbeit noch keine Garantie für einen hohen Unternehmenserfolg, sondern es müsste eine Integration von Marketing und Vertrieb vorherrschen.

▶ H9: Die Integration von Marketing und Vertrieb hat einen positiven Einfluss auf den Unternehmenserfolg.

4.6 Konzeptualisierung der Zielvariable „Unternehmenserfolg"

Angesichts des zunehmenden Wettbewerbs in vielen Märkten ist es nach Piercy (2006) dringend erforderlich, die abteilungsübergreifende Zusammenarbeit von Marketing und Vertrieb zu verbessern, um den Unternehmenserfolg zu optimieren. Bereits in früheren wissenschaftlichen Untersuchungen wurde ein positiver Zusammenhang zwischen der abteilungsübergreifenden Zusammenarbeit und einem höheren Unternehmenserfolg festgestellt (vgl. Griffin und Hauser 1996; Kotler et al. 2006; Morgan und Turnell 2003; Narver und Slater 1990; Shapiro 1988). Forschungsergebnisse deuten darauf hin, dass die Abstimmung von Aktivitäten über Abteilungen hinweg einen überlegenen Wert für den Kunden bieten kann (vgl. Kohli und Jaworski 1990; Narver und Slater 1990).

Zahlreiche Unternehmen sind der Auffassung, dass eine intensive Zusammenarbeit zwischen Marketing und Vertrieb zum wirtschaftlichen Erfolg führt (vgl. Griffin und Hauser 1996; Krohmer et al. 2002; Shapiro 1988). Beispielsweise stellt Tjosvold (1988) fest, dass die Verbesserung der Zusammenarbeit zwischen zwei unterschiedlichen Abteilungen zu höherer Produktivität, Kompetenz und Vertrauen in den Arbeitsbeziehungen führt. Eine schlechte abteilungsübergreifende Zusammenarbeit führt jedoch zu unzufriedenen Kunden und Geschäftsverlusten. Unter den Wissenschaftlern des Forschungsgebiets herrscht Einigkeit darüber, dass eine schlechte Zusammenarbeit zwischen Vertrieb und Marketing die Geschäftsleistung negativ beeinflussen kann, während eine effektive und effiziente Zusammenarbeit den Unternehmenserfolg verbessert. Dabei kann die höchste Ausprägung der funktionsübergreifenden Zusammenarbeit, der Integration von Marketing und Vertrieb, einen entscheidenden Einfluss auf einen höheren Unternehmenserfolg haben (vgl. Kotler et al. 2006; Morgan und Turnell 2003; Narver und Slater 1990).

4.7 Ableitung des Hypothesenmodells

Auf Basis der Literaturrecherche früherer Forschungsstudien wurden verschiedene Integrationsmechanismen und Integrationsfaktoren identifiziert, um die funktionsübergreifende Zusammenarbeit zu verbessern und einen integrierten Marketing- und Vertriebsansatz zu entwickeln. Zunächst wurden die folgenden Integrationsmechanismen (organisatorische Ausrichtung), wie „Abteilungsübergreifende Kommunikation", „Abstimmung von M&V-Aufgaben und -Prozessen", „Abteilungsübergreifende Strukturen" und „Abteilungsübergreifende Kultur" festgelegt. Daraufhin wurden die folgenden Integrationsfaktoren (persönliche Ausrichtung), wie „Führungsverhalten des M&V-Managements", „Abteilungsübergreifende Strategien und Ziele", „Einstellung und Kompetenzen der M&V-Mitarbeiter" und „Kundenorientierung von Marketing und Vertrieb" definiert. Ziel dieser Forschungsstudie ist es, zu untersuchen, ob es einen signifikanten sowie direkten und positiven Effekt von Integrationsmechanismen und Integrationsfaktoren auf einen „Integrierten Marketing- und Vertriebsansatz" bzw. auf den „Unternehmenserfolg" gibt. Der konzeptionelle Rahmen der vorliegenden Studie ist in Abb. 4.9 dargestellt.

4.8 Zusammenfassung der Hypothesen

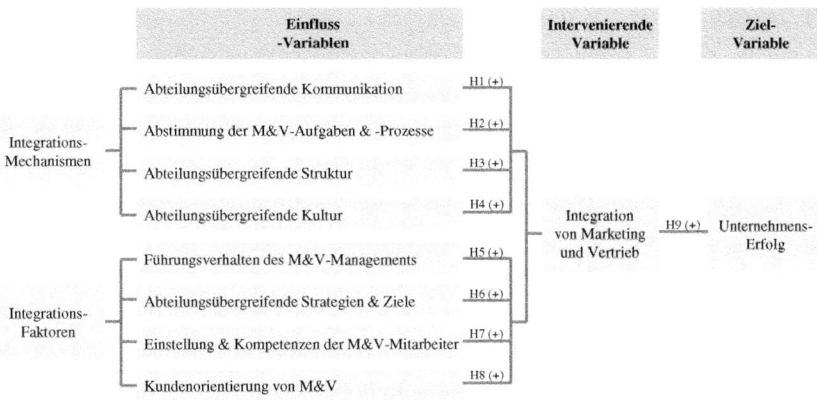

Abb. 4.9 Das Hypothesenmodell

4.8 Zusammenfassung der Hypothesen

Über eine umfassende Literaturrecherche wurden für die vorliegende Forschungsstudie relevante Mechanismen und Faktoren identifiziert bzw. konzeptualisiert, um die Kooperation von Marketing und Vertrieb zu fördern und damit die höchste Ausprägung der Zusammenarbeit, einer Marketing- und Vertriebs-Integration, zu erreichen. Um die Wirkungszusammenhänge zwischen den latenten Variablen zu überprüfen, werden nachfolgend Hypothesen in Tab. 4.1 dargestellt.

Tab. 4.1 Zusammenfassung und Übersicht der Hypothesen

Konstrukte	Hypothesen	
Integrationsmechanismen: Kommunikation Aufgaben und -Prozesse Strukturen Kultur	H1	Die abteilungsübergreifende Kommunikation zwischen Marketing und Vertrieb hat einen positiven Einfluss auf die Integration von Marketing und Vertrieb
	H2	Die Abstimmung der Aufgaben und Prozesse zwischen Marketing und Vertrieb hat einen positiven Einfluss auf die Integration von Marketing und Vertrieb
	H3	Die abteilungsübergreifenden Strukturen zwischen Marketing und Vertrieb haben einen positiven Einfluss auf die Integration von Marketing und Vertrieb
	H4	Die abteilungsübergreifende Kultur zwischen Marketing und Vertrieb hat einen positiven Einfluss auf die Integration von Marketing und Vertrieb

(Fortsetzung)

Tab. 4.1 (Fortsetzung)

Konstrukte	Hypothesen	
Integrationsfaktoren: Management Strategien und Ziele Mitarbeiter Kundenorientierung	H5	Der Führungsstil des M&V-Managements hat einen positiven Einfluss auf die Integration von Marketing und Vertrieb
	H6	Die abteilungsübergreifenden Strategien und Ziele haben einen positiven Einfluss auf die Integration von Marketing und Vertrieb
	H7	Die Einstellung und Kompetenzen der M&V-Mitarbeiter haben einen positiven Einfluss auf die Integration von Marketing und Vertrieb
	H8	Die Kundenorientierung von Marketing und Vertrieb hat einen positiven Einfluss auf die Integration von Marketing und Vertrieb
M&V-Integration	H9	Die Integration von Marketing und Vertrieb hat einen positiven Einfluss auf den ökonomischen Erfolg eines Unternehmens

Die Hypothesen basieren auf Theorien zur Zusammenarbeit zwischen Marketing und Vertrieb und auf Forschungsstudien der Wissenschaftler, wie bspw. Kahn (1996), Rouziès et al. (2005), Le Meunier-FitzHugh und Piercy (2007a, b, 2008, 2009, 2010, 2011), Biemans et al. (2010) oder Hiemeyer (2016). Die Hypothesen befassen sich mit der Überprüfung der Wirkungszusammenhänge von Integrationsmechanismen und Integrationsfaktoren auf die Integration von Marketing und Vertrieb sowie der Marketing-Vertriebs-Integration auf den Unternehmenserfolg.

Literatur

Arnett, D., & Wittmann, M. (2014). Improving marketing success: The role of tacit knowledge exchange between sales and marketing. *Journal of Business Research, 67,* 324–331.

Beverland, M., Steel, M., & Dapiran, P. (2006). Cultural frames that drive sales and marketing apart: An exploratory study. *Journal of Business & Industrial Marketing, 21*(6), 386–394.

Biemans, W., & Brencic, M. (2007). Designing the marketing-sales interface in B firms. *European Journal of Marketing, 41*(3/4), 257–273.

Biemans, W., Brencic, M., & Malshe, A. (2010). Marketing-sales interface configurations in B firms. *Industrial Marketing Management, 39,* 183–194.

Boles, J., Barksdale, H., & Johnson, J. (1997). Business relationships: An examination of the effects of buyer-salesperson relationships on customer retention and willingness to refer and recommend. *Journal of Business & Industrial Marketing, 12*(3/4), 248–258.

Boles, J., Johnston, W., & Gardner, A. (1999). The selection and organization of national accounts: A North American perspective. *Journal of Business & Industrial Marketing, 14*(4), 264–275.

Cespedes, F. (1994). Industrial marketing: Managing new requirements. *Sloan Management Review, 35*(3), 45–60.

Cordery, P. (2002). Team working. In P. Warr (Hrsg.), *Psychology at work* (Bd. 5, S. 326–350). London: Penguin.

Dewsnap, B., & Jobber, D. (2009). An exploratory study of sales-marketing integrative devices. *European Journal of Marketing, 43*(7/8), 985–1007.

Griffin, A., & Hauser, J. (1996). Integrating R&D and marketing: A review and analysis of the literature. *Journal of Product Innovation Management, 13,* 191–215.

Guenzi, P., & Troilo, G. (2006). Developing marketing capabilities for customer value creation through marketing-sales integration. *Industrial Marketing Management, 35*(11), 974–988.

Haase, K. (2006). *Koordination von Marketing und Vertrieb. Determinanten, Gestaltungsdimensionen und Erfolgsauswirkungen.* Wiesbaden: Deutscher Universitäts-Verlag.

Hiemeyer, W. (2016). *Design of an integrated marketing and sales approach for the B Industry – Using an integration model.* Aachen: Shaker.

Hillebrand, G., & Biemans, W. (2003). The relationship internal and external cooperation: Literature review and propositions. *Journal of Business Research, 56,* 735–743.

Hofmaier, R. (2014). *Integriertes Marketing-, Vertriebs- und Kundenmanagement. Ganzheitlich-Integrierte Kundenorientierung.* München: Oldenburg Wissenschaftsverlag GmbH.

Homburg, C., Jensen, O., & Krohmer, H. (2008). Configurations of marketing and sales: A taxonomy. *Journal of Marketing Management, 72*(2), 133–154.

Hughes, D., Le Bon, J., & Malshe, A. (2012). The marketing-sales interface at the interface: Creating market-based capabilities through organizational synergy. *Journal of Personal Selling and Sales Management, 32*(1), 57–72.

Hulland, J., Nenkov, G., & Barclay, D. (2012). Perceived marketing–sales relationship effectiveness: A matter of justice. *Journal of the Academy of Marketing Science, 40*(3), 450–467.

Hult, G., Thomas, M., Ketchen, D., & Slater, S. (2002). A longitudinal study of the learning climate and cycle time in supply chains. *Journal of Business & Industrial Marketing, 17*(4), 302–323.

Kahn, K. (1996). Interdepartmental integration: A definition with implications for product development performance. *Journal of Product Innovation Management, 13*(2), 137–151.

Kohli, A., & Jaworski, B. (1990). Market orientation: The construct, research propositions, and managerial implications. *Journal of Marketing Management, 54,* 1–18.

Kotler, P., Rackham, N., & Krishnaswamy, S. (2006). Ending the war between sales & marketing. *Harvard Business Review, 84*(7/8), 68–78.

Krohmer, H., Homburg, C., & Workman, J. (2002). Should marketing be cross-functional? Conceptual development and interactional empirical evidence. *Journal of Business Research, 55*(6), 451–465.

Le Meunier-FitzHugh, K., & Lane, N. (2009). Collaboration between sales and marketing, market orientation and business performance in business-to-business organisations. *Journal of Strategic Marketing, 17*(3–4), 291–306.

Le Meunier-FitzHugh, K., & Piercy, N. (2006). Integrating marketing intelligence sources. *International Journal of Market Research, 38*(6), 699–716.

Le Meunier-FitzHugh, K., & Piercy, N. (2007a). Exploring collaboration between sales and marketing. *European Journal of Marketing, 41*(7/8), 939–955.

Le Meunier-FitzHugh, K., & Piercy, N. (2007b). Does collaboration between sales and marketing affect business performance? *Journal of Personal Selling and Sales Management, 27*(3), 207–220.

Le Meunier-FitzHugh, K., & Piercy, N. (2008). The importance of organisational structure for collaboration between sales and marketing. *Journal of General Management, 34*(1), 19–36.

Le Meunier-FitzHugh, K., & Piercy, N. (2009). Drivers of sales and marketing collaboration in business-to-business selling organisations. *Journal of Marketing Management, 25*(5–6), 611–633.

Le Meunier-FitzHugh, K., & Piercy, N. (2010). Improving the relationship between sales and marketing. *European Business Review, 22*(3), 287–305.

Le Meunier-FitzHugh, K., & Piercy, N. (2011). Exploring the relationship between market orientation and sales and marketing collaboration. *Journal of Personal Selling and Sales Management, 31*(3), 287–296.

Le Meunier-FitzHugh, K., Massey, G., & Piercy, N. (2011). The impact of aligned rewards and senior manager attitudes on conflict and collaboration between sales and marketing. *Industrial Marketing Management, 40,* 1161–1171.

Malshe, A. (2011). An exploration of key connections within sales-marketing interface. *Journal of Business & Industrial Marketing, 26*(1), 45–57.

Matthyssens, P., & Johnston, W. (2006). Marketing and sales: Optimization of a neglected relationship. *Journal of Business & Industrial Marketing, 21*(6), 338–345.

Menon, A., Bharadwaj, S., & Howell, R. (1996). The quality and effectiveness of marketing strategy: Effects of functional and dysfunctional conflict in intraorganizational relationship. *Journal of the Academy of Marketing Science, 24*(4), 299–313.

Morgan, R., & Turnell, C. (2003). Market-based organisational learning and market performance gains. *British Journal of Management, 14*(3), 255–274.

Narver, J., & Slater, S. (1990). The effect of a market orientation on business profitability. *Journal of Marketing Management, 54,* 20–35.

Oliva, R. (2006). The three key linkages: Improving the connections between marketing and sales. *Journal of Business & Industrial Marketing, 21*(6), 395–398.

Piercy, N. (2002). *Market-led strategic change: A guide to transforming the process of going to market* (3. Aufl.). Oxford: Butterworth-Heinemann.

Piercy, N. (2006). The strategic sales organization. *The Marketing Review, 6*(1), 3–28.

Rouziès, D., & Hulland, J. (2014). Does marketing and sales integration always pay off? Evidence from a social capital perspective. *Journal of the Academy of Marketing Science, 42,* 511–527.

Rouziès, D., Anderson, E., Kohli, A., Michaels, R., Weitz, B., & Zoltners, A. (2005). Sales and marketing integration: A proposed framework. *Journal of Personal Selling and Sales Management, 15*(2), 113–122.

Schmonsees, R. (2006). *Escaping the black hole: Minimizing the damage from marketing-sales disconnect.* Mason: Thomson South-Western.

Shapiro, B. (1988). What the hell is market oriented? *Harvard Business Review, 88,* 119–125.

Tjosvold, D. (1988). Cooperative and competitive interdependence: Collaboration between departments to serve customers. *Group and Organization Management, 13*(3), 274–289.

Troilo, G., Luca, Luigi M., & Guenzi, P. (2009). Dispersion of influence between marketing and sales: Its effects on superior customer value and market performance. *Industrial Marketing Management, 38*(8), 872–882.

Webster, F. (1981). Top management's concerns about marketing issues for the 198. *Journal of Marketing Management, 45,* 9–16.

Webster, F. (1997). The future role of marketing in the organisation. In D. Lehmann & K. Jocz (Hrsg.), *Reflections on the future of Marketing, practice and education* (S. 39–66). Cambridge: Marketing Science Institute.

Workman, J., Homburg, C., & Gruner, K. (1998). Marketing organization: An integrative framework of dimensions and determinants. *Journal of Marketing Management, 62,* 21–41.

Zoltners, A. (2004). *Sales and marketing interface. Sales force summit.* Houston: University of Houston.

Methodisches Vorgehen 5

> **Zusammenfassung**
>
> Das fünfte Kapitel beschreibt das methodische Vorgehen zur Prüfung der Hypothesen mithilfe der Strukturgleichungsmodellierung sowie der Messung der Güte der Zusammenarbeit von Marketing und Vertrieb mittels deskriptiver Statistik. Zunächst wird die Entwicklung des Diagnosetools, des sogenannten Integrationsmodells, aufgezeigt, um die Ausprägung der Zusammenarbeit von Marketing und Vertrieb einerseits messen und anderseits visualisieren zu können. Das Integrationsmodell ist eine Portfolio-Darstellung mit fünf Ausprägungsstufen und acht Erfolgsfaktoren. Der zweite Teil des Kapitels befasst sich mit der Beschreibung des Untersuchungsdesigns sowie der Durchführung der Forschungsstudie. In diesem Kontext erfolgt auch die Operationalisierung der Konstrukte, das heißt der Herleitung der Items aus der wissenschaftlichen Literatur. Den Abschluss des fünften Kapitels stellt die Datenanalyse dar. Dabei wird zunächst die Methode der Strukturgleichungsmodellierung vorgestellt, um die kausalen Wirkungszusammenhänge bzw. Hypothesen testen und das Integrationsmodell validieren zu können. Die Messung der Zusammenarbeit von Marketing und Vertrieb erfolgt schließlich im Integrationsmodell durch die Methode der deskriptiven Statistik.

5.1 Die Entwicklung des M&V-Integrationsmodells

Ein wesentliches Ziel der vorliegenden Studie ist die Entwicklung eines Instruments zur Messung der Ausprägung der Zusammenarbeit von Marketing und Vertrieb. Das sogenannte Integrationsmodell zur Messung der Zusammenarbeit von Marketing und Vertrieb bzw. zur Visualisierung der Ausprägung der Marketing-Vertriebs-Zusammenarbeit ist ein neues, innovatives Instrument im Bereich der wirtschaftswissenschaftlichen

Forschung. Das Modell basiert auf früheren Forschungsstudien von Kotler et al. (2006) und Biemans et al. (2010) und beschreibt die Ausprägung der Zusammenarbeit von Marketing und Vertrieb auf einem Kontinuum über verschiedene Entwicklungsstufen.

5.1.1 Theoretischer Hintergrund

Kotler et al. (2006) argumentieren in ihrer Forschungsstudie, dass sich die Beziehung zwischen Marketing und Vertrieb über die Zeit ändert. Die beiden Organisationseinheiten bewegen sich von einer mangelhaften und oft widersprüchlichen Zusammenarbeit zu einer vollständig integrierten und damit i. d. R. konfliktfreien Zusammenarbeit. Die Forscher beschreiben vier verschiedene Arten von Beziehungen zwischen Marketing und Vertrieb. Die erste Art der Zusammenarbeit wird von Kotler et al. (2006) als „undefiniert" beschrieben, da sich Marketing und Vertrieb unabhängig voneinander entwickelt haben. Jede der Einheiten fokussiert auf die eigenen Aufgaben und Tagesordnungen und kennt die Aktivitäten der anderen Abteilung nicht. Kommunikation versteht sich als Konfliktlösung und nicht als Grundlage für eine gute Beziehung und Zusammenarbeit. Der zweite Typ, die „definierte" Zusammenarbeit, wird durch klar definierte Prozesse und Regeln bestimmt, um Konflikte zu vermeiden, zu wissen, wer was tun soll, sich größtenteils an die eigenen Aufgaben zu halten und relativ gut zu kommunizieren und zu kooperieren. Der dritte Typ wird als „ausgerichtet" verstanden, was bedeutet, dass klare Grenzen zwischen Marketing und Vertrieb bestehen, die aber flexibel ausgelegt sind. Die Organisationseinheiten führen gemeinsame Planungen, Schulungen und den Austausch gemeinsamer Ziele oder Strategien durch. In diesem Zusammenhang versteht der Außendienst Begriffe wie „Wertbeitrag" oder „Markenimage" und das Marketing unterstützt bei der „Kundenbearbeitung" oder der „Leadgenerierung". Im vierten Typ schließlich sind Marketing und Vertrieb vollständig „integriert". Die Grenzen werden unscharf und beide Funktionseinheiten gestalten die Beziehung neu, um gemeinsame Strukturen, Informationssysteme und Vergütung zu etablieren. Vermarkter sind stark in die Initiativen des Key-Account-Managements involviert, die beiden Einheiten entwickeln und implementieren gemeinsame Metriken, die Budgetierung wird flexibler und weniger strittig und es entwickelt sich eine gemeinsame Kultur (vgl. Kotler et al. 2006). Neben dem konzeptionellen Modell präsentieren Kotler et al. (2006) ein Assessment-Tool, um die Zusammenarbeit von Marketing und Vertrieb mittels einer Integrationscheckliste zu überprüfen und dadurch einen integrierten Marketing-Vertriebsansatz entwickeln zu können.

Darüber hinaus haben Biemans et al. (2010) die Marketing-Vertriebs-Schnittstelle in B2B-Firmen untersucht und vier unterschiedliche Konfigurationen der Zusammenarbeit von Marketing und Vertrieb formuliert. Die erste Konfiguration, „Hidden Marketing", ist i. d. R. für kleine und sehr vertriebsorientierte Unternehmen ohne dedizierten Marketingmanager konzipiert und konzentriert sich auf die Betreuung aktueller und potenzieller Kunden, um monatliche oder vierteljährliche Ziele zu erreichen. Hidden-Marketing-Aktivitäten werden in erster Linie vom CEO und/oder Vertriebsmanager des Unternehmens durchgeführt. Dadurch sind diese Unternehmen in der Lage, sehr schnell auf sich verändernde Kundenbedürfnisse zu reagieren. Jedoch bauen diese Unternehmen nie Wissensspeicher auf, um über strategische Fragen nachzudenken und langfristige Pläne und Programme zu verfolgen.

Die zweite Konfiguration, das sogenannte „Sales-Driven Marketing", existiert in B2B-Unternehmen mit einem embryonalen Marketing und einer sehr starken Vertriebsorientierung. In diesen Unternehmen ist die Marketingfunktion i. d. R. eine Ausgliederung aus der Vertriebsabteilung, die aus ein oder zwei Marketern innerhalb einer vertriebsgetriebenen Kultur besteht. Diese Konfiguration aber erlaubt, erste Schritte in Richtung strategischeres Denken zu unternehmen. Der Schwerpunkt des Marketings liegt weiterhin auf der Unterstützung der täglichen Verkaufsaktivitäten und der Vertrieb empfindet das Marketing als einen bequemen Lieferanten von Marketingdienstleistungen.

Die dritte Konfiguration adressiert B2B-Firmen, in denen bestimmte Einheiten von Marketing und Vertrieb existieren, aber „getrennt voneinander agieren". Diese Konfiguration wird von Personen mit einem bestimmten Marketing- und Vertriebshintergrund und einer eigenen Identität und gut definierten Stellenbeschreibungen besetzt. Nach der Einführung einer ausgereifteren Marketingfunktion können sich B2B-Unternehmen auf strategische und langfristige Themen konzentrieren, wie bspw. das Hinzufügen von Werttreibern für physische Produkte durch immaterielle Werte (Serviceleistungen, Software oder Digitalisierung). Bei etablierten und ausgereiften Marketing- und Vertriebseinheiten besteht oftmals eine verstärkte Zusammenarbeit, insbesondere in der frühen Phase der Strategieformulierung. Diese Arten von B2B-Firmen nutzen formelle und informelle Kommunikationskanäle, jedoch existieren immer noch dysfunktionale Konflikte. Wenn die inhärenten Unterschiede der Marketing-Vertriebs-Schnittstelle nicht angemessen gehandhabt werden, dient dies als perfekte Grundlage für Missverständnisse und Konflikte.

Die vierte und letzte Konfiguration, die einige B2B-Firmen eingerichtet haben, ist nicht nur eine ausgeprägte Marketing- und Vertriebsfunktion, sondern eine vollständige „Integration von Marketing und Vertrieb". In diesen Unternehmen sind Marketing und Vertrieb zwar separate Organisationseinheiten, die jedoch eng miteinander verbunden sind und komplementäre, synergistische Rollen spielen. In diesem Fall sind beide Funktionen gemeinsam für die Erstellung von Marketingstrategien, -plänen und -programmen verantwortlich. Es ist oft schwer zu erkennen, wo die Marketingverantwortung endet und die Verantwortung für den Vertrieb beginnt. Die beiden Abteilungen leben aktiv ein Co-Creation-Konzept und laden sich dazu ein, in marketingspezifischen Fragen und auch in vertriebsbezogenen Programmen zusammenzuarbeiten. Beide Funktionen schätzen den Mehrwert der anderen Einheit und nutzen jede Gelegenheit, sie bei Entscheidungen mit einzubeziehen. Die Integration der Marketing-Vertriebs-Schnittstelle erfolgt durch eine optimale Mischung aus formellen und informellen Kommunikationsmitteln, wobei die Menschen in beiden Einheiten motiviert sind, Informationen und Daten auszutauschen. Da Marketing und Vertrieb zu gleichen Teilen an der Erstellung und dem Erfolg von Strategien, Plänen und Programmen beteiligt sind, sind beide bestrebt, die besten Ideen und die bestmöglichen Pläne einzubringen. Dies wirkt sich direkt auf die funktionsübergreifende Zusammenarbeit aus, da Marketer und

Vertriebsmitarbeiter jede Gelegenheit nutzen, um Informationen in voller Überzeugung an die andere Gruppe weiterleiten, da sie davon profitieren. Natürlich erleichtert der freie Informationsfluss, verbunden mit gegenseitigem Respekt und Rollenverständnis, die Zusammenarbeit in fast allen Marketing- und Vertriebsaktivitäten. Dies umfasst bspw. die Identifizierung neuer Marktchancen, die Schaffung neuer Produktangebote oder die Reaktion auf Veränderungen auf dem Markt. Manchmal treten Konflikte auf, jedoch werden diese durch eine integrierte Marketing-Vertriebs-Schnittstelle konstruktiv und durch offene Diskussionen gelöst. In diesem ganzheitlichen Ansatz versteht das Marketing die kurzfristige umsatzorientierte Perspektive des Vertriebs und der Vertrieb versteht die langfristigen, strategischen Pläne und Ziele des Marketings. Und um die harmonische und konstruktive Zusammenarbeit zu stimulieren, berichten Marketing und Vertrieb an den gleichen Manager, z. B. den Chief Marketing Officer (CMO) (Biemans et al. 2010).

Basierend auf den konzeptionellen Modellen von Kotler et al. (2006) und Biemans et al. (2010) entwickelt die vorliegende Forschungsstudie ein Integrationsmodell (vgl. Hiemeyer 2016), um die Zusammenarbeit von Marketing und Vertrieb zu messen und die Ausprägung entsprechend zu visualisieren. Das Integrationsmodell basiert auf dem Portfolioverfahren, das ursprünglich für die Finanzindustrie zur Visualisierung von Wertpapieren entwickelt wurde. Seit vielen Jahren wird die Portfoliomethode auch bei der Strategieentwicklung von Unternehmensberatern eingesetzt. Die bekanntesten Portfolios sind dabei das Marktwachstums-Wettbewerbsanteils-Portfolio der Boston Consulting Group (BCG) und das Marktattraktivitäts-Wettbewerbsvorteils-Portfolio von McKinsey. Das spezifische Merkmal der Portfoliotechnik besteht darin, dass auf beiden Achsen eines Portfolios, der Abszisse und der Ordinate, unterschiedliche Kriterien definiert, bewertet und grafisch dargestellt werden können. Für das vorliegende Portfolio wurde eine Achsenbeschriftung von 0 bis 100 festgelegt. Das Konzept des Integrationsmodells ist in Abb. 5.1 dargestellt.

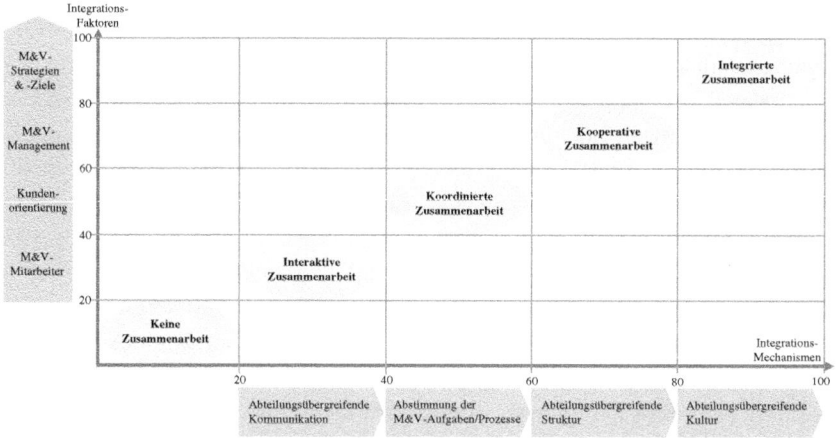

Abb. 5.1 Das Konzept des Integrationsmodells

Tab. 5.1 Ausprägungsstufen im M&V-Integrationsmodell

Ausprägungsstufen der M&V-Zusammenarbeit	Skalierung im Integrationsmodell
Keine Zusammenarbeit	0–20
Interaktive Zusammenarbeit	>20–40
Koordinierte Zusammenarbeit	>40–60
Kooperative Zusammenarbeit	>60–80
M&V-Integration	>80–100

5.1.2 Die Definition der fünf Ausprägungsstufen des M&V-Integrationsmodells

Das M&V-Integrationsmodell umfasst fünf Ausprägungsstufen für die Entwicklung der Marketing-Vertriebs-Schnittstelle. Diese fünf Ausprägungsstufen bewegen sich auf einem Kontinuum und verfolgen das Ziel, die beiden Funktionseinheiten von Marketing und Vertrieb zu integrieren. Die fünf Ausprägungsstufen der Zusammenarbeit von Marketing und Vertrieb wurden im Integrationsmodell wie folgt und wie in Tab. 5.1 gezeigt definiert:

Keine Zusammenarbeit zwischen Marketing und Vertrieb
Bei dieser Art der Zusammenarbeit zwischen Marketing und Vertrieb arbeiten beide Funktionen nicht oder nur oberflächlich zusammen. Es existiert keine oder nur eine geringe Kommunikation, um wechselseitige Aktivitäten abzustimmen. Die M&V-Mitarbeiter tauschen sich nur informell aus. Auch fehlt ein klares Rollenverständnis zur Koordination der Aufgaben und Prozesse mit der anderen Abteilung. Das Management unterstützt oder fördert die Zusammenarbeit zwischen Marketing und Vertrieb nicht.

Interaktive Zusammenarbeit
Die „Interaktive Zusammenarbeit" zeichnet sich in erster Linie durch die Kommunikation zwischen Marketing und Vertrieb aus. Es gibt einen häufigen Austausch zu Marketing- und Vertriebsaktivitäten, bspw. durch formale Kommunikation (Meetings oder Konferenzen) und auch durch informellen Informationsaustausch zwischen Mitarbeitern. Auf dieser Ausprägungsstufe beginnt das Management die Zusammenarbeit zu unterstützen, die Strategien und Ziele werden aufeinander abgestimmt und die Mitarbeiter beider Funktionen entwickeln eine positive Einstellung zu ihrer Zusammenarbeit. Trotzdem sind die Aufgaben und Prozesse beider Funktionen nicht abgestimmt und es existiert kein eindeutiges Rollenverständnis.

Koordinierte Zusammenarbeit
Die „Koordinierte Zusammenarbeit" zeichnet sich durch ein hohes Maß an Kommunikation aus und die Aufgaben werden zwischen Marketing und Vertrieb synchronisiert. Es gibt ein klares Rollenverständnis für die Aufgaben der anderen Abteilung und die Mitarbeiter unterstützen sich gegenseitig. Aufgaben und Verantwortlichkeiten sind in Stellen-

beschreibungen definiert und werden auch über das Management abgestimmt. In diesem Stadium beginnen M&V-Manager intensiv daran, die Zusammenarbeit von Marketing und Vertrieb zu verbessern und deren Mitarbeiter unterstützen diesen Ansatz durch eine positive Einstellung. Darüber hinaus werden die Strategien und Ziele zwischen Marketing und Vertrieb aufeinander abgestimmt und gegenseitig umgesetzt. Auf dieser Ausprägungsstufe fehlen jedoch die Synchronisierung von Prozessen, die gemeinsame Nutzung von Ressourcen und eine lebendige und funktionsübergreifende Kultur.

Kooperative Zusammenarbeit
Die „Kooperative Zusammenarbeit" ist gekennzeichnet durch ein hohes Maß an Kommunikation zwischen Marketing und Vertrieb und der Abstimmung von Aufgaben, Prozessen sowie gemeinsamen Zielen und Strategien. In dieser Ausprägungsstufe werden die Marketing- und Vertriebsprozesse koordiniert, um Doppelarbeit zu vermeiden und somit die Produktivität und Qualität der Zusammenarbeit zu erhöhen. Das Management unterstützt in dieser Ausprägungsstufe die Mitarbeiter maßgeblich, indem es als Vorbild agiert, ihre Fähigkeiten weiterentwickelt und für eine positive Einstellung zur Zusammenarbeit sorgt. Dennoch sind die gemeinsamen Ressourcen, eine funktionsübergreifende Kultur sowie hohe Kundenorientierung noch nicht ausgeprägt.

M&V-Integration
Die „Integration von Marketing und Vertrieb" zeichnet sich durch ein hohes Maß an Kommunikation sowie eine hohe Abstimmung von Aufgaben, Prozessen, Struktur und Kultur zwischen Marketing und Vertrieb aus. In dieser Ausprägungsstufe existieren funktionsübergreifende Strukturen, die die Zusammenarbeit durch sogenannte „Integratoren" unterstützen und intensivieren. Darüber hinaus gibt es interdisziplinäre „Projektteams" für abteilungsübergreifende Aufgaben, wie bspw. die Entwicklung innovativer Produkte und Leistungen, ein gemeinsames CRM-System zum Information- und Datenaustausch oder die Kundensegmentierung und -klassifizierung. Das M&V-Management generiert eine funktionsübergreifende Kultur durch relevante Aktivitäten (bspw. der Rekrutierung geeigneter Mitarbeiter oder funktionsübergreifender Wertesysteme). Die Mitarbeiter stehen der Zusammenarbeit von Marketing und Vertrieb positiv gegenüber und unterstützen sich gegenseitig, um die definierten Ziele und die strategische Ausrichtung gemeinsam zu erreichen. Schließlich trägt eine hohe Kundenorientierung der beiden Funktionen maßgeblich zur Steigerung der Kundenzufriedenheit und Kundenloyalität bei.

5.1.3 Die Integrationsmechanismen und -faktoren des M&V-Integrationsmodells

Wie aus der wissenschaftlichen Literatur abgeleitet, wird die Zusammenarbeit ganz wesentlich durch definierte Integrationsmechanismen und Integrationsfaktoren bestimmt. Mithilfe dieser Kriterien kann die entsprechende Ausprägungsstufe der M&V-Zusammenarbeit bestimmt werden. Die vier definierten Integrationsmechanismen (organisationaler

Einfluss) setzen sich aus der „Abteilungsübergreifende Kommunikation", der „Abstimmung von M&V-Aufgaben und -Prozessen", „Abteilungsübergreifenden M&V-Strukturen" sowie einer „Abteilungsübergreifenden M&V-Kultur" zusammen. Diese sind auf der Abszisse (x-Achse) aufgetragen. Die vier Integrationsfaktoren „Führungsverhalten des M&V-Managements", „Abteilungsübergreifender Ziele und Strategien", „Einstellung und Kompetenzen der M&V-Mitarbeiter" sowie „Kundenorientierung von Marketing und Vertrieb" sind auf der Ordinate (Y-Achse) des Integrationsmodells abgebildet und charakterisieren die persönliche Ausrichtung der Menschen.

5.2 Das Untersuchungsdesign der Forschungsstudie

Die vorliegende Studie verfolgt einen quantitativen Forschungsansatz. Die Zielsetzung dieses Forschungsdesigns ist es, die getroffenen Annahmen zu überprüfen und damit einen umfassenden Überblick über das Forschungsgebiet „Untersuchung der Zusammenarbeit von Marketing und Vertrieb" zu generieren. Dabei soll das M&V-Integrationsmodell validiert werden, um für die Unternehmenspraxis einen brauchbaren „Integrierten Marketing- und Vertriebsansatz" zu präsentieren. Der Zweck der quantitativen Forschung besteht darin, objektive Theorien zu prüfen, indem die Beziehung zwischen latenten, nicht beobachtbaren Variablen (Konstrukten) unter Verwendung statistischer Verfahren untersucht und analysiert werden können. Die Anwendung quantitativer Ansätze zielt darauf ab, Theorien deduktiv zu testen, Schutz vor Verzerrungen zu schaffen, alternative Erklärungsmuster zu überprüfen sowie Ergebnisse verallgemeinern und replizieren zu können (vgl. Creswell 2009).

Die nächsten Abschnitte befassen sich mit der Forschungsmethode, die in der vorliegenden Forschungsstudie angewendet wird.

5.2.1 Der Forschungsrahmen

Im Großteil der Studien zum Forschungsgebiet „Zusammenarbeit von Marketing und Vertrieb" wurden ausschließlich M&V-Führungskräfte befragt, nicht jedoch deren Mitarbeiter (vgl. Hiemeyer 2016). Dies kann zu einem einseitigen und falschen Ergebnis führen, da die M&V-Führungskräfte möglicherweise eine andere Wahrnehmung zur Marketing-Vertriebs-Schnittstelle haben als deren Mitarbeiter.

Das spezifische Forschungsdesign dieser Studie wurde konzipiert, um die definierten Hypothesen zu testen und Vergleiche zwischen den einzelnen Stichproben organisatorischer Einheiten (Marketing und Vertrieb) und hierarchischen Ebenen (Führungskräfte und Mitarbeiter) zu ermöglichen. In der vorliegenden Studie wird davon ausgegangen, dass M&V-Manager für die Führung der Funktionen Marketing und Vertrieb verantwortlich sind, das heißt, die Verantwortung für das Budget von Marketing und Vertrieb und für die fachliche und disziplinarische Leitung der Mitarbeiter aus den Bereichen Marketing und/oder Vertrieb tragen. Wie aus Abb. 5.2 ersichtlich wird, umfasst der Forschungsrahmen vier unterschiedliche Personengruppen zur Befragung.

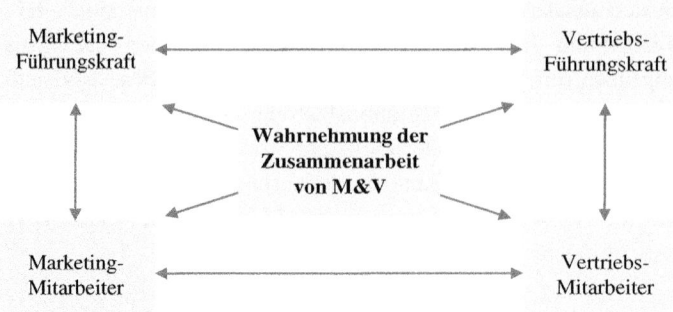

Abb. 5.2 Forschungsrahmen der Studie

Im Folgenden werden die vier unterschiedlichen Personengruppen charakterisiert:

1. Die für die Marketingabteilung verantwortlichen Marketingleiter, einschließlich aller organisatorischen Unterfunktionen und Mitarbeiter, die direkt oder indirekt an den/die Manager berichten.
2. Die für die Vertriebseinheit verantwortlichen Vertriebs- oder Verkaufsleiter, einschließlich aller organisatorischen Unterfunktionen und Mitarbeiter, die direkt oder indirekt an den/die Manager berichten.
3. Die Marketingmitarbeiter, die der Abteilung Marketing mit ihrer spezifischen funktionalen Verantwortung bzw. ihren Aufgaben zugeordnet sind.
4. Die Vertriebsmitarbeiter, die der Abteilung Vertrieb mit ihrer spezifischen funktionalen Verantwortung bzw. ihren Aufgaben zugeordnet sind.

Um die organisatorischen Einheiten von Marketing und Vertrieb klar abzugrenzen, wurden in der vorliegenden Forschungsstudie verschiedene Teilfunktionen in den jeweiligen Abteilungen identifiziert, die in Abb. 5.3 dargestellt sind.

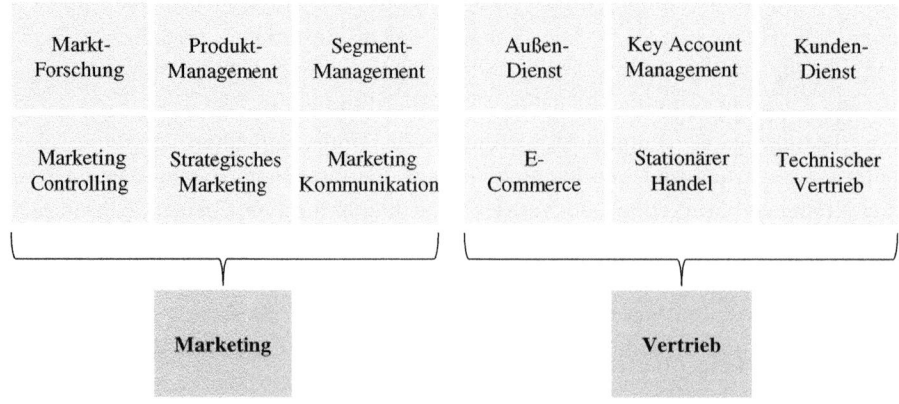

Abb. 5.3 Unterscheidung zwischen Marketing und Vertrieb mit ausgewählten Unterfunktionen

5.2 Das Untersuchungsdesign der Forschungsstudie

Die Marketingeinheit umfasst folgende Teilfunktionen, die für diese Forschungsstudie definiert wurden:

1. Die Marktforschung ist eine Unterfunktion der Marketingabteilung und zuständig für Marketing Intelligence, das heißt der Erhebung und Verbreitung von Daten über Märkte, Kunden und Wettbewerber.
2. Das Produktmanagement ist eine Unterfunktion der Marketingabteilung und dabei verantwortlich für zugeordnete Produktgruppen, das heißt für die Anwendung von Marketing-Mix-Aktivitäten und die Unterstützung der Entwicklung neuer Produkte.
3. Das Segmentmanagement ist eine Unterfunktion der Marketingabteilung und hat dafür zu sorgen, dass branchen- bzw. segmentspezifische Produkt- und Servicelösungen für definierte Marktsegmente angeboten werden und hat als „Integrator" zwischen Marketing und Vertrieb zu agieren.
4. Das Marketing-Controlling ist eine Unterfunktion der Marketingabteilung und verantwortlich für die Bereitstellung von geeigneten und erforderlichen Markt- und Kundendaten für die Marketing- und Vertriebseinheiten sowie für das Management des Unternehmens.
5. Das strategische Marketing ist eine Unterfunktion der Marketingabteilung und verantwortlich für die Entwicklung von Strategien für Marketing und Vertrieb, die von der Unternehmensstrategie abgeleitet sind.
6. Die Marketingkommunikation ist eine Unterfunktion der Marketingabteilung und verantwortlich für Branding, Kommunikationsstrategie sowie Offline- und Online-Kommunikation, wie bspw. Messen, Werbung, Website und Social Media.

Die Vertriebseinheit umfasst folgende Teilfunktionen, die für diese Forschungsstudie definiert wurden:

1. Der (segmentierte) Außendienst ist eine Unterfunktion der Abteilung Vertrieb und hat die Aufgabe, neue Kunden zu akquirieren und bestehende Kunden mit hohem und mittlerem Umsatzpotenzial in den definierten Vertriebsgebieten auszuschöpfen und langfristig an das Unternehmen zu binden.
2. Das Key-Account-Management ist eine Unterfunktion des Vertriebs und dafür verantwortlich, Kunden mit sehr hohem Umsatzpotenzial (sogenannte Key Accounts) durch Mehrwert-Angebote auszuschöpfen und langfristig an das Unternehmen zu binden.
3. Der Kundeninnendienst (Customer Service) ist eine Unterfunktion des Vertriebs und zuständig für die telefonische Beratung der Kunden und die Durchführung des Inbound-Sales. An den Kundeninnendienst kann auch die Verantwortung für Kunden mit geringem Umsatzpotenzial übertragen werden.

4. E-Commerce ist eine Unterfunktion des Vertriebs und verantwortlich für den Verkauf über ein elektronisches IT-System (Online-Webshop).
5. Der stationäre Handel (Vertriebsniederlassung, Einkaufsstätte) ist eine Unterfunktion des Vertriebs und verantwortlich für den Verkauf von Produkten an Kunden, die die Einkaufsstätte aufsuchen. An den stationären Handel kann auch die Verantwortung für Kunden mit geringem Umsatzpotenzial übertragen werden.
6. Der Technische Vertrieb oder Techniker im Außendienst ist eine Unterfunktion des Vertriebs und unterstützt den Außendienst und das Key-Account-Management beim Kunden bei technischen Fragen oder Problemstellungen.

5.2.2 Fragebogendesign

Für die Erhebung der Daten zur Untersuchung der Zusammenarbeit von Marketing und Vertrieb wurde ein elektronischer Fragebogen erstellt und das kostenlose Onlineangebot von www.soscisurvey.com genutzt. Die Teilnehmer konnten die Aussagen des Fragebogens in einer metrischen Skala bewerten, welches das gängigste Bestimmungsmaß für die Messung von Einstellungs- und Wahrnehmungsmerkmale darstellt (vgl. Jacob et al. 2013). Aussagen zu einem vorgegebenen Einstellungsbereich (z. B. Kundenorientierung) werden von den Forschern formuliert und anschließend von den Befragten auf einer Fünf-Punkte-Likert-Skala (vgl. Likert 1932) beurteilt. Im Gegensatz zur Fünf-Punkte-Likert-Skala existiert in der empirischen Sozialforschung die Sieben-Punkte-Likert-Skala, die nach Jacob et al. (2013) in den Sozialwissenschaften weniger häufig eingesetzt wird. Interessanterweise wurde jedoch die Sieben-Punkte-Likert-Skala in früheren Forschungsstudien auf diesem Forschungsgebiet am häufigsten angewendet. Der Einsatz von Likert-Skalen ist in der Literatur (vgl. Schnell et al. 2011) als Methode von addierten Bewertungen bekannt, um einzelne Bewertungen von Befragten in eine aggregierte Bewertung für das Konstrukt (z. B. Kundenzufriedenheit) zu konvertieren. Die vorliegende Studie verwendet die Fünf-Punkte-Likert-Skala als eine metrische Skala (1 = stimme überhaupt nicht zu; 5 = stimme voll und ganz zu), die als Intervallskala mit gleichen Einheiten definiert ist (vgl. Backhaus et al. 2006). Aus diesem Grund ist diese Skalierung für die vorliegende Studie geeignet, um über einen quantitativen Forschungsansatz die Hypothesen zu prüfen (Strukturgleichungsmodell) und die Ausprägung der Zusammenarbeit von Marketing und Vertrieb im Integrationsmodell zu bestimmen (deskriptive Statistik). Tab. 5.2 zeigt eine Übersicht über die Struktur des Fragebogens, die Anzahl der Items (Aussagen zur M&V-Zusammenarbeit) und die Methode zur Messung der Items.

Der Fragebogen wurde in zwei Abschnitte gegliedert. Im ersten Abschnitt wurde den Teilnehmern eine Einführungsseite angezeigt, auf welcher die Vorgehensweise und der Zweck des Fragebogens erläutert wurden. Jede Umfrage, ob online oder persönlich, erfordert eine kurze Einführung, um die Befragten über den Inhalt des Themas und den

5.2 Das Untersuchungsdesign der Forschungsstudie

Tab. 5.2 Übersicht der Struktur des Fragebogens

Teil	Struktur des Fragebogens	Anzahl der Items	Messmethode
1	**Integrationsmechanismen:**		
	Abteilungsübergreifende Kommunikation	3	5-Punkte-Likert-Skala
	Abstimmung der M&V-Aufgaben und -Prozesse	4	5-Punkte-Likert-Skala
	Abteilungsübergreifende Struktur	3	5-Punkte-Likert-Skala
	Abteilungsübergreifende Kultur	4	5-Punkte-Likert-Skala
2	**Integrationsfaktoren:**		
	Führungsverhalten des M&V-Management	4	5-Punkte-Likert-Skala
	Abteilungsübergreifende Strategien und Ziele	4	5-Punkte-Likert-Skala
	Einstellung und Kompetenzen der M&V-Mitarbeiter	4	5-Punkte-Likert-Skala
	Kundenorientierung von M&V	3	5-Punkte-Likert-Skala
3	Integration von Marketing und Vertrieb	4	5-Punkte-Likert-Skala
4	Unternehmenserfolg	5	5-Punkte-Likert-Skala
	Gesamtzahl der Fragen	**38**	

Zweck der Studie zu informieren, eine Beschreibung des Interviewprozesses und relevante Informationen über den Fragebogen bereitzustellen und die Fragen zu erläutern. Darüber hinaus enthält der einführende Text Informationen zum Interviewer, zur durchführenden Institution, Anonymisierung von Daten, Feedback von Testergebnissen und zusätzlichen Informationen wie Definitionen und Abkürzungen (vgl. Jacob et al. 2013). Der einführende Text für diese Studie wurde gemäß den Empfehlungen der Literatur entwickelt und ausgeführt.

Im zweiten Teil des Fragebogens wurden insgesamt 38 Items (Aussagen) zu zehn Konstrukten abgefragt: 14 Aussagen (Items) zur Messung der vier Integrationsmechanismen (Konstrukten), 15 Aussagen (Items) zur Messung der vier Integrationsfaktoren (Konstrukten), vier Aussagen (Items) zur Messung des Konstrukts „Integration von Marketing und Vertrieb" und fünf Aussagen (Items) zur Messung des Konstrukts „Unternehmenserfolg". Um die Konstrukte für diese Studie zu operationalisieren, wurden die Aussagen (Items) der Fragebögen aus der explorativen Forschung und der vorhandenen Literatur extrahiert (vgl. Churchill und Iacobucci 2002). Die Mehrzahl der Items (Aussagen zur Zusammenarbeit von Marketing und Vertrieb) wurde aus der wissenschaftlichen Literatur ausgewählt, die bereits in früheren Forschungsstudien entwickelt und getestet wurden (vgl. Evans und Schlacter 1985; Hult et al. 2002). Diese Praxis unterstützt auch die gleichzeitige Gültigkeit des Fragebogens und der damit verbundenen Aussagen (Items).

5.3 Operationalisierung der Konstrukte

Im folgenden Abschnitt erfolgt die Operationalisierung der Konstrukte, wodurch die latenten, nicht beobachtbaren Variablen und somit die Hypothesen, messbar gemacht werden. In Anlehnung an Weiber und Mühlhaus (2014) sollte ein Konstrukt durch drei bis sechs Items beobachtet, das heißt messbar gemacht werden. Items werden in diesem Zusammenhang auch als manifeste, das heißt als beobachtbare Variable, bezeichnet. Grundsätzlich lassen sich Items bzw. Messvariablen in reflektive und formative Größen einteilen. Ein formatives Item bewirkt durch die Veränderung der eigenen Ausprägung eine Veränderung in der Ausprägung des latenten Konstrukts. Bei einem reflektiven Item bewirkt die Veränderung der Ausprägung des latenten Konstrukts eine Veränderung der eigenen Ausprägung. Die Items des Messmodells der vorliegenden Untersuchung sind ausschließlich reflektive Messvariablen.

Operationalisierung des Konstrukts „Abteilungsübergreifende Kommunikation"
Die Auswirkungen der abteilungsübergreifenden Kommunikation auf die Effektivität der Zusammenarbeit zwischen Marketing und Vertrieb wurde bereits von zahlreichen Forschern untersucht. In sämtlichen Studien wurde nachgewiesen, dass dieses Konstrukt erhebliche Auswirkungen auf die Marketing-Vertriebs-Schnittstelle hat. Da die funktionsübergreifende Kommunikation für die Verbesserung der Zusammenarbeit von Marketing und Vertrieb wichtig ist, wurden drei Aussagen (Items) zur M&V-Kommunikation gestellt. Das erste Item wurde von Matthyssens und Johnston (2006), Le Meunier-FitzHugh und Piercy (2007b) und Homburg et al. (2008) präsentiert und enthält die folgende Aussage: Marketing und Vertrieb haben geplante abteilungsübergreifende Meetings. Das zweite Item beinhaltet gemäß Malshe (2011) den Fokus auf die gemeinsame Marketing-Intelligence-Aktivitäten mit folgender Aussage: Marketing und Vertrieb analysieren gemeinsam aktuelle Markttrends. Das dritte Item betrachtet gemäß der Forscher Matthyssens und Johnston (2006) und Troilo et al. (2009) den aktiven Austausch der Funktionseinheiten durch die folgende Aussage: Marketing und Vertrieb haben gemeinsame Aktivitäten (z. B. Events, Trainings). Die Struktur des Fragebogens zum Konstrukt „Abteilungsübergreifende Kommunikation" ist in Tab. 5.3 dargestellt.

Operationalisierung des Konstrukts „Abstimmung der M&V-Aufgaben und -Prozesse"
Der zweite Integrationsmechanismus „Abstimmung der M&V-Aufgaben und -Prozesse" wurde in früheren Forschungsstudien als gemeinsame Konstrukte nicht untersucht. Die Studien vergangener Jahre fokussierten entweder auf den Einfluss der Abstimmung von Aufgaben zwischen Marketing und Vertrieb oder analysierten den Einfluss der Prozesse auf die Marketing-Vertriebs-Schnittstelle.

Die Wissenschaftler Guenzi und Troilo (2006), Kotler et al. (2006), Haase (2006) und Le Meunier-FitzHugh und Lane (2009) untersuchten in ihren Studien die Koordination

Tab. 5.3 Operationalisierung des Konstrukts „Abteilungsübergreifende Kommunikation"

Konstrukt	Items	Quelle
Abteilungsübergreifende Kommunikation	Marketing und Vertrieb haben geplante abteilungsübergreifende Meetings	Matthyssens und Johnston (2006); Le Meunier-FitzHugh und Piercy (2007b); Homburg et al. (2008)
	Marketing und Vertrieb analysieren gemeinsam aktuelle Markttrends	Malshe (2011)
	Marketing und Vertrieb haben gemeinsame Aktivitäten (z. B. Events, Trainings)	Matthyssens und Johnston (2006); Troilo et al. (2009)

von Aktivitäten zwischen Marketing und Vertrieb und fanden heraus, dass dieses Konstrukt ein großes Potenzial zur Verbesserung der funktionsübergreifenden Zusammenarbeit hat. Laut Zoltners (2004) sollten auf der einen Seite Marketingaufgaben ganz wesentlich durch den Vertrieb unterstützt werden und auf der anderen Seite sollte das Marketing den Vertrieb bei der Durchführung der Vertriebsaktivitäten proaktiv unterstützen.

Bei der Untersuchung des Konstrukts „Prozesse" stellten die Forscher ebenso fest, dass diese Variable einen positiven und direkten Einfluss auf die Marketing-Vertriebs-Schnittstelle hat. Insbesondere Biemans und Brencic (2007), Le Meunier-FitzHugh und Piercy (2007a) und Hulland et al. (2012) argumentieren, dass ein CRM-System als gemeinsame IT-Plattform zwischen Marketing und Vertrieb die Basis für eine bessere Abstimmung der Prozesse zwischen den beiden Funktionen darstellt.

Die Items zur Messung des Konstrukts „M&V-Aufgaben und -Prozesse" wurde den Forschungsstudien von Zoltners (2004), Guenzi und Troilo (2006), Matthyssens und Johnston (2006), Oliva (2006), Le Meunier-FitzHugh und Piercy (2007a) sowie Malshe (2011) entnommen. Dabei beziehen sich die Aussagen (Items) auf die Abstimmung von Aufgaben und Prozessen zur gemeinsamen Durchführung der Markt- und Kundensegmentierung, der Marktanalyse sowie der Marketing- und Vertriebsstrategie. Die Items des Fragebogens zum Konstrukt „Abstimmung der M&V-Aufgaben und -Prozesse" sind der Tab. 5.4 zu entnehmen.

Operationalisierung des Konstrukts „Abteilungsübergreifende Strukturen"
Der dritte Integrationsmechanismus, „Abteilungsübergreifende Strukturen", wurde aufgrund der hohen Relevanz des Konstrukts bereits häufig in früheren Forschungsstudien untersucht. Die erste Aussage bezieht sich auf das Bestehen von abteilungsübergreifenden Teams und wurde aus den Forschungsstudien von Matthyssens und Johnston (2006), Le Meunier-FitzHugh und Piercy (2007a), Homburg et al. (2008) und Malshe (2011) abgeleitet. Das zweite Item untersucht, ob die Ressourcen zwischen Marketing und Vertrieb fair verteilt sind (vgl. Hulland et al. 2012; Rouziès und Hulland 2014) und

Tab. 5.4 Operationalisierung des Konstrukts „Abstimmung der M&V-Aufgaben und -Prozesse"

Konstrukt	Items	Quelle
Abstimmung der M&V-Aufgaben und -Prozesse	Folgende Aufgaben und Prozesse sind zwischen Marketing und Vertrieb sehr gut abgestimmt:	Zoltners (2004); Guenzi und Troilo (2006); Matthyssens und Johnston (2006); Oliva (2006); Le Meunier-FitzHugh und Piercy (2007a); Malshe (2011)
	Markt- und Kundensegmentierung	
	Marktanalyse (Sammeln und Analysieren von Informationen zu Wettbewerbern, Kunden, Trends, Produkten etc.)	
	Marketingstrategie (Planung, Umsetzung, Controlling)	
	Vertriebsstrategie (Planung, Umsetzung, Controlling)	

Tab. 5.5 Operationalisierung des Konstrukts „Abteilungsübergreifende Struktur"

Konstrukt	Items	Quelle
Abteilungsübergreifende Struktur	Es bestehen abteilungsübergreifende Teams	Matthyssens und Johnston (2006); Le Meunier-FitzHugh und Piercy (2007a); Homburg et al. (2008); Malshe (2011)
	Ressourcen sind zwischen Marketing und Vertrieb fair verteilt	Hulland et al. (2012); Rouziès und Hulland (2014)
	Die Machtverhältnisse zwischen Marketing und Vertrieb sind gleichverteilt	Hulland et al. (2012); Rouziès und Hulland (2014)

das dritte Item analysiert, ob die Machtverhältnisse zwischen Marketing und Vertrieb gleich verteilt sind (vgl. Hulland et al. 2012; Rouziès und Hulland 2014). Der Inhalt des Fragebogens kann der Tab. 5.5 entnommen werden.

Operationalisierung des Konstrukts „Abteilungsübergreifende Kultur"
Der vierte Integrationsmechanismus, „Abteilungsübergreifende Kultur" befasst sich mit der Kultur, das heißt dem Wertesystem im Umgang zwischen Marketing und Vertrieb. Die Forscher Rouziès et al. (2005), Kotler et al. (2006) und Le Meunier-FitzHugh und Piercy (2007a) fanden in ihren Studien heraus, dass die Kultur einen signifikanten und

5.3 Operationalisierung der Konstrukte

Tab. 5.6 Operationalisierung des Konstrukts „Abteilungsübergreifende Kultur"

Konstrukt	Items	Quelle
Abteilungsübergreifende Kultur	Marketing und Vertrieb haben eine hohe Integrität („Ich tue was ich sage")	Hulland et al. (2012); Arnett und Wittmann (2014)
	Marketing und Vertrieb vertrauen sich gegenseitig („Ich verlasse mich auf das, was wir besprochen haben")	Arnett und Wittmann (2014)
	Es besteht eine gemeinsame Kultur (z. B. Wertesystem, Teamgeist)	Beverland et al. (2006); Hughes et al. (2012)
	Es besteht eine gemeinsame Fachsprache zwischen beiden Abteilungen	Oliva (2006)

positiven Einfluss auf die Zusammenarbeit von Marketing und Vertrieb hat. Die erste Aussage: Marketing und Vertrieb haben eine hohe Integrität („Ich tue was ich sage") wurde aus den Studien von Hulland et al. (2012) und Arnett und Wittmann (2014) abgeleitet. Das zweite Item bezieht sich auf: Marketing und Vertrieb vertrauen sich gegenseitig („Ich verlasse mich auf das, was wir besprochen haben") und wurde der Studie von Arnett und Wittmann (2014) entnommen. Das dritte Item untersucht eine gemeinsam gelebte Kultur mit der Aussage: Es besteht eine gemeinsame Kultur (z. B. Wertesystem, Teamgeist), abgeleitet aus den Studien von Beverland et al. (2006) und Hughes et al. (2012). Das vierte Item fokussiert auf: Es besteht eine gemeinsame Fachsprache zwischen beiden Abteilungen und wurde der Forschung von Oliva entnommen. Tab. 5.6 zeigt die Struktur des Fragebogens „Abteilungsübergreifende Kultur".

Operationalisierung des Konstrukts „Führungsverhalten des M&V-Managements"
Der Einfluss des ersten Integrationsfaktors „Führungsverhalten des M&V-Managements" auf die Zusammenarbeit von Marketing und Vertrieb wurde bereits von zahlreichen Forschern untersucht. Insbesondere Le Meunier-FitzHugh und Piercy (2007b, 2009, 2010, 2011) fanden heraus, dass die Führungskräfte beider Abteilungen ein hohes Potenzial zur Verbesserung der Zusammenarbeit zwischen Marketing und Vertrieb haben. Die Items zur Messung des Konstrukts „Führungsverhalten der M&V-Führungskräfte" wurden aus den Forschungsstudien von Le Meunier-FitzHugh und Piercy (2007b), Troilo et al. (2009) und Arnett und Wittmann (2014) abgeleitet. Die erste Aussage untersucht, ob eine abteilungsübergreifende Kommunikation durch das Management gefördert und gefordert wird. Die zweite Aussage beurteilt, ob ein klares Verständnis für die Rollenverteilung zwischen beiden Abteilungen geschaffen wird. Item 3 untersucht, ob das M&V-Management auf gegenseitige Unterstützung zwischen den Mitarbeitern von beiden Abteilungen

Tab. 5.7 Operationalisierung des Konstrukts „Führungsverhalten des M&V-Managements"

Konstrukt	Items	Quelle
Führungsverhalten des M&V-Managements	Das Marketing- und Vertriebsmanagement…	Le Meunier-FitzHugh und Piercy (2007b); Troilo et al. (2009); Arnett und Wittmann (2014)
	… fördert und fordert eine abteilungsübergreifende Kommunikation	
	… schafft ein klares Verständnis für die Rollenverteilung zwischen beiden Abteilungen	
	… achtet auf gegenseitige Unterstützung zwischen den Mitarbeitern von beiden Abteilungen	
	… agiert als Vorbild und Wegbereiter für eine konstruktive Zusammenarbeit der beiden Abteilungen	

achtet. Und schließlich fokussiert Item 4 auf die Aussage, inwieweit das Management als Vorbild und Wegbereiter für eine konstruktive Zusammenarbeit der beiden Abteilungen agiert. Die Struktur des Fragebogens „Führungsverhalten des M&V-Managements" ist in Tab. 5.7 dargestellt.

Operationalisierung des Konstrukts „Abteilungsübergreifende Strategien und Ziele"
Der zweite Integrationsfaktor „Abteilungsübergreifende Strategien und Ziele" wurde von den Wissenschaftlern auch als ein wichtiges Konstrukt identifiziert, um die Zusammenarbeit von Marketing und Vertrieb zu optimieren. Guenzi und Troilo (2006), Haase (2006), Kotler et al. (2006), Le Meunier-FitzHugh und Piercy (2009) und Troilo et al. (2009) untersuchten in ihren Forschungsstudien die Konstrukte „gemeinsame Vision und Strategieausrichtung" sowie „gemeinsame Ziele" und fanden Hinweise auf ein signifikantes Wirkungspotenzial zur Verbesserung der Marketing-Vertriebs-Schnittstelle. Um das ausgewählte Konstrukt zu messen, wurden drei Items zur Strategieentwicklung, Strategieumsetzung und der gegenseitigen Unterstützung aus der Literatur entnommen. Das vierte Item beschreibt, dass Marketing und Vertrieb gemeinsame Zielsetzungen haben. Die vier Items wurden aus Forschungsstudien von Hult et al. (2002), Beverland et al. (2006), Le Meunier-FitzHugh und Piercy (2007a) und Homburg et al. (2008) abgeleitet. Tab. 5.8 zeigt die Struktur des Fragebogens, der sich mit dem Konstrukt „Abteilungsübergreifende Strategien und Ziele" befasst.

5.3 Operationalisierung der Konstrukte

Tab. 5.8 Operationalisierung des Konstrukts „Abteilungsübergreifende Strategien und Ziele"

Konstrukt	Items	Quelle
Abteilungsübergreifende Strategien und Ziele	Die Marketing- und Vertriebsstrategien …	Hult et al. (2002); Beverland et al. (2006); Le Meunier-FitzHugh und Piercy (2007a); Homburg et al. (2008)
	… werden gemeinsam von beiden Abteilungen entwickelt	
	… werden gemeinsam von beiden Abteilungen umgesetzt	
	… werden von der jeweils anderen Abteilung mit voller Überzeugung unterstützt	
	Marketing und Vertrieb haben gemeinsame Zielsetzungen	

Operationalisierung des Konstrukts „Einstellung und Kompetenzen der M&V-Mitarbeiter"

Der dritte Integrationsfaktor „Einstellung und Kompetenzen der M&V-Mitarbeiter" wurde in zahlreichen Forschungsstudien in unterschiedlichen Kontexten behandelt. Rouziès et al. (2005) und Haase (2006) identifizierten „Menschen" als einen wichtigen kollaborativen Faktor bei der Verbesserung der Marketing-Vertriebs-Schnittstelle, ohne zwischen Managern und Mitarbeitern zu unterscheiden. So haben Guenzi und Troilo (2006) Kriterien wie „gemeinsame Ausbildung", „Jobrotation", „Rollenverständnis" und „Motivation der Mitarbeiter" festgelegt, um die Zusammenarbeit zu verbessern. Die vorliegende Studie konzentriert sich für den dritten Integrationsfaktor (Konstrukt) ausschließlich auf die Einstellung und Kompetenzen der Mitarbeiter der Abteilungen Marketing und Vertrieb. Daher wurden aus der einschlägigen Literatur vier Items abgeleitet. Das erste Item konzentriert sich auf die Aussage: M&V-Mitarbeiter haben ein klares Verständnis für eigene Aufgaben und Verantwortlichkeiten und für die der jeweils anderen Abteilung und wurde den Studien von Troilo et al. (2009), Oliva (2006) und Matthyssens und Johnston (2006) entnommen. Das zweite Item enthält die Aussage: M&V-Mitarbeiter haben ausgeprägte Sozialkompetenzen, wie Teamgeist und Kommunikationsfähigkeiten nach Rouziès et al. (2005) und Haase (2006). Das dritte Item ist durch die folgende Aussage charakterisiert: Marketingmitarbeiter haben eine positive Einstellung gegenüber einer Zusammenarbeit mit dem Vertrieb und wurde wie auch das vierte Item aus den Forschungsstudien von Biemans und Brencic (2007) und Le Meunier-FitzHugh et al. (2011) abgeleitet. Und schließlich enthält das vierte Item die folgende Aussage zur Einstellung der Vertriebsmitarbeiter: Vertriebsmitarbeiter haben eine positive Einstellung gegenüber einer Zusammenarbeit mit dem Marketing. Tab. 5.9 zeigt die Struktur des Fragebogens, der sich mit „Einstellung und Kompetenzen der M&V-Mitarbeiter" befasst.

Tab. 5.9 Operationalisierung des Konstrukts „Einstellung und Kompetenzen der M&V-Mitarbeiter§"

Konstrukt	Items	Quelle
Einstellung und Kompetenzen der M&V-Mitarbeiter	M&V-Mitarbeiter haben ein klares Verständnis für eigene Aufgaben und Verantwortlichkeiten und für die der jeweils anderen Abteilung	Troilo et al. (2009); Oliva (2006); Matthyssens und Johnston (2006)
	M&V-Mitarbeiter haben ausgeprägte Sozialkompetenzen, wie Teamgeist und Kommunikationsfähigkeiten	Rouziès et al. (2005); Haase (2006)
	Marketingmitarbeiter haben eine positive Einstellung gegenüber einer Zusammenarbeit mit dem Vertrieb	Biemans und Brencic (2007); Le Meunier-FitzHugh et al. (2011)
	Vertriebsmitarbeiter haben eine positive Einstellung gegenüber einer Zusammenarbeit mit dem Marketing	

Operationalisierung des Konstrukts „Kundenorientierung von M&V"

Der Einfluss des Konstrukts „Kundenorientierung von Marketing und Vertrieb" als der vierte Integrationsfaktor wurde von verschiedenen Wissenschaftlern diskutiert, zum Teil jedoch in unterschiedlichem Kontext. Le Meunier-FitzHugh und Piercy (2011) haben bspw. die Auswirkungen einer effektiven Zusammenarbeit zwischen Marketing und Vertrieb auf die Marktorientierung untersucht und festgestellt, dass eine verbesserte Marketing-Vertriebs-Schnittstelle einen signifikanten Einfluss auf die Marktorientierung hat. Andere Forscher untersuchten die Auswirkungen der Markt- und Kundenorientierung (vgl. Guenzi und Troilo 2006; Haase 2006) und der Kundenzentrierung (vgl. Rouziès et al. 2005), um die Zusammenarbeit von Marketing und Vertrieb zu verbessern. Um das Konstrukt „Kundenorientierung von Marketing und Vertrieb" zu messen, wurden drei Items aus früheren Forschungsstudien abgeleitet. Das erste Item wurde den Studien von Haase (2006) und Troilo et al. (2009) entnommen und enthält folgende Aussage: Unsere Wettbewerbsstrategie richtet sich im Wesentlichen nach Kundenbedürfnissen und Kundenpotenzialen. Das zweite Item konzentriert sich auf die Aussage: Unsere M&V-Strategie ist darauf ausgerichtet, den Kundennutzen zu steigern und ist wie Item drei aus den Forschungsstudien von Le Meunier-FitzHugh et al. (2011), Krohmer et al. (2002) und Troilo et al. (2009) abgeleitet. Schließlich misst das dritte Item das Konstrukt mit der Aussage: Jeder M&V-Mitarbeiter weiß, was er zur Erhöhung des Kundenwerts bzw. der Steigerung der Kundenzufriedenheit beitragen kann. Tab. 5.10 zeigt die Struktur des Fragebogens, der sich mit Items zur Messung des Konstrukts „Kundenorientierung von Marketing und Vertrieb" befasst.

5.3 Operationalisierung der Konstrukte

Tab. 5.10 Operationalisierung des Konstrukts „Kundenorientierung von M&V"

Konstrukt	Items	Quelle
Kundenorientierung von M&V	Unsere Wettbewerbsstrategie richtet sich im Wesentlichen nach Kundenbedürfnissen und Kundenpotenzialen	Haase (2006); Troilo et al. (2009)
	Unsere M&V-Strategie ist darauf ausgerichtet, den Kundennutzen zu steigern	Le Meunier-FitzHugh et al. (2011); Krohmer et al. (2002); Troilo et al. (2009)
	Jeder M&V-Mitarbeiter weiß, was er zur Erhöhung des Kundenwerts bzw. der Steigerung der Kundenzufriedenheit beitragen kann	

Operationalisierung des Konstrukts „Integration von Marketing und Vertrieb"

Das Konstrukt „Integration von Marketing und Vertrieb" ist im Hypothesenmodell als intervenierende Variable definiert. Zur Messung des Konstrukts wurden vier Items aus früheren Forschungsstudien von Le Meunier-FitzHugh und Piercy (2007a), Homburg et al. (2008) und Troilo et al. (2009) übernommen. Das erste Item bezieht sich auf funktionsübergreifende Prozesse mit folgender Aussage: Alle M&V-Prozesse sind auf die Bedürfnisse unserer Kunden und auf unsere Zielmärkte angepasst. Das zweite Item konzentriert die Aussage auf abteilungsübergreifende Ziele: Es besteht ein klares Verständnis, welche Abteilung welchen Beitrag zu gemeinsam verabschiedeten Zielen leistet. Das dritte Item ist durch die folgende Aussage charakterisiert: Jeder Manager weiß genau, welcher M&V-Mitarbeiter welchen Beitrag zur Verbesserung des Kundennutzens leistet. Und schließlich umfasst das vierte Item die Aussage: Marketing und Vertrieb pflegen eine Kultur der gemeinsamen Verantwortung. Tab. 5.11 bietet einen Überblick über das Konstrukt, die ausgewählten Elemente und die Literaturquellen, aus denen die Items abgeleitet wurden.

Operationalisierung des Konstrukts „Unternehmenserfolg"

Der Einfluss der Zusammenarbeit von Marketing und Vertrieb auf den Unternehmenserfolg wurde von einigen Wissenschaftlern empirisch untersucht (vgl. Le Meunier-FitzHugh und Piercy 2007a, b, 2009; Dewsnap und Jobber 2009; Le Meunier-FitzHugh und Lane 2009; siehe auch Tab. 5.12). Die multiplen Items sind wiederum nach ausführlicher Literatursichtung ausgewählt worden. Damit handelt es sich um bereits etablierte Messinstrumente, die in vorausgegangenen Forschungsstudien entwickelt und validiert wurden (vgl. Gansser und Krol 2017). Objektive Erfolgsgrößen wie Umsatz und Profitabilität sind in jedem Unternehmen bekannt, allerdings werden diese Daten üblicherweise externen Personen nicht zugänglich gemacht bzw. sind nur selten auf operativer Ebene verfügbar. Aus diesen Gründen basiert die vorliegende

Tab. 5.11 Operationalisierung des Konstrukts „Integration von Marketing und Vertrieb"

Konstrukt	Items	Quelle
Integration von Marketing und Vertrieb	Alle M&V-Prozesse sind auf die Bedürfnisse unserer Kunden und auf unsere Zielmärkte angepasst	Le Meunier-FitzHugh und Piercy (2007a); Homburg et al. (2008); Troilo et al. (2009)
	Es besteht ein klares Verständnis, welche Abteilung welchen Beitrag zu gemeinsamen verabschiedeten Zielen leistet	
	Jeder Manager weiß genau, welcher M&V-Mitarbeiter welchen Beitrag zur Verbesserung des Kundennutzen leistet	
	Marketing und Vertrieb pflegen eine Kultur der gemeinsamen Verantwortung	

Tab. 5.12 Operationalisierung des Konstrukts „Unternehmenserfolg"

Konstrukt	Items	Quelle
Unternehmenserfolg	„Wie beurteilen Sie die Performance Ihres Unternehmens im Vergleich zu ihren Wettbewerbern hinsichtlich der folgenden Aussagen?"	
	Langfristige Profitabilität	Behrman und Perreault (1982); Haase (2006); Troilo et al. (2009)
	Marktanteil	Behrman und Perreault (1982); Troilo et al. (2009)
	Umsatzwachstum	Haase (2006); Troilo et al. (2009)
	Kundenzufriedenheit	Haase (2006); Homburg et al. (2008)
	Unternehmensimage	Haase (2006)

Studie auf der subjektiven Einschätzung der Erfolgsgrößen (langfristige Profitabilität, Marktanteil, Umsatzwachstum, Kundenzufriedenheit und Unternehmensimage) durch die befragten Teilnehmer (vgl. Lawrence und Lorsch 1967; Haase 2006; Homburg et al. 2008; Troilo et al. 2009).

5.4 Durchführung der Forschungsstudie

Die empirische Erhebung von Daten ist eine angemessene und geplante Methode in der Sozialforschung, die auf einen bestimmten Forschungszweck abzielt und eine künstliche Situation zwischen Interviewer und Befragtem schafft, wobei der Interviewer die Richtung der Kommunikation ohne negative Konsequenzen für beide leitet (vgl. Häder 2015). Es gibt verschiedene empirische Studienmethoden in der empirischen Sozialforschung, die sich nach dem Grad der Strukturierung (strukturiert, semistrukturiert oder unstrukturiert) und nach der Art der Interaktion mit den Befragten/Interviewten (mündlich oder schriftlich) unterscheiden.

Um dem Forschungsziel einer quantitativen, breit angelegten Untersuchung zu entsprechen, entschied sich die vorliegende Forschungsstudie für eine Online-Befragung gemäß des Vorgehens „strukturiert – schriftlich – Onlineumfrage" (Pfad fett gedruckt in Abb. 5.4). Dieser Typ der Umfrage wird als strukturierte, schriftliche Onlineumfrage definiert. In diesem Fall sind die Fragen vollständig vorformuliert (geschlossen) und ihre Reihenfolge ist vorgegeben (vgl. Kromrey 2009). Die Onlineumfrage ist eine kostengünstige und zeiteffiziente Umfrage, da die Befragten über E-Mail angefragt werden, sich an der Umfrage zu beteiligen. Die Rolle des Interviewers besteht darin, die Fragebögen an zufällig oder nicht zufällig ausgewählte Personen zu versenden und den Fragebogeneingang zu überwachen (vgl. Jacob et al. 2013). Um die Kriterien für die Onlineumfrage zu erfüllen, ist der Interviewer verpflichtet, die Befragten nicht zu beeinflussen und damit Neutralität zu gewährleisten, sodass Verzerrungen vermieden werden (vgl. Schnell et al. 2011).

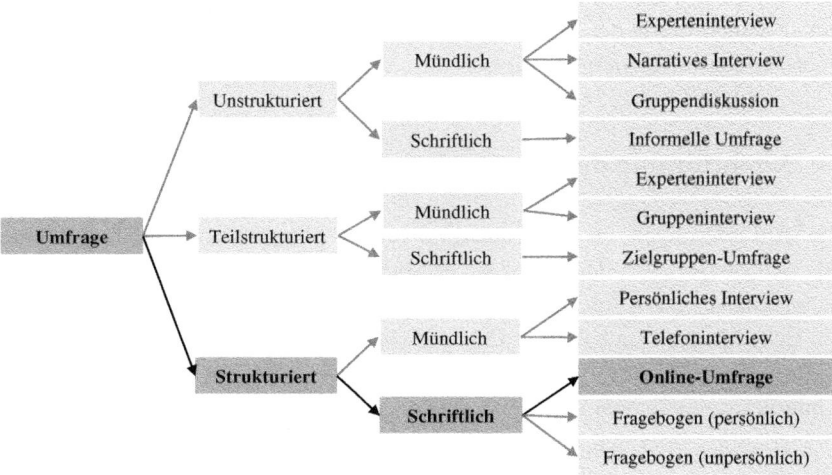

Abb. 5.4 Verschiedene empirische Untersuchungsmethoden in der Sozialforschung. (In Anlehnung an Helfferich 2014)

5.4.1 Detailliertes Vorgehen der Untersuchung

Die Datenerhebung der vorliegenden Forschungsstudie bestand im Wesentlichen aus zwei Phasen: Die erste Phase umfasste den Pretest, das heißt einer Pilotphase, in der der Fragebogen getestet werden sollte. Die zweite Phase umfasste die Phase der Onlineumfrage, um Daten für die Hypothesenprüfung mittels Strukturgleichungsmodellierung und für die Evaluierung der Güte der Zusammenarbeit von Marketing und Vertrieb mittels deskriptiver Statistik zu erheben.

5.4.2 Pretest

Vor der tatsächlichen Datenerhebung wurde der Onlinefragebogen einem Pretest unterzogen. Gemäß Kuß et al. (2014) sollten an einem Pretest mindestens 20 Personen teilnehmen. Auch sollte der Pretest unter den gleichen Bedingungen wie die tatsächliche Umfrage durchgeführt werden. Mit der Durchführung des Pretests werden mehrere Ziele verfolgt. Erstens, die benötigte Zeit für die Bearbeitung des Fragebogens sollte ermittelt werden. Das Ziel für die Bearbeitung des Fragebogens lag bei unter zehn Minuten. Der Pretest zeigte auf, dass die Umfrage von allen Teilnehmern in sechs bis acht Minuten durchgeführt wurde. Zweitens sollte die Benutzerfreundlichkeit des Onlinefragebogens sowie das allgemeine Verständnis der Fragen sowie deren Formulierung und Rechtschreibung überprüft werden. Zudem wurde die Varianz der Ergebnisse geprüft. Dabei war zu erkennen, dass einige Items bzw. Konstrukte nicht die gewünschte Aussagekraft hatten. Deshalb wurden insgesamt 20 Items verändert bzw. angepasst und zwei Konstrukte völlig neu konzipiert. Der veränderte Fragebogen wurde nochmals von sieben Personen überprüft. Insgesamt waren am Pretest 20 Personen, das heißt drei Führungskräfte und neun Mitarbeiter aus dem Marketing sowie zwei Führungskräfte und sechs Mitarbeiter aus dem Vertrieb beteiligt.

5.4.3 Durchführung der empirischen Datenerhebung

Um die Anforderungen an eine quantitative Forschung sicherzustellen, wurden im Vorfeld der Studie 700 Datensätze von B2B-Unternehmen nach folgenden Kriterien zugekauft: 1) B2B-Industrie, 2) Unternehmenssitz in Deutschland, 3) mindestens 50 Mio. EUR Umsatz und 4) die Existenz von zwei separaten Marketing- und Vertriebsabteilungen. Zur Kontaktaufnahme für eine Befragung wurde die Gesamtheit der B2B-Unternehmen personalisiert per E-Mail angeschrieben. Die E-Mail wurde entweder an den Marketing- oder den Vertriebsleiter des Unternehmens persönlich gerichtet, welche sich aus einem Anschreiben zur Onlineumfrage und einer neunseitigen Präsentation im PDF-Format mit Details zum Forschungsprojekt zusammensetzte. Der Mehrwert für die teilnehmenden Unternehmen bestand darin, dass eine individuelle Auswertung für ihr Unternehmen in Aussicht gestellt wurde, welche die Beurteilung der Güte der M&V-Schnittstelle sowie einer Empfehlung zur Verbesserung der Zusammenarbeit von Marketing und Vertrieb beinhaltete. Voraussetzung für den Erhalt der Auswertung war die Teilnahme von mindestens vier Personen des Unternehmens, wobei jeweils eine Führungskraft und ein Mitarbeiter aus beiden Abteilungen teilnehmen mussten. Die Datenerhebung des Forschungsprojekts wurde im Zeitraum vom 21. Juli bis zum 6. Dezember 2016 durchgeführt.

5.4.4 Zusammensetzung der Stichprobe

Insgesamt konnten für die Studie 227 Teilnehmer aus 38 Unternehmen gewonnen werden. Davon haben 23 Teilnehmer den Fragebogen anonym ausgefüllt, sodass kein Rückschluss auf ein spezifisches Unternehmen geschlossen werden konnte. 35 Teilnehmer (15,4 %) waren Führungskräfte aus dem Bereich Marketing und waren im Durchschnitt 12,2 Jahre im jeweiligen Unternehmen tätig. 26 Teilnehmer (11,7 %) waren eine Führungskraft des Vertriebs und durchschnittlich 11,3 Jahre in ihrem Unternehmen. 100 Mitarbeiter des Marketings stellten mit 44,0 % der Teilnehmer den größten Anteil der Umfrage. Diese waren im Durchschnitt 6,7 Jahre in ihrem Unternehmen tätig. Die 59 Vertriebsmitarbeiter stellten 26,0 % der Teilnehmer und waren durchschnittlich 6,8 Jahre im jeweiligen Unternehmen tätig. Sieben Personen (3,1 %) haben keine Angabe gemacht. 15 Unternehmen erwirtschaften einen Jahresumsatz von über zwei Mrd. Euro. Bei 13 Unternehmen liegt der Umsatz zwischen 200 Mio. EUR und 2 Mrd. EUR. 27 weisen einen Umsatz bis 200 Mio. EUR aus und sieben Unternehmen gaben keinen Umsatz an.

5.5 Die Datenanalyse

Die Datenanalyse dieser quantitativen Forschung wurde in zwei Schritten durchgeführt. Der erste Schritt hatte das Ziel, die Hypothesen mittels Strukturgleichungsmodellierung zu prüfen (testen) und das Integrationsmodell zu validieren. Der zweite Schritt war vorgesehen, um die Güte der Zusammenarbeit mittels deskriptiver Statistik zu evaluieren und dadurch Handlungsempfehlungen ableiten zu können. Tab. 5.13 zeigt einen Überblick über beide Ansätze zur Datenanalyse dieser Studie:

5.5.1 Die Strukturgleichungsmodellierung – eine Einführung

Die Strukturgleichungsmodellierung ist ein multivariates, statistisches Verfahren, mit welchem ein komplexes Hypothesensystem empirisch überprüft werden kann. Weiber und Mühlhaus (2014) definieren die Strukturgleichungsmodellierung als eine statistische Methode zur Abbildung von vorformulierten und komplexen und/oder sachlich begründeten

Tab. 5.13 Übersicht des quantitativen Forschungsansatzes für die Auswertung

	Strukturgleichungsmodellierung	Deskriptive Statistik
Ziel	Testen des Hypothesenmodells	Evaluierung zur Güte der M&V-Zusammenarbeit
Programm	SmartPLS	Excel
Anzahl der Items	38 Items	38 Items
Skala	5-Punkte-Likert-Skala	5-Punkte-Likert-Skala
Stichprobe	227 Teilnehmer	227 Teilnehmer
Messkriterien	Cronbachs Alpha Indikatorreliabilität Konstruktreliabilität Indikatorvalidität Konstruktvalidität Diskriminanzvalidität Signifikanzlevel (P-Value) Pfadkoeffizient (Ladung) Erklärungswert (R^2)	Arithmetisches Mittel Varianz Standardabweichung

theoretischen Korrelationen zwischen Variablen, die in einem linearen Gleichungssystem dargestellt sind. Darüber hinaus ermöglicht dieses statistische Modell, die Ursache und Wirkung zwischen den analysierten Variablen zu überprüfen und die Zuverlässigkeit der Messung zu bestimmen. Der grundlegende Vorteil des Verfahrens ist, dass es mit multiplen Korrelationen bei gleichzeitiger großer statistischer Genauigkeit umgehen kann (vgl. Hair et al. 2010). Aus diesem Grund ist die Methode der Strukturgleichungsmodellierung für die Auswertung dieser Forschungsstudie besonders gut geeignet.

Das Strukturgleichungsmodell bildet zunächst die theoretisch vermuteten Zusammenhänge zwischen den Konstrukten, das heißt latenten (nicht beobachtbaren) Variablen in einer formalen Struktur ab. Ein Konstrukt wird nicht direkt, sondern indirekt über Items gemessen. Dabei werden die latenten Variablen nach exogenen und endogenen Konstrukten klassifiziert. Für jedes exogene Konstrukt (= erklärende Größe) wird eine Hypothese formuliert. Die endogenen Variablen werden durch die im Modell unterstellten kausalen Beziehungen erklärt. Konstrukte, die einerseits exogen, andererseits endogen wirken, bezeichnet man als intervenierende Variable. Das Kausalmodell wird grafisch durch ein Pfaddiagramm in ein lineares Gleichungssystem überführt, welches schließlich, im Fall dieser Studie, durch einen varianzanalytischen Ansatz überprüft wird (vgl. Weiber und Mühlhaus 2014).

Strukturelle Gleichungsmodellierung wird bereits in einer breiten Palette von Forschungsgebieten eingesetzt: Forschung auf den Gebieten von Marketing, Management, Psychologie, Soziologie, Bildung, Demografie, Gesundheit, Biologie und sogar Genetik. Die Attraktivität dieser Methode besteht im Wesentlichen aus zwei Gründen:

Erstens stellt die Strukturgleichungsmodellierung eine einfache Methode dar, um mit mehreren Korrelationen gleichzeitig umzugehen und gleichzeitig statistische Effizenz zu liefern. Und zweitens hat diese Methode die Fähigkeit, Korrelationen umfassend zu bewerten und einen Übergang von explorativen zu konfirmatorischen Analysen zu ermöglichen. Dieser Übergang entspricht größeren Anstrengungen in einem breiten Feld von Forschungsstudien zur Entwicklung einer systematischeren und ganzheitlicheren Sicht auf Probleme. Solche Bemühungen erfordern die Fähigkeit, eine Reihe von Korrelationen zu testen, indem ein Modell im großen Maßstab eine Reihe grundlegender Prinzipien oder eine ganze Theorie anwendet. Aus diesen Gründen wurde die Methode der Strukturgleichungsmodellierung entwickelt und findet daher Verwendung in zahlreichen Forschungsstudien (vgl. Hair et al. 1998).

5.5.2 Die Methodik der Strukturgleichungsmodellierung

Die Strukturgleichungsmodellierung ist eine multivariate Datenanalyse der zweiten Generation, die häufig in der Marktforschung eingesetzt wird, um theoretisch unterstützte lineare und additive kausale Modelle zu testen (vgl. Chin et al. 1996; Haenlein und Kaplan 2004; Statsoft 2013). Mit der Strukturgleichungsmodellierung können Marketer die Korrelation zwischen den interessierenden Variablen visuell testen, um Ressourcen zu priorisieren und damit ihre Kunden besser betreuen zu können. Die Tatsache, dass nicht beobachtbare, latente Variablen mithilfe der Strukturgleichungsmodellierung gemessen werden können, macht diese Methode besonders geeignet, Probleme der Wirtschaftsforschung zu untersuchen (vgl. Wong 2013). Eine latente Variable kann als ein hypothetisches und unbeobachtetes Konzept definiert werden, das nur in Bezug auf die beobachtbaren oder messbaren Variablen approximiert werden kann (vgl. Hair et al. 1998). Beispiele für latente Variablen oder hypothetische Konstrukte in der Praxis, die nicht direkt durch empirische Forschungsmethoden gemessen werden können, sind bspw. „Kundenzufriedenheit" oder „Kundenloyalität". Daher müssen diese hypothetischen Konstrukte bestimmt und Indikatoren aus früheren Forschungsstudien abgeleitet werden, die direkt mit Konstrukten korrelieren. Die Fähigkeit, Konstrukte zu messen, wird als Operationalisierung bezeichnet. Dabei wird die Gesamtheit der erforderlichen Operationen dargestellt, um ein hypothetisches Konstrukt durch beobachtete Indikatoren (manifeste Variablen) zu sammeln und zu messen (vgl. Weiber und Mühlhaus 2014). Nach Backhaus et al. (2006) gibt es zwei Teilmodelle in einem Strukturgleichungsmodell zum Messen der hypothetischen Konstrukte (bspw. „Abteilungsübergreifende Kommunikation"). Abb. 5.5 zeigt das Pfaddiagramm der Strukturgleichungsmodellierung mit den beiden Teilmodellen, den äußeren Messmodellen (Messmodelle der latenten Variablen) und dem inneren Messmodell (Strukturmodell).

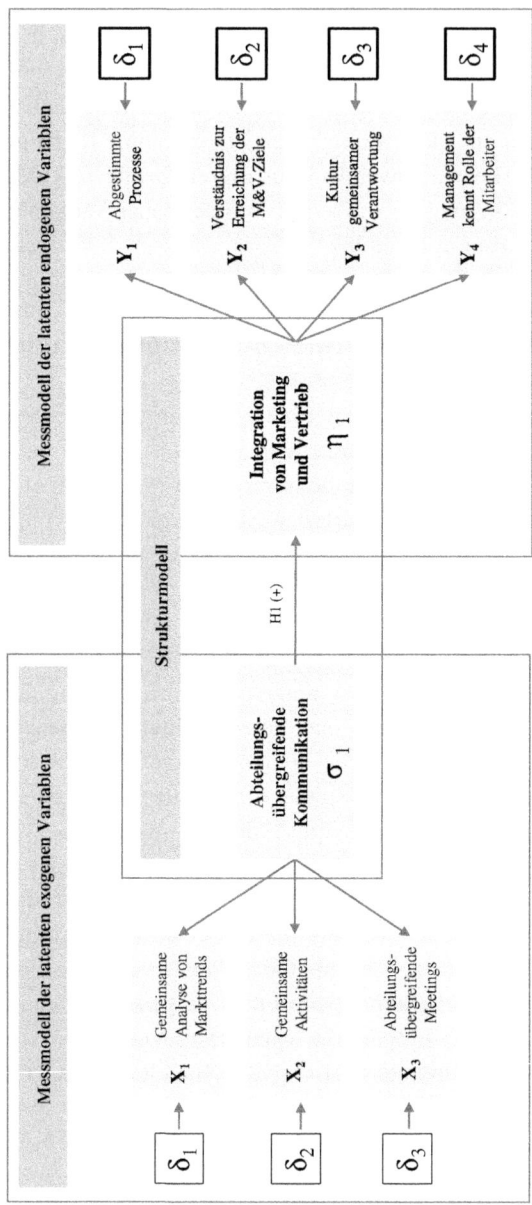

Abb. 5.5 Beispielhaftes Pfaddiagramm der Strukturgleichungsmodellierung für das Konstrukt „Abteilungsübergreifende Kommunikation"

Die äußeren Messmodelle stellen zunächst die Beziehung zwischen den nicht beobachtbaren, latenten Variablen (Konstrukten) und ihren beobachteten Indikatoren (Items) dar. Das innere Messmodell ist das Strukturmodell und misst den kausalen Zusammenhang zwischen den exogenen (unabhängigen) und den endogenen (abhängigen) latenten Variablen. Die direkt beobachtbaren Variablen (X und Y), die durch die Befragung gemessen werden sollen, werden als Items, Indikatoren oder manifesten Variablen (Aussagen oder Fragen im Fragebogen) bezeichnet. Nicht beobachtbare, latente Variablen (σ, η), die durch Indikatoren gemessen werden sollen, werden in der wissenschaftlichen Literatur als Konstrukte ausgedrückt. Und schließlich wird die Messfehlervariable (δ) zur Überprüfung der Messgenauigkeit bei der Messung der Items entsprechend ausgewiesen. Der kausale Zusammenhang zwischen latenten Variablen (Kausalpfad) ist mit einem Pfeil dargestellt. Die Pfeilrichtung des Wirkungszusammenhangs hat seinen Ursprung immer bei der unabhängigen (verursachenden) Variablen und seinen Endpunkt bei der abhängigen Variablen. Die Auswirkung von Messfehlervariablen wird ebenfalls mit einem Pfeil angezeigt, dessen Ursprung die Variable des Messfehlers ist. Ein vollständiges Strukturgleichungsmodell besteht aus mindestens zwei Messmodellen und einem Strukturmodell (vgl. Weiber und Mühlhaus 2014).

Die in Abb. 5.5 gezeigten Messmodelle (Teilmodelle des Strukturgleichungsmodells) spezifizieren die Indikatoren für jedes Konstrukt und bewerten die Zuverlässigkeit jedes Konstrukts zur Schätzung der kausalen Beziehungen. Das Messmodell ist in seiner Form der Faktorenanalyse ähnlich, wobei der Forscher nur die Anzahl der Faktoren angeben kann, jedoch alle Variablen für jeden Faktor laden. Im Messmodell bestimmt der Forscher, welche Indikatoren das spezifizierte Konstrukt messen sollen. Die Strukturgleichungsmodellierung kann als eine multivariate Technik charakterisiert werden, die Aspekte der multiplen Regression (Untersuchung von Abhängigkeitsbeziehungen) und Faktoranalyse (Darstellung von nicht gemessenen Konzepten, das heißt Faktoren mit mehreren Variablen) zur simultanen Abschätzung einer Reihe miteinander in Beziehung stehender Abhängigkeitsbeziehungen kombiniert (vgl. Hair et al. 2010).

Bei der Strukturgleichungsmodellierung gibt es zwei Arten von Maßstäben. Erstens, wenn die Indikatoren die latente Variable verursachen und untereinander nicht austauschbar sind, gelten die Indikatoren als prägend. Formative Indikatoren können eine positive, negative oder gar keine Beziehung zueinander haben (vgl. Haenlein und Kaplan 2004; Petter et al. 2007). Zweitens sollten, wenn die Indikatoren stark korreliert und austauschbar sind, die Zuverlässigkeit und Validität der Indikatoren gründlich untersucht werden (vgl. Haenlein und Kaplan 2004; Hair et al. 2013; Petter et al. 2007). Bei der reflektiven Messskala richtet sich die Kausalität von den unbeobachteten, latenten Variablen (Konstrukten) zu den beobachteten Indikatoren. Da alle Indikatoren der vorliegenden Studie reflektierend sind, wurde für die vorlegende Forschungsstudie eine reflektierende Messskala angewendet.

5.5.3 Strukturgleichungsmodellierung mit varianzanalytischem Ansatz (PLS)

Es existieren verschiedene Ansätze zur Strukturgleichungsmodellierung. Der erste Ansatz ist die weit verbreitete „Covariance Structured Analysis" (CSA), die Softwarepakete, wie bspw. AMOS (Analysis of Moment Structures), EQS, LISREL (LInear Structural Relationships) und MPlus anbieten. Der zweite Ansatz ist als „Partial Least Squares" (PLS) bekannt und konzentriert sich auf die Analyse der Varianz und kann mit Statistikprogrammen, wie bspw. SmartPLS, PLS-Graph, VisualPLS, und WrappPLS durchgeführt werden. Das PLS-Modul im statistischen Softwarepaket „r" kann ebenfalls eingesetzt werden. Der dritte Ansatz ist eine komponentenbasiertes Strukturgleichungsmodellierung, das als „General Structured Component Analysis" (GSCA) unter Verwendung des Softwarepakets VisualGSCA oder einer Web-basierten Anwendung, dem sogenannten GESCA angewendet wird (vgl. Wong 2013).

Angesichts der unterschiedlichen Ansätze zur Pfadmodellierung müssen die Vor- und Nachteile berücksichtigt werden, um einen geeigneten Ansatz für das definierte Forschungsprojekt zu wählen. Die vorliegende Forschungsstudie verwendete die Technik der kleinsten Quadrate aus folgenden Gründen (vgl. Bacon 1999; Hwang et al. 2010):

- Die Stichprobengröße ist relativ gering.
- Das Forschungsgebiet ist teilweise noch unerforscht und die verfügbare Theorie ist gering.
- Die voraussagende Genauigkeit ist von größter Bedeutung.
- Eine korrekte Modellspezifikation kann nicht gewährleistet werden.

Nach Wong (2013) ist die Strukturgleichungsmodellierung durch PLS jedoch nicht für alle Arten statistischer Analysen geeignet, weil:

- Bei kleinen Stichproben müssen hochwertige strukturelle Pfadkoeffizienten verwendet werden.
- Es kann zu Problemen mit der Multikollinearität kommen, wenn die Strukturgleichungsmodellierung nicht gewissenhaft umgesetzt wird.
- Da die Pfeile der Korrelationen immer einseitig ausgerichtet sind, kann das Modell nicht ungerichtete Wirkungszusammenhänge modellieren.
- Ein potenzieller Mangel an vollständiger Konsistenz in der Bewertung von Konstrukten kann zu verzerrten Ergebnissen der Wirkungszusammenhänge bezüglich Signifikanz, Ladung und Bestimmtheitsmaß führen.

Trotz dieser Einschränkungen wird die statistische Methode „Partial Least Square" (PLS) für die Strukturgleichungsmodellierung als nützlich angesehen und wurde bereits in vielen Forschungsbereichen erfolgreich eingesetzt, wie bspw. Marketing (vgl. Henseler et al. 2009), Management-Informationssysteme (vgl. Chin et al. 2003), Business-Strategie (vgl. Hulland 1999), Verhaltenswissenschaft (vgl. Bass et al. 2003) oder Organisation (vgl. Sosik et al. 2009).

5.5.4 PLS-Strukturgleichungsmodellierung unter Verwendung von SmartPLS

Obwohl die PLS-Pfadmodellierungssoftware Mitte der 1960er-Jahre entwickelt wurde (vgl. Wold 1973, 1982), gab es bis Mitte der 2000er-Jahre einen Mangel an einfach zu verwendender Software. Die Softwareprodukte von PLS-Strukturmodellierung, die heute von Marketern in der Praxis häufig eingesetzt werden, sind WarPLS (kommerzielle Software) und SmartPLS (freie Software). SmartPLS wurde von Ringle et al. (2005) entwickelt und erfreut sich großer Beliebtheit, da es Forschern und Wissenschaftlern frei zugänglich ist und über eine benutzerfreundliche Benutzeroberfläche und erweiterte Berichtsfunktionen verfügt (vgl. Wong 2013). Aus diesem Grund wurde für die vorliegende Forschungsstudie entschieden, SmartPLS zur Durchführung der Strukturgleichwertigkeitsmodellierung einzusetzen.

Um das Strukturmodell-Modellierungspaket SmartPLS in geeigneter Weise anzuwenden, muss die Stichprobengröße nach folgenden Kriterien ermittelt werden (vgl. Hair et al. 2013). Eine typische Marktforschungsstudie sollte ein Signifikanzniveau von fünf Prozent, eine statistische Stärke von 80 % und R^2-Werte von mindestens 0,25 haben. Unter Verwendung dieser Parameter hängt die erforderliche Mindeststichprobengröße von der maximalen Anzahl von Hypothesen ab, die im Strukturgleichungsmodell angegeben sind (vgl. Marcoulides und Saunders 2006). Tab. 5.14 zeigt die vorgeschlagene Stichprobengröße, um die zuvor genannten Kriterien zu erfüllen.

Tab. 5.14 Empfohlene Stichprobe. (Quelle: Marcoulides und Saunders 2006) vs. Stichprobe der Forschungsstudie

Mindestgröße einer Stichprobe	Maximale Anzahl der Hypothesen
52	2
59	3
65	4
70	5
75	6
80	7
84	8
88	9
91	10
Stichprobe dieser Studie:	**Anzahl der Hypothesen:**
227	9

Sobald die Indikatoren (manifeste, beobachtbare Variablen) und die Konstrukte (latente, nicht beobachtbare Variablen) in SmartPLS erfolgreich miteinander verbunden worden sind, kann auf Basis des konzeptionellen Hypothesenmodells das Pfadmodellierungs-Schätzverfahren durchgeführt werden (vgl. Wong 2013). In den folgenden Abschnitten wird die Umsetzung der Smart-PLS-Modellierungsschätzung detailliert beschrieben:

- Überprüfung der Reliabilität und Validität der Indikatoren (äußere Modelle)
- Kausale Wirkungszusammenhänge der Konstrukte (inneres Modell)

Das Softwareprogramm SmartPLS kann als ein varianzanalytischer Ansatz betrachtet werden, das auf einem „Partial Least Squares" (PLS)-Konzept basiert und in zwei Stufen angewendet wird: Zunächst werden Schätzwerte für latente Variablen (Konstrukte) aus empirischen Daten bestimmt. Und außerdem werden diese Konstrukte verwendet, um die Parameter der Strukturgleichungsmodellierung zu schätzen. Im Gegensatz zu SmartPLS basieren Kovarianz-Analysesysteme wie LISREL oder AMOS auf einer konfirmatorischen Faktorenanalyse. Dieser Ansatz kann als ganzheitlicher Ansatz betrachtet werden, bei dem alle Parameter der empirischen Varianz-/Kovarianzmatrix gleichzeitig geschätzt werden (vgl. Weiber und Mühlhaus 2014).

Der varianzanalytische Ansatz des Strukturgleichungsmodells wurde von Wold (1966, 1975, 1982) entwickelt. Basierend auf der Hauptkomponentenanalyse und der Korrelationsanalyse versucht dieser Ansatz, Daten aus der empirischen Datenerhebung mithilfe der Partial-Least-Squares-Methode zu prognostizieren. Wolds partieller Ansatz der kleinsten Quadrate wurde von Lohmüller (1989) in das Statistikprogramm LVPS (Latent Varalyses Path Analysis mit Partial Least Squares) integriert, welches die Basis für heutige PLS-Programme wie SmartPLS, VisualPLS und PLSGraph bildet. Die Ziele für den Ansatz der kleinsten Fehlerquadrate (Varianzanalyse) bestehen darin, die Varianz des Fehlers der Variablen in Messmodellen zu minimieren, das Gleichungsmodell zu strukturieren und gleichzeitig die Varianz der Messfehler und Konstrukte zu minimieren (vgl. Weiber und Mühlhaus 2014).

Strukturelle Gleichungsmodellierung, das heißt die Prüfung des kausalen Modells, wird unter Verwendung von PLS in drei Stufen angewendet: Die erste Stufe bestimmt latente, nicht beobachtbare Variablen (Konstrukte), die auf Items (Indikatoren) der Datenerhebung basieren. Zudem kann das Strukturgleichungsmodell, das durch das Pfaddiagramm skizziert wird, durch manifestierte Variablen geschätzt werden. Und die dritte Stufe schätzt die arithmetischen Mittel und konstanten Bedingungen für die lineare Regressionsfunktion aus den Pfadkoeffizienten ab (vgl. Weiber und Mühlhaus 2014).

Um das PLS-System für die vorliegende Forschungsstudie anzuwenden, wurden Konstrukte (latente, nicht beobachtbare Variablen) aus der wissenschaftlichen Literatur abgeleitet und Hypothesen gebildet. Darüber hinaus wurden Items (Indikatoren) aus früheren Untersuchungen entnommen, um die Konstrukte zu messen.

Über einen Onlinefragebogen wurden 227 Teilnehmer aus den Funktionsbereichen Marketing und Vertrieb zu 38 Items (Aussagen) gebeten, ihre Beurteilung zur Zusammenarbeit von Marketing und Vertrieb in ihrem Unternehmen abzugeben. Die Ergebnisse des Onlinefragebogens wurden in die Berechnungssoftware „Excel" importiert. Der nächste Schritt bestand in der Transformation dieser Daten über eine CLV-Datei in das statistische Softwareprogramm SmartPLS zum Aufbau eines Strukturgleichungsmodells. Das Strukturgleichungsmodell wurde durch ein Pfaddiagramm von neun Konstrukten skizziert, um das Hypothesenmodell abzubilden. Das Strukturmodell bestand aus acht unabhängigen Konstrukten (Einfluss-Variablen), einer intervenierenden Variable und einem abhängigen Konstrukt (Ziel-Variable). Da in der vorliegenden Studie die Veränderung in der Ausprägung der latenten Variablen eine Veränderung in der Ausprägung der Messvariablen bewirkt, wird hier der Ansatz reflektierend verwendet. Wie skizziert, umfasst SmartPLS das Messmodell der latenten Variablen (Konstrukte) als äußere Messmodelle und das Strukturmodell als inneres Modell, um die Anpassungsgüte des Strukturgleichungsmodells nach definierten Messkriterien zu überprüfen. Die Ergebnisse des Ansatzes zur Strukturgleichungsmodellierung werden in Kap. 6 beschrieben.

5.5.5 Überprüfung der Reliabilität und Validität (äußere Messmodelle)

Wie bei allen anderen Ansätzen der Marktforschung ist es auch bei der Methode der Strukturgleichungsmodellierung wichtig, die Gütekritcrien der empirischen Sozialforschung, wie bspw. Reliabilität und Validität der Indikatoren und Konstrukten des Hypothesenmodells zu bestimmen (vgl. Wong 2013). Bevor die Kriterien zur Überprüfung der „Reliabilität" (Zuverlässigkeit) und „Validität" (Gültigkeit) beschrieben werden, werden beide Gütekriterien definiert.

Das erste Gütekriterium, Reliabilität, ist ein Maß für die formale Genauigkeit bzw. Verlässlichkeit wissenschaftlicher Messungen. Sie ist derjenige Anteil an der Varianz, der durch tatsächliche Unterschiede im zu messenden Merkmal und nicht durch Messfehler erklärt werden kann. Hochreliable Ergebnisse müssen weitgehend frei von Zufallsfehlern sein, das heißt, bei Wiederholung der Messung unter gleichen Rahmenbedingungen würde das gleiche Messergebnis erzielt werden (Replizierbarkeit von Ergebnissen unter gleichen Bedingungen) (vgl. Weiber und Mühlhaus 2014). Die Indikatoren hochzuverlässiger Konstrukte sind hochgradig interkorreliert, was darüber hinaus anzeigt, dass sie das gleiche latente Konstrukt messen. Wenn die Zuverlässigkeit abnimmt, werden die Indikatoren weniger konsistent und sind daher schwächere Indikatoren des latenten

Konstrukts. Die Zuverlässigkeit kann als 1,0 minus des Messfehlers berechnet werden. Der Messfehler ist definiert als der Grad, bis zu dem die messbaren Variablen die latenten interessierenden Konstrukte nicht perfekt beschreiben. Das Ziel des Forschers ist es, in der Strukturgleichungsmodellierung Messfehler zu minimieren, um genaue Schätzungen der kausalen Beziehung zu liefern (vgl. Hair et al. 1998). Die Zuverlässigkeit der Messmodelle in Bezug auf Indikatoren und Konstrukten kann anhand statistischer Kriterien wie „Cronbachs Alpha", „Indikatorreliabilität" und „Konstruktreliabilität" gemessen werden.

Das zweite Gütekriterium, Validität, kann wie folgt definiert werden: Wird Wissenschaft als System zur Erzeugung und Verfeinerung von Annahmen über Ursache-Wirkungs-Zusammenhänge verstanden, bezeichnet Validität die Gültigkeit bzw. Belastbarkeit dieser Annahmen. Im Gegensatz zur grundsätzlichen Falsifizierbarkeit (Widerlegbarkeit) und Verifizierbarkeit (Belegbarkeit) einer wissenschaftlichen Aussage ist Validität ein (abgestuftes) Gütekriterium für die Belastbarkeit einer bestimmten Aussage. Im Rahmen empirischer Untersuchungen bezieht sich Validität aber auch auf die Güte der Operationalisierung der in den Kausalmodellen beschriebenen einzelnen Faktoren, den Konstrukten. Validität ist also einerseits die Belastbarkeit der Operationalisierung („Inwieweit misst das Testinstrument das, was es messen soll?"), andererseits die Belastbarkeit der auf den Messungen beruhenden Aussagen oder Schlussfolgerungen („Inwieweit trifft es zu, dass X Y beeinflusst?") (vgl. Weiber und Mühlhaus 2014). Die Validität wird in hohem Maße vom Forscher festgelegt, da die ursprüngliche Bestimmung der latenten Variablen (Konstrukt) vom Forscher vorgegeben wird und auf die ausgewählten Indikatoren oder Maßnahmen abgestimmt werden muss. Die Validität der Messmodelle in Bezug auf Indikatoren und Konstrukte kann mit statistischen Kriterien wie „Konvergenzvalidität" (T-Wert der Faktorladung, Indikatorvalidität), durchschnittlich erfasste Varianz (AVE, Konstruktvalidität) und „Diskriminanzvalidität" (Fornell-Larcker-Kriterium) gemessen werden.

Die Validität garantiert nicht die Reliabilität und umgekehrt. Dies bedeutet, dass eine Maßnahme zwar genau (gültig), aber nicht konsistent (zuverlässig) sein kann. Und gleichermaßen kann sie durchaus konsistent, aber nicht genau sein. Daher sind Zuverlässigkeit und Validität zwei getrennte Messkriterien, aber zusammenhängende Bedingungen (vgl. Hair et al. 1998).

Im Folgenden werden die Messkriterien, das heißt Schwellenwerte für die Messung der Reliabilität für Indikatoren und Konstrukte in den äußeren Messmodellen in Tab. 5.15 detailliert aufgezeigt und beschrieben.

Die Reliabilität der in den äußeren Messmodellen verwendeten Indikatoren und Konstrukte kann in SmartPLS unter Verwendung von verschiedene Kriterien wie „Cronbachs Alpha" (α), „Indikator Reliabilität" (IR) und „Konstruktreliabilität" (Composite Reliability CR) berechnet werden. Diese Kriterien werden im Folgenden näher erläutert:

Cronbachs Alpha ist ein allgemein verwendetes Zuverlässigkeitsmaß für eine Gruppe von drei oder mehr Indikatoren. Die Werte liegen zwischen 0 und 1, wobei höhere Werte für eine höhere Reliabilität der Indikatoren stehen (vgl. Hair et al. 1998). Laut Churchill (1979) ist

5.5 Die Datenanalyse

Tab. 5.15 Messkriterien für die Reliabilität der äußeren Messmodelle

Überprüfung der *Reliabilität* der äußeren Messmodelle	Schwellenwert	Literaturquelle
Cronbachs Alpha (α)	$\alpha \geq 0{,}6$ (mind. drei Indikatoren) $\alpha \geq 0{,}7$ (mind. vier Indikatoren)	Nunnally und Bernstein (1994) Ohlwein (1999)
Indikatorreliabilität (IR)	$IR \geq 0{,}4$	Bagozzi und Baumgartner (1994) Hulland (1999)
Konstruktreliabilität (CR)	$CR \geq 0{,}6$	Bagozzi und Yi (1988)

Cronbachs Alpha unbestreitbar die erste Maßnahme, die zur Beurteilung der Qualität der Instrumente herangezogen werden sollte. Cronbachs Alpha wurde jedoch traditionell verwendet, um die interne Konsistenzreliabilität in der empirischen Sozialforschung zu messen, aber es liefert tendenziell eine eher konservative Messung (vgl. Wong 2013). Daher wurde in der Literatur vergangener Jahre ersatzweise das Messkriterium „Konstruktreliabilität" vorgeschlagen (vgl. Bagozzi und Yi 1988; Hair et al. 2012). Da Cronbachs Alpha aber traditionell als wichtig betrachtet wurde, wurden in der vorliegenden Forschungsstudie beide Messkriterien berücksichtigt. Nunnally und Bernstein (1994) und Ohlwein (1999) empfehlen, dass mehrere Indikatoren nur dann verwendet werden, wenn Cronbachs Alpha eine Schwelle von $\alpha \geq 0{,}6$ für drei Indikatoren und $\alpha \geq 0{,}7$ für vier oder mehr Indikatoren vorsieht.

Die Indikatorreliabilität misst als zweites Kriterium die Ladung der Indikatoren auf die latente Variable (Konstrukt). Die Indikatorreliabilität ermittelt die Varianz eines Indikators, der sich durch das Konstrukt manifestiert und durch einen Schwellenwert von $IR \geq 0{,}4$ bestimmt wird (vgl. Bagozzi und Baumgartner 1994).

Das dritte Kriterium, Konstruktreliabilität, ist ein Maß für die interne Konsistenz der Indikatoren und zeigt den Grad an, zu dem sie das gemeinsame latente, nicht beobachtbare Konstrukt messen. Die einheitliche Messung der Konstrukte durch die einzelnen Indikatoren bietet eine höhere Reliabilität und damit ein größeres Vertrauen in die Messung (vgl. Hair et al. 1998). Im Wesentlichen ist die Konstruktreliabilität ein Maß dafür, wie gut ein Konstrukt durch die aggregierten Indikatoren gemessen wird. Bagozzi und Yi (1988) empfehlen, dass die Konstruktreliabilität einen Schwellenwert von $CR \geq 0{,}6$ erreichen sollte.

Nachfolgend werden die Messkriterien, das heißt Schwellenwerte für die Messung der Validität für Indikatoren und Konstrukte in den äußeren Messmodellen in Tab. 5.16 detailliert aufgezeigt und erläutert.

Wie aus Tab. 5.16 ersichtlich, kann die Validität die in den äußeren Messmodellen verwendeten Indikatoren (Items) und Konstrukten durch statistische Kriterien wie „Konvergenzvalidität" (T-Value, Indikatorvalidität), „durchschnittliche erfasste Varianz" (AVE, Konstruktvalidität) sowie „Diskriminanzvalidität" (Fornell-Larcker-Kriterium) darstellen.

Tab. 5.16 Messkriterien für die Validität der äußeren Messmodelle

Überprüfung der *Validität* der äußeren Messmodelle	Schwellenwert	Literaturquelle
Indikatorvalidität (T-Wert der Faktorladung)	T-Wert ≥ 1,96 (Signifikanzlevel 5 %)	Anderson und Gerbig (1988)
Konstruktvalidität (Durchschnittlich erfasste Varianz/AVE)	AVE ≥ 0,5	Fornell und Larcker (1981) Bagozzi und Yi (1988)
Diskriminanzvalidität (Fornell-Larcker-Kriterium)	$<\sqrt{AVE}$	Fornell und Larcker (1981) Chin (1998)

Die „Konvergenzvalidität der Indikatoren" misst die Validität der manifesten Variablen (Items/Indikatoren) mit dem „T-Wert der Faktorladung" auf Indikatorenebene. Die Indikatorvalidität ist eingehalten, wenn der T-Wert bei einem definierten Messverfahren (einseitig und bei einem Signifikanzniveau von fünf Prozent) einen Schwellenwert von 1,96 nicht unterschreitet (vgl. Anderson und Gerbig 1988).

Die „Konvergenzvalidität der Konstrukte" misst die Validität der latenten Variablen durch die „durchschnittlich erfasste Varianz" (AVE) auf Konstruktebene. Die Konstruktvalidität ist eingehalten, wenn der Schwellenwert von AVE ≥ 0,5 erreicht ist (vgl. Fornell und Larcker 1981; Bagozzi und Yi 1988).

Um die „Diskriminanzvalidität" zu etablieren, schlagen Fornell und Larcker (1981) vor, dass die Quadratwurzel der AVE (Average Variance Extracted) in jedem Konstrukt verwendet werden kann und größer sein sollte, als die Korrelationen zwischen den Konstrukten. Dies bedeutet, dass die Messung der einfachen linearen Korrelation zwischen jeder latenten Variablen für jede Diskriminanzfunktion berechnet wird. Dies ist in der wissenschaftlichen Literatur auch als Strukturkorrelations- oder Korrelationsmatrix bekannt (vgl. Hair et al. 1998).

Im Anschluss an die Ausführungen zur Überprüfung der Reliabilität und Validität der äußeren Messmodelle, wird im nächsten Abschnitt beschrieben, wie die Messmodelle und der konzeptionelle Rahmen in ein vollständiges Strukturgleichungsmodell (Kausalmodell) übertragen werden. Auf diese Weise wird die Korrelation zwischen latenten exogenen Variablen und den latenten endogenen Variablen durch standardisierte Pfadkoeffizienten erfasst.

5.5.6 Überprüfung der kausalen Wirkungszusammenhänge im Strukturmodell (inneres Messmodell)

Das Strukturmodell, das heißt das innere Messmodell, stellt Wirkungszusammenhänge zwischen hypothetischen Konstrukten dar (vgl. Hair et al. 1998). Die kausalen Effekte zwischen den Korrelationen der latenten Variablen können durch verschiedene Kriterien wie „Standardisierte Pfadkoeffizienten" (Ladung), „Erklärte Varianz" R^2

5.5 Die Datenanalyse

Tab. 5.17 Prüfung der Kausaleffekte des inneren Messmodells

Prüfung der *Kausaleffekte* des inneren Messmodells	Schwellenwert	Literaturquelle
Pfadkoeffizient (PC)	PC $\geq$ 0,1	Lohmüller (1989)
Erklärungswert (Bestimmtheitsmaß R^2)	$R^2 = 0{,}19$ (schwach) $R^2 = 0{,}33$ (mittel) $R^2 = 0{,}66$ (stark)	Chin (1998)
Multikollinearität (VIF)	VIF < 10	Huber et al. (2007)
P-Wert	P < 0,1 (signifikant) P $\geq$ 0,1 (nicht signifikant)	Chin (1998)

(Bestimmtheitsmaß, Erklärungswert), „Multikollinearität" VIF und „P-Wert" (Signifikanz) gemessen werden. Kriterien zur Überprüfung der kausalen Effekte von Korrelationen im Strukturmodell sind in Tab. 5.17 dargestellt und wie folgt definiert:

Die Bewertung von „Pfadkoeffizienten" kann durch das PLS-Modell durch die Berechnung standardisierter Pfadkoeffizienten durchgeführt werden, um die Intensität der Korrelationen zwischen den Konstrukten zu prüfen. Die standardisierten Pfadkoeffizienten geben die kausale Intensität der Korrelation zwischen exogenen und endogenen Variablen an und tragen zur Plausibilitätsprüfung der PLS-Schätzungen bei. Abhängig vom Vorzeichen gibt es positive oder negative kausale Effekte (vgl. Weiber und Mühlhaus 2014). Nach Lohmüller (1989) können relevante Zusammenhänge zwischen den Konstrukten identifiziert werden, bei denen die Pfadkoeffizienten den Schwellenwert von 0,1 überschreiten. Die Pfadanalyse ist eine Methode, die eine einfache bivariate Korrelation anwendet, um die Beziehung in einem System von Strukturgleichungen zu schätzen. Die Methode basiert auf der Spezifizierung der Beziehungen in einer Anordnung von regressionsähnlichen Gleichungen (dargestellt in einem Pfaddiagramm). Diese Gleichungen können dann geschätzt werden, indem der Korrelationsbetrag, der jedem Effekt in jeder Strukturgleichung zugeschrieben wird, gleichzeitig bestimmt wird (vgl. Hair et al. 1998).

Die „Erklärte Varianz" R^2 (Bestimmtheitsmaß, Erklärungswert), der auch als „Squared Multiple Correlation" bezeichnet wird, ist als Maß für den Anteil der Varianz der abhängigen Variablen an ihrem Mittelwert definiert. Dieses Kriterium wird durch die unabhängigen oder prädiktiven Variablen erklärt. Der Wert von R^2 kann zwischen 0 und 1 variieren. Wenn das Regressionsmodell richtig angewendet und geschätzt wird, kann der Forscher annehmen, dass ein höheres Bestimmtheitsmaß die Erklärungskraft der Regressionsgleichung erhöht und daher die Vorhersage der abhängigen Variablen verbessert (vgl. Hair et al. 1998). Chin (1998) empfiehlt verschiedene Werte für das Bestimmtheitsmaß R^2, um die Ergebnisse zu begründen: $R^2 = 0{,}19$ (schwach erklärt); $R^2 = 0{,}33$ (mittel) und $R^2 = 0{,}66$ (stark).

Die „Multikollinearität" VIF ist als die perfekte lineare Abhängigkeit von Konstrukten definiert, die in reflektiven Messmodellen unerwünscht ist, da eine Regressionsanalyse nicht angewendet werden kann. Die Abwesenheit der Multikollinearität, die mittels SmartPLS als „Variance Inflation Factor" (VIF) gemessen wird, sollte einen Schwellenwert nach von VIF < 10 nicht überschreiten (vgl. Huber et al. 2007).

Schließlich wird der „P-Wert" (P-Value) als Wahrscheinlichkeit definiert, bei dem die unabhängigen Variablen bei einem festgelegten Messverfahren (einseitiger Test und Signifikanzlevel von fünf Prozent) gegenüber den abhängigen Variablen einen Wert von Null annehmen (vgl. Backhaus et al. 2006). Nach Chin (1998) gelten P-Werte mit einem Schwellenwert von P < 0,1 als hoch signifikant, wobei P-Werte mit einem Schwellenwert von P ≥ 0,1 als nicht signifikant betrachtet werden.

5.5.7 Ablaufschritte bei der Strukturgleichungsmodellierung

Im Rahmen der Strukturgleichungsmodellierung empfehlen Weiber und Mühlhaus (2014) ein Vorgehen in folgenden Ablaufschritten:

- Schritt 1: Klassifizierung der latenten Variablen nach endogenen und exogenen Variablen.
- Schritt 2: Erstellung des Strukturmodells (Hypothesenformulierung je exogener Variable).
- Schritt 3: Formulierung des Messmodells für jede latente Variable.
- Schritt 4: Grafische Verdeutlichung des Kausalmodells (Erstellung des Pfaddiagramms).
- Schritt 5: Durchführung der Kausalanalyse mittels Statistikprogramm.

Im Folgenden werden die Ablaufschritte detailliert erläutert:

Schritt 1: Klassifizierung der latenten Variablen nach endogenen und exogenen Variablen

Aus der wissenschaftlichen Literatur werden sogenannte Konstrukte (latente nicht beobachtbare Variablen) abgeleitet, das heißt konzeptualisiert (siehe Kap. 4). Dabei werden die Konstrukte nach endogenen und exogenen Variablen unterschieden. Unter einer exogenen Variablen versteht man eine Einflussvariable, die endogene Variable bezeichnet die Zielvariable. Ist ein Konstrukt einerseits Zielvariable und anderseits Einflussvariable, so spricht man von einer intervenierenden Variablen. Um die Konstrukte messbar zu machen, werden aus der Literatur entsprechende Items (Indikatoren) abgeleitet. Diesen Vorgang bezeichnet man als Operationalisierung (siehe Abschn. 5.3).

Schritt 2: Erstellung des Strukturmodells (Hypothesenformulierung je exogener Variable)

Um die Wirkungszusammenhänge der exogenen auf die endogenen Variablen messbar zu machen, wird ein Strukturmodell mit Hypothesenformulierung je exogener Variable aufgesetzt (siehe Abschn. 4.7 und 4.8). Dabei wird unterstellt, dass die exogenen Variablen einen positiven oder negativen Einfluss auf die Zielvariable haben.

Schritt 3: Formulierung des Messmodells für jede latente Variable

Zur Messung der Konstrukte (latente Variablen) werden Items (Indikatoren) eingesetzt, die das Konstrukt erklären (siehe Schritt 1). Dabei wird zwischen einem äußeren und inneren Messmodell unterschieden (siehe Abschn. 5.5.2). Das innere Messmodell misst den Ursache-Wirkungs-Zusammenhang der exogenen auf die endogenen Variablen. Das äußere Messmodell misst die Reliabilität und Validität der Konstrukte durch die Items. In der Regel werden mindestens drei bis fünf Items (manifeste Variablen) dazu verwendet, ein Konstrukt zu erklären. Die Reliabilität bezieht sich auf die Zuverlässigkeit der Messung der Konstrukte durch die jeweiligen Items und umfasst die Indikatorreliabilität, Cronbachs Alpha und die Faktorreliabilität. Die Validität definiert die Gültigkeit bzw. die Belastbarkeit der Ursachen- und Wirkungszusammenhänge und wird über die Konvergenzvalidität der Items (T-Value), die durchschnittlich erfasste Varianz (AVE) und die Diskriminanzvalidität erfasst. Des Weiteren kann zwischen einem reflektiven und formativen Messmodell unterschieden werden. Ein reflektives Messmodell zeichnet sich dadurch aus, dass die Ausprägungen der beobachtbaren Items kausal durch das Konstrukt verursacht werden. Damit einher geht die Unterstellung, dass eine Veränderung des Konstrukts zu einer Veränderung aller Items gleichermaßen führt, unter Vernachlässigung von Messfehlern (vgl. Fornell und Brookstein 1982). Im Gegensatz dazu erklären in einem formativen Messmodell die Items das Konstrukt (vgl. Curtis und Jackson 1962).

Schritt 4: Grafische Verdeutlichung des Kausalmodells (Erstellung des Pfaddiagramms)

Zur Überprüfung der Ursache-Wirkungs-Zusammenhänge wird bspw. im Statistikprogramm SmartPLS ein Pfaddiagramm, das heißt ein Kausalmodell, erstellt. Zunächst werden die exogenen und endogenen Variablen aufgesetzt und gemäß den Ursache-Wirkungs-Zusammenhängen verbunden. Daraufhin werden die entsprechenden Items zu den Konstrukten hinzugefügt und mittels reflektiver oder formativen Zusammenhangs verbunden (siehe Abschn. 6.2).

Schritt 5: Durchführung der Kausalanalyse mittels Statistikprogramm

Mithilfe des Statistikprogramms (z. B. SmartPLS) erfolgt die Prüfung der Reliabilität und Validität der Indikatoren und Konstrukte im äußeren Messmodell. Im inneren Messmodell wird der Ursache-Wirkungs-Zusammenhang der exogenen auf die endogenen Variablen untersucht. Die Berechnung der Werte für Pfadkoeffizient, Signifikanz

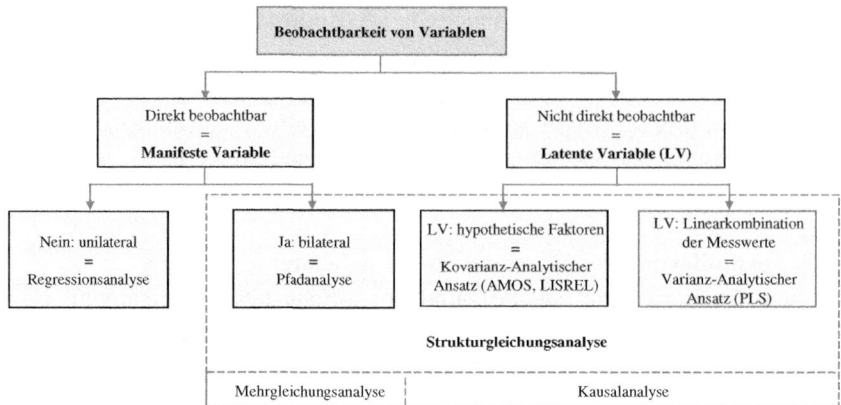

Abb. 5.6 Beobachtbarkeit von Variablen. (Quelle: in Anlehnung an Weiber und Mühlhaus 2014)

und Erklärungswert R^2 erfolgt über die Funktion „Berechnung Starten" und „PLS-Algorithmus". Des Weiteren errechnet das Programm über die Funktion „Bootstrapping" die Werte für P-Value (Signifikanz) und T-Value (Indikatorvalidität) (Abb. 5.6).

5.5.8 Deskriptive Datenanalyse

Die deskriptive (beschreibende) Statistik versteht sich nach Eckstein (2013) als explorative Datenanalyse als Standardprogramm der statistischen Methodenlehre. Das Grundanliegen der Deskriptiven Statistik besteht für den Forscher darin, für eine wohl definierte Gesamtheit von Merkmalsträgern die Ausprägungen eines oder mehrerer Merkmale statistisch zu erheben, aufzubereiten und zu analysieren. Dabei steht für die möglichst umfassend erhobenen Daten die statistische Beschreibung von Verteilungen, Zusammenhängen, Abhängigkeiten und/oder Entwicklungen im Vordergrund. Die aus den statistisch erhobenen und analysierten Daten gewonnenen Aussagen gelten dabei stets nur für die zugrunde liegende statistische Gesamtheit.

„Statistik ist die Bezeichnung für die Gesamtheit von Verfahren und Methoden zur Gewinnung, Erfassung, Aufbereitung, Analyse, Abbildung, Nachbildung und Vorhersage von (möglichst) massenhaften, zähl-, mess- und/oder systematisch beobachtbaren Daten über reale Sachverhalte zum Zwecke der Erkenntnisgewinnung und Entscheidungsfindung (meist unter Ungewissheit)" (Eckstein 2013, S. 2).

Die Statistik, die als Bindeglied zwischen empirischer Forschung und wissenschaftlicher Theorie fungiert, wird als „Wissenschaft der empirischen Erkenntnis" bezeichnet. In diesem Zusammenhang ist die Statistik in erster Linie eine Methodenlehre. Die Statistik hat sein Einsatzgebiet in erster Linie in den Wirtschafts-, Sozial-, Geistes-, Natur- und Ingenieurwissenschaften, kommt aber auch in der Wirtschaft, Verwaltung, Politik und Gesellschaft zur Anwendung.

5.5 Die Datenanalyse

Die statistische Untersuchung umfasst die Untersuchungsplanung, Datenerhebung, Datenaufbereitung und die Datenanalyse. Die Untersuchungsplanung schließt die exakte Formulierung des Untersuchungsziels, die sachliche, örtliche und zeitliche Abgrenzung der Untersuchung (z. B. Untersuchungsdesign) sowie die Auswahl der statistischen Analyseverfahren (z. B. Arithmetisches Mittel, Standardabweichung) ein. Die Datenerhebung umfasst die Gewinnung und Erfassung des statistischen Datenmaterials (z. B. Befragung). Mit der Qualität der Datenerhebung (z. B. Gütekriterien) steht und fällt die Glaubwürdigkeit und die Verwendbarkeit der Ergebnisse einer statistischen Untersuchung. Die Datenaufbereitung beinhaltet die Ordnung, Zusammenfassung und Darstellung des statistischen Datenmaterials in Datendateien, Tabellen und/oder Abbildungen. Die Datenanalyse bildet das Kernstück einer statistischen Untersuchung, da hierbei die Anwendung geeigneter statistischer Verfahren zum Zweck der Erkenntnisgewinnung und/oder Entscheidungsfindung im Vordergrund steht (vgl. Eckstein 2013).

Die Deskriptive Statistik im Rahmen des vorliegenden Forschungsansatzes befasst sich mit der Berechnung des Arithmetischen Mittels. Dieses Vorgehen ist erforderlich, um die Position der Zusammenarbeit von Marketing und Vertrieb im Integrationsmodell messbar zu machen. Das Arithmetische Mittel $\bar{x}$ eines Werts liegt vor, wenn man die Summe aller beobachtbaren Merkmalswerte $X(\gamma_i) = x_i$ gleichmäßig auf alle Merkmalsträger γ_i verteilt. Dabei ist X ein kardinales Merkmal einer statistischen Gesamtheit $N = (\gamma_i, i = 1, 2, \ldots, n)$ vom Umfang n. Die Merkmale werden auf einer Kardinalskala gemessen, die mithilfe reeller Zahlen sowohl die Gleich- oder Verschiedenartigkeit und die Rangfolge als auch mess- und zählbare Unterschiede (Abstand, Vielfaches) für Merkmalsausprägungen zum Ausdruck bringen kann. Das statistische Merkmal wird definiert als Eigenschaft einer statistischen Einheit, die Grundlage bzw. Gegenstand einer statistischen Untersuchung. Dabei ist die statistische Einheit γ das kleinste Element in der Statistik und damit Träger von Informationen bzw. Eigenschaften, die für eine statistische Untersuchung von Interesse sind. Die Merkmalsausprägung wird definiert als eine Aussage über ein Merkmal bzw. über eine Eigenschaft einer statistischen Einheit.

Die Messung über eine Kardinalskala, die keinen natürlichen Nullpunkt und keine natürliche Maßeinheit hat, nennt man Intervallskala (z. B. Likert-Skala; Skalierung: 1–5). Für ein intervallskaliertes Merkmal ist es nur sinnvoll, zwischen den Merkmalswerten Abstände zu messen bzw. Differenzen zu berechnen und zu interpretieren. Dabei werden in der empirischen Sozialforschung auf der Intervallskala nur die beiden Extremwerte benannt (z. B. 1 = überhaupt nicht zutreffend; 5 = voll und ganz zutreffend). Die Berechnung des Arithmetischen Mittels $\bar{x}$ erfolgt durch die folgende Berechnungsformel:

Formel arithmetisches Mittel $\bar{x}$: vgl. Eckstein (2013, S. 42)

$$\bar{x} = \frac{1}{n} \sum_{i=1}^{n} x_i$$

Um die Güte des Arithmetischen Mittels einordnen zu können, bedient sich die Deskriptive Statistik der Empirischen Varianz (auch: deskriptive Varianz oder mittlere quadratische Abweichung) sowie der Standardabweichung (auch: deskriptive Standardabweichung oder durchschnittliche Streuung).

Nach Eckstein (2013) spielt die Empirische Varianz als Streuungsmaß in der statistischen Methodenlehre vor allem wegen der quadratischen Minimumeigenschaften des arithmetischen Mittels eine große Rolle. Ist X ein kardinales Merkmal einer statistischen Gesamtheit $N = (\gamma_i, i =, 1, 2, \cdots, n)$, dann heißt das quadratische Mittel der Abweichung der beobachteten Merkmalswerte $\chi = (\gamma) = x_i$ von ihrem arithmetischen Mittel $\bar{x}$ empirische Varianz. Die Varianz d_x^2 berechnet man als ein einfaches arithmetisches Mittel aus den quadrierten Abweichungen, auch als quadratisches Mittel berechnet, mithilfe folgender Formel:

Formel empirische Varianz d_x^2: vgl. Eckstein (2013, S. 50)

$$d_x^2 = \frac{1}{n} \sum_{i=1}^{n} (x_i - \bar{x})^2$$

Die empirische Standardabweichung d_x misst nach Eckstein (2013) das Ausmaß der durchschnittlichen quadratischen Abweichung der einzelnen Merkmalswerte von ihrem arithmetischen Mittel. Ist X ein kardinales Merkmal, dann heißt die (positive) Quadratwurzel aus der empirischen Varianz d_x^2 empirische Standardabweichung. Während sich die Varianz einer gewissen sachlogischen Interpretation entzieht, ist die Standardabweichung in der Statistik ohne Zweifel das am häufigsten eingesetzte Streuungsmaß. Dabei gibt die Standardabweichung an, inwieweit die Ergebnisse der Untersuchung um das arithmetische Mittel streuen bzw. verteilt sind. Berechnung der empirischen Standardabweichung erfolgt über die Formel:

Formel empirische Standardabweichung d_x: vgl. Eckstein 2013, S. 51

$$d_x = \sqrt{d_x^2} = \sqrt{\frac{1}{n} \sum_{i=1}^{n} (x_i - \bar{x})^2}$$

Literatur

Anderson, E., & Gerbig, D. (1988). Structural equation modeling in practice: A review and recommended two-step-approach. *Psychological Bulletin, 103,* 411–423.

Arnett, D., & Wittmann, M. (2014). Improving marketing success: The role of tacit knowledge exchange between sales and marketing. *Journal of Business Research, 67,* 324–331.

Backhaus, K., Erichson, B., Plinke, W., & Weiber, R. (2006). *Multivariate analysemethoden* (11. Aufl.). Berlin: Springer.

Bacon, L. (1999). Using LISREL and PLS to measure customer satisfaction. https://www.researchgate.net/publication/228523217_Using_LISREL_and_PLS_to_measure_customer_satisfaction. Zugegriffen: 21. Mai 2019.

Bagozzi, R., & Baumgartner, H. (1994). The evaluation of structural equation models and hypotheses testing. In R. Bagozzi (Hrsg.), *Principles of marketing research* (S. 386–422). Cambridge: Blackwell Business.

Bagozzi, R., & Yi, Y. (1988). On the evaluation of structural equation models. *Journal of the Academy of Marketing Science, 16,* 375–388.

Bass, B., Avolio, B., Jung, D., & Berson, Y. (2003). Predicting unit performance by assessing transformational and transactional leadership. *Journal of Applied Psychology, 88*(2), 207–218.

Behrman, N., & Perreault, D. (1982). Measuring the performance of industrial salespersons. *Journal of Business Research, 10*(3), 335–370.

Beverland, M., Steel, M., & Dapiran, P. (2006). Cultural frames that drive sales and marketing apart: An exploratory study. *Journal of Business & Industrial Marketing, 21*(6), 386–394.

Biemans, W., & Brencic, M. (2007). Designing the marketing-sales interface in B2B firms. *European Journal of Marketing, 41*(3/4), 257–273.

Biemans, W., Brencic, M., & Malshe, A. (2010). Marketing-sales interface configurations in B2B firms. *Industrial Marketing Management, 39,* 183–194.

Chin, W. (1998). The partial least squares approach for structural equation modeling. In G. Marcoulides (Hrsg.), *Modern methods for business research* (S. 295–336). London: Erlbaum.

Chin, W., Marcolin, B., & Newsted, P. (1996). *A partial least squares latent variable modeling approach for measuring interaction effects: Results from a Monte Carlo simulation study and voice mail emotion/adaption study.* Paper presented at the 17th international conference on information systems, Cleveland, OH.

Chin, W., Marcolin, B., & Newsted, P. (2003). A partial least squares latent variable modeling approach for measuring interaction effects: Result from a Monte Carlo simulation study and electronic mail emotion/adoption study. *Information Systems Research, 14*(2), 189–217.

Churchill, G. (1979). A paradigm for developing better measures of marketing constructs. *Journal of Marketing Research, 16,* 64–73.

Churchill, G., & Iacobucci, D. (2002). *Market research methodological foundation* (8. Aufl.). Mason: South-Western.

Creswell, J. (2009). *Research design. Qualitative, quantitative, and mixed methods approaches* (3. Aufl.). Thousand Oaks: Sage.

Curtis, R., & Jackson, E. (1962). Multiple indicators in survey research. *American Journal of Sociology, 68*(2), 195–204.

Dewsnap, B., & Jobber, D. (2009). An exploratory study of sales-marketing integrative devices. *European Journal of Marketing, 43*(7/8), 985–1007.

Eckstein, P. (2013). *Angewandte Statistik mit SPSS: Praktische Einführung für Wirtschaftswissenschaftler.* Wiesbaden: Springer.

Evans, K., & Schlachter, J. (1985). The role of sales managers and salespeople in a marketing information systems. *Journal of Personal Selling & Sales Management, 5,* 49–55.

Fornell, C., & Brookstein, F. (1982). Two structural equation models. LISREL and PLS applied to consumer exit-voice theory. *Journal of Marketing Research, 19,* 440–452.

Fornell, C., & Larcker, D. (1981). Evaluating structural equation models with unobservable variables and measurement error. *Journal of Marketing Research, 18,* 39–50.

Gansser, O., & Krol, B. (2017). *Moderne Methoden der Marktforschung – Kunden besser verstehen.* Wiesbaden: Springer Gabler.

Guenzi, P., & Troilo, G. (2006). Developing marketing capabilities for customer value creation through marketing-sales integration. *Industrial Marketing Management, 35*(11), 974–988.

Haase, K. (2006). *Koordination von Marketing und Vertrieb. Determinanten, Gestaltungsdimensionen und Erfolgsauswirkungen.* Wiesbaden: Deutscher Universitäts-Verlag.

Häder, M. (2015). *Empirische Sozialforschung. Eine Einführung* (3. Aufl.). Wiesbaden: Springer.

Haenlein, M., & Kaplan, A. (2004). A beginner's guide to partial least squares analysis. *Understanding Statistics, 3*(4), 283–297.

Hair, J., Anderson, R., Tatham, R., & Black, W. (1998). *Multivariate data analysis* (5. Aufl.). Upper Saddle River: Prentice Hall.

Hair, J., Anderson, R., Tatham, R., & Black, W. (2010). *Multivariate data analysis* (7. Aufl.). Upper Saddle River: Prentice Hall.

Hair, J., Sarstedt, M., Peiper, T., & Ringle, C. (2012). Application of partial least squares path modeling in management journals: A review of past practices and recommendations for future applications. *Long Range Planning, 45*(5–6), 320–340.

Hair, J., Hult, G., Ringle, C., & Sarstedt, M. (2013). *A primer on partial least squares structural equation modeling (PLS-SEM)*. Thousand Oaks: Sage.

Helfferich, C. (2014). Leitfaden- und Experteninterviews. In N. Baur & J. Blasius (Hrsg.), *Handbuch Methoden der empirischen Sozialforschung*. Wiesbaden: Springer Fachmedien.

Henseler, J., Ringle, C., & Sinkovics, R. (2009). The use of partial least squares path modeling in international marketing. *Advances in International Marketing, 20*, 277–320.

Hiemeyer, W. (2016). *Design of an integrated marketing and sales approach for the B2B industry using an integration model*. Aachen: Shaker Verlag.

Homburg, C., Jensen, O., & Krohmer, H. (2008). Configurations of marketing and sales: A taxonomy. *Journal of Marketing Management, 72*(2), 133–154.

Huber, F., Herrmann, A., Meyer, F., Vogel, J., & Vollhardt, K. (2007). *Kausalmodellierung mit Partial Least Squares*. Wiesbaden: Springer Fachmedien.

Hughes, D., Le Bon, J., & Malshe, A. (2012). The marketing-sales interface at the interface: Creating market-based capabilities through organizational synergy. *Journal of Personal Selling and Sales Management, 32*(1), 57–72.

Hulland, J. (1999). Use of partial least squares (PLS) in strategic management research: A review of four recent studies. *Strategic Management Journal, 20*(2), 195–204.

Hulland, J., Nenkov, G., & Barclay, D. (2012). Perceived marketing–sales relationship effectiveness: A matter of justice. *Journal of the Academy of Marketing Science, 40*(3), 450–467.

Hult, G., Thomas, M., Ketchen, D., & Slater, S. (2002). A longitudinal study of the learning climate and cycle time in supply chains. *Journal of Business & Industrial Marketing, 17*(4), 302–323.

Hwang, H., Malhotra, K., Tomiuk, M., & Hong, S. (2010). A comparative study on parameter recovery of three approaches to structural equation modeling. *Journal of Marketing Research, 47*, 699–712.

Jacob, R., Heinz, A., & Décieux, J. (2013). *Umfrage. Einführung in die Methoden der Umfrageforschung* (3. Aufl.). München: Oldenburg Wissenschaftsverlag.

Kotler, P., Rackham, N., & Krishnaswamy, S. (2006). Ending the war between sales & marketing. *Harvard Business Review, 84*(7/8), 68–78.

Krohmer, H., Homburg, C., & Workman, J. (2002). Should marketing be cross-functional? Conceptual development and interactional empirical evidence. *Journal of Business Research, 55*(6), 451–465.

Kromrey, H. (2009). *Empirische Sozialforschung. Modelle und Methoden der standardisierten Datenerhebung und Auswertung* (12. Aufl.). Stuttgart: Lucius & Lucius Verlag.

Kuß, A., Wildner, R., & Kreis, H. (2014). *Marktforschung. Grundlagen der Datenerhebung und Datenanalyse* (5. Aufl.). Wiesbaden: Springer Gabler.

Lawrence, P., & Lorsch, J. (1967). Differentiation and integration in complex organizations. *Administrative Science Quarterly, 12*, 1–47.

Le Meunier-FitzHugh, K., & Lane, N. (2009). Collaboration between sales and marketing, market orientation and business performance in business-to-business organisations. *Journal of Strategic Marketing, 17*(3–4), 291–306.

Le Meunier-FitzHugh, K., & Piercy, N. (2007a). Exploring collaboration between sales and marketing. *European Journal of Marketing, 41*(7/8), 939–955.

Le Meunier-FitzHugh, K., & Piercy, N. (2007b). Does collaboration between sales and marketing affect business performance? *Journal of Personal Selling and Sales Management, 27*(3), 207–220.

Le Meunier-FitzHugh, K., & Piercy, N. (2009). Drivers of sales and marketing collaboration in business-to-business selling organisations. *Journal of Marketing Management, 25*(5–6), 611–633.

Le Meunier-FitzHugh, K., & Piercy, N. (2010). Improving the relationship between sales and marketing. *European Business Review, 22*(3), 287–305.

Le Meunier-FitzHugh, K., & Piercy, N. (2011). Exploring the relationship between market orientation and sales and marketing collaboration. *Journal of Personal Selling and Sales Management, 31*(3), 287–296.

Le Meunier-FitzHugh, K., Massey, G., & Piercy, N. (2011). The impact of aligned rewards and senior manager attitudes on conflict and collaboration between sales and marketing. *Industrial Marketing Management, 40,* 1161–1171.

Likert, R. (1932). A technique for the measurement of attitudes. *Archives of Psychology, 140,* 5–55.

Lohmüller, J. (1989). *Latent variable path modeling with partial least squares.* Heidelberg: Physica.

Malshe, A. (2011). An exploration of key connections within sales-marketing interface. *Journal of Business & Industrial Marketing, 26*(1), 45–57.

Marcoulides, G., & Saunders, C. (2006). Editor's comments – PLS: A silver bullet? *MIS Quarterly, 30,* 3–9.

Matthyssens, P., & Johnston, W. (2006). Marketing and sales: Optimization of a neglected relationship. *Journal of Business & Industrial Marketing, 21*(6), 338–345.

Nunnally, J., & Bernstein, J. (1994). *Psychometric theory* (3. Aufl.). New York: McGraw-Hill.

Ohlwein, M. (1999). *Märkte für gebrauchte Güter.* Wiesbaden: Springer Gabler.

Oliva, R. (2006). The three key linkages: Improving the connections between marketing and sales. *Journal of Business & Industrial Marketing, 21*(6), 395–398.

Petter, S., Straub, D., & Rai, A. (2007). Specifying formative constructs in information system research. *MIS Quarterly, 31*(4), 623–656.

Ringle, C., Wende, S., & Will, A. (2005). *SmartPls 2.0 (beta).* Hamburg: Smartpls.

Rouziès, D., & Hulland, J. (2014). Does marketing and sales integration always pay off? Evidence from a social capital perspective. *Journal of the Academy of Marketing Science, 42,* 511–527.

Rouziès, D., Anderson, E., Kohli, A., Michaels, R., Weitz, B., & Zoltners, A. (2005). Sales and marketing integration: A proposed framework. *Journal of Personal Selling and Sales Management, 15*(2), 113–122.

Schnell, R., Hill, P., & Esser, E. (2011). *Methoden der empirischen Sozialforschung* (9. Aufl.). München: Oldenburg Wissenschaftsverlag GmbH.

Sosik, J., Kahai, S., & Piovoso, M. (2009). Silver bullet or voodoo statistics? A primer for using the partial least squares data analytic technique in group and organization research. *Emerald Management Reviews: Group and Organization Management, 34*(1), 5–36.

Statsoft (2013). Structural equation modeling (Statsoft Electronic Statistic Textbook). https://www.statsoft.com/textbook/structural-equation-modeling. (Zugegriffen: 21. Mai. 2019).

Troilo, G., Luca, Luigi M., & Guenzi, P. (2009). Dispersion of influence between marketing and sales: Its effects on superior customer value and market performance. *Industrial Marketing Management, 38*(8), 872–882.

Weiber, R., & Mühlhaus, D. (2014). *Strukturgleichungsmodellierung. Eine anwendungsorientierte Einführung in die Kausalanalyse mit Hilfe von AMOS, SmartPLS und SPSS* (2. Aufl.). Wiesbaden: Springer Gabler Verlag.

Wold, H. (1966). Nonlinear estimation by partial least squares procedures. In F. David (Hrsg.), *Research papers in statistic* (S. 411–444). Hoboken: Wiley.

Wold, H. (1973). Nonlinear iterative partial least squares (NIPALS). In P. Krishnaiah (Hrsg.), *Multivariate analysis* (S. 383–407). Hoboken: Wiley.

Wold, H. (1975). Path models with latent variables. In H. Blalock (Hrsg.), *Quantitative sociology: International perspectives on mathematical and statistical model building* (S. 307–357). New York: Academic.

Wold, H. (1982). Soft modeling: The basic design and some extensions. In K. Jöreskog & H. Wold (Hrsg.), *Systems under indirect oberservation, part II* (S. 1–54). Amsterdam: North-Holland.

Wong, K. (2013). Partial least squares structural equation modeling (PLS-SEM) techniques using SmartPLS. *Marketing Bulletin, 24,* 1–31.

Zoltners, A. (2004). *Sales and marketing interface. Sales force summit.* Houston: University of Houston.

Quantitative Datenanalyse – Strukturgleichungsmodellierung

Zusammenfassung

Im sechsten Kapitel werden die quantitativen Ergebnisse der Forschungsstudie im Hinblick auf operationalisierte Integrationsmechanismen und Integrationsfaktoren beschrieben. Die mittels der Statistiksoftware SmartPLS angewendete Strukturgleichungsmodellierung soll die empirische Prüfung für die in den Hypothesen vermuteten kausalen Zusammenhänge zwischen den exogenen und endogenen Variablen des konzeptionellen Bezugsrahmens liefern. Zunächst werden die Ergebnisse für die einzelnen Konstrukte vorgestellt und hinsichtlich der Gütekriterien auf Validität und Reliabilität überprüft. Im Weiteren werden die Ergebnisse nochmals zusammengefasst und schließlich im Hinblick auf die einzelnen Hypothesen bewertet. Mit der Hypothesenprüfung erfolgt auch die Validierung der Erfolgsfaktoren für die Zusammenarbeit von Marketing und Vertrieb, den sogenannten Integrationsmechanismen und Integrationsfaktoren.

6.1 Die Ergebnisse der empirischen Untersuchung

Ziel des folgenden Abschnitts ist es, empirische Belege für die angenommenen Korrelationen zwischen exogenen Variablen (Einfluss-Dimension) und den endogenen Variablen (Ziel-Dimension) des konzeptionellen Bezugsrahmens zu liefern. Dies basiert auf der Konzeptualisierung der Konstrukte und den theoretischen Ausführungen zur Operationalisierung und Validierung dieser Konstrukte. Um die Konstrukte

(Integrationsmechanismen und Integrationsfaktoren) zu operationalisieren, wurden beobachtete Indikatoren (manifeste Variablen, Items) aus früheren Forschungsstudien abgeleitet und auf einer Fünf-Punkte-Likert-Skala gemessen. Die Bewertung der Messmodelle und des Strukturmodells wird in zwei Schritten durchgeführt: Zunächst werden Reliabilität und Validität der latenten Konstrukte (äußeres Modell) untersucht und anschließend der Wirkungszusammenhang der exogenen auf die endogenen Variablen gemessen, um das Strukturmodell (inneres Modell) zu prüfen und die Hypothesen zu testen. Dabei erfolgt die Bewertung der beiden Schritte anhand der definierten Messkriterien aus Abschn. 5.5.5 und 5.5.6.

Abb. 6.1 und 6.2 zeigen „Screenshots" des Pfaddiagramms aus der Software SmartPLS mit den jeweiligen Ergebnissen zum Bestimmtheitsmaß R^2, Pfadkoeffizient (Ladung) und Indikator-Reliabilität (Abb. 6.1) sowie jeweils P-Wert (Signifikanz) und T-Wert (Indikatorvalidität) der Faktorladung für jedes Konstrukt bzw. Item (Abb. 6.2).

6.2 Prüfung der Konstrukte

Tab. 6.1 fasst die Prüfung der Konstrukte auf Reliabilität, Validität und Signifikanz zusammen. Die Prüfung des äußeren Messmodells hat für alle Items eine Indikatorreliabilität von $\geq 0{,}7$ und einen T-Wert (Indikatorvalidität) von $\geq 1{,}96$ ergeben. Darüber hinaus ergibt die Prüfung des äußeren Messmodells für alle Indikatoren je Konstrukt einen Wert für Cronbachs Alpha von $\geq 0{,}7$, eine Konstruktreliabilität $\geq 0{,}6$ sowie eine Konstruktvalidität (durchschnittlich erfasste Varianz/AVE) von $\geq 0{,}5$. Da alle Messwerte über den jeweiligen Schwellenwerten (kursiv) liegen, weisen die Ergebnisse Gültigkeit und Zuverlässigkeit aller Konstrukte auf. Die Prüfung der Kausaleffekte im inneren Messmodell zeigt, dass alle P-Werte unterhalb des kritischen Schwellenwertes von 0,1 liegen. Dies bedeutet, dass alle Konstrukte einen signifikant positiven Einfluss auf die intervenierende Variable bzw. die Zielvariable haben. Die jeweiligen Werte (<10) der Multikollinearität (VIF) zeigen die Abwesenheit von Kollinearität.

Des Weiteren wurde der Ursache-Wirkungs-Zusammenhang der exogenen auf die endogenen Variablen geprüft und die jeweilige Ladung festgestellt. Alle Ursache-Wirkungs-Zusammenhänge weisen einen Pfadkoeffizient von $\geq 0{,}1$ auf. Dies bedeutet, dass zwischen allen exogenen und endogenen Konstrukten ein direkter positiver Zusammenhang besteht.

6.2 Prüfung der Konstrukte

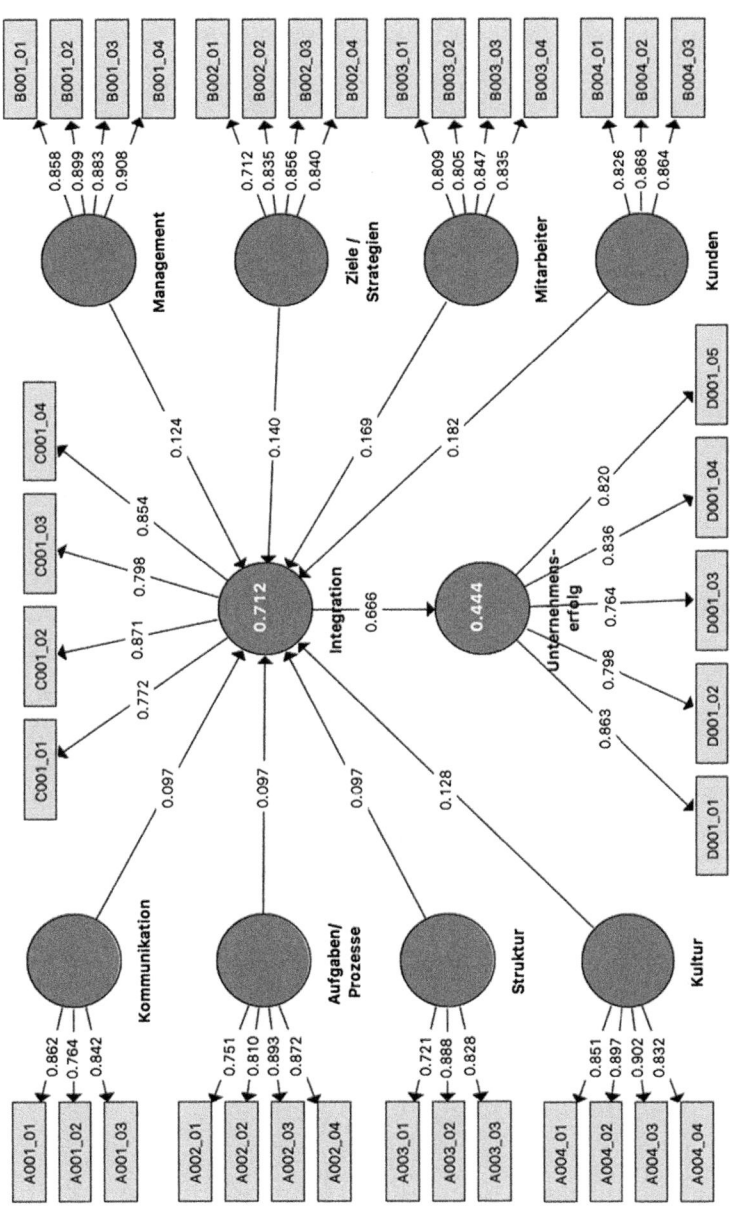

Abb. 6.1 Ergebnisse aus SmartPLS zu Bestimmtheitsmaß R2, Pfadkoeffizient und Indikator-Reliabilität

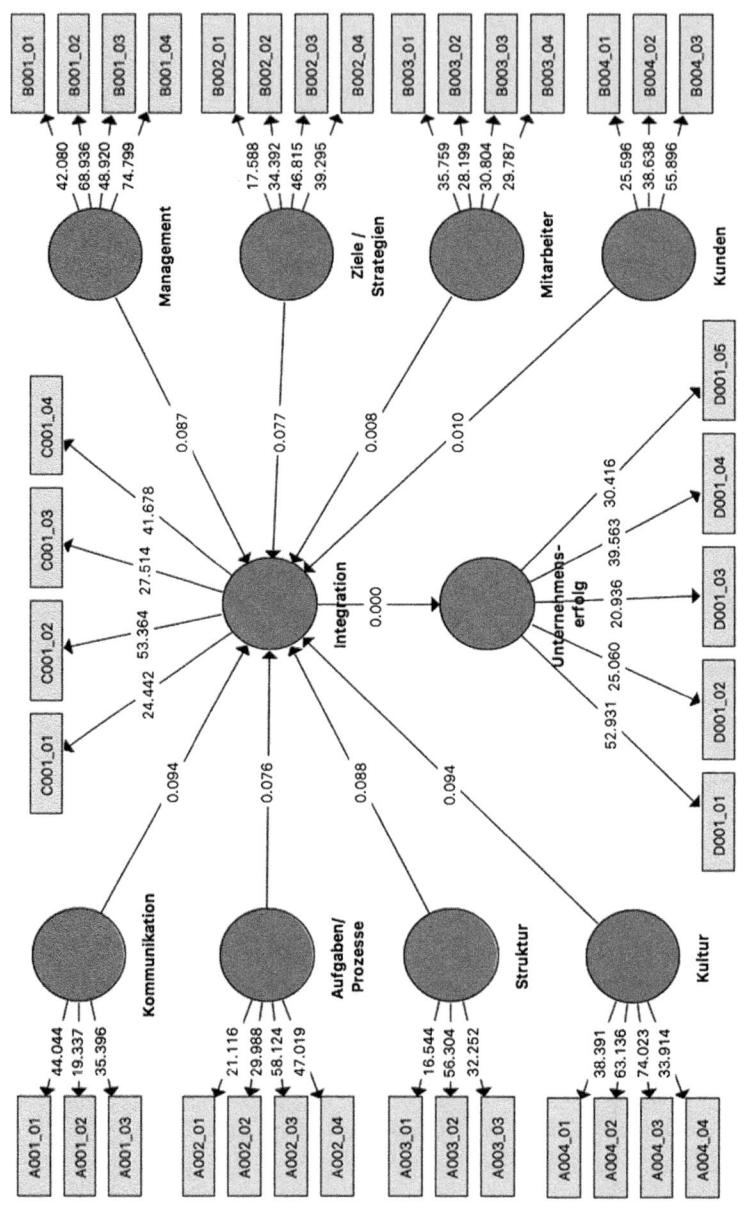

Abb. 6.2 Ergebnisse aus SmartPLS zu P-Werten und T-Werten der Faktorladung

6.2 Prüfung der Konstrukte

Tab. 6.1 Prüfung der Konstrukte auf Reliabilität, Validität und Signifikanz

	Konstrukte	Items	Mittelwert	Indikator-Reliabilität ≥ 0,7	T-Wert ≥ 1,96	Cronbachs Alpha ≥ 0,7	Konstrukt-Reliabilität CR ≥ 0,6	AVE ≥ 0,5	VIF < 10	P-Wert < 0,1
1	Abteilungsübergreifende Kommunikation	1 2 3	3,44 3,05 3,15	0,86 0,76 0,84	44,0 19,3 35,4	0,76	0,86	0,68	2,18	0,094
2	Abstimmung der M&V-Aufgaben u. -Prozesse	1 2 3 4	2,76 2,79 2,93 2,90	0,75 0,81 0,89 0,87	21,1 30,0 58,1 47,0	0,85	0,90	0,69	1,98	0,076
3	Abteilungsübergreifende Strukturen	1 2 3	2,76 3,01 3,04	0,72 0,89 0,83	16,5 56,3 32,3	0,74	0,86	0,66	2,14	0,088
4	Abteilungsübergreifende Kultur	1 2 3 4	3,49 3,48 3,34 3,44	0,85 0,90 0,90 0,83	38,4 63,1 74,0 33,9	0,89	0,93	0,76	3,42	0,094
5	Führungsverhalten des M&V-Managements	1 2 3 4	3,42 3,28 3,28 3,33	0,86 0,90 0,88 0,91	42,1 68,9 48,9 74,8	0,91	0,94	0,79	3,55	0,087
6	Abteilungsübergreifende Strategien u. Ziele	1 2 3 4	2,60 3,30 3,11 3,34	0,71 0,84 0,86 0,84	17,6 34,4 46,8 39,3	0,83	0,89	0,66	3,34	0,077

(Fortsetzung)

Tab. 6.1 (Fortsetzung)

Konstrukte		Items	Mittelwert	Indikator-Reliabilität ≥ 0,7	T-Wert ≥ 1,96	Cronbachs Alpha ≥ 0,7	Konstrukt-Reliabilität CR ≥ 0,6	AVE ≥ 0,5	VIF < 10	P-Wert < 0,1
7	Einstellung u. Kompetenzen der M&V-Mitarbeiter	1	3,32	0,81	35,8	0,84	0,89	0,68	2,79	0,011
		2	3,54	0,81	28,2					
		3	3,58	0,85	30,8					
		4	3,32	0,84	29,8					
8	M&V-Kundenorientierung	1	3,54	0,83	25,6	0,81	0,89	0,73	2,63	0,008
		2	3,56	0,87	38,6					
		3	3,37	0,86	55,9					
9	Integration von Marketing u. Vertrieb	1	3,24	0,77	24,4	0,84	0,89	0,68	1,00	0,00
		2	3,18	0,87	53,4					
		3	3,05	0,80	27,5					
		4	3,28	0,85	41,7					
10	Unternehmenserfolg	1	3,45	0,86	52,9	0,88	0,91	0,67		
		2	3,32	0,80	25,1					
		3	3,52	0,76	20,9					
		4	3,30	0,84	39,6					
		5	3,49	0,82	30,4					

6.3 Überprüfung der Diskriminanzvalidität der Ergebnisse

Im folgenden Abschnitt wird die Diskriminanzvalidität der exogenen und endogenen Variablen vorgestellt, welches die Prüfung der Konstrukte auf deren Validität abschließt. Hierfür wird das sogenannte Fornell-Larcker-Kriterium angewendet (vgl. Fornell und Larcker 1981). Dieser Prüfwert zeigt, ob die Quadratwurzel der durchschnittlich erfassten Varianzen (fett gedruckte Werte) von jedem latenten Konstrukt größer ist, als die Korrelation innerhalb des Konstrukts (nicht fett gedruckte Werte). Gemäß Tab. 6.2 ist dies für alle Variablen gegeben, sodass auch dieses Prüfkriterium ein positives Ergebnis für die Strukturgleichungsmodellierung liefert.

6.4 Abschließende Bewertung der Hypothesenprüfung

In diesem Abschnitt erfolgt die Prüfung der neun Hypothesen, welche in den vorangegangenen Kapiteln vorgestellt wurden. In Abb. 6.3 und Tab. 6.3 sind die Ergebnisse der Regressionsanalyse der Strukturgleichungsmodellierung dargestellt. Wie aus Abb. 6.3 hervorgeht, werden alle neun Hypothesen des Integrationsmodells durch eine positive und signifikante Wirkung der exogenen Variablen auf die endogenen Variablen unterstützt. Der Pfadkoeffizient und das Bestimmtheitsmaß R^2 geben die jeweilige Ladung der exogenen auf die endogenen Variablen an. Der Pfadkoeffizient (z. B. für H1 = 0,10) zeigt, dass mit einem Wert von 0,1 ein signifikanter Einfluss der unabhängigen auf die abhängige Variable besteht. Somit weisen alle Integrationsmechanismen und Integrationsfaktoren einen signifikanten positiven Einfluss auf die Integration von Marketing und Vertrieb auf. Das Bestimmtheitsmaß R^2 erklärt die Korrelation (Varianz) der exogenen auf die endogenen Variablen. Das Bestimmtheitsmaß für die Variable „Integration von Marketing und Vertrieb" wurde mit einem Wert von $R^2 = 0,71$ errechnet, was einer hohen Korrelation zwischen den exogenen Variablen (Integrationsmechanismen und Integrationsfaktoren) und der Zielvariable (Integration von Marketing und Vertrieb) entspricht (vgl. Weiber und Mühlhaus 2014). Auch die mittlere Korrelation ($R^2 = 0,44$) zwischen der exogenen Variablen (Integration von Marketing und Vertrieb) und der endogenen Variablen (Unternehmenserfolg) konnte durch diese Studie nachgewiesen werden. Somit können 71 % bzw. 44 % der Varianz der Zielvariablen erklärt werden.

Eine Zusammenfassung der untersuchten Hypothesen und ihrer Ergebnisse ist in Tab. 6.3 dargestellt. Wie aus der Tabelle ersichtlich ist, werden alle neun Hypothesen unterstützt. Die Auswirkungen von Integrationsmechanismen auf die Integration von Marketing und Vertrieb wurden in SmartPLS untersucht. Es wurde festgestellt, dass die „Abteilungsübergreifende Kommunikation", die „Abstimmung der M&V-Aufgaben und -Prozessen", die „Abteilungsübergreifende Strukturen" und die „Abteilungsübergreifende Kultur" einen signifikanten und direkt positiven Einfluss auf die Integration von Marketing und Vertrieb haben und somit die Hypothesen 1 bis 4 unterstützen.

Tab. 6.2 Diskriminanzvalidität der Konstrukte

Konstrukte		V1	V2	V3	V4	V5	V6	V7	V8	V9	V10
V1	Aufgaben & Prozesse	**0,83**									
V2	M&V-Integration	0,58	**0,83**								
V3	Kommunikation	0,63	0,61	**0,82**							
V4	Kultur	0,44	0,72	0,54	**0,87**						
V5	Kundenorientierung	0,52	0,72	0,54	0,67	**0,85**					
V6	Management	0,55	0,74	0,60	0,77	0,70	**0,89**				
V7	Mitarbeiter	0,42	0,70	0,43	0,76	0,65	0,71	**0,83**			
V8	Unternehmenserfolg	0,52	0,67	0,50	0,57	0,68	0,61	0,57	**0,82**		
V9	Struktur	0,51	0,65	0,58	0,60	0,60	0,62	0,55	0,56	**0,82**	
V10	Strategien & Ziele	0,60	0,74	0,59	0,69	0,73	0,74	0,65	0,61	0,67	**0,81**

6.4 Abschließende Bewertung der Hypothesenprüfung

Abb. 6.3 Überprüfung der Hypothesen (Signifikanz-Level 0,5)

Tab. 6.3 Zusammenfassende Ergebnisse der Hypothesenprüfung

Hypothese		Ergebnisse		Bewertung
		P-Wert *Signifikanz* (<0,1)	Pfadkoeffizent *Ladung* ($\geq$0,1)	
H1	Die abteilungsübergreifende Kommunikation hat einen positiven Einfluss auf die Integration von Marketing und Vertrieb	0,094	0,10	Unterstützt
H2	Die Abstimmung der M&V-Aufgaben und -Prozesse hat einen positiven Einfluss auf die Integration von Marketing und Vertrieb	0,076	0,10	Unterstützt
H3	Die abteilungsübergreifende Struktur hat einen positiven Einfluss auf die Integration von Marketing und Vertrieb	0,088	0,10	Unterstützt
H4	Die abteilungsübergreifende Kultur hat einen positiven Einfluss auf die Integration von Marketing und Vertrieb	0,094	0,13	Unterstützt
H5	Das Führungsverhalten des M&V-Managements hat einen positiven Einfluss auf die Integration von Marketing und Vertrieb	0,087	0,12	Unterstützt

(Fortsetzung)

Tab. 6.3 (Fortsetzung)

Hypothese		Ergebnisse		Bewertung
		P-Wert *Signifikanz* (<0,1)	Pfadkoeffizent *Ladung* ($\geq$0,1)	
H6	Die abteilungsübergreifenden Strategien und Ziele haben einen positiven Einfluss auf die Integration von Marketing und Vertrieb	0,077	0,14	Unterstützt
H7	Die Kompetenzen und Einstellungen der M&V-Mitarbeiter haben einen positiven Einfluss auf die Integration von Marketing und Vertrieb	0,008	0,17	Unterstützt
H8	Die M&V-Kundenorientierung hat einen positiven Einfluss auf die Integration von Marketing und Vertrieb	0,010	0,18	Unterstützt
H9	Die Integration von Marketing und Vertrieb hat einen positiven Einfluss auf den Unternehmenserfolg	0,000	0,67	Unterstützt

Ebenso wurden die Hypothesen 5 bis 8 untersucht – mit dem Ergebnis, dass die Integrationsfaktoren („Führungsverhalten des M&V-Managements", „Abteilungsübergreifende Strategien und Ziele", „Einstellung und Kompetenzen der M&V-Mitarbeiter" und „Kundenorientierung von Marketing und Vertrieb") einen signifikanten und direkt positiven Einfluss auf die „Integration von Marketing und Vertrieb" haben, sodass diese Hypothesen ebenfalls unterstützt werden. Zudem konnte nachgewiesen werden, dass die Integration von Marketing und Vertrieb einen signifikanten und direkt positiven Einfluss auf den Unternehmenserfolg hat.

Literatur

Fornell, C., & Larcker, D. (1981). Evaluating structural equation models with unobservable variables and measurement error. *Journal of Marketing Research, 18*, 39–50.

Weiber, R., & Mühlhaus, D. (2014). *Strukturgleichungsmodellierung. Eine anwendungsorientierte Einführung in die Kausalanalyse mit Hilfe von AMOS, SmartPLS und SPSS* (2. Aufl.). Wiesbaden: Springer Gabler.

Quantitative Datenanalyse – deskriptive Statistik mit Handlungsempfehlungen 7

Zusammenfassung

Im siebten Kapitel werden die Ergebnisse der Forschungsstudie mithilfe der deskriptiven Statistik ausgewertet. Zunächst wird die Anwendung der deskriptiven Statistik in der Forschungsstudie vorgestellt, um die Schnittstelle zwischen Marketing und Vertrieb detailliert analysieren zu können. Die deskriptiven Ergebnisse geben einen weiteren Überblick über die quantitative Forschung und sind als Ergänzung zur Hypothesenprüfung mithilfe der Strukturgleichungsmodellierung zu verstehen. In diesem Kontext werden die Befragungsergebnisse für alle an der Forschungsstudie teilnehmenden B2B-Unternehmen sowie für ein Beispielunternehmen spezifisch ausgewertet, ein Erkenntnisgewinn abgeleitet und Empfehlungen ausgesprochen. Die deskriptive Statistik erlaubt zum einen den Vergleich der Zusammenarbeit von Marketing und Vertrieb bei verschiedenen Unternehmen (Benchmarking). Und zum anderen kann die Zusammenarbeit von Funktionseinheiten, wie segmentiertem Vertrieb (z. B. Divisionen, Business Units) und zentralen Marketingfunktionen (z. B. Produktmanagement, Preismanagement, Kommunikation) spezifisch analysiert werden, sodass Stärken und Schwächen sichtbar werden.

Das Vorgehen der deskriptiven Statistik besteht in der vorliegenden Forschungsstudie aus drei Hauptschritten. Im ersten Schritt wurden über einen Onlinefragebogen Interviews mit 227 Führungskräften und Mitarbeitern aus beiden Abteilungen in B2B-Unternehmen durchgeführt. Dabei wurden insgesamt 38 Aussagen (Items) gestellt. Dieser Fragebogen zielte darauf ab, die Wahrnehmung der Befragten aus beiden Organisationseinheiten (Marketing und Vertrieb) und aus beiden Hierarchieebenen (Führungskräfte und Mitarbeiter) zu erfassen, um die Zusammenarbeit zwischen Marketing und Vertrieb zu evaluieren und daraus praktische Schlussfolgerungen zur Verbesserung der

© Springer Fachmedien Wiesbaden GmbH, ein Teil von Springer Nature 2020
W.-D. Hiemeyer und D. Stumpp, *Integration von Marketing und Vertrieb*,
FOM-Edition, https://doi.org/10.1007/978-3-658-27558-7_7

Schnittstelle zwischen Marketing und Vertrieb ableiten zu können. Der zweite Schritt bestand darin, mithilfe des Softwareprogramms Excel das arithmetische Mittel, die Varianz und Standardabweichungen für alle Aussagen (Items) der Umfrage zu berechnen. Die Standardabweichung wird verwendet, um die Abweichung des Datensatzes vom Mittelwert zu beschreiben. Das arithmetische Mittel (Score) zeigt an, wie die Befragten die jeweiligen Erfolgsfaktoren in ihrem Arbeitsumfeld in der Umsetzung wahrnehmen (Le Meunier-FitzHugh und Lane 2009). Die Ergebnisse zu jedem Erfolgsfaktor (Konstrukt) und jeder Aussage (Item) wurden anschließend in einem Profil visualisiert, sodass für die beiden Abteilungen und beiden Hierarchieebenen eine differenzierte Betrachtung zur Zusammenarbeit von Marketing und Vertrieb erfolgen kann. Der dritte Schritt beinhaltete die Visualisierung der Zusammenarbeit von Marketing und Vertrieb im Integrationsmodell. Um die Position der Zusammenarbeit von Marketing und Vertrieb für das Gesamtunternehmen, für die Funktionsebenen und für die Hierarchieebenen im Integrationsmodell zu bestimmen, wurden die Ergebnisse aller Befragten (Führungskräfte und Mitarbeiter von Marketing und Vertrieb) aufaddiert und die Position nach einem festgelegten Schlüssel berechnet.

7.1 Deskriptive Ergebnisse der ausgewerteten B2B-Unternehmen

In die Auswertung der deskriptiven Statistik fließen Daten von zehn B2B-Unternehmen ein, welche mit jeweils mindestens einer Führungskraft aus Marketing und Vertrieb sowie mit jeweils mindestens einem Mitarbeiter aus Marketing und Vertrieb an der Forschungsstudie teilgenommen haben. Die Ergebnisse zu jedem Erfolgsfaktor (Konstrukt) mit dazugehörigen Aussagen (Items) sind in einem Profil visualisiert. Dieses Profil bietet Anwendern wertvolle Informationen über den aktuellen Stand der Zusammenarbeit zwischen der Marketing- und Vertriebsabteilung für die definierten Integrationsmechanismen und Integrationsfaktoren. Aus dem in Abb. 7.1 abgebildeten Profil lassen sich im Wesentlichen die folgenden Verbesserungspotenziale erkennen: Erstens, wie gut oder schlecht wurden die acht Integrationsmechanismen und -faktoren auf

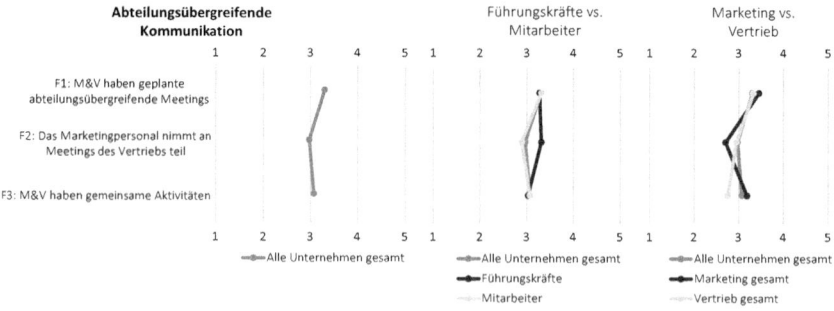

Abb. 7.1 Profil des Integrationsmechanismus „Abteilungsübergreifende Kommunikation" für zehn B2B-Unternehmen

einer Fünf-Punkte-Skala insgesamt bewertet. Und zweitens, existiert eine Diskrepanz in der Bewertung der Führungskräfte im Vergleich zu ihren Mitarbeitern und zwischen Marketing im Vergleich mit dem Vertrieb. Die deskriptiven Ergebnisse werden jeweils durch den Mittelwert (M) dargestellt.

1. Integrationsmechanismus: Abteilungsübergreifende Kommunikation
Kotler et al. (2006) sind der Meinung, dass eine Verbesserung der abteilungsübergreifenden Kommunikation der erste Schritt ist, um die Zusammenarbeit von Marketing und Vertrieb ganz wesentlich zu verbessern. Das Konstrukt „Abteilungsübergreifende Kommunikation" wurde durch drei Items erfasst und insgesamt von den Befragten nur mittelmäßig bewertet (M = 3,1).

Dies bedeutet, dass eine Kommunikation zwischen Marketing und Vertrieb zwar existiert, jedoch wesentlich effektiver und effizienter ausgestaltet werden sollte. Ein Vergleich zwischen Marketing und Vertrieb zeigt, dass die Befragten aus der Marketingeinheit (M = 3,13) die bereichsübergreifende Kommunikation ähnlich bewerten, wie die befragten Kollegen aus der Vertriebseinheit (M = 3,09). Bei der Gegenüberstellung der hierarchischen Ebenen wird sichtbar, dass die M&V-Führungskräften (M = 3,21) die Kommunikation zwischen Marketing und Vertrieb etwas besser beurteilen, als deren Mitarbeiter (M = 3,09). Dabei ist auch ersichtlich, dass die Teilnahme des Marketings an Meetings des Vertriebs vor allem auf der Hierarchieebene der Führungskräfte (M = 3,3) stattfindet und weniger bei Mitarbeitern (M = 2,9) der beiden Abteilungen. Zudem ist aus den Befragungsergebnissen erkennbar, dass der Vertrieb (M = 2,9) bei gemeinsamen Aktivitäten anteilig weniger vertreten ist, als das Personal der Marketingabteilung (M = 3,2).

2. Integrationsmechanismus: Abstimmung der M&V-Aufgaben und -Prozesse
Das Konstrukt „Abstimmung der M&V-Aufgaben und -Prozesse" beinhaltet insgesamt vier Items, die von den Befragten durchaus kritisch beurteilt (M = 2,7) wurden. Dies bedeutet, dass die Abstimmung der Aufgaben und Prozesse zwischen Marketing und Vertrieb nur unzureichend durchgeführt wird (Abb. 7.2).

Das dargestellte Profil zeigt auf, dass in den untersuchten Unternehmen die Aufgaben und Prozesse zwischen beiden Abteilungen weitestgehend nicht optimal aufeinander

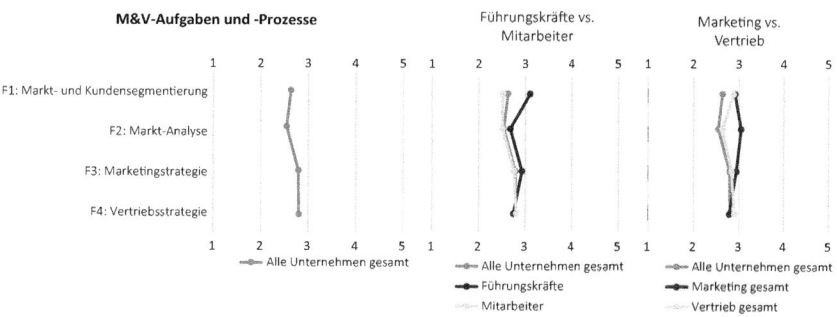

Abb. 7.2 Profil des Integrationsmechanismus „Abstimmung der M&V-Aufgaben und -Prozesse" für zehn B2B-Unternehmen

abgestimmt sind, da alle Aussagen (Items) unterdurchschnittlich bewertet wurden: Abstimmung der Markt- und Kundensegmentierung (M = 2,7), gemeinsame Marktanalyse (M = 2,5), abgestimmte Marketingstrategie (M = 2,8) und Vertriebsstrategie (M = 2,9). Insgesamt ist zu erkennen, dass Marketing (M = 2,74) und Vertrieb (M = 2,62) diesen Erfolgsfaktor weitestgehend homogen bewerten, dabei ist das Marketing leicht positiver gestimmt. Die Führungskräfte (M = 2,87) werteten das Konstrukt mit Ausnahme der Vertriebsstrategie etwas positiver als deren Mitarbeiter (M = 2,65).

Durch das Profil ist ersichtlich, dass Aufgaben zur Markt- und Kundensegmentierung primär auf Führungsebene (M = 3,1) vorgenommen werden und die Mitarbeiter (M = 2,4) seltener involviert sind. Die Segmentierung ist jedoch als ein strategischer Ansatz zu verstehen, sodass es durchaus als sinnvoll erscheint, auch M&V-Mitarbeiter in diesen Aufgabenbereich mit einzubeziehen. Ebenso erleben vor allem die Marketing- und Vertriebsmitarbeiter (M = 2,4) die Aufgaben der Marktanalyse zwischen beiden Abteilungen als nicht aufeinander abgestimmt. Auch hier wird dringend empfohlen, das Wissen und die Erfahrung des Vertriebspersonals in verstärktem Maß für die Marktanalyse zu nutzen. Des Weiteren ist zu erkennen, dass das Vertriebsmanagement den abteilungsübergreifenden Austausch bezüglich der Vertriebsstrategie schlechter bewertet, als die Kollegen aus dem Marketing. Hier besteht die Gefahr, dass Marketing- und Vertriebsstrategie nicht aufeinander abgestimmt sind, woraus ineffiziente und ineffektive Marketingaktivitäten und Vertriebsaktivitäten resultieren. Grundsätzlich wird empfohlen, für die Abstimmung der M&V-Aufgaben und -Prozesse eine gemeinsame IT-Plattform (CRM-System) zu nutzen. Bei der Befragung wurde offensichtlich, dass ein CRM-System laut Aussage der beteiligten Unternehmen meistens mangelhaft oder gar nicht implementiert ist.

3. Integrationsmechanismus: Abteilungsübergreifende Struktur

Abb. 7.3 visualisiert die Ergebnisse für den dritten Integrationsmechanismus „Abteilungsübergreifende Struktur" im Profil. Insgesamt zeigt die Untersuchung, dass die organisationalen Strukturen von Marketing und Vertrieb nicht optimal aufeinander abgestimmt sind (M = 2,91). Der Vertrieb (M = 3,00) bewertet diesen Erfolgsfaktor etwas besser als das Marketing (M = 2,86) und die Führungskräfte (M = 3,11) deutlich positiver als deren Mitarbeiter (M = 2,80).

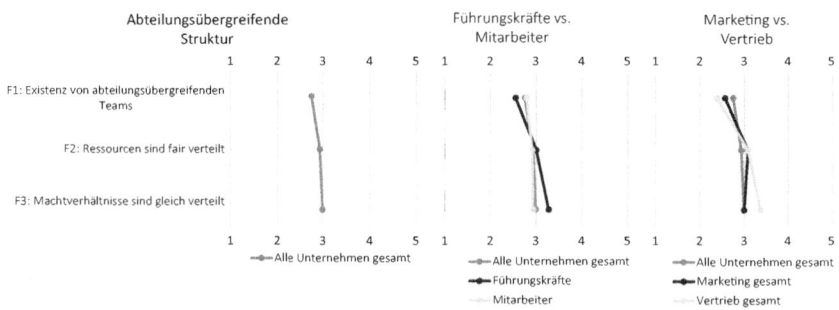

Abb. 7.3 Profil des Integrationsmechanismus „Abteilungsübergreifende Struktur" für zehn B2B-Unternehmen

7.1 Deskriptive Ergebnisse der ausgewerteten B2B-Unternehmen

Die Untersuchung zeigt auf, dass die „Existenz von abteilungsübergreifenden Teams" von den Befragten am schwächsten (M = 2,45) bewertet wurde. Vor allem die Mitarbeiter (M = 2,2) arbeiten nur selten mit Kollegen der jeweils anderen Abteilung gemeinsam z. B. in Projektteams zusammen. Die Führungskräfte bewerten diesen Aspekt etwas positiver (M = 2,7). Daraus lässt sich schließen, dass eher auf Führungsebene interdisziplinäre Projektteams zwischen beiden Abteilungen gebildet werden. Insgesamt führen abteilungsübergreifende Teams zu einem stärkeren Verständnis für die Aktivitäten der jeweils anderen Abteilung und zu einem verbesserten Austausch von Markt- und Kundenwissen. Die Fairness in der Verteilung der Ressourcen (M = 3,09) als auch der Verteilung der Machtverhältnisse (M = 3,20) wird durchschnittlich bewertet. Auffallend ist, dass das Marketing beide Aspekte deutlich schwächer als der Vertrieb bewertet. Dies lässt darauf schließen, dass in den untersuchten Unternehmen die Macht zugunsten des Vertriebs verteilt ist bzw. das Marketing sich als „Anhängsel" des Vertriebs fühlt oder versteht. Bei der Mehrheit der untersuchten Unternehmen existierte zum Befragungszeitpunkt kein Segmentmanager, welcher als Bindeglied zwischen beiden Abteilungen fungiert. Dies bedeutet, dass es keine integrierende Funktion zwischen Marketing- und Vertriebsabteilung gibt. Diese Struktur fördert nicht gerade eine abgestimmte Vorgehensweise aller Aktivitäten. Um dieses strukturelle Defizit zu beseitigen, werden die folgenden Maßnahmen empfohlen: Idealerweise berichten die beiden Funktionseinheiten an einen gemeinsamen Vorstand (CMO oder CSO) oder an einen Geschäftsführer, der Marketing und Vertrieb im Top-Management zusammenführt. Darüber hinaus wird die Einführung eines Segmentmanagements empfohlen, welches als Bindeglied zwischen beiden Abteilungen agiert, um abteilungsübergreifende Aufgaben zu koordinieren.

4. Integrationsmechanismus: Abteilungsübergreifenden Kultur

Die Befragungsergebnisse des vierten Integrationsmechanismus „Abteilungsübergreifende Kultur" sind in Abb. 7.4 dargestellt. Insgesamt wurde dieses Konstrukt im Vergleich zu den anderen Erfolgsfaktoren etwas positiver bewertet (M = 3,39). Dies bedeutet jedoch nicht, dass die Befragten für das Konstrukt kein Verbesserungspotenzial sehen.

Die Mehrheit der befragten Personen gibt an, dass die Zusammenarbeit von Marketing und Vertrieb durch gegenseitiges Vertrauen (M = 3,40) und hohe Integrität (M = 3,45)

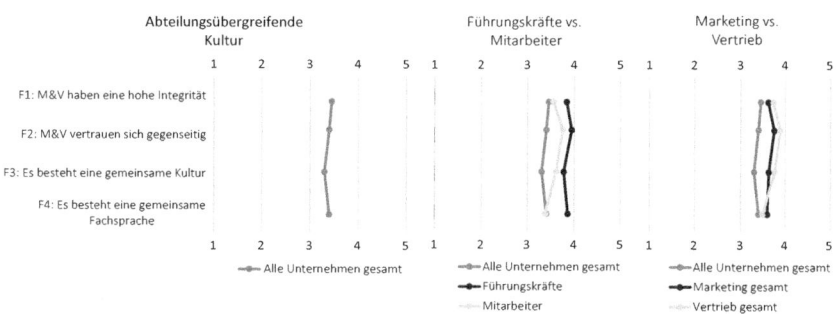

Abb. 7.4 Profil des Integrationsmechanismus „Abteilungsübergreifende Kultur" für zehn B2B-Unternehmen

geprägt ist. Eine hohe Integrität und ein starkes gegenseitiges Vertrauen sind die Grundlage für eine konstruktive Zusammenarbeit zwischen den beiden Abteilungen (vgl. Arnett und Wittmann 2014). Besonders auffällig ist, dass das Vertriebspersonal (M = 3,65) die Kultur zwischen beiden Abteilungen deutlich positiver wahrnimmt, als die Kollegen aus dem Marketing (M = 3,23). Und auch die Führungskräfte (M = 3,85) beurteilen die abteilungsübergreifende Kultur im Vergleich zu ihren Mitarbeitern (M = 3,28) deutlich positiver. Daraus lässt sich ableiten, dass besonders Marketing und Mitarbeiter hohe Erwartungen an die M&V-Führungskräfte bezüglich einer abteilungsübergreifenden Kultur haben. Denn eine funktionsübergreifende Kultur hat nachweislich einen hohen Einfluss auf den Erfolg der Zusammenarbeit von Marketing und Vertrieb. Eine große Diskrepanz in den Daten ist auch beim Thema „gemeinsame Fachsprache" zu erkennen. Diese Aussage bewerten die Mitarbeiter deutlich schwächer (M = 3,3), als die Führungskräfte (M = 3,9). Daraus lässt sich schließen, dass den Mitarbeiter häufiger nicht klar ist, was sich hinter bestimmten Begriffen oder Beschreibungen verbirgt.

1. Integrationsfaktor: Führungsverhalten des M&V-Managements
Das Konstrukt „Führungsverhalten des M&V-Managements" ist der erste Integrationsfaktor, dessen Untersuchungsergebnisse in Abb. 7.5 dargestellt werden. Im Durchschnitt wurde das Konstrukt mit M = 3,31 bewertet. Dies bedeutet, dass die Befragten das Führungsverhalten der Führungskräfte zur Förderung einer guten Zusammenarbeit von Marketing und Vertrieb nur mittelmäßig beurteilen.

Die Führungskräfte sollten ihrer Vorbildrolle deutlich intensiver gerecht werden, indem sie die Zusammenarbeit von Marketing und Vertrieb stärker fördern und für eine klare und verständliche Rollenverteilung der beiden Funktionseinheiten sorgen. Beim Vergleich der Hierarchieebenen stellt sich heraus, dass die Führungskräfte (M = 3,76) ihren Führungsstil wesentlich positiver einschätzen, als deren Mitarbeiter (M = 3,21). Vor allem in der Aussage, dass das Management als Vorbild und Wegbereiter hinsichtlich einer konstruktiven Zusammenarbeit agiert, wird der Unterschied zwischen Management (M = 3,97) und Mitarbeitern (M = 3,21) deutlich. Dies impliziert, dass sich die Führungskräfte als Vorbild sehen, dies aber von den Mitarbeitern nicht entsprechend wahrgenommen wird. Insgesamt nimmt der Vertrieb (M = 3,46) das Führungsverhalten des

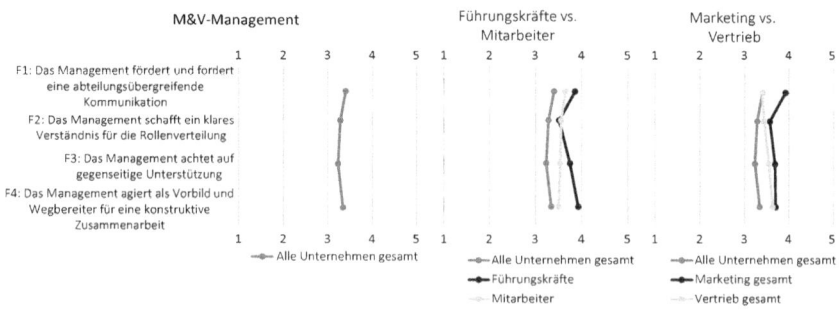

Abb. 7.5 Profil des Integrationsfaktors „Führungsverhalten des M&V-Managements" für zehn B2B-Unternehmen

7.1 Deskriptive Ergebnisse der ausgewerteten B2B-Unternehmen

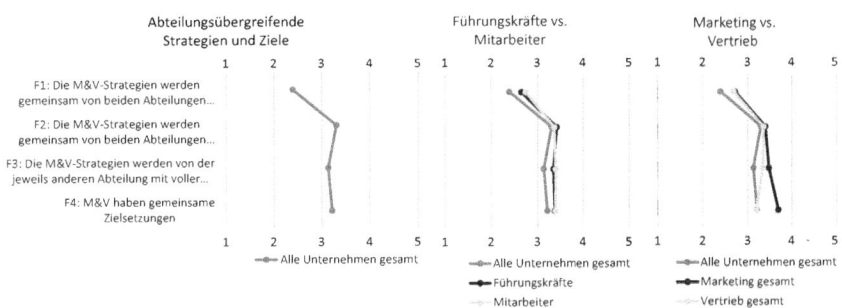

Abb. 7.6 Profil des Integrationsfaktors „Abteilungsübergreifende Strategien und Ziele" für zehn B2B-Unternehmen

Managements positiver wahr als das Marketing (M = 3,24). Damit sollte das Marketingmanagement im Vergleich zum Vertriebsmanagement seiner Vorbildfunktion zur Förderung der abteilungsübergreifenden Zusammenarbeit stärker gerecht werden.

2. Integrationsfaktor: Abteilungsübergreifende Strategien und Ziele

Die Befragungsergebnisse des zweiten Integrationsfaktors „Abteilungsübergreifende Strategien und Ziele" sind in Abb. 7.6 dargestellt. Insgesamt wurde dieses Konstrukt mit einem Mittelwert von M = 3,01 bewertet. Diese Bewertung deutet darauf hin, dass die Funktionseinheiten von Marketing und Vertrieb nur in eingeschränktem Maß gemeinsame Strategien und Ziele entwickeln und verfolgen.

Ein Ausreißer in den Daten findet sich in Bezug auf die erste Aussage „die M&V-Strategien werden gemeinsam von beiden Abteilungen entwickelt". Die schwache Bewertung (M = 2,39) im Vergleich zu den drei anderen Aussagen zeigt, dass beide Abteilungen in der Entwicklung ihrer Strategien nicht ausreichend zusammenarbeiten. Dabei entsteht das Problem, dass die Strategien von Marketing und Vertrieb häufig nicht aufeinander abgestimmt sind und sogar im Konflikt zueinander stehen. Diese Aussage wird unterstützt durch die spezifische Bewertung der vierten Frage beider Abteilungen. Hier zeigt sich, dass das Marketing (M = 3,41) und der Vertrieb (M = 2,99) oftmals keine gemeinsamen Zielsetzungen haben und somit Zielkonflikte entstehen. Deshalb ist darauf zu achten, dass die Entwicklung der M&V-Strategien und der M&V-Ziele zwischen beiden Abteilungen gemeinsam entwickelt werden und damit abgestimmt sind. Des Weiteren zeigen die Ergebnisse, dass sich die Marketingabteilung (M = 2,97) weniger vom Vertrieb unterstützt sieht, als der Vertrieb (M = 3,33) durch das Marketing. Insgesamt bewerten die Führungskräfte alle Aspekte leicht positiver als ihre Mitarbeiter. Daraus kann geschlossen werden, dass die Abstimmung von Strategien und Zielen zwischen Marketing und Vertrieb – wenn überhaupt – i. d. R. auf Führungskräfteebenen stattfindet und seltener auf Mitarbeiterebene realisiert wird.

3. Integrationsfaktor: Einstellung und Kompetenzen der M&V-Mitarbeiter

Der dritte Integrationsfaktor zur „Einstellung und Kompetenzen der M&V-Mitarbeiter" enthielt vier Aussagen, die von den Teilnehmern zu bewerten waren. Insgesamt wurde das Konstrukt mit einem Mittelwert von M = 3,39 bewertet. Das bedeutet, dass dieser

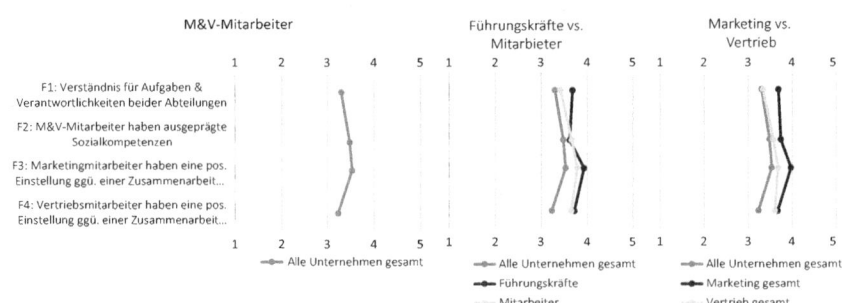

Abb. 7.7 Profil des Integrationsfaktors „Einstellung und Kompetenzen der M&V-Mitarbeiter" für zehn B2B-Unternehmen

Faktor etwas positiver als andere Erfolgsfaktoren beurteilt wurde. Jedoch sehen die Befragten auch bei diesem Konstrukt Optimierungspotenzial (Abb. 7.7).

Der Vertrieb (M = 3,53) schätzt die Einstellung und Kompetenzen der M&V-Mitarbeiter etwas positiver als der Vertrieb (M = 3,31) ein. Aus den Detailergebnissen geht hervor, dass das Marketing (M = 3,8) sein Verständnis für die Aufgaben und Verantwortlichkeiten beider Abteilungen besser bewertet, als der Vertrieb (M = 3,3). Es ist auch ersichtlich, dass das Marketing (M = 3,5) deutlich positiver bezüglich einer abteilungsübergreifenden Zusammenarbeit gestimmt ist als der Vertrieb (M = 3,1). Daraus ergibt sich die Notwendigkeit, dem Vertriebspersonal mehr Verständnis für den Sinn und Zweck einer abteilungsübergreifenden Zusammenarbeit (inkl. Rollen und Verantwortlichkeiten) zu vermitteln. Eine weitere Maßnahme für die Verbesserung des gegenseitigen Verständnisses ist die Einführung eines sogenannten „Jobrotation-Programms", welches keines der befragten Unternehmen bisher einsetzt. Ein solches Programm würde es M&V-Mitarbeitern für einen bestimmten Zeitraum ermöglichen, einen genauen Einblick in die Tätigkeiten der jeweils anderen Abteilung zu erhalten. Aufschlussreich ist auch die Tatsache, dass die Führungskräfte ihre Mitarbeiter in Bezug auf deren Einstellung bezüglich der abteilungsübergreifenden Zusammenarbeit positiver beurteilen, als es der Realität entspricht. Dies deckt sich mit bereits geschilderten Ergebnissen und deutet einmal mehr darauf hin, dass die Führungskräfte ihre Mitarbeiter vom Nutzen einer abteilungsübergreifenden Zusammenarbeit überzeugen sollten und die Prozesse und Strukturen entsprechend ausrichten.

4. Integrationsfaktor: Kundenorientierung von M&V

Der vierte und letzte Integrationsfaktor zeigt die Befragungsergebnisse in Bezug auf die „Kundenorientierung von Marketing und Vertrieb". Insgesamt wurde das Konstrukt mit einem Mittelwert von M = 3,40 bewertet. Das bedeutet, dass die Befragten den Funktionseinheiten von Marketing und Vertrieb durchaus eine gewisse Kundenorientierung unterstellen, jedoch die Ausprägung weiteres Verbesserungspotenzial bietet (Abb. 7.8).

Die dritte Aussage bezüglich des Wissens zur Steigerung der Kundenzufriedenheit wurde am schwächsten beurteilt (M = 3,2). Vor allem die Mitarbeiter (M = 2,98), insbesondere aus dem Marketing (M = 3,01), wissen weniger als der Vertrieb (M = 3,51),

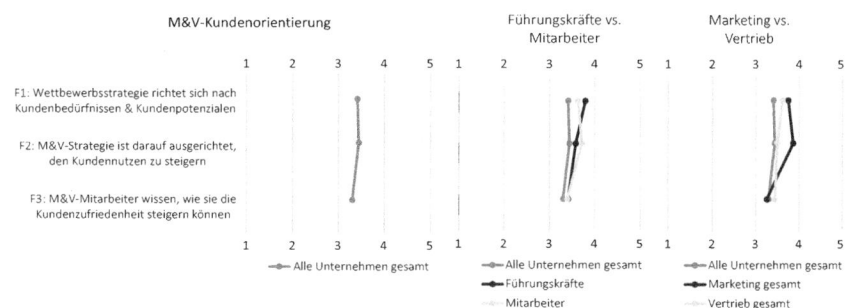

Abb. 7.8 Profil des Integrationsfaktors „Kundenorientierung von M&V" für zehn B2B-Unternehmen

wie das eigene Handeln die Kundenzufriedenheit positiv beeinflussen kann. Mitarbeiter und Führungskräfte bewerten die Ausrichtung der M&V-Strategien auf die Steigerung des Kundennutzens weitestgehend homogen, wenngleich noch deutliches Steigerungspotenzial ersichtlich ist. Insgesamt sehen die Führungskräfte (M = 3,55) ihr Handeln deutlich kundenorientierter als die Mitarbeiter (M = 3,19). Im Sinne hoher Kundenorientierung wird empfohlen, dass das Marketingpersonal den Vertrieb von Zeit zu Zeit bei Kundenbesuchen begleitet, um den Vertrieb bei der Kundenberatung zu unterstützen, ein besseres Verständnis für die Tätigkeit des Vertriebs zu erhalten und die Akzeptanz und Wirkung der Marketingaktivitäten beim Kunden zu erleben.

7.1.1 Zusammenfassende Ergebnisse der deskriptiven Statistik

Im Folgenden werden die Ergebnisse der deskriptiven Statistik zusammengefasst. Tab. 7.1 zeigt eine Übersicht der Mittelwerte und Standardabweichung für jedes der acht Erfolgsfaktoren, das heißt vier Integrationsmechanismen und vier Integrationsfaktoren.

Um sich darüber hinaus einen Gesamtüberblick der deskriptiven Ergebnisse zu verschaffen, werden diese in einem Spinnennetzdiagramm dargestellt (vgl. Abb. 7.9). Dabei

Tab. 7.1 Übersicht der deskriptiven Ergebnisse für zehn B2B-Unternehmen

Erfolgsfaktoren	Mittelwert	Standardabweichung
Abteilungsübergreifende Kommunikation	3,11	1,22
Abstimmung der M&V-Aufgaben und -Prozesse	2,69	1,07
Abteilungsübergreifende Strukturen	2,91	1,39
Abteilungsübergreifende Kultur	3,39	1,10
Führungsverhalten des M&V-Managements	3,31	1,11
Abteilungsübergreifende Strategien und Ziele	3,01	1,18
Einstellung und Kompetenzen der M&V-Mitarbeiter	3,39	1,06
Kundenorientierung von M&V	3,38	1,08

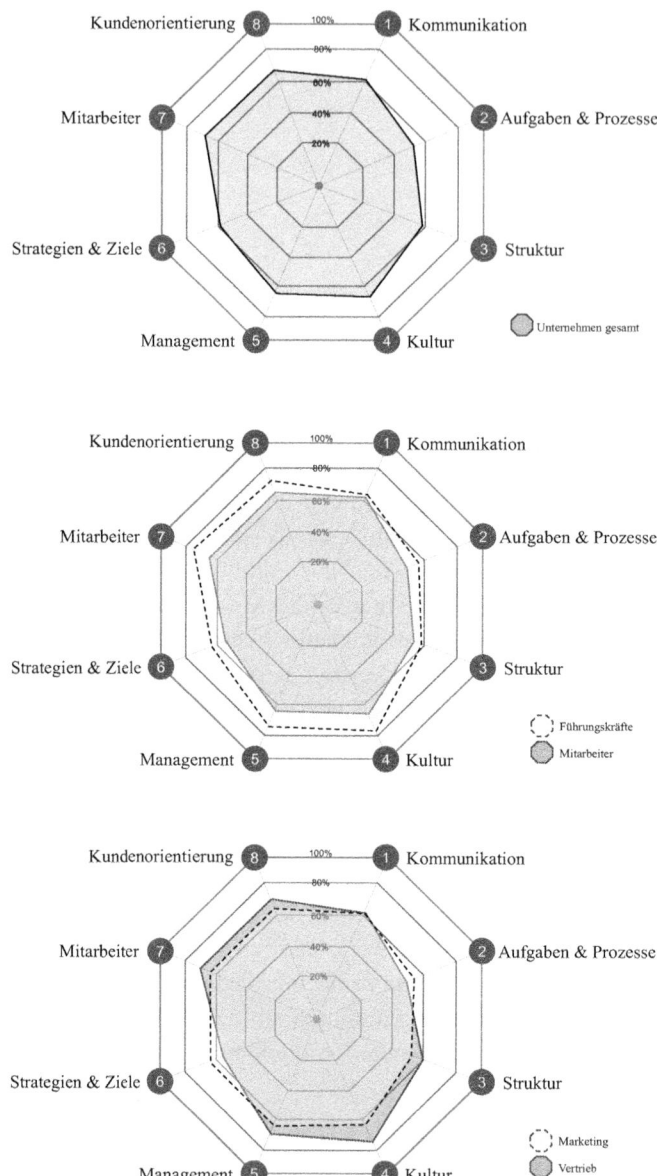

Abb. 7.9 Oben: Ergebnis für alle Unternehmen; Mitte: Ergebnisse für Marketing und Vertrieb; Unten: Ergebnisse der Führungskräfte und Mitarbeiter

kann zwischen den Hierarchieebenen (Führungskräfte und Mitarbeiter) und den beiden Funktionseinheiten (Marketing und Vertrieb) eine differenzierte Betrachtung erfolgen. Aus der Stichprobe der vorliegenden Forschungsstudie ist zunächst erkennbar, dass die Zusammenarbeit von Marketing und Vertrieb bei den teilnehmenden B2B-Unternehmen insgesamt noch großes Verbesserungspotenzial beinhaltet. Sämtliche Erfolgsfaktoren

7.1 Deskriptive Ergebnisse der ausgewerteten B2B-Unternehmen

liegen im Mittelwert in einem Bereich von 2,69–3,31. Am schwächsten werden die Integrationsmechanismen „Abstimmung der M&V-Aufgaben und -Prozesse" (M=2,69) und „Abteilungsübergreifende Strukturen" (M=2,91) beurteilt. Im mittleren Schaubild fällt auf, dass die Führungskräfte die Umsetzung der Erfolgsfaktoren in ihren Abteilungen besser bewerten als ihre Mitarbeiter. Im Vergleich zwischen Marketing und Vertrieb zeigt sich, dass das Personal des Vertriebs die Zusammenarbeit insgesamt etwas positiver betrachtet als die Kollegen aus dem Marketing.

7.1.2 Visualisierung der Zusammenarbeit von Marketing und Vertrieb im Integrationsportfolio

Zuletzt erfolgt in diesem Abschnitt die Positionierung der zehn ausgewerteten B2B-Unternehmen in einer Portfoliodarstellung, das heißt im Integrationsmodell. Das Integrationsmodell veranschaulicht den aktuellen Stand der Zusammenarbeit von Marketing und Vertrieb zusammenfassend für alle acht Erfolgsfaktoren.

Die Integrationsmechanismen, die auf der Abszissenachse (x-Achse) abgebildet werden, stellen die organisatorischen und strukturellen Einflüsse auf die Zusammenarbeit beider Abteilungen dar. Darunter fallen folgende vier Erfolgsfaktoren: „Abteilungsübergreifende Kommunikation", „Abstimmung der M&V-Aufgaben und -Prozesse", „Abteilungsübergreifende Struktur" und die „Abteilungsübergreifende Kultur". Die auf der Ordinatenachse (y-Achse) vorliegenden Integrationsfaktoren repräsentieren die persönlichen Einflussfaktoren auf den Erfolg der Zusammenarbeit zwischen Marketing und Vertrieb. Dies umfasst folgende vier Erfolgsfaktoren: „Führungsverhalten des M&V-Managements", „Abteilungsübergreifende Strategien und Ziele", „Einstellung und Kompetenzen der M&V-Mitarbeiter" und „Kundenorientierung von M&V". Das Integrationsmodell in Abb. 7.10 zeigt die Visualisierung der Zusammenarbeit von Marketing und Vertrieb für die zehn ausgewerteten B2B-Unternehmen.

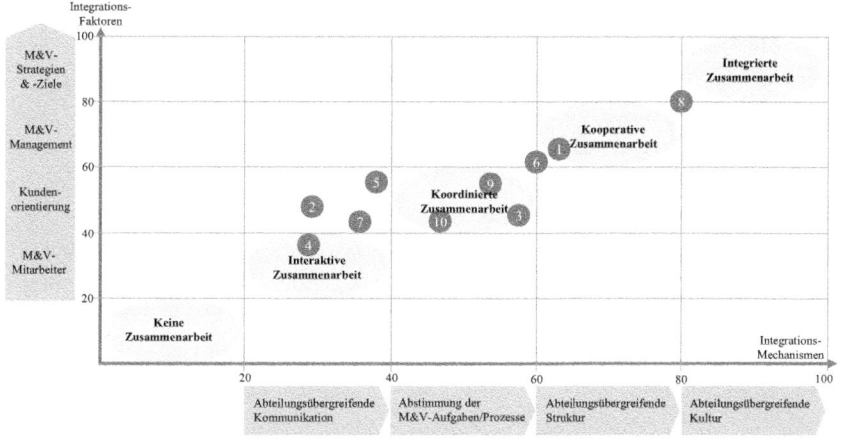

Abb. 7.10 Visualisierung der untersuchten Unternehmen im Integrationsmodell

Dabei geht hervor, dass sich die Zusammenarbeit von Marketing und Vertrieb von vier Unternehmen in der zweiten Stufe des Integrationsmodells, der interaktiven Zusammenarbeit (20–39 %) befindet. Auf dieser Stufe kommt es bereits zu einem regelmäßigen Austausch zwischen Marketing und Vertrieb in formalen Meetings, aber auch durch informellen Informationsaustausch zwischen den Mitarbeitern. Trotzdem sind die Aufgaben und Prozesse beider Funktionen nicht synchronisiert und es fehlt ein eindeutiges Rollenverständnis. Auf dieser Ebene beginnt das Management die Zusammenarbeit zu unterstützen und die Mitarbeiter beider Abteilungen entwickeln eine positive Einstellung gegenüber einer abteilungsübergreifenden Zusammenarbeit.

Drei Unternehmen können der dritten Stufe des Integrationsmodells, der koordinierten Zusammenarbeit (40–59 %) zugeordnet werden. Auf dieser Stufe hat das Management begonnen, die abteilungsübergreifende Zusammenarbeit zu verbessern und auch die Mitarbeiter unterstützen diesen Ansatz. Aufgaben und Verantwortlichkeiten sind klar definiert und werden auch über das Management synchronisiert. Auf dieser Ebene der Zusammenarbeit fehlen jedoch die Abstimmung der Prozesse, die gemeinsame Nutzung von Ressourcen und eine lebendige und funktionsübergreifende Kultur.

Zwei Unternehmen befinden sich auf der vierten Stufe des Integrationsmodells, der kooperativen Zusammenarbeit (60–79 %). Diese Stufe zeichnet sich durch ein hohes Maß an Kommunikation aus. Auf dieser Ebene werden die Aufgaben und Prozesse koordiniert, um Doppelarbeiten zu vermeiden und somit die Produktivität und Qualität der Zusammenarbeit zu erhöhen. Das Management unterstützt die Zusammenarbeit maßgeblich, indem es als Vorbild agiert. Die Mitarbeiter sind gegenüber der Zusammenarbeit positiv eingestellt und beteiligen sich proaktiv und mit hoher Motivation. Dennoch sind die Synchronisation der Ressourcen und eine funktionsübergreifende Kultur sowie eine hohe Kundenorientierung nicht ausgeprägt.

Wie dem Integrationsmodell zu entnehmen ist, steht nur ein Unternehmen (UN8) auf der Schwelle zur höchsten Stufe der Zusammenarbeit im Integrationsmodell, der M&V-Integration (80–100 %). Die Befragten dieses Unternehmens bewerteten sowohl die Integrationsmechanismen ($M = 4{,}20/80\,\%$) als auch die Integrationsfaktoren ($M = 4{,}20/80\,\%$) durchaus positiv und zeigen somit als Best-Practice-Beispiel, wie eine integrierte Marketing-Vertrieb-Schnittstelle aussehen kann.

7.2 Auswertung und Handlungsempfehlungen für ein Beispielunternehmen

Im folgenden Abschnitt erfolgt die deskriptive Auswertung der Forschungsdaten anhand eines exemplarischen Unternehmens aus der vorliegenden Studie. Dabei handelt es sich um ein mittelständisches B2B-Unternehmen aus dem Bereich der Medizintechnik mit weltweit ca. 800 Mitarbeitern und einen Jahresumsatz in 2017 im Bereich von 200–400 Mio. EUR. An der Forschungsstudie haben aus diesem Unternehmen 19 Personen teilgenommen – davon aus den beiden Funktionsbereichen zwölf Personen aus dem Marketing und sieben Personen aus dem Vertrieb, sowie aus den beiden Hierarchieebenen drei Führungskräfte und 16 Mitarbeiter.

7.2.1 Auswertung der Erfolgsfaktoren für ein Beispielunternehmen

1. Integrationsmechanismus: Abteilungsübergreifende Kommunikation

Die Untersuchungsergebnisse des ersten Integrationsmechanismus „Abteilungsübergreifende Kommunikation" für das Beispielunternehmen sind in Abb. 7.11 dargestellt. Die Befragten haben die Kommunikation zwischen Marketing und Vertrieb mit einem Mittelwert von 2,72 auf einer Fünf-Punkte-Skala bewertet. Dies entspricht einer prozentualen Ausprägung von 43 %. Im Vergleich zu anderen Unternehmen aus der Studie ist dieser Wert leicht unterdurchschnittlich ausgeprägt.

Insgesamt beurteilt das Marketing (M = 2,92) die abteilungsübergreifende Kommunikation positiver als der Vertrieb (M = 2,39). Die M&V-Führungskräfte (M = 2,83) bewerten die Kommunikation etwas besser als die Mitarbeiter (M = 2,70). Das linke Diagramm zeigt, dass zwischen Marketing und Vertrieb teilweise geplante abteilungsübergreifende Meetings und gemeinsame Aktivitäten stattfinden. Jedoch offenbaren die Bewertungen (F1: M = 2,95; F3: M = 2,89) großes Verbesserungspotenzial. Darüber hinaus nimmt das Marketingpersonal offensichtlich selten an Vertriebsmeetings teil (F2: M = 2,37).

Für die Verbesserung der abteilungsübergreifenden Kommunikation können folgende Handlungsempfehlungen ausgesprochen werden: Die Marketingmitarbeiter sollten regelmäßig an Meetings des Vertriebs teilnehmen, bspw. in einem monatlichen Rhythmus, um das gegenseitige Verständnis für die Aufgaben der jeweils anderen Funktion zu fördern und den Austausch von abteilungsspezifischen Wissen anzuregen. Zudem sollten

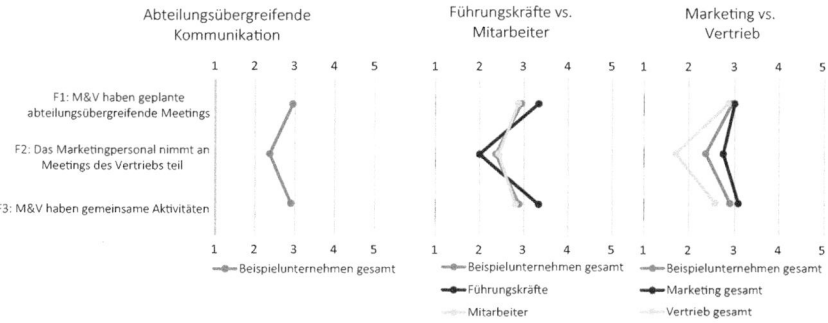

Abb. 7.11 Profil des Integrationsmechanismus „Abteilungsübergreifende Kommunikation" im Beispielunternehmen

beide Abteilungen die Markt- und Wettbewerbsdaten gemeinsam analysieren und auswerten, da dies bisher nach Angaben der Befragten nicht geschieht. Da der Vertrieb die abteilungsübergreifende Kommunikation deutlich schlechter als das Marketing bewertet, sollten die Führungskräfte und Mitarbeiter im Vertrieb zu einem aktiven Austausch, z. B. durch formelle und informelle Kommunikation mit dem Marketing gewonnen werden. Um den informellen Austausch unter den Mitarbeitern zu fördern, bieten sich gemeinsame Aktivitäten an, wie z. B. Events und Trainings.

2. Integrationsmechanismus: Abstimmung der M&V-Aufgaben und -Prozesse
Die Ergebnisse für den zweiten Integrationsmechanismus „Abstimmung der M&V-Aufgaben und -Prozesse" werden in Abb. 7.12 aufgezeigt. Der Mittelwert liegt bei $M = 2{,}38$ und entspricht einer prozentualen Ausprägung von 35 %. Demnach ist dieser Erfolgsfaktor im Vergleich zu den anderen Unternehmen unterdurchschnittlich ausgeprägt.

Weiterhin ist ersichtlich, dass das Marketing ($M = 2{,}45$) die Abstimmung der Aufgaben und Prozesse positiver wahrnimmt als der Vertrieb ($M = 2{,}25$). Die Mitarbeiter ($M = 2{,}42$) bewerten diesen Aspekt besser als die Führungskräfte ($M = 2{,}12$). Das linke Diagramm veranschaulicht, dass die „Abstimmung der Markt- und Kundensegmentierung" (F1) zwischen beiden Abteilungen mit $M = 2{,}58$ kritisch bewertet wird. Zudem zeigen die Daten, dass der Vertrieb ($M = 2{,}14$) diese Aufgabe deutlich negativer als das Marketing ($M = 2{,}85$) beurteilt. Des Weiteren stimmen sich Marketing und Vertrieb hinsichtlich einer gemeinsamen Markt- und Kundenanalyse (F2: $M = 2{,}16$) zu wenig ab. Die Abstimmung der Marketing- und Vertriebsstrategien wird ebenfalls unterdurchschnittlich bewertet (F3: $M = 2{,}44$; F4: $M = 2{,}32$). Die Ergebnisse zeigen deutlich auf, dass relevante Aufgaben und Prozesse deutlich zu wenig oder zu schlecht zwischen beiden Funktionseinheiten abgestimmt werden. Die Profile weisen auf, dass Marketing und Vertrieb die Abstimmung der Aufgaben und Prozesse ähnlich kritisch beurteilen und dass die Mitarbeiter das Konstrukt insgesamt positiver beurteilen als die Führungskräfte.

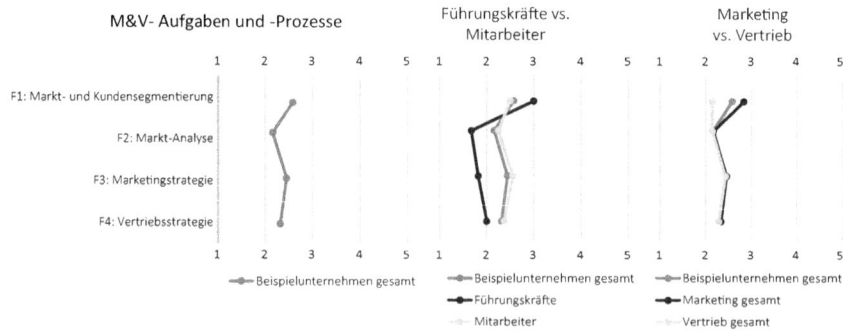

Abb. 7.12 Profil des Integrationsmechanismus „Abstimmung der M&V-Aufgaben und -Prozesse" im Beispielunternehmen

7.2 Auswertung und Handlungsempfehlungen für ein Beispielunternehmen

Gemäß der Forschungsstudie ist der zweite Integrationsmechanismus „Abstimmung der Aufgaben und Prozesse" im Beispielunternehmen sehr schwach ausgeprägt. Aus diesem Grund werden folgende Maßnahmen empfohlen, welche zur Verbesserung der Zusammenarbeit beider Abteilungen implementiert werden können: Eine enge und koordinierte Zusammenarbeit beider Abteilungen in der Markt- und Kundensegmentierung ermöglicht, dass die definierten Segmente mit fokussiertem Marketing – und Vertriebsmaßnahmen bearbeitet werden. Besonders wichtig ist die Entwicklung einer abgestimmten Marketing- und Vertriebsstrategie. Damit wird sichergestellt, dass die strategische Ausrichtung des Marketings und des Vertriebs synchronisiert ist. Gleiches gilt für eine abgestimmte Markt- und Wettbewerbsanalyse, sodass ein klares und ganzheitliches Verständnis über den Markt im gesamten Unternehmen existiert. Die Einführung eines gemeinsamen CRM-Systems sorgt dafür, dass alle kundenbezogenen Prozesse systemtechnisch abgebildet werden können und das Kundenbeziehungsmanagement von Marketing und Vertrieb gleichermaßen gelebt wird.

3. Integrationsmechanismus: Abteilungsübergreifende Struktur

Die Ergebnisse des dritten Integrationsmechanismus „Abteilungsübergreifende Struktur" sind aus Abb. 7.13 ersichtlich. Insgesamt weist dieser Erfolgsfaktor ein Gesamtergebnis von $M = 2{,}22$ auf, welches einer prozentualen Ausprägung von 31 % entspricht. Gemeinsame Strukturen zwischen Marketing und Vertrieb sind für das Beispielunternehmen im Vergleich zu anderen Unternehmen innerhalb der Forschungsstudie unterdurchschnittlich ausgeprägt.

Marketing ($M = 2{,}19$) und Vertrieb ($M = 2{,}29$) sehen die M&V-Strukturen ähnlich kritisch. Die Führungskräfte ($M = 2{,}33$) schätzen das Konstrukt geringfügig positiver ein als deren Mitarbeiter ($M = 2{,}20$). Das linke Diagramm offenbart dem Beispielunternehmen klaren Handlungsbedarf für die abteilungsübergreifende M&V-Struktur. Abteilungsübergreifende Projektteams (F1: $M = 1{,}95$) werden schwach bewertet, das heißt, entweder existieren sie nicht oder funktionieren nicht. Des Weiteren sind die Ressourcen zwischen

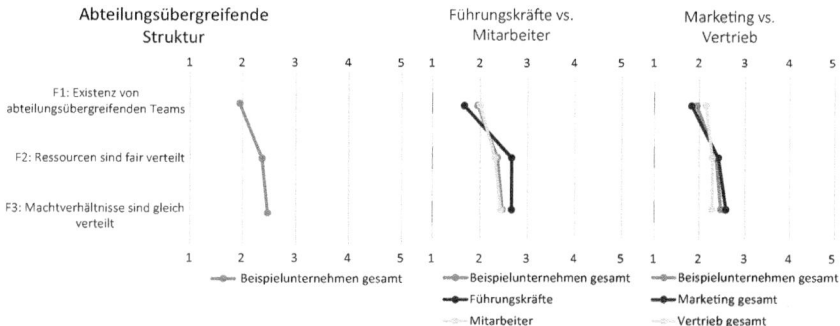

Abb. 7.13 Profil des Integrationsmechanismus „Abteilungsübergreifende Struktur" im Beispielunternehmen

den Funktionseinheiten nicht fair verteilt (F2: M = 2,37) und M&V sind nicht gleichberechtigt (F3: M = 2,47). Im rechten Diagramm ist dargestellt, dass beide Abteilungen den Mechanismus „Abteilungsübergreifende Struktur" ähnlich kritisch beurteilen und lediglich leichte Abweichungen der beiden Funktionseinheiten zu erkennen sind. So bewertet der Vertrieb abteilungsübergreifenden Teams etwas positiver als das Marketing. Die Führungskräfte beurteilen die Abstimmung der M&V-Struktur größtenteils positiver als ihre Mitarbeiter.

In vielen Fällen existieren die Marketing- und Vertriebsabteilungen getrennt voneinander und es gibt keine gemeinsamen organisatorischen Strukturen, um die Zusammenarbeit von Marketing und Vertrieb zu verbessern, z. B. einen CMO/CSO oder funktionsübergreifende Projektteams. Diese fehlenden Strukturen behindern gemeinsame Projekte, wo interdisziplinäre Teams erforderlich sind.

Um dieses strukturelle Defizit zu beseitigen, werden folgende Maßnahmen empfohlen: Die Zusammenführung der beiden Funktionseinheiten auf Top-Management-Ebene (CMO, CSO), welche als Bindeglied zwischen beiden Abteilungen auf höchster Unternehmensebene agiert, fördert die Zusammenarbeit von Marketing und Vertrieb. Weiterhin empfiehlt sich die Bildung von abteilungsübergreifenden Projektteams, um im Austausch gemeinsame M&V-Projekte durch abteilungsübergreifende Teams voranzutreiben. Darüber hinaus sollte ein Segmentmanagement als Integrator eingesetzt werden, um als Bindeglied zwischen Marketing und Vertrieb zu fungieren. Eine ausbalancierte Machtverteilung und fair verteilte Ressourcen unterstützen die Verbesserung der Zusammenarbeit von Marketing und Vertrieb ganz wesentlich.

4. Integrationsmechanismus: Abteilungsübergreifende Kultur

Die Abb. 7.14 veranschaulicht die Forschungsergebnisse für den vierten Integrationsmechanismus „Abteilungsübergreifende Kultur". Dieser Erfolgsfaktor wurde mit M = 2,93 bewertet, was einer prozentualen Ausprägung von 48 % entspricht.

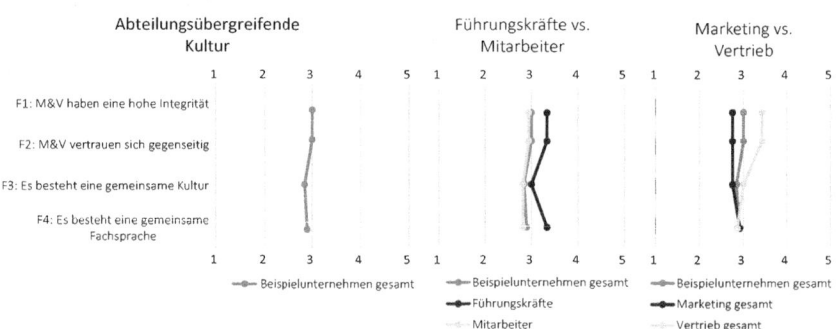

Abb. 7.14 Profil des Integrationsmechanismus „Abteilungsübergreifende Kultur" im Beispielunternehmen

Die M&V-Führungskräfte (M = 3,25) beurteilen die abteilungsübergreifende Kultur besser als die M&V-Mitarbeiter (M = 2,88), wogegen das Marketing (M = 2,79) diesen Aspekt negativer wahrnimmt als der Vertrieb (M = 3,18). Im rechten Diagramm ist zu erkennen, dass der Vertrieb die Integrität, das gegenseitige Vertrauen sowie die gemeinsame Kultur positiver einschätzt als das Marketing. Die Existenz einer gemeinsamen Fachsprache wird von beiden Abteilungen ähnlich bewertet.

Eine gemeinsame M&V-Kultur zeichnet sich vor allem durch Teamgeist sowie gegenseitige Unterstützung und beiderseitiges Verständnis aus, jedoch nicht durch ein konkurrierendes Verhalten. Für die Bildung einer gemeinsamen Kultur können der Einsatz von abteilungsübergreifenden Projektteams oder gemeinsame Veranstaltungen, wie Schulungen oder Events förderlich sein. Des Weiteren sollte eine gemeinsame Fachsprache verwendet werden, welche von beiden Abteilungen verstanden wird. Zudem sollten die Abteilungen das Vertrauen und die Integrität zueinander verstärken.

1. Integrationsfaktor: Führungsverhalten des M&V-Managements

Die Ergebnisse der Forschungsstudie für den ersten Integrationsfaktor „Führungsverhalten des M&V-Managements" sind in Abb. 7.15 dargestellt. Dieser Erfolgsfaktor wurde mit M = 2,72 bewertet, was einer prozentualen Ausprägung von 43 % entspricht.

Das Gesamtergebnis für diesen Erfolgsfaktor ist dem linken Diagramm zu entnehmen. Demnach fördert und fordert das Marketing- und Vertriebsmanagement in durchschnittlicher Art und Weise eine abteilungsübergreifende Kommunikation und achtet nur bedingt auf gegenseitige Unterstützung zwischen den M&V-Mitarbeitern (F1: M = 2,74; F3: M = 2,84). Ebenso durchschnittlich ausgeprägt ist die Wahrnehmung, dass M&V-Führungskräfte als Vorbild und Wegbereiter für eine konstruktive Zusammenarbeit zwischen beiden Abteilungen (F4: M = 2,74) wirken. Darüber hinaus gelingt es dem M&V-Management im Beispielunternehmen nicht, für ein klares Verständnis der Rollenverteilungen zwischen beiden Funktionseinheiten (F2: M = 2,58) zu sorgen. Ein Vergleich der Abteilungen im rechten Diagramm zeigt, dass Marketing und Vertrieb die Aussagen

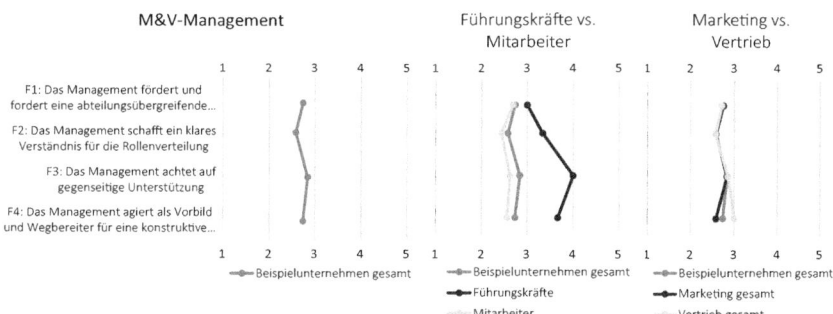

Abb. 7.15 Profil des Integrationsfaktors „Führungsverhalten des M&V-Managements" im Beispielunternehmen

(Items) F1–F3 ähnlich bewerten. Lediglich die Aussage F4 offenbart, dass der Vertrieb das M&V-Management hinsichtlich deren Funktion als Vorbild und Wegbereiter für eine konstruktive Zusammenarbeit etwas positiver beurteilt als das Marketing. Das mittlere Diagramm zeigt, dass die M&V-Führungskräfte (M = 3,50) ihr eigenes Führungsverhalten deutlich besser bewerten als deren Mitarbeiter (M = 2,58). Dies offenbart, dass die Selbstwahrnehmung der Führungskräfte und die Fremdwahrnehmung der Mitarbeiter bezüglich des Führungsverhaltens des M&V-Managements deutlich auseinanderklaffen. Daher sollten die M&V-Führungskräfte ihrerseits die abteilungsübergreifende Zusammenarbeit proaktiv fördern und fordern, um ihrer Vorbildrolle gerecht zu werden. Des Weiteren sollten sie die gegenseitige Unterstützung der M&V-Mitarbeiter nachhaltig fördern und für ein klares Rollenverständnis der beiden Funktionseinheiten sorgen.

2. Integrationsfaktor: Abteilungsübergreifende Strategien und Ziele
Im Weiteren werden die Ergebnisse für den zweiten Integrationsfaktor in Abb. 7.16 vorgestellt. Dieser Erfolgsfaktor wurde mit einem Wert von M = 2,46 bewertet, was einer prozentualen Ausprägung des Erfolgsfaktors von 37 % entspricht.

Im linken Diagramm sind die Ergebnisse für das gesamte Unternehmen dargestellt. Dabei ist zu erkennen, dass sowohl die gemeinsame Entwicklung der M&V-Strategien als auch deren Umsetzung (F1: M = 2,23; F2: M = 2,58) insgesamt schwach bewertet wurden. Ebenso wird die Unterstützung bei der Umsetzung der Strategie durch die jeweils andere Abteilung unterdurchschnittlich wahrgenommen (F3: M = 2,68). Darüber hinaus ist der Wert für gemeinsame M&V-Zielsetzungen (F4: M = 2,63) im Vergleich zu anderen Unternehmen der Forschungsstudie leicht unterdurchschnittlich ausgeprägt. Im rechten Diagramm ist zu erkennen, dass die Marketingabteilung diesen Erfolgsfaktor größtenteils positiver beurteilt als der Vertrieb. Das mittlere Diagramm verdeutlicht, dass die M&V-Mitarbeiter und Führungskräfte dieses Konstrukt ähnlich einschätzen. Jedoch bewerten die Mitarbeiter eine gemeinsame Entwicklung und Umsetzung der M&V-Strategien etwas positiver als die Führungskräfte, was durchaus als überraschend zu bewerten ist.

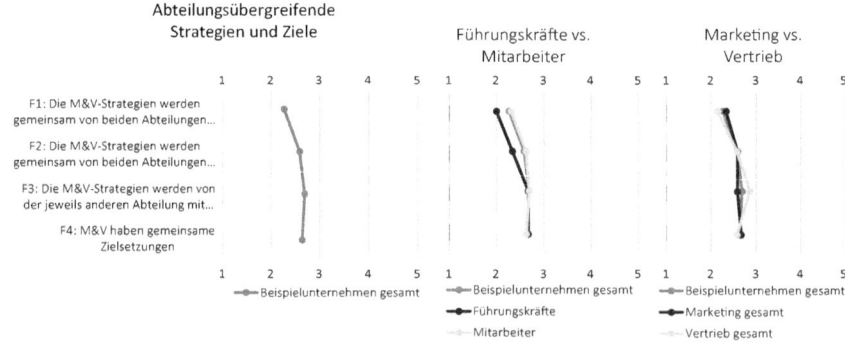

Abb. 7.16 Profil des Integrationsfaktors „Abteilungsübergreifende Strategien und Ziele" im Beispielunternehmen

Da die Abstimmung der Strategien und Zielsetzungen zwischen Marketing und Vertrieb im genannten Unternehmen gemäß der Studie schwach ausgeprägt ist, können in diesem Bereich folgende Verbesserungsoptionen ausgesprochen werden: Es wird empfohlen, dass Führungskräfte und ausgewählte Mitarbeiter beider Abteilungen an der Entwicklung und Festlegung der Marketing- und Vertriebsstrategie beteiligt sind. Dadurch werden Zielkonflikte vermieden und das Commitment hinsichtlich der Umsetzung der Strategie und der Erreichung der Ziele bei allen Beteiligten gestärkt. Zusätzlich kann es hilfreich sein, wenn M&V-Ziele in den jeweiligen Gehalts- und Incentive-Systemen der Führungskräfte und Mitarbeiter beider Abteilungen abgebildet werden. Dies bedeutet, dass der Marketingerfolg an vertriebstypischen Kenngrößen, wie bspw. Umsatz, Kundendeckungsbeitrag, Kundenwert oder Kundenzufriedenheit gemessen wird und ebenso der Vertriebserfolg an marketingtypischen Kennzahlen, wie bspw. Gewinn, Produktdeckungsbeitrag, Preissteigerung, Markenbekanntheit oder kommunikationsspezifischen Zielen bemessen ist.

3. Integrationsfaktor: Einstellung und Kompetenzen der M&V-Mitarbeiter
Die Ergebnisse für den dritten Integrationsfaktor „Einstellung und Kompetenzen der M&V-Mitarbeiter" können der Abb. 7.17 entnommen werden. Dabei ist ersichtlich, dass dieser Bereich im Beispielunternehmen mit M = 3,34 bewertet wurde, welches einer prozentualen Ausprägung des Erfolgsfaktors von 58 % entspricht.

Im linken Diagramm ist erkennbar, dass das Verständnis für Aufgaben und Verantwortlichkeiten der jeweils anderen Abteilung durchschnittlich bewertet wird (F1: M = 2,95). Die Sozialkompetenzen der M&V-Mitarbeiter werden positiver wahrgenommen (F2: M = 3,56) und die Mitarbeiter aus dem Marketing und Vertrieb weisen eine recht positive Einstellung gegenüber einer Zusammenarbeit mit der jeweils anderen Abteilung auf (F3: M = 3,53; F4: M = 3,32). Das rechte Diagramm verdeutlicht, dass Marketing und Vertrieb den Erfolgsfaktor in fast allen Punkten ähnlich beurteilen. Jedoch nehmen die Mitarbeiter im Vertrieb die Einstellung des Marketings gegenüber

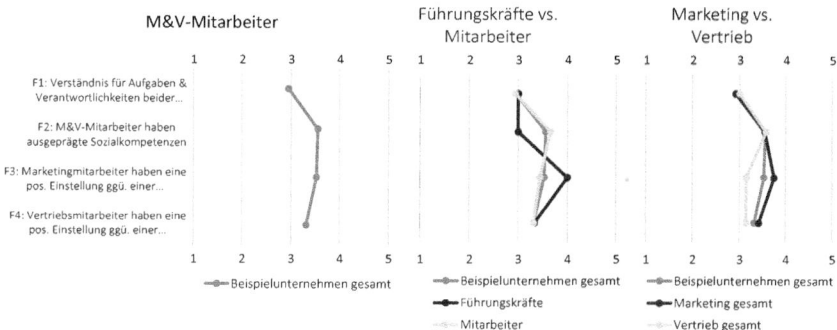

Abb. 7.17 Profil des Integrationsfaktors „Einstellung und Kompetenzen der M&V-Mitarbeiter" im Beispielunternehmen

der Zusammenarbeit mit dem Vertrieb (F3) kritischer wahr als die des Marketings. Dies offenbart eine deutlich unterschiedliche Selbst- und Fremdwahrnehmung. Das mittlere Diagramm zeigt auf, dass die M&V-Führungskräfte und die M&V-Mitarbeiter alle Aussagen nahezu identisch wahrnehmen. Auffällig dabei ist, dass die Führungskräfte die Sozialkompetenzen ihrer Mitarbeiter schlechter beurteilen als die Mitarbeiter selbst. Auch bescheinigen die Führungskräfte den Marketingmitarbeitern hinsichtlich der beiderseitigen Zusammenarbeit eine positivere Einstellung als den Mitarbeitern des Vertriebs.

Um die funktionsübergreifende Zusammenarbeit in Bezug auf den dritten Integrationsfaktors „Einstellungen und Kompetenzen der M&V-Mitarbeiter" zu verbessern, könnte ein „Jobrotation-Programm" entwickelt und umgesetzt werden. Dies würde das Verständnis für die gegenseitigen Aufgaben und Verantwortungsbereiche deutlich erhöhen und damit die Bereitschaft zur Zusammenarbeit fördern. Zudem sollte das M&V-Management den Mitarbeitern das Verständnis für das Zusammenwirken der eigenen Aufgaben und Verantwortlichkeiten und für die der jeweils anderen Abteilung präziser kommunizieren. Darüber hinaus sollten die M&V-Führungskräfte durch ihre Vorbildfunktion die positive Einstellung hinsichtlich der abteilungsübergreifenden Zusammenarbeit intensiv bei ihren Mitarbeitern fördern und fordern. Die Ergebnisse Forschungsstudie zeigen auch, dass gerade soziale Kompetenzen der M&V-Mitarbeiter gefördert werden sollten, bspw. durch spezifische Seminare, Trainings und Schulungen.

4. Integrationsfaktor: Kundenorientierung von M&V

Im Folgenden werden die Ergebnisse der Untersuchung für den Integrationsfaktor „Kundenorientierung von M&V" für das Beispielunternehmen aufgezeigt. In Abb. 7.18 ist zu erkennen, dass dieser Erfolgsfaktor mit einem Durchschnittswert von M = 3,09 bewertet wurde, welches einer prozentualen Ausprägung des Erfolgsfaktors von 52 % entspricht.

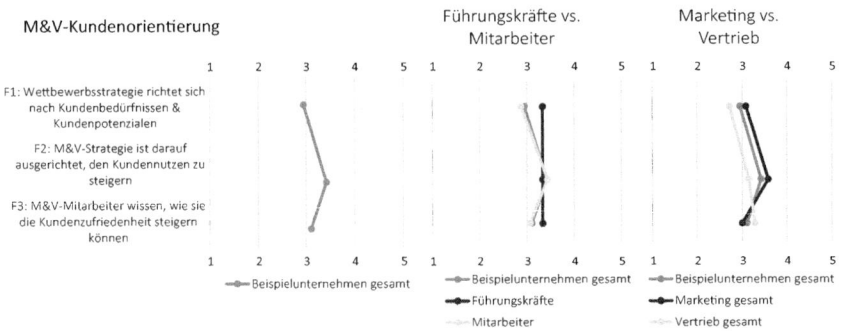

Abb. 7.18 Profil des Integrationsfaktors „Kundenorientierung von M&V" im Beispielunternehmen

7.2 Auswertung und Handlungsempfehlungen für ein Beispielunternehmen

Das linke Diagramm verdeutlicht, dass die Ausrichtung der M&V-Strategie auf die Steigung des Kundennutzens am besten bewertet wird (F2: M = 3,42). Die Ausrichtung der Wettbewerbsstrategie nach Kundenbedürfnissen und Kundenpotenzialen ist im Vergleich zu den anderen Unternehmen der Forschungsstudie durchschnittlich ausgeprägt (F1: M = 2,95). Gleiches gilt für das Wissen der M&V-Mitarbeiter über die Möglichkeiten zur Steigerung der Kundenzufriedenheit (F3: M = 3,11).

Im rechten Diagramm ist zu erkennen, dass die Marketingabteilung (M = 3,21) den Faktor „Kundenorientierung von M&V" größtenteils positiver bewertet als der Vertrieb (M = 2,89). Das mittlere Diagramm verdeutlicht, dass die Führungskräfte (M = 3,17) die M&V-Kundenorientierung besser bewerten als deren Mitarbeiter (M = 3,08).

Obwohl der vierte Integrationsfaktor „Kundenorientierung von M&V" im Beispielunternehmen am besten bewertet wurde, liegt dieser im Vergleich zu den anderen B2B-Unternehmen der Forschungsstudie nur im Mittelfeld. Die Befragung hat ergeben, dass das Marketing potenzielle Kunden und Bestandskunden nur sehr selten besucht. Deshalb wird dem Beispielunternehmen empfohlen, dass das Marketingpersonal regelmäßig gemeinsam mit dem Vertrieb Kunden besucht, um das Markt- und Kundenwissen des Marketings zu verbessern und aktiv zur Kundenentwicklung beizutragen. Gleichzeitig sollte die Wettbewerbsstrategie besser auf die Kundenbedürfnisse und -potenziale ausgerichtet werden und die M&V-Mitarbeiter und Führungskräfte sollten wissen, wie sie zur Steigerung der Kundenzufriedenheit beitragen können.

7.2.2 Zusammenfassende Ergebnisse der M&V-Zusammenarbeit für das Beispielunternehmen

Die Abb. 7.19 zeigt die Zusammenfassung aller zuvor präsentierten Ergebnisse für Integrationsmechanismen und -faktoren in einer Spinnennetz-Darstellung. Im oberen Diagramm sind die Ergebnisse für das gesamte Beispielunternehmen zur Zusammenarbeit von Marketing und Vertrieb grafisch abgebildet. Im mittleren Diagramm sind die Befragungsergebnisse der M&V-Führungskräfte und deren Mitarbeiter ersichtlich. Und im unteren Diagramm werden schließlich die vergleichenden Ergebnisse für die Funktionseinheiten von Marketing und Vertrieb visualisiert.

Bei der Betrachtung der Ergebnisse für das gesamte Beispielunternehmen ist zu erkennen, dass der Integrationsmechanismus „Abteilungsübergreifende Kultur" (M = 2,93; 48 %) sowie die Integrationsfaktoren „Einstellung und Kompetenzen der M&V-Mitarbeiter" (M = 2,96; 49 %) und „Kundenorientierung von M&V" (M = 3,09; 52 %) am besten bewertet wurden. Jedoch liegen diese Werte im Vergleich zu den anderen Unternehmen der Studie nur im Mittelmaß. Die Integrationsmechanismen „Abstimmung der M&V-Aufgaben und Prozesse" (M = 2,38; 34,5 %) und „Abteilungsübergreifende Struktur" (M = 2,22; 31 %) wurden von den Befragten am negativsten beurteilt. Die „Abteilungsübergreifende Kommunikation" (M = 2,72; 43 %), das

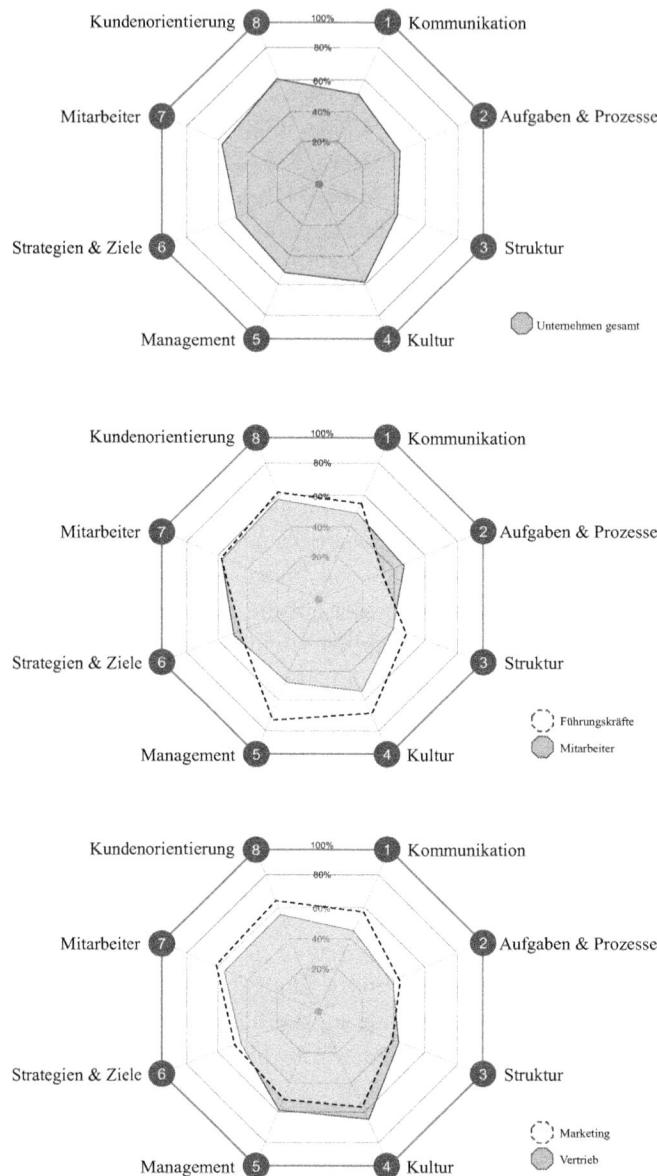

Abb. 7.19 Oben: Ergebnis für das gesamte Beispielunternehmen; Mitte: Ergebnisse für Marketing und Vertrieb; unten: Ergebnisse der Führungskräfte und Mitarbeiter

„Führungsverhalten des M&V-Managements" (M = 2,72; 43 %) und die „Abteilungsübergreifenden Strategien und Ziele" (M = 2,46; 37 %) haben im Beispielunternehmen durchschnittliche Bewertungen erfahren. Insgesamt fällt die Bewertung der Befragten für keinen Erfolgsfaktor höher als 52 % aus. Im unteren Diagramm ist zu erkennen, dass

7.2 Auswertung und Handlungsempfehlungen für ein Beispielunternehmen

Tab. 7.2 Gesamtergebnisse der Integrationsmechanismen und -faktoren für das Beispielunternehmen

Beispielunternehmen Gesamt	Insgesamt	Marketing	Vertrieb	M&V-Führungskräfte	M&V-Mitarbeiter
Anzahl der Teilnehmer	19	12	7	3	16
Integrationsmechanismen	2,52	2,68	2,27	2,64	2,50
Integrationsfaktorenfaktoren	2,80	2,93	2,73	3,02	2,77

das Marketing die acht Erfolgsfaktoren größtenteils positiver bewertet als der Vertrieb. Das mittlere Diagramm veranschaulicht, dass die M&V-Führungskräfte die Integrationsmechanismen und Integrationsfaktoren größtenteils positiver bewerten als deren Mitarbeiter.

Um die Zusammenarbeit von Marketing und Vertrieb für das Beispielunternehmen im Integrationsmodell zu visualisieren, werden die Gesamtergebnisse aller Integrationsmechanismen und Integrationsfaktoren zusammengefasst. Diese sind in Tab. 7.2 aufgeführt und jeweils nach Funktionseinheit und Hierarchieebene unterteilt. Die vier Integrationsmechanismen weisen einen Mittelwert von 2,52 auf, welcher einer prozentualen Ausprägung von 38 % entspricht. Das Befragungsergebnis der vier Integrationsfaktoren hat einen Gesamtwert von 2,80, was einer prozentualen Ausprägung von 45 % entspricht.

Die Visualisierung der M&V-Zusammenarbeit für das Beispielunternehmen im Integrationsmodell erfolgt in Abb. 7.20. Gemäß den Daten aus Tab. 7.2 lassen sich

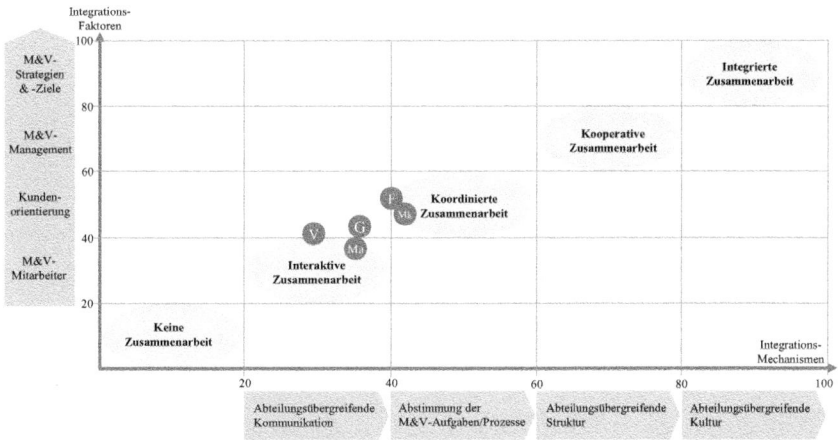

Abb. 7.20 Visualisierung des Beispielunternehmens im Integrationsmodell (V = Vertrieb; Mk = Marketing; F = Führungskräfte; Ma = Mitarbeiter)

die Ergebnisse der M&V-Zusammenarbeit für das „Gesamtunternehmen" (G), der Funktionseinheiten „Marketing" (Mk) und „Vertrieb" (V) sowie der Hierarchieebenen „Mitarbeiter" (Ma) und „Führungskräfte" (F) im Portfolio darstellen.

Aus der Visualisierung im Integrationsmodell wird ersichtlich, dass das Beispielunternehmen in der zweiten von fünf Stufen der Zusammenarbeit von Marketing und Vertrieb, das heißt einer interaktiven Zusammenarbeit eingeordnet werden kann. Am schlechtesten wird die Zusammenarbeit der Funktionseinheiten vom Vertrieb eingeschätzt. Die Führungskräfte und das Marketing beurteilen dagegen die Zusammenarbeit von Marketing und Vertrieb positiver, das heißt auf dem Weg zur dritten Stufe im Integrationsmodell, einer koordinierten Zusammenarbeit.

Wie bereits in Abschn. 5.1.2 erläutert, zeichnet sich die „interaktive Zusammenarbeit" durch eine bereits vorhandene abteilungsübergreifende Kommunikation aus. Die Kommunikation zwischen den Funktionseinheiten erfolgt häufig sowohl formal als auch informell. Dennoch sind die Aufgaben und Prozesse von Marketing und Vertrieb nicht miteinander abgestimmt und es existiert kein klares Verständnis für die Rollenverteilung zwischen beiden Abteilungen. Auf dieser Ebene beginnt das Management, die Zusammenarbeit zu unterstützten, Strategien und Ziele aufeinander abzustimmen und die M&V-Mitarbeiter entwickeln eine positive Einstellung zur Zusammenarbeit der beiden Funktionseinheiten.

Literatur

Arnett, D., & Wittmann, M. (2014). Improving marketing success: The role of tacit knowledge exchange between sales and marketing. *Journal of Business Research, 67,* 324–331.

Kotler, P., Rackham, N., & Krishnaswamy, S. (2006). Ending the war between sales & marketing. *Harvard Business Review, 84*(7/8), 68–78.

Le Meunier-FitzHugh, K., & Lane, N. (2009). Collaboration between sales and marketing, market orientation and business performance in business-to-business organisations. *Journal of Strategic Marketing, 17*(3–4), 291–306.

8 Handlungsempfehlungen für die Unternehmenspraxis

Zusammenfassung

Im letzten Kapitel des Buchs werden zur Erreichung der Integration von Marketing und Vertrieb praxisorientierte Handlungsempfehlungen speziell für B2B-Unternehmen vorgestellt. Zunächst werden in diesem Kapitel zusammenfassend das Hypothesenmodell mit validierten Erfolgsfaktoren, die Ergebnisse der empirischen Forschungsstudie und die Befragungsergebnisse der teilnehmenden B2B-Unternehmen im Integrationsmodell präsentiert. Zentraler Teil des letzten Kapitels ist ein Umsetzungskonzept zur Erreichung der höchsten Ausprägungsstufe der Zusammenarbeit von Marketing und Vertrieb: der M&V-Integration. Eine Integrations-Roadmap zeigt die möglichen Entwicklungsschritte für eine praxisorientierte Umsetzung auf. Dazu werden die einzelnen Erfolgsfaktoren, das heißt sogenannte Integrationsmechanismen und Integrationsfaktoren, detailliert mit Checklisten ausgeführt und damit ein umsetzbarer Handlungsrahmen zur Erreichung einer integrierten Zusammenarbeit von Marketing und Vertrieb vorgelegt.

8.1 Zusammenfassung der Forschungsstudie

Das Hypothesenmodell des Forschungsprojekts umfasst zum einen vier Integrationsmechanismen, wie „Abteilungsübergreifende Kommunikation", „Abstimmung von M&V-Aufgaben und -Prozessen" sowie Entwicklung einer „Abteilungsübergreifenden Struktur" und „Abteilungsübergreifenden Kultur" und zum anderen vier Integrationsfaktoren, wie „Führungsverhalten des M&V-Managements", „Abteilungsübergreifenden Strategien und Ziele", „Einstellung und Kompetenzen der M&V-Mitarbeiter" sowie „Kundenorientierung von Marketing und Vertrieb" (Abb. 8.1).

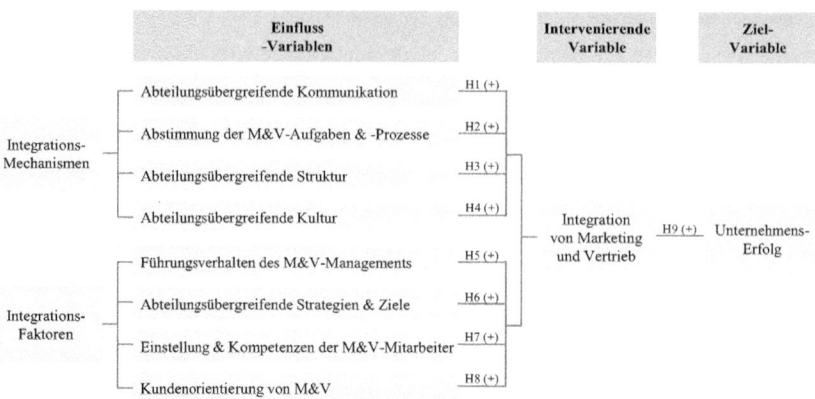

Abb. 8.1 Hypothesenmodell der Forschungsstudie

Das Forschungsprojekt prüft den Wirkungszusammenhang der Einflussvariablen, sogenannte Integrationsmechanismen und Integrationsfaktoren auf die intervenierende Variable, der „Integration von Marketing und Vertrieb" und darüber hinaus den Einfluss der intervenierenden Variable, der „Integration von Marketing und Vertrieb" auf die Zielvariable, den „Unternehmenserfolg".

Im Rahmen der Forschungsstudie wurden zehn B2B-Unternehmen mit 227 Onlinefragebögen zur Zusammenarbeit von Marketing und Vertrieb untersucht. Dabei wurden Führungskräfte sowie Mitarbeiter aus den Abteilungen Marketing und Vertrieb befragt und die Studie mittels Strukturgleichungsmodellierung statistisch ausgewertet. Das Integrationsmodell (Diagnoseinstrument) wurde validiert und die Wirkungszusammenhänge überprüft. So konnte aufgezeigt werden, dass zwischen den Integrationsmechanismen/-Faktoren und der Integration von Marketing und Vertrieb ein positiver und direkter Zusammenhang besteht. Des Weiteren zeigen die Ergebnisse, dass das Konstrukt „Kundenorientierung" den stärksten Einfluss auf die Integration von Marketing und Vertrieb aufweist (Pfadkoeffizient $PK = 0{,}18$). Die nachfolgenden Konstrukte mit hohem Einfluss auf die M&V-Integration sind „Einstellung und Kompetenzen der M&V-Mitarbeiter" ($PK = 0{,}17$), „Abteilungsübergreifende Strategien und Ziele" ($PK = 0{,}14$), „Abteilungsübergreifende Kultur" ($PK = 0{,}13$) sowie „Führungsverhalten des M&V-Managements" ($PK = 0{,}12$). Bemerkenswert ist, dass die Integrationsfaktoren (persönlicher Einfluss) eine stärkere Ausprägung aufweisen als die Integrationsmechanismen (organisatorischer Einfluss).

8.2 Visualisierung der M&V-Zusammenarbeit im Integrationsmodell

Die Visualisierung der Zusammenarbeit von Marketing und Vertrieb für die teilnehmenden B2B-Unternehmen im Integrationsmodell ergibt sich aus der Berechnung der einzelnen Integrationsmechanismen und Integrationsfaktoren. Die Positionierung

8.3 Umsetzungskonzept zur Erreichung einer M&V-Integration

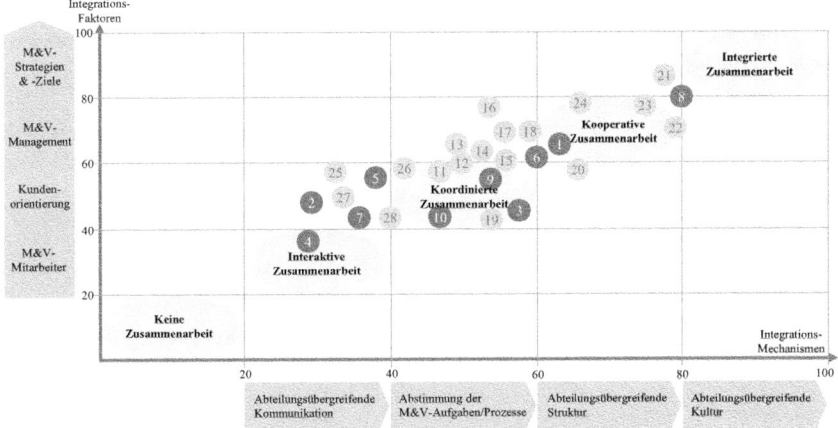

Abb. 8.2 Integrationsmodell mit allen bisher untersuchten Unternehmen (Stand 2018)

findet sich in Abb. 8.2. Diese zeigt die Position der M&V-Zusammenarbeit für zehn B2B-Unternehmen aus der vorliegenden Forschungsstudie (dunkelgrau) sowie weiterer Unternehmen, die von den Autoren in früheren Studien untersucht wurden (hellgrau). Die untersuchte Zusammenarbeit von Marketing und Vertrieb der B2B-Unternehmen weist im Integrationsmodell eine große Bandbreite auf. Dabei gibt es Unternehmen, die im Bereich der „Interaktiven Zusammenarbeit" positioniert sind, jedoch existiert auch ein Unternehmen, das bereits eine integrierte Zusammenarbeit zwischen Marketing und Vertrieb aufweist. Die Zielsetzung für die Unternehmen besteht darin, sich kontinuierlich auf dem Kontinuum der Zusammenarbeit beider Abteilungen zu entwickeln, um die höchste Stufe der Zusammenarbeit, die „Integration von Marketing und Vertrieb" zu erreichen.

8.3 Umsetzungskonzept zur Erreichung einer M&V-Integration

Im Folgenden wird ein praxisorientiertes Umsetzungskonzept für Unternehmen vorgestellt, das mittels „Integrations-Roadmap" und einer „Integrations-Checkliste" die schrittweise Implementierung ermöglicht. Die Implementierung eines neuen Konzepts zur Erreichung der M&V-Integration ist für jedes Unternehmen individuell zu betrachten. Dabei spielt die Größe des Unternehmens, die Branche und das Geschäftsmodell eine wesentliche Rolle. Das hier vorgestellte Umsetzungskonzept soll als Anregung verstanden werden.

Bei den Erfolgsfaktoren zur Umsetzung einer Integration zwischen Marketing und Vertrieb ist nicht ein Erfolgsfaktor prioritär, sondern sie sind als gleichbedeutend zu betrachten. Das heißt, dass bspw. das Führungsverhalten des M&V-Managements nicht

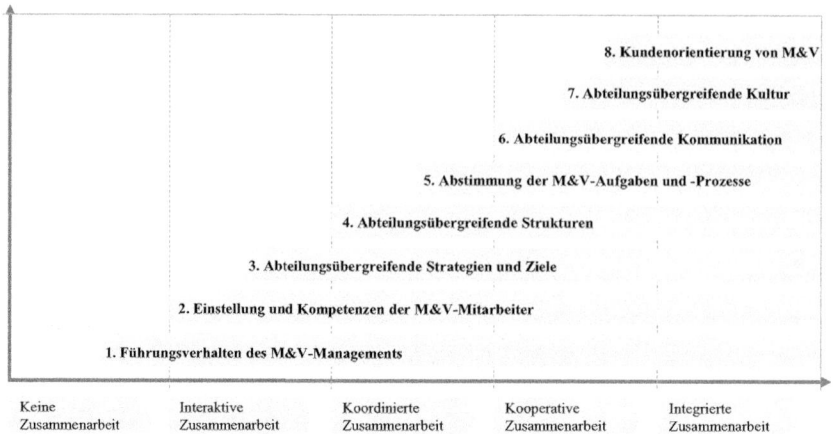

Abb. 8.3 Integrations-Roadmap zur Implementierung der M&V-Integration

wichtiger ist als die Kundenorientierung. Jedoch könnte der Erfolgsfaktor Führungsverhalten des M&V-Managements der erste Schritt zur Optimierung der Integration von Marketing und Vertrieb sein.

Der Implementierungsplan mittels einer sogenannten Integrations-Roadmap ist so aufgebaut, dass eine schrittweise Umsetzung der Zusammenarbeit von Marketing und Vertrieb im Unternehmen möglich ist, um einen integrierten Ansatz zu erreichen (Abb. 8.3). Die schrittweise Umsetzung der Integrationsmechanismen und -faktoren kann je nach Unternehmensgröße, Branche und Geschäftsmodell variabel implementiert werden. Die vorliegende Integrations-Roadmap ist als Orientierung für einen Handlungsrahmen zu verstehen.

Die Handlungsempfehlungen zur Integration von Marketing und Vertrieb sind in einer Art und Weise gestaltet, dass zunächst einführend Grundüberlegungen zu den jeweiligen Erfolgsfaktoren ausformuliert werden und daraufhin eine Checkliste zur Implementierung des jeweiligen Erfolgsfaktors vorgestellt wird.

8.3.1 Führungsverhalten des M&V-Managements

Der erste Schritt ist die Etablierung eines ermutigenden Führungsverhaltens des M&V-Managements, das darauf abzielt, die Grundlage für die Zusammenarbeit von Marketing und Vertrieb zu schaffen. Wichtig ist, dass die Abteilungen von Marketing und Vertrieb an einen gemeinsamen Vorstand (CMO bzw. CSO) oder an einen M&V-Geschäftsführer berichten. Diese gemeinsame Führungskraft hat dafür zu sorgen, dass Marketing- und Vertriebsleitung eine einheitliche Basis zur Zusammenarbeit schaffen. Dieser Ansatz beinhaltet die vollständige Verantwortung und Vorbildfunktion für die Umsetzung der Integrationsmechanismen und -faktoren (Tab. 8.1).

Tab. 8.1 Maßnahmen zur Optimierung des Führungsverhaltens des M&V-Managements

Führungsverhalten des M&V-Managements	Umsetzungsmaßnahmen
Marketing und Vertrieb berichten an einen gemeinsamen Vorstand (CMO/CSO) oder Geschäftsführer	
Förderung einer abteilungsübergreifenden Kommunikation (formaler und informeller Informationsaustausch)	
Commitment zu gemeinsamen Marketing- und Vertriebsstrategien und -zielen	
Aufbau eines abgestimmten Vergütungssystems	
Abstimmung der M&V-Aufgaben und -Prozesse	
Etablierung eines gemeinsamen Rollenverständnisses von M&V	
Abgestimmtes Recruiting und die Beförderung von Mitarbeitern zwischen M&V	
Abteilungsübergreifende Mitarbeiterentwicklung zwischen M&V	
Aufbau einer abteilungsübergreifenden M&V-Struktur und -Kultur	
Konstruktives Lösen von Konflikten zwischen der M&V-Abteilung	
Förderung gegenseitiger Unterstützung und Respekts zwischen M&V	
Kundenorientierung von Marketing und Vertrieb	
Vorbildfunktion für die M&V-Mitarbeiter	

8.3.2 Einstellung und Kompetenzen der M&V-Mitarbeiter

Die empirische Untersuchung hat eindeutig gezeigt, dass eine positive Einstellung sowie hohe fachliche und soziale Kompetenzen der M&V-Mitarbeiter einen positiven und signifikanten Einfluss auf die Zusammenarbeit von Marketing und Vertrieb haben. Der Aufbau von großer Bereitschaft zur Zusammenarbeit zwischen den M&V-Mitarbeitern beginnt bereits bei der Rekrutierung. Bei bestehenden M&V-Mitarbeitern kann eine positive Einstellung zur Zusammenarbeit vor allem Coaching durch die M&V-Führungskräfte, ein strukturiertes Mitarbeiterentwicklungsprogramm sowie gemeinsame Trainings und Events realisiert werden (Tab. 8.2). Darüber hinaus kann auch ein Jobrotation- oder Trainee-Programm eingesetzt werden, um das Verständnis für die Aufgaben des anderen Bereichs zu fördern. Des Weiteren ist die Festlegung eines klaren und nachvollziehbaren Rollenverständnisses zwischen beiden Abteilungen eine Grundvoraussetzung für eine erfolgreiche Zusammenarbeit.

Tab. 8.2 Maßnahmen zur Optimierung der Einstellung und Kompetenzen der M&V-Mitarbeiter

Einstellung und Kompetenzen der M&V-Mitarbeiter	Umsetzungsmaßnahmen
1. M&V-Mitarbeiter verfügen über …	
… eine positive und offene Einstellung zur Zusammenarbeit von M&V	
… professionelle Fähigkeiten und Kompetenzen, um die Zusammenarbeit positiv zu unterstützen	
… ein gemeinsames Rollenverständnis für die Aufgaben und Verantwortungen der jeweils anderen Abteilung	
… intrinsische Motivation, um die gemeinsamen Ziele zu erreichen	
2. Kriterien für die Mitarbeiterentwicklung:	
Durchführung gemeinsamer M&V-Trainings und -Fortbildungen	
Durchführung von Jobrotation-/Trainee-Programmen zwischen M&V	
Beförderung von M&V-Mitarbeitern, welche die M&V-Integration mit einer positiven Einstellung und hoher Kompetenz unterstützen	
3. Kriterien für die Rekrutierung neuer Mitarbeiter:	
Soziale Kompetenz und offene Einstellung für eine M&V-Integration	
Fachliche Fähigkeiten und Kompetenzen, um die M&V-Integration positiv zu fördern	
4. Klares Rollenverständnis zwischen M&V:	
Festlegung von Stellenbeschreibungen, um die Aufgaben und Verantwortungen bezüglich eines klaren Rollenverständnisses zu etablieren	

8.3.3 Abteilungsübergreifende Strategien und Ziele

Der dritte Schritt der Integrations-Roadmap konzentriert sich auf die Abstimmung von Strategien und Ziele zwischen Marketing und Vertrieb. Vor allem die gemeinsame Ausrichtung der Strategien und Ziele ist eine Grundvoraussetzung für einen integrierten Marketing- und Vertriebsansatz. Dafür müssen von beiden Abteilungen die Ziele abgestimmt und die Marketing- und die Vertriebsstrategie gemeinsam entwickelt und implementiert werden. Nur so können ein einheitliches Verständnis, ein Commitment und die Unterstützung für die jeweils andere Abteilung sichergestellt werden (Tab. 8.3).

Tab. 8.3 Maßnahmen zur Optimierung der abteilungsübergreifenden Strategien und Ziele

Abteilungsübergreifende Strategien und Ziele	Umsetzungsmaßnahmen
1. Kriterien für eine abteilungsübergreifende Strategie:	
Gemeinsames Verständnis für die Vision, Mission und Strategie des Unternehmens	
Gemeinsame Entwicklung der M&V-Strategien	
Abgestimmte Implementierung der M&V-Strategien	
Commitment für die M&V-Strategien durch beide Abteilungen	
2. Kriterien für abteilungsübergreifende Ziele:	
Gemeinsam Definition/Festlegung der Ziele	
M&V-Ziele, die in den MBOs (management by objectives) hinterlegt sind	
Umsatz- und Gewinnziele für beide Abteilungen	
Klares Verständnis zum Beitrag der jeweiligen Abteilung, um die Ziele zu erreichen	
Hohe Bereitschaft zur Unterstützung der anderen Abteilung, um deren Ziele zu erreichen	
M&V-Ziele sind Bestandteil des Gehalts- und Vergütungssystems	

8.3.4 Abteilungsübergreifende Struktur

Der vierte Schritt zur Verbesserung von Marketing und Vertrieb beinhaltet den Aufbau abteilungsübergreifender Strukturen. Dieser Integrationsmechanismus umfasst funktionsübergreifende Projektteams für spezifische temporäre Aufgaben sowie M&V-Teams für fortlaufende bereichsübergreifende Aktivitäten. Darüber hinaus wird empfohlen, Integratoren, bspw. Segmentmanager aufzubauen (Tab. 8.4). Diese verfügen über ein tiefgreifendes Wissen zu spezifischen Kundenbedürfnissen und Marktanforderungen in definierten Branchen und entwickeln in Zusammenarbeit, bspw. mit Produktmanagern, adäquate Produkt-, Service-, Software- und/oder Digitalleistungen. Des Weiteren sollten im Key-Account-Ansatz gemeinsame Teams mit Mitarbeitern aus Marketing und Vertrieb etabliert werden, um kundenindividuelle Problemlösungen zu generieren.

Tab. 8.4 Maßnahmen zur Optimierung der abteilungsübergreifenden Strukturen

Abteilungsübergreifende Struktur	Umsetzungsmaßnahmen
Abteilungsübergreifende Projektteams (z. B. Entwicklung neuer Produkt-, Service-, Software-, Digitalleistungen, Spezifikation und Einführung eines neuen CRM-Systems & Kundenbindungsprogramms etc.)	
Abteilungsübergreifende M&V-Teams (z. B. Entwicklung einer M&V-Strategie, Abstimmung der Planung, Beschwerdemanagement, Kundensegmentierung, Kundenklassifizierung, Produkt- & Preispositionierungs-Konzepte (Value Proposition) etc.)	
Aufbau von Integratoren (z. B. Segmentmanager)	
Aufbau abteilungsübergreifender Key-Account-Teams	
M&V berichten an denselben Top-Manager im Vorstand (CMO/CSO) oder in der Geschäftsführung	
Sicherstellung, dass die Machtverhältnisse zwischen Marketing und Vertrieb fair verteilt sind	
Verfügbarkeit von M&V-Ressourcen, um gemeinsame Projekte und abteilungsübergreifende Aufgaben bearbeiten zu können	

8.3.5 Abstimmung der M&V-Aufgaben und -Prozesse

Der fünfte Schritt zur Integration von Marketing und Vertrieb beinhaltet die Abstimmung von M&V-Aufgaben und -Prozessen. Dies umfasst die klare Formulierung der Aufgaben der Marketing- sowie der Vertriebsabteilung in der jeweiligen Stellenbeschreibung sowie der Festlegung von Verantwortlichkeiten und des Rollenverständnisses.

Entscheidend für die Integration von Marketing und Vertrieb ist, dass die beiden Funktionseinheiten die Inhalte der jeweiligen Aufgaben kennen und die Aufgaben des anderen Bereichs durch Input unterstützen (vgl. Abb. 8.4). Die Prozesse des Marketings (siehe auch Abschn. 2.6) und Vertriebs (siehe auch Abschn. 2.7.) verstehen sich als eine Serie oder ein Ablauf von Aufgaben der beiden Funktionseinheiten (Tab. 8.5).

Tab. 8.5 Maßnahmen zur Optimierung der Abstimmung von M&V-Aufgaben und -Prozesse

Abstimmung der M&V-Aufgaben und -Prozesse	Umsetzungsmaßnahmen
1. Festlegung der Marketingaufgaben als Managementprozess:	
Marketinganalyse (Situationsanalyse)	
Marketingziele	
Marketingstrategie	
Marketinginstrumente (Marketing-Mix)	
Marketing-Implementierung (z. B. Customer Journey)	
Marketingkontrolle	
2. Festlegung der Vertriebsaufgaben als Managementprozess:	
Vertriebsanalyse (Situationsanalyse)	
Vertriebsziele	
Vertriebsstrategie	
Vertriebsinstrumente (z. B. Segmentierung, CRM, KAM, Multichannel)	
Vertriebsimplementierung (Sales-Funnel/Verkaufsprozess)	
Vertriebs-Controlling	
3. Abstimmung der einzelnen Aufgaben und des Rollenverständnisses	

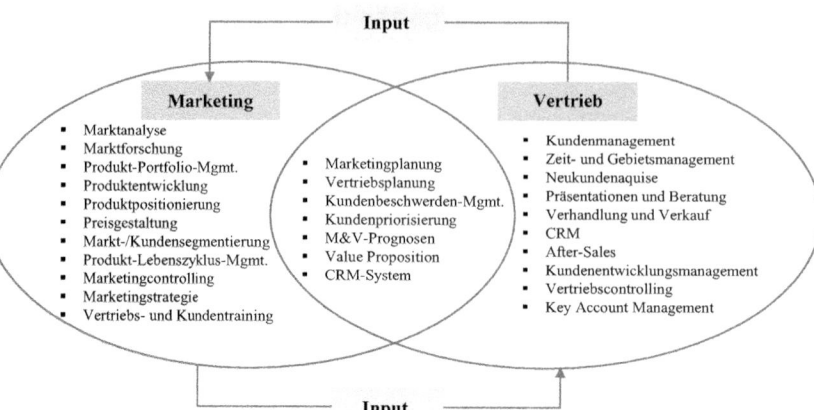

Abb. 8.4 Beispielhafte Aufteilung der Aufgaben zwischen Marketing und Vertrieb

8.3.6 Abteilungsübergreifende Kommunikation

Wissenschaftliche Forschungsprojekte ergaben, dass die Kommunikation zwischen Marketing und Vertrieb von M&V-Führungskräften und deren Mitarbeitern für die Zusammenarbeit beider Abteilungen als besonders bedeutsam erachtet wird. Dabei spielt sowohl die formale Kommunikation, das heißt regelmäßig und geplante Meetings, als auch der informelle Informationsaustausch zwischen Marketing und Vertrieb eine große Rolle. Darüber hinaus gilt es, die vertikale und horizontale Kommunikation abzustimmen und zu etablieren. Die vertikale Kommunikation umfasst die Kommunikation zwischen den Hierarchieeben, die horizontale Kommunikation die zwischen den Funktionseinheiten.

Die Kommunikation sollte über geeignete IT-Plattformen, z. B. wie das Intranet des Unternehmens oder ein gemeinsames CRM-System, stattfinden. Des Weiteren ist auf die persönliche Kommunikation (Face-to-Face) zu achten.

Die Kommunikation sollte zielorientiert, effizient und wertschätzend erfolgen sowie von den M&V-Führungskräften aktiv unterstützt und eingefordert werden (Tab. 8.6).

Tab. 8.6 Maßnahmen zur Optimierung der abteilungsübergreifenden Kommunikation

Abteilungsübergreifende Kommunikation	Umsetzungsmaßnahmen
Regelmäßige und geplante Meetings zwischen M&V	
Regelmäßiger Austausch zu Marktforschungsthemen (Kunden-, Markt- und Wettbewerbsdaten) zwischen M&V	
Regelmäßiger Austausch zwischen M&V zu spezifischen Themen, wie Segmentierung, Produkte, Preispolitik, Kommunikation und Vertrieb	
Regelmäßige Kommunikation zwischen Projektteams und abteilungsübergreifenden Teams	
Zwischen M&V besteht ein informeller Informationsaustausch (außerhalb geplanter Meetings)	
Es besteht eine vertikale (über alle Hierarchieebenen) Kommunikation zwischen M&V	
Es existiert eine gemeinsame IT-Plattform zur Kommunikation (Intranet, CRM-System)	
Es wird mündlich und schriftlich zwischen M&V kommuniziert	
Die M&V-Kommunikation ist fokussiert, effizient, effektiv und zielorientiert	
Die Kommunikation zwischen M&V ist wertschätzend	
Abteilungsübergreifende Kommunikation wird durch das Management unterstützt und eingefordert	
M&V-Führungskräfte stehen im regelmäßigen und häufigen Informationsaustausch	
In M&V-Meetings werden Entscheidungen getroffen	

8.3.7 Abteilungsübergreifende Kultur

Die abteilungsübergreifende Kultur zwischen Marketing und Vertrieb leitet sich aus einer definierten Unternehmenskultur, das heißt einem gelebten Wertesystem, ab. Diese beinhaltet den Teamgeist und eine gemeinsame Sprache zwischen Marketing und Vertrieb, um dysfunktionale Konflikte zu reduzieren. Darüber hinaus zeichnet eine abteilungsübergreifende Kultur eine gemeinsame Werteorientierung und ein professionelles Konfliktmanagement aus (Tab. 8.7).

Tab. 8.7 Maßnahmen zur Verbesserung der abteilungsübergreifenden Kultur

Abteilungsübergreifende Kultur	Umsetzungsmaßnahmen
Abteilungsübergreifenden Teamgeist entwickeln	
Werteorientiertes Verhalten gestalten (z. B. respektvoller Umgang und konstruktive Kritik)	
Professionelles Konfliktmanagement (Unterstützung durch M&V-Management) etablieren	
Gemeinsame (Fach-)Sprache festlegen	
Hohe gegenseitige Wertschätzung für die Leistung der anderen Abteilung leben	
Hohe Integrität („Ich tue, was ich sage") entwickeln	
Gegenseitiges Vertrauen („Ich verlasse mich auf das, was wir besprochen haben") aufbauen	

8.3.8 Kundenorientierung von Marketing und Vertrieb

Der achte Schritt zur Integration von Marketing und Vertrieb ist schließlich die Implementierung eines kundenzentrierten Verhaltens, das heißt einer ausgeprägten Kundenorientierung von Marketing und Vertrieb. Dieser Integrationsfaktor ist eine Voraussetzung für die erfolgreiche Zusammenarbeit von Marketing und Vertrieb, da beide Funktionen im direkten Kundenkontakt stehen und zusammen mit anderen Unternehmensfunktionen (z. B. Kundendienst, Beschwerdemanagement, Finanzen) verantwortlich dafür sind, langfristige Kundenbeziehungen zu entwickeln und damit den Kundenwert zu steigern (Tab. 8.8).

Tab. 8.8 Maßnahmen zur Verbesserung der Kundenorientierung von M&V

Kundenorientierung von M&V	Umsetzungsmaßnahmen
Kundenbedürfnisse verstehen	
Kunden- und Segmentpotenziale verstehen	
Leistungen auf Kundenbedürfnisse individuell abstimmen	
Kunden stehen im Fokus des Tagesgeschäfts	
Kundenorientierung wird von Marketing und Vertrieb aktiv gelebt	
Kundenorientierung, das heißt ein kundenzentriertes Denken und Handeln, wird von allen Mitarbeitern und Führungskräften gelebt	
Vertrieb und Marketing wissen, was zu tun ist, um langfristige Kundenbeziehungen, das heißt hohe Kundenloyalität zu entwickeln und damit den Kundenwert zu steigern	
Wichtige Neu- und Stammkunden werden mit besonderem Fokus vom Vertrieb bearbeitet und dabei vom Management und Marketing unterstützt	
Unzufriedene/verlorene Kunden werden mit geeigneten Maßnahmen vom Vertrieb wiedergewonnen und dabei vom Management und Marketing unterstützt	
Kundenorientierung als Denkhaltung, um die Unternehmensziele zu erreichen	
Die Kundenorientierung wird regelmäßig im Rahmen einer Kundenzufriedenheitsanalyse überprüft	

Hier studiere ich

Das Bachelor- oder Master-Hochschulstudium neben dem Beruf.

Alle Studiengänge, alle Infos unter: **fom.de**

0800 195 95 95 | **studienberatung@fom.de** | **fom.d**